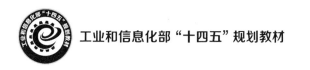

工业和信息化部"十四五"规划教材

新工科计算机专业
卓越人才培养系列教材

操作系统原理与实现

U0276826

吴帆◎主编

刘功申　吴晨涛◎副主编

人民邮电出版社

北　京

图书在版编目（ＣＩＰ）数据

操作系统原理与实现 / 吴帆主编. -- 北京 ：人民
邮电出版社，2024.6
新工科计算机专业卓越人才培养系列教材
ISBN 978-7-115-63679-9

Ⅰ. ①操… Ⅱ. ①吴… Ⅲ. ①操作系统－高等学校－
教材 Ⅳ. ①TP316

中国国家版本馆CIP数据核字(2024)第024098号

内 容 提 要

操作系统是计算机系统的核心，是其他一切软件运行的基础。本书主要介绍操作系统的基本原理和实现方法。全书共 12 章，包括操作系统概论、进程管理、处理器管理、主存储器管理、I/O 设备管理、磁盘和固态硬盘、文件系统、操作系统安全、分布式操作系统、虚拟机、鸿蒙操作系统和欧拉操作系统等内容。本书以鸿蒙和欧拉等具有代表性的国产操作系统为例，通过对操作系统知识的讲解，帮助学生系统掌握操作系统的基本概念、工作原理、主要功能和相关设计技术。

本书可作为普通高等院校计算机和软件工程专业的本科教材或教学参考书，也可供从事计算机相关行业的技术人员参考。

- ◆ 主　　编　吴　帆
  副 主 编　刘功申　吴晨涛
  责任编辑　祝智敏
  责任印制　陈　犇
- ◆ 人民邮电出版社出版发行　　北京市丰台区成寿寺路 11 号
  邮编 100164　电子邮件 315@ptpress.com.cn
  网址 https://www.ptpress.com.cn
  固安县铭成印刷有限公司印刷
- ◆ 开本：787×1092　1/16
  印张：21.75　　　　　　　　　　2024 年 6 月第 1 版
  字数：468 千字　　　　　　　　2025 年 1 月河北第 2 次印刷

定价：79.80 元

读者服务热线：(010)81055256　印装质量热线：(010)81055316
反盗版热线：(010)81055315
广告经营许可证：京东市监广登字 20170147 号

➢ 时代背景

教育是国之大计、党之大计，党的二十大报告中明确指出大国工匠和高技能人才是人才强国战略的重要组成部分，要全面贯彻党的教育方针，落实立德树人根本任务，坚持为党育人、为国育才。而随着现代科技和经济的发展，我国计算机领域面临前所未有的机遇和挑战，对高技能人才的需求与日俱增。操作系统作为现代计算机系统的重要组成部分，在计算机领域中占有举足轻重的地位，从而使操作系统的相关教材在计算机科学的教材体系中也占有核心地位，并成为高校计算机学科培养计划中的基础组成部分。操作系统课程是计算机专业的基础和核心课程之一，计算机专业的学生作为计算机行业的人才预备军，学好操作系统课程对其学习计算机专业的其他课程乃至今后的工作都有重要意义。

➢ 写作初衷

我国高校的操作系统课程教学始于 20 世纪 70 年代中期，虽培养了不少学生，但由于操作系统与计算机所有的硬件和软件都相互关联，是计算机硬件和软件以及计算机用户的统一接口，其本身具有较高的复杂性，学生理解、掌握起来难度较大，因此需要合理设计和规划知识框架。20 世纪 90 年代，微内核技术成为现代操作系统发展的主流趋势。微内核操作系统的构成合理，具有良好的可移植性、可扩展性和可靠性，功能上实现了对现有的操作系统标准的兼容和用户程序的可继承性。为适应这种发展趋势，操作系统的教材势必要及时更新。除了阐述经典内容以外，现代操作系统的最新成果也应尽可能全面、准确地反映到教材中，做到与时俱进。

本书由吴帆担任主编，刘功申、吴晨涛担任副主编。参与编写的教师还有陈贵海、陆松年、夏虞斌、高晓沨、薛质、唐飞龙、李沁雅、郑臻哲，他们共同组成了本书编写组。本书编写组的教师来自上海交通大学计算机科学与技术、软件工程、网络空间安全等专业，他们均是操作系统课程的任课教师，并且具有 30 多年的操作系统教学与科研经验。本书结合编写组成员多年来的操作系统教学和科研经验，紧扣现代操作系统微内核技术的发展，依托鸿蒙和欧拉等具有代表性的国产操作系统，通过对操作系统课程的讲解，帮助学生掌握操作系统的基本概念、工作原理、主要功能和相关设计技术，掌握当今主流操作系统的应用模式和管理方法，了解操作系统的运行环境和实现细节，为学生以后在操作系统上开发各种应用软件或系统软件打下坚实的基础。

➤ 本书内容

本书是一本介绍操作系统基本概念、工作原理、主要功能和相关设计技术的图书，目的是尽可能系统、清晰、全面地展示现代操作系统的概念、特点、本质和精髓。全书共 12 章，第 1 章为操作系统概论，介绍了操作系统的基本概念和功能等；第 2～3 章介绍了进程管理和处理器管理，包括进程通信、进程调度、进程的同步与互斥、处理器调度算法等；第 4 章介绍了主存储器管理；第 5～7 章介绍了 I/O 设备管理、磁盘和固态硬盘、文件系统；第 8 章对操作系统安全进行了详细介绍；第 9～10 章介绍了分布式操作系统及虚拟机；第 11～ 12 章分别介绍了两种具有代表性的国产操作系统，即鸿蒙操作系统和欧拉操作系统。

➤ 本书特色

（1）传统与现代相结合，打造完善的操作系统学科知识体系。

本书的特色之一是既致力于传统操作系统基本概念、基本技术、基本方法的阐述，又融合现代操作系统新技术发展和应用的讨论，着眼于操作系统学科知识体系的系统性、先进性和实用性。

（2）理论知识与国产操作系统的设计理念有机融合，将科研前沿与产业前沿融入教材。

本书的特色之二是将以鸿蒙和欧拉为代表的国产操作系统的设计理念与理论知识有机融合，本着为国育人的宗旨，把科研前沿理论和产业前沿技术（如 CPU 虚拟化、启动原理、编译运行、安全原理、微内核等）融入教材。

（3）对接国内产业实践，教材内容对应国内产业界最新的微内核思想。

本书的特色之三是对接我国的产业实践，书中的源代码、原理和数据结构等均对应我国产业界最新的微内核思想。

（4）配套多种教辅资源，服务教师教学。

本书的特色之四是为方便教师教学，配套了多种教辅资源，如 PPT、课后习题答案、教学大纲、扩展阅读文档等。

本书得以顺利出版，首先要感谢参与编写的上海交通大学计算机科学与技术、软件工程、网络空间安全等专业的各位教师，大家的不断讨论使得本书内容更加完善，还要感谢人民邮电出版社的大力支持和共同合作。限于编者的水平，书中难免存在不妥之处，诚邀您通过邮箱 fwu@cs.sjtu.edu.cn 反馈您的建议。

编者

2023 年 10 月

CONTENTS 目录

目录 CONTENTS

CONTENTS 目录

目录 CONTENTS

第 1 章　操作系统概论

众所周知，计算机系统由硬件和软件两部分组成。硬件是软件运行的物质基础，软件则可以完成各种任务，发挥和扩展硬件的功能，两者互相依存，彼此不可或缺。在计算机系统近 70 年的发展历程中，操作系统（operating system，OS）的出现是计算机软件发展史上的里程碑。

1.1　引言

操作系统是管理硬件资源、控制程序执行、改善人机界面、合理组织计算机工作流程和为用户使用计算机提供良好运行环境的一种系统软件。它可对硬件进行扩展或改造，所有的软件都需要通过操作系统发挥作用。它是连接用户与硬件的关键纽带，也可被看作用户和计算机硬件之间的接口，是现代计算机系统不可分割的重要组成部分。发展到今天，无论是何种计算机，都无一例外地需要配置一种或多种操作系统。

在日常生活中，我们常听说的操作系统包括个人计算机（personal computer，PC）端操作系统（如 Windows、Linux、macOS）和手机端操作系统，如 Android、iOS、HarmonyOS 等。这些操作系统的共同目标是什么？它们的功能有哪些？这是本章所要探讨的问题。

1.1.1　操作系统的目标

随着计算机在各行各业的广泛应用，操作系统的种类逐渐增多。由于不同操作系统的设计目的不同，因此它们有着各自的侧重点和目标。例如，虽然 Ubuntu 和 RHEL（Red Hat Enterprise Linux）都是 Linux 发行版操作系统，但 Ubuntu 更注重提高桌面可用性和安装简易性，更适合个人用户使用；而 RHEL 主要面向服务器，更注重性能保障和稳定性，更适合企业用户使用。

尽管不同操作系统的侧重点不同，但总体而言，操作系统的目标主要包括以下几个方面。

1．提高效率

在计算机发展的早期，即 20 世纪 50～60 年代，由于计算机价格昂贵，如何提高计算机的工作效率成为计算机领域研究者思考的主要问题。

在工作中，如果团队缺乏管理，团队成员就会在缺少统筹协调的环境下"各自为战"，这必将导致工作效率降低。这个道理同样适用于计算机系统。现代计算机由一个或多个处理器、主存储器、磁盘、打印机、键盘、显示器、网络接口和其他输入输出（input/output，I/O）设备组成。如此之多的设备如果没有上层的统一管理，总体性能将难以较好地发挥。操作系统正是在计算机系统中起协调硬件资源的作用。它能够很好地组织计算机的工作流程，提高程序运行速度，增大系统吞吐量，同时确保硬件——如 CPU（central processing unit，中央处理器）和 I/O 设备——保持忙碌状态以被有效地利用，从而极大地提高硬件资源的利用率。

此外，操作系统能够规划硬件的工作方式。例如，合理调整 CPU 的性能，减少运行中 CPU 载荷波峰和波谷的出现，使 CPU 运行得更为平缓，提高整体效率。操作系统还可以调度多核处理器的工作，合理规划存储设备的空间，实现有序存储，从而有效地提升计算机的工作效率。

2．便捷操作

操作系统的重要之处在于它实现了对底层硬件资源的抽象和管理，从而方便了用户操作计算机。假如没有操作系统，用户将面对一台裸机，没有任何软件可用。这种计算机是极难操作的，因为用户必须使用汇编语言编写程序或直接使用机器语言编写程序来操作。相比于用户单击鼠标即可实现对个人计算机进行大部分简单控制操作，使用汇编语言与机器语言的操作更加复杂，对计算机用户而言缺乏便捷性。因此，操作系统提供了一系列与硬件交互的接口，如图 1.1 所示，这些接口主要包括系统调用、命令、图标和窗口 4 种方式，其中图标和窗口是目前较为方便和流行的与硬件交互的方式。

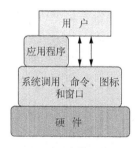

图 1.1　操作系统与硬件交互的接口

尽管在计算机发展的初期，提升计算机的工作效率是计算机发展的主要方向，但经过数十年的发展，便捷操作已成为计算机普及最重要的因素之一，并得到人们普遍的重视。

3．可扩展性

通俗地说，可扩展性就是计算机系统适应变化的能力。计算机硬件的飞速发展要求操作系统能够随时适应硬件的变更，计算机网络和互联网（Internet）的发展要求操作系统能够适应网络应用的变更，多处理器和分布式系统的发展要求操作系统能够适应新的体系结构。因此，现代操作系统需要采用具有可扩展性的系统结构，以便增加新功能模块和修改旧功能模块。在这一方面，Linux 是一个典型的具有高可扩展性的操作系统，它采用模块化的形式，能够实现方便地修改或增加功能模块，为功能的扩展提供了极大的便利。

4．开放性

20 世纪 80 年代以来，由于计算机网络的快速发展和互联网的普及，操作系统的应用环境和开发环境不再局限于封闭的单机。用户现在可以通过编写软件来扩展操作系统的功能，实现复杂的计算，并通过网络共享给其他用户。厂商也可以将自己的设备接入互联网，实现互联。然而，这也带来了新的问题：如何保证用户编写的个人应用和不同厂商生产的设备被有效地集成和利用？如何保证软件在操作系统上的兼容性和可移植性？

解决上述问题的办法是使用一套统一的开放标准，实现操作系统的开放性。为此，国际标准化组织（International Organization for Standardization，ISO）制定了开放系统互连（open system interconnection，OSI）标准。遵循 OSI 标准所开发的硬件和软件均能彼此兼容，可方便地实现互连。

同时，如何在开放的环境中保护软件使用者与开发者各自的权利也成了一个重要的问题。以 Linux 为例，它采用通用公共许可证（general public license，GPL）开源协议，目的是保证 Linux 用户可以自由地使用免费软件，同时保护软件开发者的成果，避免被他人窃取后谋取私利。

20 世纪 90 年代以后，开放性成了计算机技术领域备受关注的问题，同时影响着新软件或新系统能否被广泛地应用。如今，大部分操作系统还会考虑安全保护的问题。例如，1979 年，微软公司开发的磁盘操作系统（disk operating system，DOS）因为没有实现读取权限设置而安全性较弱，被可信计算机系统评价标准（trusted computer system evaluation criteria，TCSEC）评为最低级别 D 级。为了保障系统的安全性，Linux 开发了用户态和内核态的操作环境，对不同的操作赋予不同的执行等级，有效提升了系统的安全性。

1.1.2　操作系统的功能

1．用户与计算机硬件之间的接口

计算机系统由硬件和软件两大部分组成。硬件部分包括 CPU、存储器（memory）、I/O 设备等，为计算机系统提供运行的物质基础。软件部分可以分为两层，操作系统是覆盖在硬件上的第一层软件，应用程序则属于第二层软件，如编译器、计算器、浏览器等。操作系统处于硬件与应用程序之间，是二者之间的纽带，起到承上启下的作用。

操作系统在硬件基础上提供了许多新的功能，进一步扩展了计算机的能力。例如，操作系统为计算机系统提供了原语或广义指令，扩展了计算机的指令系统，这是硬件无法直接实现的。此外，操作系统还能合理组织计算机的工作流程，协调各个部件有效地工作，为用户提供良好的操作环境。

对用户而言，硬件是复杂且难以操作的，但现在用户可以通过单击图标或按钮轻松地实现存储、输入和输出等功能，这要归功于操作系统对底层硬件资源的抽象。抽象是一种概念化的过程，操作系统对底层硬件资源的抽象就像为硬件"穿上新衣服"，将用户难以理解的硬件本身隐藏起来，并以一种易于理解和操作的形式展示出来。操作系统对底层硬件资源的抽象表现形式多种多样，如 Windows 桌面和 Windows 命令提示符窗口。虽然 Windows 桌面看起来更美观，但这两种表现形式的本质都是对底层硬件资源的抽象展示。

由于操作系统运行在用户和计算机硬件之间，用户需要通过操作系统来控制计算机系统，因此可以将操作系统看作用户和计算机硬件之间的接口。用户无须了解硬件和软件的许多细节，可以直接使用操作系统来方便地实现许多强大的功能。

2．计算机系统资源的管理者

计算机系统包含许多硬件资源和软件资源。硬件资源包括处理器、存储器、I/O 设备等，软件资源包括数据、程序等。由于这些资源种类多、数量大，特性各不相同，必须被合理且有效地管理才能发挥计算机的功能。操作系统就扮演了这样的角色——管理者。操作系统主要负责的管理任务有：处理器管理，负责处理器的分配和控制；主存储器管理，主要负责主存储器的分配与回收；磁盘管理，负责磁盘块的组织与维护；I/O 设备管理，负责 I/O 设备的分配与操纵；数据管理，负责数据的存取、共享和保护。

举一个例子，操作系统分配处理器资源时有几个必须考虑的问题：何时分配？分配给谁？分配多久？同样地，操作系统也需要考虑 I/O 设备能否分配给申请的用户使用，有多少用户可同时访问主存储器并被启动执行。

如图 1.2 所示，操作系统通过有序地管理计算机中的硬件资源和软件资源，跟踪资源的使用情况，从而最大限度地满足用户对资源的需求，并最大限度地实现各类资源的共享。硬件资源包括存储器、处理器等物理设备，以及打印机、键盘、数字照相机等外部设备。软件资源则包括操作系统本身、程序和数据。这样的合理管理和分配方法有助于提高计算机资源的使用效率。

值得进一步说明的是，当计算机系统同时服务多个用户时，用户之间可能会出现资源竞争，这会导致资源的浪费和效率的降低。为了解决这个问题，操作系统需要跟踪和记录各种资源的使用情况，对用户的资源请求进行授权和管理，以确保资源的公平分配和最大化利用；需要使用一些策略，如时间片轮转和优先级调度等，以确保用户之间的公平竞争和资源的合理使用；需要记录和计算使用资源的费用，以便进行成本核算和管理。

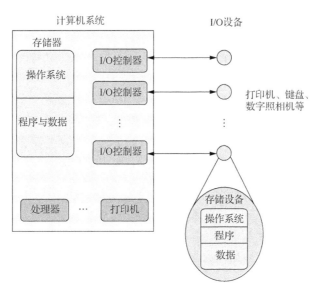

图 1.2　操作系统管理硬件和软件资源

1.1.3　推动操作系统发展的动力

在操作系统出现后的近 70 年，操作系统的发展是极其迅速的。如今的操作系统完美地隐藏了计算机底层的工作，用户使用起来非常方便，与此同时，操作系统的功能也变得极为强大。是什么推动了操作系统如此之快的发展呢？主要原因可以归结为以下 3 个方面。

1. 不断提高计算机资源的利用率

在操作系统发展的早期，导致计算机不普及的主要原因是其昂贵的价格。由于工艺受限，制造成本难以降低，提高计算机的性价比只能通过不断地提高计算机的性能来实现。因此，不断提高计算机资源的利用率成为操作系统最初发展的动力。在这个动力的推动下，计算机系统从原始的串行处理发展为能自动处理一批作业的多道程序设计批处理系统。20 世纪 60 年代，支持多个用户使用的时分系统出现了。随着技术的进一步发展，假脱机（simultaneous peripheral operations on line，SPOOL）技术出现了，它能缓和 CPU 高速性和 I/O 设备低速性之间的矛盾，提高 I/O 设备与 CPU 的利用率。此外，一些用于提高存储设备利用率的虚拟化技术也应运而生。这些技术的初衷是更进一步地提高计算机资源的利用率。

2. 方便用户

基本解决了资源利用率不高的问题之后，如何让用户更方便地使用计算机成了推动操作系统发展的另一个重要动力。为此，计算机工作者不断探索，寻找更加便捷的计算机使用方法，以降低计算机使用门槛。十分典型的例子是 20 世纪 90 年代初出现的图形用户界面（graphical user interface，GUI）。引入图形用户界面后，用户不再需要在单调的命令提示符窗口中输入复杂的计算机命令，只需轻松使用鼠标即可对计算机进行基本操作。这极大地拓宽了计算机的受众，推动了计算机的迅速普及。

3. 计算机体系结构与计算机设备的发展

计算机体系结构的发展也不断推动着操作系统的发展。例如，当微型计算机（简称微机）芯片一步步地从 8 位发展至 16 位、32 位甚至 64 位时，操作系统也进行了相应的升级和改变来适配新的芯片。同样地，随着计算机系统从单处理器系统发展为多处理器系统，操作系统也从单处理器操作系统发展为多处理器操作系统。此外，随着计算机网络的出现，操作系统也需要增加网络资源管理模块。当新设备（如网卡和显卡）出现时，操作系统同样需要增加新模块，以管理这些设备。

其实，顺应计算机体系结构与计算机设备的发展正是为了实现操作系统可扩展性的目标，要求操作系统拥有适应变化的能力也是操作系统不断进步的动力。

1.2　计算机系统

操作系统是一种利用硬件资源来为用户提供服务的软件。因此想要深入了解操作系统，首先需要掌握计算机系统的相关知识。

如图 1.3 所示，计算机系统可以看作由硬件和软件分层构成的系统，每一层都有各自的功能并提供相应的接口。这些接口隐藏了层内的实现细节，同时定义了层外使用的方式。本节将详细介绍计算机系统的相关知识。

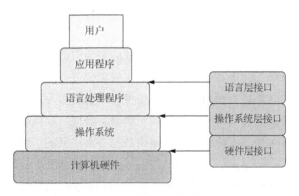

图 1.3　计算机系统的接口

1.2.1　计算机系统操作

如图 1.4 所示，现代通用计算机系统由 CPU、各种设备控制器和主存储器等组成，它们通过公共总线连接。公共总线提供设备和主存储器之间的访问通道，使得 CPU 和设备之间能高效地访问和交换数据。每个设备控制器负责特定类型的设备，允许一个或多个设备连接到计算机上。例如，磁盘设备控制器负责控制磁盘，通用串行总线（universal serial bus，USB）设备控制器负责控制鼠标、键盘、打印机，图形设备控制器负责控制显示器等。

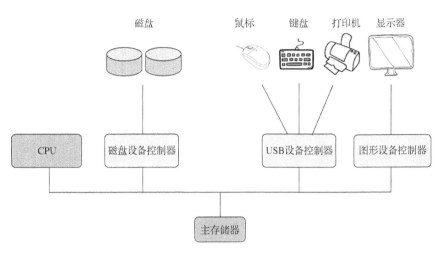

图 1.4　现代通用计算机系统

通常情况下，操作系统会为每个设备控制器配置设备驱动程序。设备驱动程序适用于设备控制器，并为操作系统的其余部分提供与设备相连的统一接口。CPU 和设备控制器可以并行执行，争夺主存储器的存储周期。为了确保对主存储器的有序访问，主存储器控制器将协调对主存储器的访问。

1.2.2～1.2.4 小节将着重介绍计算机系统的 3 个基本方面，首先讨论 I/O 结构和 DMA 结构，其次介绍存储结构，最后讲解比较重要的中断的概念。

1.2.2　I/O 管理和 DMA 机制

操作系统中的大部分代码是专门用来管理 I/O 操作的。这是因为 I/O 操作对系统的可靠性和性能至关重要，而不同的 I/O 设备有不同的特性。

如 1.2.1 小节所述，通用计算机系统由多个设备组成，这些设备通过公共总线交换数据。然而，采用这种方式来移动大批量数据会产生很大的开销。为了解决这个问题，操作系统使用直接存储器访问（direct memory access，DMA）。通过 DMA，一旦 I/O 设备设置了缓冲区、指针和计数器，设备控制器可以直接在设备和主存储器之间传输整个数据块，无须 CPU 干预。每个数据块只会生成一个中断，以告知设备驱动程序操作已完成，而不是为低速设备中的每个字节都生成一个中断。当设备控制器执行这些操作时，CPU 可以同时进行其他工作。

还有一些更高级的系统会使用交换机，而不是总线结构。在这些系统中，多个设备可以同时与其他设备通信，从而避免了对共享公共总线周期的竞争。在这种情况下，使用 DMA 会更加高效。

1.2.3　存储结构

CPU 只能从主存储器中加载指令，因此任何程序都需要加载到主存储器中才能运行。通用计算机必须在主存储器——随机存储器（random access memory，RAM）——的可擦写存储器中运行大多数程序。主存储器通常为动态随机存储器（dynamic random access memory，DRAM）。

计算机也使用其他形式的主存储器。例如，计算机开机时运行的第一个程序是引导程序，该程序运行后会加载操作系统。但由于 RAM 的易失性，即电源关闭时会丢失内容，我们无法使用 RAM 来可靠地保存引导程序。取而代之的是电擦除可编程只读存储器（electrically-erasable programmable read-only memory，EEPROM）和其他形式的固定存储器，这种存储器很少被写入数据并且具有非易失性。存储在 EEPROM 中的数据虽然可以被更改，但是更改次数受限且频繁更改可能会导致 EEPROM 损坏。此外，由于 EEPROM 的读/写速度较慢，因此通常用于存储静态程序和不经常使用的数据。例如，苹果手机（iPhone）使用 EEPROM 来存储设备序列号和硬件信息等少量数据。

操作系统以字节为单位实现主存储器的管理，即所有形式的主存储器都提供以字节为单位的存储空间。交互是通过将指令加载或存储到特定的存储器地址中来实现的。加载指令会将字节或字从主存储器移至 CPU 的内部寄存器，而存储指令会将寄存器中的数据移至主存储器。除了显式的加载和存储，CPU 还会自动从主存储器中加载指令，从程序计数器指向的位置开始执行指令。

在采用冯·诺依曼架构的计算机系统中，指令的执行周期通常按照以下步骤：首先，从主存储器中读取一条指令并将其存储在指令寄存器中；然后，操作系统解码指令并从主存储器中获取操作数，将它们存储在一些内部寄存器中；执行操作数相关的指令后，计算结果可能会被存储回主存储器中。需要注意的是，主存储器只能接收主存储器地址流，而无法判断它们的来源（例如，是否由指令计数器、索引、间接寻址或原地址产生）或用途（作为指令或数据使用）。因此，我们只关注当前正在运行的程序生成的主存储器地址顺序，而不考虑地址的生成方式。

在理想情况下，我们希望所有数据和程序都可以存储在主存储器中。然而，这种情况并不现实。首先，因为主存储器的存储空间有限，无法永久地存储所有的数据和程序；其次，正如前文所述，主存储器是一种易失性存储器，如果遇到断电或其他情况，存储在其中的数据可能会丢失。

因此，大多数计算机系统都提供二级存储设备，作为扩展的主存储器。二级存储设备的主要作用是提供永久的大容量数据存储功能。常见的二级存储设备有硬盘驱动器（hard disk drive，HDD）和非易失性存储器（non-volatile memory，NVM），它们为程序和数据提供永久的存储空间。许多系统和应用程序的代码和数据都存储在二级存储设备中，并在需要时加载到主存储器中。但是，二级存储设备的处理速度比主存储器要慢得多。因此，适当的二级存储设备管理对于计算机系统来说至关重要。

从更大的范围上讲，本书描述的存储系统（由寄存器、主存储器和辅助存储器组成）只是许多可能的存储系统设计中的一种。存储系统中其他可能的组件包括高速缓存（cache）、光盘只读存储器（compact disc read-only memory，CD-ROM）、磁带等。磁带等传输速度足够慢且存储空间足够大的存储设备称为三级存储设备。它们仅用于实现特殊目的，如存储其他设备上的材料的副本。每个存储系统都提供基本的功能，即存储、维护和检索数据。各种存储系统的主要区别在于速度、存储空间以及易失性。

按照存储空间和访问时间的不同，可以将各种存储系统划分成不同的结构。一般来说，存储设备的访问速度和存储空间不能同时兼顾，因此存储系统会将存储空间较小、访问速度较快的存储设备设置在与 CPU 交互的上层。同时，在各类存储系统中，为了安全地保存数据，数据必须写入 NVM 中。

在图 1.5 中，前 4 个存储层级都是由半导体存储器构成的，这种半导体存储器由基于半导体的电子电路组成。第 4 个存储层级的 NVM 有很多变种，但总的来说访问速度比 HDD 快。NVM 十分常见的形式是闪存，在移动设备（如智能手机和平板电脑）中广泛使用。而且闪存正逐渐用于笔记本电脑、台式计算机以及服务器的长期存储中。

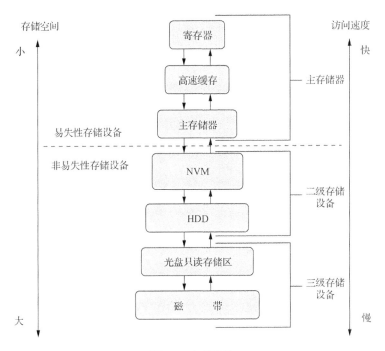

图 1.5　存储结构

访问速度越快的存储设备价格越高，因此设计完整的存储系统时需要平衡各种因素。例如，主存储器可使用较贵的存储设备，其他尽量使用便宜的 NVM。当两个组件之间的访问时间或访问速度存在较大差异时，缓存可以在一定程度上减小这种差异对系统性能的影响。

1.2.4　中断

下面以执行 I/O 操作为例来讲述计算机的运行方式。当开始执行 I/O 操作时，设备驱动程序会将寄存器中的数据加载到设备控制器中；设备控制器会检查这些寄存器的数据，以确定需要执行的操作（如从键盘读取字符），并将数据从相应设备传输至其本地缓冲区；数据传输完成后，设备控制器会通知设备驱动程序操作已经完成；最后，设备驱动程序将控制权交给操作系统的其他部分。如果该操作涉及读取数据，则设备驱动程序可能会返回数据或数据的指针；对于其他操作，设备驱动程序会返回状态信息，如写入成功或设备繁忙。但是，设备控制器如何通知设备驱动程序其操作已完成呢？为实现这一功能，操作系统提供了一种叫作中断的方式。

1. 中断源

在操作系统中，事件的发生通常通过硬件或软件的中断表示。硬件可以随时通过系统总线向 CPU 发送信号来触发中断（计算机系统中可能有很多总线，但是系统总线是主要组件之间的主要通信路径），中断是操作系统与硬件交互的关键；软件可以通过执行一些特殊的操作如系统调用来触发中断。

如图 1.6 所示，不同硬件的中断源各不相同，根据中断事件的性质，中断事件可以分成强迫性中断事件和自愿性中断事件两大类。强迫性中断事件不是正在运行的程序所期待的，而是由某种事故或外部中断事件所引起的。

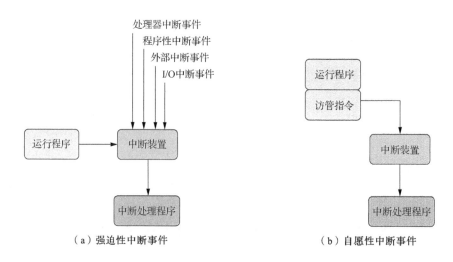

（a）强迫性中断事件　　　　　　　　（b）自愿性中断事件

图 1.6　中断事件

强迫性中断事件大致有以下几种。

① 处理器中断事件：如电源故障、主存储器出错等。

② 程序性中断事件：如定点溢出、除数为 0、地址越界等。

③ 外部中断事件：如时钟的定时中断、控制台发送控制信息等。

④ I/O 中断事件：如设备出错、传输结束等。

自愿性中断事件指的是正在运行的程序预期发生的事件，通常是由程序自身发起的请求。这种事件是执行了一条访管指令而导致的，它表示正在运行的程序对操作系统有某种需求，如要求操作系统协助启动外围设备。

2．中断处理

中断是计算机体系中重要的组成部分，每种计算机系统都有其中断机制，但它们都有几种相似的功能。中断必须将控制权转移到适当的中断处理程序。实现这种转移的直接方法是调用通用子程序来检查中断信息，并由子程序来调用相应的中断处理程序。当CPU 被中断时，它会停止正在执行的操作，并立即将正在执行的操作转移到固定位置（通常是中断处理程序所在的起始地址），然后执行中断处理程序；执行完中断处理程序后，CPU 恢复执行中断前的操作。I/O 中断的处理时间表如图 1.7 所示。

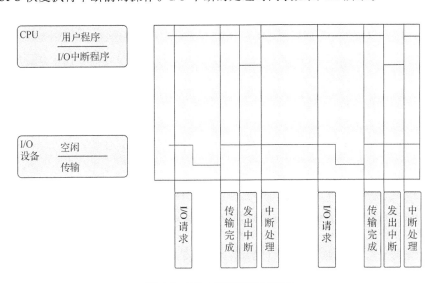

图 1.7　I/O 中断的处理时间表

具体地讲，中断处理程序主要做以下 4 项工作。

① 保护未被硬件保护的一些必需的处理状态。例如，将通用寄存器的数据送入主存储器，从而使中断处理程序在运行中可以使用通用寄存器。

② 识别各个中断源，即分析产生中断的原因。

③ 处理发生的中断事件。中断处理程序将根据不同的中断源进行各种处理操作。这些操作中有简单的操作，如置一个特征标志；也有相当复杂的操作，如重新启动磁带机倒带并执行重读操作。

④ 恢复正常操作。恢复正常操作一般有几种情况：恢复执行中断前的程序，按中断点执行；重新启动新的程序，甚至重新启动操作系统。恢复执行中断前的程序要求中断体系结构必须保存任何被中断程序的状态信息，以便在完成中断处理后恢复执行中断前的操作。如果中断例程需要修改处理器状态信息（例如修改寄存器值），则该中断例程必须显式保存当前的状态信息，以便后续恢复该状态。处理完中断后将保存的返回地址加载到程序计数器中，就像没有发生中断一样，继续执行中断前的操作。

1.3 操作系统的发展历程

从 20 世纪 40 年代世界上第一台通用计算机诞生以来，操作系统经历了飞速发展的数十年。本节将介绍这数十年来操作系统发展的几个关键节点，并详细介绍对应的操作系统模型。总体来看，这数十年的发展过程可以看作计算机工作者不断追求并行性与实时性的过程。希望通过本节的介绍，读者能够进一步提升对计算机工作思维的认识，这对读者今后学习计算机将非常有帮助。

1.3.1 串行人工处理

1946 年，世界上第一台通用计算机 ENIAC（electronic numerical integrator and computer，电子数字积分计算机）诞生在美国宾夕法尼亚大学，此时并没有出现操作系统的概念，计算机仍然通过人工操作的方式工作。操作员将记录信息的纸带送入计算机，然后通过控制台开关启动程序进行运算；运算的结果仍然记录在纸带上输出，并由操作员取下。只有在操作员取下记录结果的纸带后，下一张纸带才被允许送入计算机。当时，计算机提供了一些简单的标准命令，供操作员控制计算机。这种控制计算机的方式被称为单操作员单控制终端（single operator single console，SOSC）。

虽然计算机的诞生在当时是科技领域的巨大突破，但以我们现在的眼光去看，SOSC无疑是"粗糙"的。首先，使用这种方式需要一个操作员与计算机协同工作，然而根据摩尔定律，硬件的发展是飞速的，人工操作的速度很快就不能与计算机的工作速度相配合了。如木桶装水的道理一样，木桶的盛水量取决于最短的那块木板，人工操作的低效就是整个计算机系统工作效率的瓶颈。其次，虽然使用这种方式可以保证单个用户占用所有的计算机资源而不被阻塞，但相应地会有大部分资源在某个程序运行时处于空闲状态，资源的利用率是很低的。

因此，在 20 世纪 50 年代后期，人们迫切需要一种替代人工操作的方式来运行计算机。这时，批处理系统应运而生，成为计算机历史上的重要发展节点。

1.3.2 单道批处理系统

20 世纪发明的晶体管降低了计算机的功耗，也显著减小了计算机的体积，使计算机具有推广应用的价值，但计算机仍造价不菲。为了进一步提高计算机的效率，操作系统应该尽可能自动地处理一批任务。如果要求操作员实时监测任务进度并手动添加下一个任务，则会浪费大量时间，也会降低计算机的利用率。解决的方法通常是在操作系统中加入监督（monitor）程序，让其监督一批任务连续处理。具体而言，首先监督程序获得计算机的控制权，然后将第一个任务装入主存储器并将计算机的控制权交给该任务；任务完成后再将控制权还给监督程序，监督程序再装入下一个任务；如此往复，直到所有任务都完成。这种操作系统被称为单道批处理系统（single channel batch processing

system，SCBPS），因为在同一时刻主存储器中只有一个任务。尽管单道批处理系统能够自动、连续地处理一批任务，但是其效率仍有限。

单道批处理的工作流程如图 1.8 所示。

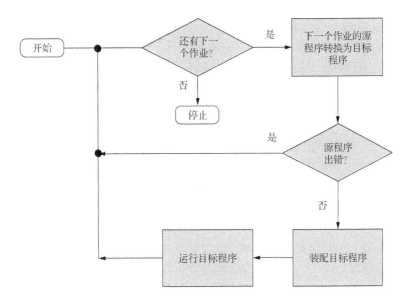

图 1.8　单道批处理的工作流程

1956 年，通用汽车公司的罗伯特·L.帕特里克（Robert L. Patrick）和北美航空公司的欧文·莫克（Owen Mock）基于通用汽车公司的系统监督程序在 IBM 704 上实现了历史上有记录以来最早的操作系统，即通用汽车公司和北美航空的输入/输出系统（general motors and north American input/output system，GM-NAA I/O）。这个系统实现了 I/O 的自动化管理，程序在运行结束后可自动执行下一个程序，实现了简单批量处理（简称批处理）。值得注意的是，在这个时候，文件的概念被引入操作系统中。因为批处理中不同的程序需要通过标识进行区分，为此操作系统需要为每个程序提供独立的存储空间。文件系统就是为满足此需求而开发的，它允许程序将数据以文件的形式存储在磁盘等介质上，并通过唯一的文件名来标识。这个需求促使操作系统抽象出文件的概念，文件系统则成为操作系统中至关重要的组成部分。

IBM 公司于 1960 年开发的基于磁带的工作监控系统（用于 IBM 7094 和 IBM 7090）和密歇根大学开发的密歇根大学执行系统（University of Michigan executive system，UMES）都是批处理系统的典型代表。

虽然批处理系统实现了对程序的自动处理，但它后来还是无法满足人们对计算机性能的需求。这是因为计算机内部的运算速度已经大大超过了 I/O 设备的输入速度，I/O 设备成为提升计算机性能的瓶颈。此外，批处理系统仍然存在单一程序占用所有资源，导致资源利用率低的问题。这些问题促进了多道程序设计批处理系统的发展，这是我们接下来要介绍的重点。

1.3.3　多道程序设计批处理系统

为了解决 1.3.2 小节中提到的批处理系统存在的问题，多道程序设计批处理系统应运而生。

要理解多道程序设计批处理系统，首先需要了解多道程序设计的概念。1.3.2 小节中提到一个想法：计算机系统主存储器应该能够同时接收多个程序，并可以并发地执行，以充分利用 CPU 资源。这就是多道程序设计的概念。但 I/O 设备的传输速度跟不上计算机内部的运算速度，限制了计算机性能的进一步提升。为了解决这个问题，我们可以让计算机在程序进入 I/O 阶段时去执行另一个程序，使 I/O 设备得到更充分的利用。这就是多道程序设计批处理系统的基本思想。

通过多道程序设计批处理的方法，我们可以拓展批处理系统，从而实现多道程序设计批处理系统。这种系统依靠 20 世纪 60 年代出现的中断和通道技术解决了 I/O 等待计算的问题，并实现了运行程序的切换。宏观上，多道程序设计批处理系统可以在 CPU 和 I/O 设备上同时执行多道程序；但在微观上，计算机内部在同一时间只能处理一个程序。这种多道程序设计批处理系统是现代操作系统的雏形，其发展的过程也很好地体现了操作系统的可扩展性，即需要适应技术的变化。同时值得注意的是，操作系统的发展是环环相扣的。要实现运行程序的切换，并在下次运行程序时从上次结束处继续运行，就需要保存运行程序的中间结果，这参考了 1.3.2 小节中提到的 UMES 的设计思想。

1964 年，IBM 公司推出了名为 IBM System/360 的大型计算机。IBM System/360 的问世代表世界上的计算机有了一种通用的交互方式，它们共同使用代号为 OS/360 的作业系统，而不再需要为每种产品都量身定制操作系统。这一创新可使单一操作系统适用于整个系列的产品，成为 IBM System/360 成功的关键，而今天的 IBM 大型计算机系统仍然延续了这一传统。IBM System/360 的开发过程被视为计算机发展史上最宏大的工程项目之一。为了研发 IBM System/360 这一大型计算机，IBM 公司招募了 6 万多名新员工，建立了 5 座新工厂。尽管项目的交付时间一再推迟，但最终取得了巨大的成功。当时的项目经理弗雷德里克·P. 布鲁克斯（Frederick P. Brooks）根据这一项目的开发经验撰写了《人月神话：软件项目管理之道》（*The Mythical Man-Month：Essays on Software Engineering*）。这本书成为软件工程领域的经典，记录了人类工程史上一项重大而复杂的软件系统开发经验。

多道程序设计批处理系统对系统设计和系统主存储器提出了更高的要求。虽然该系统提高了 CPU 资源的利用率，提升了系统的吞吐量，但仍存在一些缺陷。首先，该系统导致系统平均周转时间较长，即从提交程序到输出结果的时间较长。其次，在多道程序设计批处理系统中，一旦程序被提交给系统，用户就无法与程序交互，也无法对程序进行调试或修改。

1.3.4　分时操作系统

在多道程序设计批处理系统中，用户无法实时与计算机交互，这是一个不便之处。为了解决这个问题，人们开始思考如何将人机交互功能移植到操作系统中。

为了实现人机交互，需要让计算机的运算和人的思考同时进行，以最大程度地利用计算资源。借鉴多道程序设计批处理系统的思想可以实现这一目标，即多个用户参与，每个用户拥有一个终端控制器，通过线缆与计算机相连；当用户想要修改或调试程序时，只需通过终端向计算机发送命令即可；在此过程中，计算机会执行其他用户的程序，保持 CPU 的忙碌状态，这样人机交互就得以实现。但是在这种方式下，计算机需要在不同的程序之间快速切换，同时保证每个用户都能获得合理的响应时间，因此，分时（time-sharing）技术应运而生。在分时操作系统中，计算机的计算资源和主存储器空间会按照一定的时间间隔轮流分配给各个用户使用。这个时间间隔非常小，以确保用户的体验尽可能好，甚至让每个用户误以为自己在"独占"计算机的资源，获得了人机交互的良好体验。

名气很大的分时操作系统有 Multics 和 UNIX。Multics 项目是 1964 年由麻省理工学院牵头，通用电气公司和贝尔实验室共同参与研发的。其最初的设想是希望通过一台专为该系统设计的大型机 GE 645，连接至少 1000 个终端，支持 300 个用户同时使用。Multics 体现了很多新颖的想法，如文件和主存储器、动态链接（dynamic linking）以及支持在线重配置 CPU、主存储器库、磁盘驱动器，并首次在操作系统上实现了层级文件系统，将命令处理器实现为普通用户的代码（后来演变为 UNIX 中的 shell）。Multics 的全部系统程序都是使用高级语言 PL/I（programing lauguage one，第一代编程语言）编写的，它也是最早使用高级语言编写的操作系统之一。Multics 的理念在那个年代非常超前，这使得其开发的难度巨大，项目的进展也非常缓慢。在 Multics 的开发过程中，开发团队内部出现了分歧，最终贝尔实验室于 1969 年退出了 Multics 项目的开发。

20 世纪 70 年代，贝尔实验室两位参加过 Multics 项目开发的工程师肯·汤普森（Ken Thompson）和丹尼斯·里奇（Dennis Ritchie）开发了 UNIX。尽管最初的 UNIX 并不是为了可移植或多任务而设计的，但在后续的发展过程中慢慢实现了分时、多任务、多用户、可移植的功能。UNIX 的实现哲学包括使用纯文本存储数据，引入层级文件系统，使用管道（pipe）等方式进行进程间通信（inter process communication，IPC），通过命令行解释器（command-line interpreter，CLI）执行程序等。关于 UNIX 操作系统的详细内容会在后面的章节中介绍。

1.3.5　实时操作系统

虽然多道程序设计批处理系统和分时操作系统已经实现了比较令人满意的资源利用率和响应时间，使计算机的应用范围日益扩大，但它们仍然无法满足某些应用领域的需要。例如，当将计算机用于生产过程的控制，形成以计算机为中心的控制系统时，系统要求能够实时采集现场数据并及时处理，进而自动地控制相应的执行机构，使某些参数（如温度、压力、方位等）能够按照预定的规律变化，以保证产品的质量和提高产量。随着大规模集成电路的发展，制造商已经制作出各种类型的芯片，并可以将这些芯片嵌入各种仪器和设备中，以对仪器和设备进行实时控制，这样就构成了所谓的智能仪器和设备。在这些仪器和设备中，同样需要配置某种类型的、能进行实时控制的系统。通常将用于进行实时控制的系统称为实时操作系统。此外，还有实时信息处理系统，该系统由一台或多台主机通过通信线路连接成百上千个远程终端，计算机接收从远程终端发来的服务请求，根据用户提出的请求对信息进行检索和处理，并在短时间内向用户做出正确的响应。典型的实时信息处理系统包括早期的飞机或火车订票系统、情报检索系统等。

实时意味着及时，实时操作系统是指能够及时响应外部事件请求，在规定的时间内完成对该事件的处理，并控制所有实时任务协调、一致运行的系统。实时操作系统有硬实时和软实时之分，硬实时要求在规定的时间内必须完成操作，这是在设计操作系统时保证的；软实时则只要求按照任务的优先级，尽可能快地完成操作。

实时性是实时操作系统最大的特性之一，当一个任务被提交时，实时操作系统会在短时间内执行该任务，不会有较长的延时。这种特性保证了各个任务及时执行。

这样的实时性是如何实现的呢？实时操作系统给出了这样的办法：每个实时调度系统都包含一个实时调度器，这个实时调度器与其他操作系统调度器的区别是它会严格地按照优先级来分配 CPU 时间。但实时操作系统并不是简单地通过设计实时调度器就能实现的，在整个系统的设计思路上，实时操作系统处处都需要保持对实时性的关注。典型的实时操作系统有 VxWorks、QNX、Nuclear 等。

1.3.6　微机操作系统

随着大规模集成电路的发展，晶体管在单位面积的硅片上数量可达数千个，这促进了基于微处理器的微机时代的到来。配置在微机上的操作系统称为微机操作系统。最早诞生的微机操作系统是配置在 8 位微机上的 CP/M。随后 16 位微机问世，16 位微机操作系统应运而生。随着 CPU 发展为 32 位和 64 位，32 位和 64 位微机操作系统也随之诞生。微机操作系统可按微机的字长进行分类，也可根据其运行方式分为以下几类。

1. 单用户单任务操作系统

单用户单任务操作系统的含义是只允许一个用户上机，且该用户一次只能提交一个任务。这是十分简单的微机操作系统，主要配置在 8 位微机和 16 位微机上。较有代表性的单用户单任务操作系统是 CP/M（control program/monitor，控制程序或监控程度）和MS-DOS（Microsoft disk operating system，微软磁盘操作系统）。

2. 单用户多任务操作系统

单用户多任务操作系统的含义是只允许一个用户上机，但允许用户一次提交多个任务，在有效改善系统性能的同时丰富用户的使用体验。例如，用户可以一边听歌，一边运行程序，一边编辑文档。Windows 95 和 Windows 98 都是比较典型的单用户多任务操作系统。

3．多用户多任务操作系统

多用户多任务操作系统的含义是允许多个用户共享主机系统中的各种资源，即每个用户都可以通过自己的终端（可以只有 I/O 设备，没有计算资源）共同使用一台计算机的计算资源。每个用户程序又可进一步分为几个任务，使它们能并发执行，从而进一步提高资源利用率和系统吞吐量。在大、中、小型机中所配置的大多是多用户多任务操作系统。现在广泛使用的 UNIX、Linux、Windows 7、Windows 10 等都属于多用户多任务操作系统。

著名操作系统介绍

1.4　本章小结

操作系统是计算机系统的重要组成部分，其主要功能是管理计算机系统的各种资源，包括处理器、主存储器、I/O 设备等，并为应用程序提供服务。本章主要介绍了操作系统的基本概念、结构、发展历程和具有代表性的操作系统。

在操作系统的结构方面，本章介绍了计算机硬件和软件的组成和结构，包括处理器、存储器、I/O 设备、操作系统和应用程序等；还介绍了操作系统与计算机硬件之间的交互关系。

在操作系统的发展历程方面，本章从 20 世纪 40 年代的操作系统早期发展阶段出发，介绍了包括单道批处理系统、多道程序设计批处理系统、分时操作系统和微机操作系统等不同的操作系统发展阶段。

总体而言，本章对操作系统的基本概念、结构和发展历程等进行了详细介绍，为读者学习后续章节奠定了基础。

1.5　本章练习

1．下列关于多任务操作系统的叙述中，正确的是（　　　）。

Ⅰ．具有并发和并行的特点

Ⅱ．需要实现对共享资源的保护

Ⅲ．需要运行在多 CPU 的硬件平台上

A．仅 Ⅰ　　　　　　　B．仅 Ⅱ　　　　　　　C．Ⅰ、Ⅱ　　　　　　　D．Ⅰ、Ⅱ、Ⅲ

2．下列指令中，只能在内核中执行的是（　　　）。

A．trap 指令　　　　　　　　　　B．I/O 指令

C．数据传送指令　　　　　　　　D．设置中断点指令

3．下列（　　　）是操作系统正确的定义。

A．硬件和不同应用之间的中间件　　　　B．硬件驱动

C．一个资源分配器　　　　　　　　　　D．一个控制程序

4．在下面的空白处选择相应选项来启动操作系统。

（1）加载_____。

（2）选择从硬盘启动。

（3）读取引导扇区信息。

（4）加载_____。

（5）初始化操作系统。

    A．引导程序   B．初始化程序

    C．设备驱动   D．GRUB 启动选项

5．下列（　　　）是非易失性存储器。

    A．磁记录硬盘   B．静态随机存储器

    C．动态随机存储器   D．固态硬盘

6．下列（　　　）会导致中断。

    A．从磁记录硬盘完成数据读   B．执行一条指令 DIV 100 % 0

    C．执行一条指令 LOAD R1 100   D．完成相关数据在显示器的输出

7．下列关于 DMA 的说法，（　　　）是正确的。

    A．DMA 由 CPU 控制   B．DMA 可以减少中断数量

    C．DMA 传输数据可以不需要 CPU 干预 D．DMA 可以加速数据传输

8．下列与系统调用相关的正确选项是（　　　）。

    A．系统调用通常用 C 语言实现   B．系统调用通常用 Java 语言实现

    C．系统调用有一个简单的功能   D．系统调用有一个复杂的功能

9．微内核架构的好处有（　　　）。

    A．减少用户态与内核态之间的通信   B．更容易扩展

    C．更容易适应新的计算机体系结构 D．可靠性与安全性更强

10．设计现代操作系统的主要目标是什么？

11．操作系统的作用表现在哪几个方面？

12．为什么说操作系统实现了对计算机资源的抽象？

13．操作系统提供哪些服务？

14．试说明推动多道程序设计批处理系统形成和发展的主要动力。

15．分别说明采用缓冲技术、中断技术、DMA 技术和 SPOOL 技术对系统性能进行改进的原因。

2

第 2 章　进程管理

早期，计算机一次只能运行一个程序。当程序执行 I/O 操作等不需要占用 CPU 资源的任务时，会浪费系统资源，导致资源利用率较低。为解决此问题，在 20 世纪 60 年代，人们提出了多道程序设计批处理系统的概念，它允许多个相对独立的程序在计算机管理下交替运行。然而，在程序并发执行的过程中出现了一些问题，如调度问题、程序的运行状态问题以及数据共享的问题。这些问题使得程序从静态变成动态，因此人们引入了进程的概念。进程允许程序以并发的方式执行，解决了调度问题，同时提供了程序运行状态的管理和数据共享的机制。

2.1　进程概述

现代操作系统可以同时执行多个程序。为了方便管理，人们提出了进程的概念。进程可被一个或多个线程所执行，是计算机程序的一个实例，它由以下部分构成：代码段（即指令的集合）、程序计数器、栈（用于存储中间值，如临时变量和返回值等）、数据段（用于存储全局变量）、堆（用于主存储器空间的动态调整）。

将进程误认为程序是操作系统初学者常见的误区。程序只是静态的指令文件，而进程是动态运行的。进程使用操作系统分配给它的资源运行程序中的指令，对相关的数据进行操作，同时记录执行信息。所以，同一个程序可以被多个进程执行，一个进程也可以执行多个程序。

1. 进程的层次结构

不同的操作系统，其进程的层次结构不同，对 UNIX 和 Linux 系统来说，父进程创建子进程，二者以某种形式保持联系，而子进程可以继续创建新的进程。这种父子结构组成树形的进程结构，一个进程和它所有"后裔"构成一个进程组。而 Windows 系统创建的所有进程的地位都是相同的，唯一的临时层次是进程在创建时，父进程会得到一个句柄，用于控制子进程，而后不再存在进程层次。

2. 进程的特征

进程实质上是现代分时操作系统中程序的一次执行过程。它是获取资源和系统调度的基本单位，能够独立运行，并由操作系统动态创建和释放。所有的进程都可以与其他进程一起执行。然而，由于 CPU 资源是有限的，并且一些进程可能共享数据，因此它们相互制约，执行过程中会出现一定的间断。不同的进程以不同的速度运行，导致结果往往难以复现，这就要求操作系统具有同步机制。

总的来说，进程的几大特征分别是动态性、并发性、独立性、异步性以及结构性。

3. 进程控制块

为了更好地表示进程，便于调度进程，操作系统使用进程控制块（processing control block，PCB）来描述进程，使用进程上下文来描述进程操作的状态信息。

进程上下文用于描述进程在处理器上的运行、删除、切换等操作。操作系统中用于保存这些信息的数据结构被称作任务控制块，通常包括以下信息。

- 进程标识信息：每个进程在创建时，操作系统都会给它分配唯一的进程标识符（process identifier，PID）。
- 进程状态信息：标识进程当前所处的状态，具体的状态类型将在 2.2 节中具体讲述。
- 程序计数器信息：进程将要执行的指令地址。
- CPU 寄存器信息：寄存器的状态信息。
- 进程资源信息：进程完成所需要的全部资源量以及当前占用的资源信息。
- CPU 调度信息：包括操作系统调度进程所需的进程优先级信息以及指向调度队列的指针等数据。
- I/O 状态信息：包括进程使用的 I/O 设备列表以及进程打开的文件记录。

2.2　进程状态模型

1. 两状态进程模型

两状态进程模型将进程的运行状态分为运行状态和非运行状态两类。当进程被创建时，它处于非运行状态。当一个处于运行状态的进程执行结束以后，操作系统会从非运行状态进程队列中选取一个进程执行。

2. 五状态进程模型

两状态进程模型有一个很大的弊端，就是非运行状态进程队列中有可能出现进程在执行 I/O 操作，而无法被操作系统选中执行的情况。所以在两状态进程模型的基础上发展出了五状态进程模型，5 个状态分别如下。

- 新生（new）状态：进程刚被创建，还未初始化。为了防止系统资源不足，尚未为其分配资源。

- 就绪（ready）状态：进程已经加载到主存储器中，正在等待被调度程序调度执行，还未分配处理器。
- 运行（running）状态：进程已经被调度执行，指令由系统 CPU 或者内核执行，每个 CPU 或者内核最多运行一个进程。执行时调度程序也可以选择将其重新放回调度队列，即回到就绪状态，进程执行结束时就变成终止状态。
- 终止（terminated）状态：进程已经执行完毕，不会回到调度队列。
- 阻塞（blocked）状态：进程在运行过程中需要等待资源（常见 I/O 资源等）时，转化为阻塞状态。

5 个进程状态之间的转化关系如图 2.1 所示。

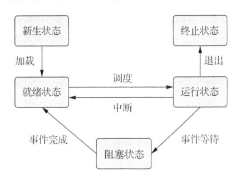

图 2.1　5 个进程状态之间的转化关系

2.3　进程控制

　　进程控制是操作系统中的一个关键概念，它涉及管理和协调计算机系统中运行的各个进程。在进程控制的过程中，操作系统通过创建、终止、调度和管理进程来实现对计算机系统的控制。一旦进程被创建，操作系统就会监控和管理它们的执行。进程调度算法用来决定哪个进程将获得处理器的时间片，并在需要时进行上下文切换。除了进程调度，进程控制还涉及进程间的通信和同步。进程间通信机制允许进程之间进行数据交换和共享，以便它们能够相互合作完成任务。总之，进程控制在操作系统中扮演着重要的角色，操作系统通过创建、终止、调度和管理进程，确保计算机系统能够高效、有序地运行。通过合理的进程控制，操作系统能够最大限度地利用系统资源，提供良好的用户体验，并确保系统的稳定性和可靠性。

2.3.1　进程创建与进程终止

1．进程创建

　　进程的创建方式因操作系统的不同而不同，如 Linux 系统使用 fork()函数通过父进程创建子进程，而 Windows 系统通过 CreateProcess()函数将特定的程序加载到进程空间。其他系统的进程创建方式留给读者自行探索，这里不赘述。

当进程被创建之后，系统会为它分配唯一的进程标识符，并在进程列表中增加这一条目；分配进程必需的资源（如代码段、堆栈、数据等），创建进程控制块；初始化进程控制块，设置进程状态以及优先级。

下面以主流的 Linux 系统为例，介绍使用 fork()函数创建子进程的过程。

fork()函数在执行之后会从父进程复制一个完全一样的进程，这里的完全一样指的是进程内部的所有数据都复制于父进程。具体来说就是将父进程的进程控制块数据复制到自己的进程控制块中，代码段、堆栈以及数据也复制一份，对应同样的虚拟地址，而映射到不同的物理地址。为了防止进程执行过程中对主存储器等资源的使用超出限制，有些实现是父进程将自己资源的一部分分配给子进程。

fork()函数执行完毕后是有返回值的，可以利用这个返回值来区分父进程和子进程。如果返回值小于 0，则说明创建子进程时出现错误；若返回值为 0，则说明该进程为子进程；若返回值大于 0，则说明该进程为父进程。

对子进程来说，仅仅执行 fork()函数显然是不够的。创建新进程的目的是执行新的程序，所以接下来系统需要调用 exec()函数对子进程的代码进行修改，将二进制文件加载到进程的主存储器空间并开始执行。

值得一提的是，如果程序中有对文件进行操作的内容，fork()函数可能会引发一系列的问题。程序记录是采用文件描述符表的方式来操作文件的，文件描述符表可以理解为存储指针的表，指针指向描述文件当前状态的相关结构，所以两个进程都会通过指针指向的这个文件结构进行文件修改，任意进程的操作都会影响另一个进程。

2．进程终止

在一般情况下，进程运行结束以后系统会调用 exit()函数，操作系统会将分配给此进程的资源释放，但是进程表中的条目仍然保留，等待父进程处理。父进程会调用 wait()函数删除这一条目。如果父进程在结束之前都没有执行这一操作，那么该子进程就会变成"僵尸"进程。不同操作系统对此会采取不同的处理方式。

有些情况下父进程想要主动终止子进程，就会利用 UNIX 和类 UNIX 系统（如 Linux 系统）调用 abort()函数来终止子进程，而产生这种主动终止情况的原因可以分为以下多种。

- 部分操作系统不允许子进程在父进程终止的情况下继续存在，因此父进程终止时，子进程也会被终止（这种现象称为级联终止）。
- 子进程执行过程中对主存储器等资源的使用超出了限制，父进程必须及时终止，以防止操作系统出现问题。
- 子进程的工作已经不再有意义，所以父进程可以提前终止该子进程。

wait()函数用于帮助父进程获取子进程的退出状态。当子进程退出后，wait()函数会返回子进程的进程标识符。

下面通过一个例子来具体说明 Linux 系统中 fork()函数、wait()函数、exit()函数及 execlp()函数的应用。

```
void main(int argc, const char **argv)
{
     pid_t pid, pid_child;
     pid=fork();
     if(pid<0)
     printf("Error ocurred! \n"); else if(pid==0)
     {
          printf("This is a child process!  Its pid is %d/n",getpid());
          value=execlp("execute filename", "parameter 1", "parameter
          2", …, "parameter n", (char *)NULL);
          if(value<0)
               perror("execlp error. "); else
               printf("return value=%d\n", value);
     } else
     {
          pid_child=wait(NULL);
          printf("This is a parent proces and it has forked a child
          process with pid of %d/n"), pid_child);
     }
     exit(0);
}
```

上述例子通过 fork()函数的返回值对进程进行区分，从而使父进程和子进程执行不同的内容。如果发现返回值小于 0，则说明 fork()函数错误，即父进程创建子进程失败，进入错误处理流程；若子进程创建成功，则父进程等待子进程执行。此时子进程开始加载并执行 "execute filename" 文件，并且将 n 个参数 parameter 1,parameter 2,…,parameter n 传递给该程序。当子进程执行结束之后调用 exit()函数退出。此时父进程结束等待状态，继续执行接下来的语句并退出。

在编写程序的过程中，可以让一个进程执行 fork()函数之后不必执行其他二进制文件，那么 fork()函数得到的子进程就和父进程执行同样的程序。但是它们的数据是互相独立的，二者并行执行，互不干扰。

通常来说，一个进程可以有多个子进程，而执行一次 wait()函数只能删除一个进程表中的条目，所以如果只执行一次 wait()函数会导致其余的子进程变成僵尸进程，而在不知道子进程数量的情况下难以执行固定次数的 wait()函数。由于 wait()函数的返回值可以反映删除子进程在进程表中的条目这一操作是否成功，所以通常的做法如下：

```
while (1) {
     pid_child = wait(NULL);
     if (pid_child == -1) {
          if (errno == EINTR)
          continue;
          break;
     }
}
```

当 wait()函数的返回值等于-1 时，要么是没有子进程存在，要么是当前进程被中断。所以当检测到没有子进程时，该进程使用 wait()函数删除子进程在进程表中条目的操作可以成功。

那么当一个程序中包含多个 fork()函数指令时，会创建出多少个进程呢？

```
int main(int argc, const char **argv)
{
    pid_t pid[3];
    pid[0] = fork();
    pid[1] = fork();
    pid[2] = fork();
    printf("this is a process\n");
    return 0;
}
```

上述代码执行的结果是输出 8 遍 "this is a process"。

如图 2.2 所示，由于每次进程在执行 fork()函数之后，子进程会从父进程上次执行语句的下一句开始执行，因此执行 3 次 fork()函数语句导致进程的总量为 2^3 个，即父进程在创建出 3 个子进程的同时创建出了许多不需要的孙子进程。如果读者想要创建特定的子进程数量应当如何去做呢？

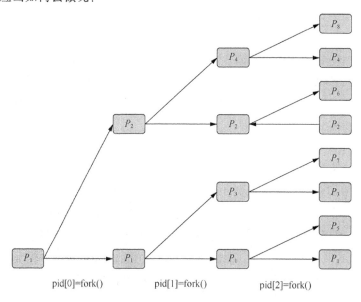

图 2.2 执行 fork()函数后的子进程数量

下面举一个例子，代码如下：

```
int main(int argc, const char **argv)
{
    pid_t pid[3];
    int n=5;
    int pid_cur;
    for (int i=0;i<n;i++)
```

```
        {
                pid_cur=fork();
                if(pid_cur==0||pid_cur==-1)
                                break;
        }
        if(pid_cur==0)
        {
                //子进程
        } else if(pid_cur==-1)
        {
                //错误
        } else
        {
                //父进程
        }
        return 0;
}
```

本例通过对 fork() 函数返回值的判定来确定进程是否跳出了创建进程循环，能够精准控制父进程要创建的子进程数量。

作为对比，读者可以选择再次展示 Windows 系统下进程的创建与终止过程，代码如下：

```
#include <stdio.h>
int main(int argc,char **argv)
{
  STARTUPINFO si={sizeof(si)};
  si.dwFlags = STARTF_USESHOWWINDOW;
  si.wShowWindow = TRUE;
  PROCESS_INFORMATION pi;
  char inst[] = "systeminfo";
  BOOL flag = CreateProcess (
     NULL,
     inst,
     NULL,
     NULL,
     FALSE,
     CREATE_NEW_CONSOLE,
     NULL,
     NULL,
     &si,
     &pi);
  if(flag)
  {
     WaitForSingleObject(pi.hProcess, INFINITE);
     CloseHandle(pi.hProcess);
     CloseHandle(pi.hThread);
  }
  else{
     fprintf(stderr, "Error occurred.");
```

```
        return -1;
    }
    return 0;
}
```

上述代码创建了一个显示主窗口的进程，用于执行指令"systeminfo"，输出系统信息，不继承进程和线程句柄，且指定当前进程的句柄不能够被子进程继承。

如果父进程没有调用 wait()函数就终止了进程，会失去对子进程未来状态的管理能力，即不知道子进程是否结束，也不能够在子进程结束后删除进程表中的条目。在这种情况下，子进程就成了"孤儿"，在操作系统中被称为孤儿进程（orphan process）。此时操作系统为了不让这些进程失去控制，就会将这些孤儿进程交给操作系统的"孤儿院"——init 进程——来管理。这一进程是 UNIX/Linux 系统中进程树的根节点，是所有进程的"祖先"进程，可以说是一切进程的起源。

2.3.2　进程切换

进程切换是现代操作系统应有的基本功能。为了控制进程的执行，操作系统需要能够将正在执行的进程中断并保存，然后从之前被中断的进程队列中选择一个进程继续执行。这种动作被定义为进程切换，也称为上下文切换。

当系统发生中断处理、多任务处理以及用户态的切换等情况时，就有可能发生进程切换。从本质上来说，进程切换分为以下两步。

第一步是切换新的页表，从而给接下来执行的进程提供一块新的虚拟地址空间。

第二步是切换内核栈和硬件数据（如寄存器数据等）。切换内核栈是为了给新的进程分配用来存放进程运行资源的栈空间，然后加载要恢复进程的进程控制块和其他资源。

进程切换过程如图 2.3 所示。

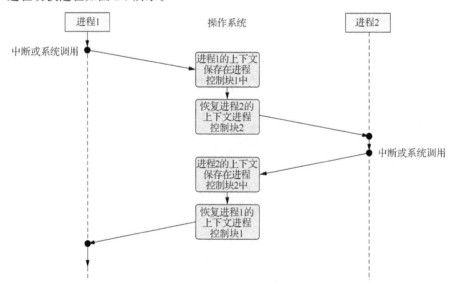

图 2.3　进程切换过程

操作系统会将进程 1 的上下文在进程控制块 1 中存储起来，然后恢复进程 2 的进程控制块 2，将进程 2 中的寄存器数据加载到进程 2 对应的寄存器里。

2.4　进程通信

虽然进程具有独立性，但是在操作系统中很难不存在相互依赖的进程，通常完成一个任务需要多个进程协作。为了完成多进程协作，自然需要进行进程通信，以实现进程之间数据与信息的交流。

进程协作的重要性与必要性有以下几点。

- 信息共享。多个进程需要对同一个数据进行操作或者一个进程的运行需要利用另一个进程对某数据的操作结果时，需要一个共享的操作环境，用于允许并且合理调度信息的并发访问。
- 加速计算。多个进程并行执行某一个特定的计算任务时，手动或自动将任务划分为多个子任务进行并行计算，可以加速得到计算结果。但是要求硬件拥有更多的处理器内核，否则很难提升性能。
- 系统模块化。在构造系统的过程中，可将内聚的功能划分为一个模块创建一个进程。而各模块之间的协作具有一定的耦合性，一个允许协作的环境有利于构建这样的系统。
- 并发性。用户可能有同时执行多个任务的需求，好比读者在看这段话的时候可能在听着歌。

进程通信有两种基本模型，消息传递通信和共享主存储器通信。前者通过在进程之间建立通信链路收、发信息，后者通过向共享主存储器中读、写数据来交换信息。除此之外，不在同一设备上的进程之间可能存在协作，也需要进程通信的支持，常见的例子就是客户机/服务器系统中位于两端进程之间的通信。客户机/服务器系统的进程通信分为套接字通信和管道通信等。

2.4.1　消息传递通信

消息传递通信无须共享同一主存储器，而是维护一个或多个消息队列。这就使得不在同一计算机上的两个进程间的通信成为可能，基于这一机制可以开发互联网聊天程序。

消息传递通信应当具有的两个功能是发送消息和接收消息，这种通信方式需要由通信链路来保障。由于本书不需要深入通信链路底层设计层面，所以接下来的部分将仅从逻辑层面来解释。

逻辑层面的实现方式各种各样，根据通信消息接收对象的不同可分为直接通信和间接通信，根据发送方/接收方消息传递是否阻塞可分为同步通信和异步通信，根据缓冲队列实现方式的不同可分为零容量、有界容量和无界容量队列。

1. 直接通信和间接通信

（1）直接通信

对直接通信来说，两个功能的实现函数如下：

- send(P, message)；
- receive(Q, &message)。

要发送消息的进程 Q 利用 send(P, message)将想要发送的信息发送给进程 P，而进程 P 通过 receive(Q, &message)接收来自进程 Q 的信息，与进程 P 的发送过程交替进行。这一过程要求发送方和接收方都声明对方，具有寻址对称性。在实际情况中，接收方作为被动接收的一方没有必要知道从哪一个进程中接收消息，而是从接收的信息中分析出发送方是哪个进程。所以非对称寻址的实现函数如下：

- send(P, message)；
- receive(&message)。

任意想要与进程 P 通信的进程可利用 send(P, message)将想要发送的信息发送给进程 P，而进程 P 通过 receive(&message)从消息缓冲区读出消息并解析出发送方是谁。

以上两种通信方式都存在一个问题，就是当进程的进程标识符发生变化时，所有对原进程标识符的引用都需要修改，所以在操作系统中引入了间接通信的概念。

（2）间接通信

间接通信方式也可以称为信箱传递方式，与直接通信方式相似，只不过调用函数中的原进程 P 以及目的进程 Q 变成了邮箱的唯一标识符。send(mailbox, message)用于将消息发送到邮箱，以等待其他进程将其取出；receive(mailbox, &message)则用于将邮箱中的消息取出。

这种通信方式只有在两个进程同时使用一个邮箱时才能建立通信链路，而且两个进程之间可以建立多条不同的通信链路，每条通信链路对应一个邮箱，以提高通信的稳定性。一条通信链路也可以超越两个进程的数量限制与更多进程相关联，但是对操作系统的要求较高，需要提前处理好多个进程对邮箱内信息获取顺序的问题。系统应当定义一个算法来选择一个进程作为接收方，也可以让发送方指定接收方。不同的实现方式有不同的处理效果。

除此之外，邮箱的归属也是一个问题。邮箱既可以为进程所有，也可以为系统所有。

当邮箱为进程所有时，邮箱占用该进程的物理地址进行存储。对系统来说，与该邮箱相关的进程分为两类，一类是所有者，只能从邮箱中接收消息；另一类是使用者，只能向邮箱发送消息。当邮箱的拥有进程结束时，这一邮箱相应地就不复存在，任何进程再向这一邮箱发送消息都不会有响应。而当邮箱为系统所有时，它并不属于某个特定进程，但是进程可以创建、删除、管理以及使用（包括发送、接收）邮箱，因此创建邮箱的进程为初始拥有进程。而随着时间的推移，系统调用可以将邮箱的拥有权和接收权赋予其他进程，也就是每个邮箱都可以拥有多个接收方。在这种情况下，初始拥有进程结束并不会导致邮箱消失。

2. 同步通信和异步通信

对于同步通信和异步通信，发送和接收都可以选择阻塞或非阻塞。

- 阻塞发送：发送进程进入阻塞状态，接收方（接收进程或邮箱）接收后解除该状态。
- 阻塞接收：接收进程进入阻塞状态，有消息可用时解除该状态。
- 非阻塞发送：发送进程发送消息后正常执行其他指令。
- 非阻塞接收：接收进程在没有收到消息时也正常执行其他指令。

3．队列容量

前文描述的通信方式都是通过临时队列对要交换的信息进行维护的，而根据缓冲队列实现方式的不同，可将队列分为零容量、有界容量、无界容量 3 种。

- 零容量：队列的容量为 0，也就是说队列中不允许存在未被处理的消息。这种队列对应的是阻塞发送模式，发送方在发出消息后应当进入阻塞状态，等待接收方处理消息。
- 有界容量：预先设定好了队列的总容量。当有新消息进入时，若队列仍有空间则可以将消息放在队列中；否则发送方需要进入阻塞状态，等待队列中的消息被处理，有可用空间时再存放消息。
- 无界容量：当有新消息进入时，立即将消息加入队列中而无须判定，发送方不会进入阻塞状态。

2.4.2　共享主存储器通信

共享主存储器是指在多处理器的计算机系统中可以被不同 CPU 访问的主存储器。从直观角度来讲，共享主存储器系统是在多个进程之间建立一块共享的物理主存储器，各个进程将这块共享主存储器连接到自己的地址空间中，在任意时间都可以对主存储器中的数据进行读取和修改。由于没有同步机制，所有数据的改动都会立刻影响到访问这一主存储器的其他进程。

共享主存储器通信是进程之间交换数据、共享信息的最快方法之一，一个进程向共享主存储器区域写入数据后，其他所有连接该共享主存储器的进程都能够立即察觉到这一变化。由于操作系统并不提供对共享主存储器访问的同步，所以需要用户自行定义同步的措施。

在这种通信方式下，消息/数据的产生者视作生产者，而消息/数据的使用者视作消费者。共享主存储器区域可视作缓冲区，用于生产者进程以及消费者进程的并发执行，供生产者存放消息和消费者提取消息。

而缓冲区根据是否有界分为有界缓冲区和无界缓冲区两种。有界缓冲区在生产者存放的消息达到一定数量以后就无法正常存储，所以生产者需要进入等待状态；当缓冲区内没有消息存储时，消费者也就没有数据处理，也会进入等待状态。无界缓冲区与之不同的一点是缓冲区内不限制存放消息的数量，也就是生产者任意时刻产生的消息都可以直接存放到缓冲区内；但是当缓冲区为空时消费者还是需要进入等待状态。

下面展示采用共享主存储器通信的生产者进程代码和消费者进程代码。

生产者进程代码如下：

```
void producer(){
    while(true){
        while((end+1)%n==start);
        buffer[end] = message;
        end=(end+1)%n;
    }
}
```

消费者进程代码如下：

```
void consumer(){
    while(true){
        while(start==end);
        message=buffer[start];
        start=(start+1)%n;
    }
}
```

两个进程都把循环数组 buffer[]作为缓冲区，start 和 end 两指针分别代表消息队列的前端和末尾，缓冲区的最大容量上限是 n。这里并不考虑两个进程同时访问缓冲区的问题，这一问题留到 2.6 节具体阐述。

2.4.3 套接字通信

套接字通信是一种分布式进程之间的低级通信方式。在这种通信方式下，进程之间只能交换十分简单的字节流，而不能相互转发有结构的数据包。

套接字由 IP（Internet protocol，互联网协议）地址和端口号组成，通常 IP 地址用于定位主机，而端口号用于在主机上定位具体的进程。套接字通信常采用客户机/服务器架构，服务器指定一个端口并开始监听，等待客户机的通信请求；客户机主动发出连接请求时，它所在的主机会分配一个端口（这一端口通常大于 1024，小于 1024 的端口会被分配给特定的进程或服务，如 ftp 端口为 21 等），服务器收到连接请求后建立连接。

每个连接都是由一对套接字构成的，套接字通信的过程如图 2.4 所示。当 IP 地址为 192.168.72.0 的主机想要与 IP 地址为 144.144.92.0 的 Web 服务器的 80 端口连接时，主机为它分配的端口是 1800，则该连接由主机上的套接字（192.168.72.0:1800）以及 Web 服务器上的套接字（144.144.92.0:80）构成，根据套接字可以将两个进程之间的通信消息正确发送到目的进程。

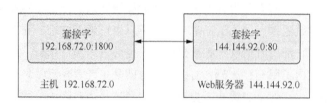

图 2.4　套接字通信的过程

在图 2.4 中，如果该主机上的另一个进程也想连接该 Web 服务器的 80 端口，主机就不能再将 1800 端口分配给该 Web 服务器了。实际操作中会分配给它一个大于 1800 的端口用来构建连接，这样就保证了每一个连接都具有唯一的套接字对，从而实现消息的正常发送和接收。

下面给出 Linux 系统中基于套接字的服务器和客户机代码。

服务器代码如下：

```
struct sockaddr_in server_address, client_address;
int listen_fd = socket ( PF_INET, SOCK_STREAM, 0 );
bzero( & server_address, sizeof(server_address) );
server_address.sin_port = htons( 65535 ) ;
server_address.sin_family = AF_INET ;
inet_pton(AF_INET, "192.168.0.0", & server_address.sin_sddr) ;
bind( listen_fd, (struct sockaddr*) server_address, sizeof ( struct
sockaddr_in )) ;
listen( listen_fd, max_num) ;
int connect_fd;
socklen_t socklen=sizeof(struct sockaddr_in);
for( ; ; ) {
        …
        connect_fd = accept( listen_fd, (struct sockaddr*)
        &client_address, &socklen ) ;
}
```

上述代码中，listen_fd 用于记录创建的套接字描述字。在为服务器套接字分配端口号以及确定主机的 IP 地址后，将这一 IP 地址描述符与套接字描述字绑定；然后让套接口进入监听状态，并规定该套接口的最大连接数。

客户机代码如下：

```
struct sockaddr_in server_address ;
int socket_fd = socket ( PF_INET, SOCK_STREAM, 0 );
bzero( &server_address, sizeof(server_address) );
server_address.sin_port = htons( 65535) ;
server_address.sin_family = AF_INET ;
inet_pton(AF_INET, "192.168.0.0", &server_address.sin_sddr) ;
connect( socket_fd, (struct sockaddr*)serv_addr, sizeof( serv_addr ) );
```

2.4.4 管道通信

管道是最早的进程通信方式之一，其本质是借助内核缓冲区实现的伪文件。根据管道是否命名，可将其分为普通管道和命名管道两种。

普通管道也称为匿名管道，允许两个进程进行通信，一个进程在管道的一端（写入端）写入消息，而另一个进程在管道的另一端（读出端）读出消息，类似于共享主存储器中的生产者-消费者通信方式。这种通信方式是单工的。如果要进行双工通信则需要建立两个管道，一个消息发送方占用一个管道。

1. 匿名管道

（1）在 UNIX 系统下创建匿名管道

下面以 UNIX 系统为例介绍创建管道的函数。由于该系统将管道视为一种特殊的文件，所以使用 pipe(int fds[])函数创建管道，通过文件描述符 int fds[]来访问。fds[0]作为读出端标识，fds[1]作为写入端标识，读、写管道可以通过调用 read()、write()函数来实现。

创建管道最简单的方式之一是用父进程建立一个通过文件描述符访问的管道，然后调用 fork()函数创建一个子进程。这样两个进程就可以通过管道进行通信，并且在进程最开始就关闭未使用的管道端口，负责写入的进程在完成写入操作后应当关闭写入端。

具体示例代码如下：

```c
#include <stdio.h>
#include <unistd.h>
#include <sys/types.h>
#include <sys/stat.h>
#include <fcntl.h>
#include <string.h>
#define BUFFER_SIZE 10
int main()
{
    int fds[2];
    char buf[BUFFER_SIZE];
    //临时数组，用于存放通信的消息
    if(pipe(fds) < 0)
    {
        perror("pipe");
        return 1;
    }
    char inFilename[] = "local.txt";
    char outFilename[] = "target.txt";
    int in = open(inFilename, O_RDWR, 0666);
    int out = open(outFilename, O_CREAT | O_TRUNC | O_RDWR, 0666);
    //fflush(stdout);
    ssize_t length;
    pid_t pid = fork();
    if(pid == 0)
    {
        //子进程只写，关闭读出端
        close(fds[0]);
        while((length = read(in, buf, BUFFER_SIZE - 1)) > 0)
        {
            write(fds[1],buf,strlen(buf)+1);
            //将 buf 的内容写入管道
            memset(buf, 0, sizeof(buf));
        }
        close(fds[1]);
    } else
```

```
    {
            //父进程只读，关闭写入端
            close(fds[1]);
            //从管道里读数据，放入 buf
            while((length = read(fds[0],buf,BUFFER_SIZE)) > 0)
            {
                    write(out, buf, strlen(buf));
                    memset(buf, 0, sizeof(buf));
            }
            close(fds[0]);
    }
}
```

此示例中，父进程创建了一个单向匿名管道，父进程只读不写，而子进程只写不读。所以在进程一进入分支的时候，父进程就关闭写入端，子进程关闭读出端；子进程完成写操作后关闭写入端，父进程结束读操作后关闭读出端。

（2）在 Windows 系统下创建匿名管道

对 Windows 系统而言，CreatePipe(&hRead, &hWrite, NULL, 0)函数用于创建匿名管道，其中 4 个参数分别代表读出管道的句柄、写入管道的句柄、STARTUPINFO 实例（用于指定子进程继承管道的句柄）以及管道的尺寸大小（单位为 Byte）。与 UNIX 系统不同的是，Windows 系统生成的子进程并不能主动继承父进程创建的管道，所以需要显式地指出。

父进程代码如下：

```
#include <windows.h>
int main()
{
    STARTUPINFO si;
    PROCESS_INFORMATION pi;
    char ReadBuf[64];
    DWORD ReadNum;
    HANDLE hRead;
    HANDLE hWrite;
    SECURITY_ATTRIBUTES sa = {0};
    Sa.nLength = sizeof(sa);
    Sa.bInheritHandle = TRUE;
    Sa.lpSecurityDescriptor = 0;
    bOOL bRet = CreatePipe(&hRead, &hWrite, NULL, 0);
    if (bRet == TRUE)
        printf("Create pipe success! \n"); else
        printf("Create pipe failed with code:%d\n", GetLastError());
    HANDLE hTemp = GetStdHandle(STD_OUTPUT_HANDLE);
    SetStdHandle(STD_OUTPUT_HANDLE, hWrite);
    GetStartupInfo(&si);
    bRet = CreateProcess(
            NULL,
        (LPSTR)(LPCSTR)"child.exe",
        NULL,
```

```
            NULL,
            FALSE,
            0,
            NULL,
            NULL,
            &si,
            &pi );
    if (bRet == TRUE)
        printf("Create child process success.\n"); else
        printf("Create child process failed with code:%d\n",
        GetLastError());
    SetStdHandle(STD_OUTPUT_HANDLE, hTemp);
    CloseHandle(hWrite);
    while(ReadFile(hRead, ReadBuf, 64, &ReadNum, NULL))
    {
        ReadBuf[ReadNum] = '\0';
        printf("Read %d Byte data from pipe:%s", ReadNum, ReadBuf);
    }
    if (GetLastError() == ERROR_BROKEN_PIPE)
        printf("Pipe is closed by child.\n"); else
        printf("Read failed with code:%d\n", GetLastError());
    return 0;
}
```

子进程代码如下：

```
#include <stdio.h>
#include <windows.h>
int main()
{
    int buffer_size = 100;
    HANDLE ReadHandle;
    char buffer[buffer_size];
    DWORD read;
    ReadHandle=GetStdHandle(STD_INPUT_HANDLE);
    for (int i = 0; i < 1024; i++)
    {
        printf("No. %d. Hello.\n", i);
    }
    return 0;
}
```

两部分代码的整体思路是父进程首先初始化结构 SECURITY_ATTRIBUTES，用于允许管道被继承，然后准备 STARTUPINFO 结构体来创建子进程；由于子进程为写入方，父进程将子进程的标准输出重定向为写入管道的句柄，父进程的标准输出仍使用正常的由 STD_OUTPUT_HANDLE 创建的句柄，同时将读出管道的句柄设置为不可继承；由于父进程不会用到写入句柄，在创建子进程后可以将其关闭。

而在子进程中，获取管道的写入句柄以后向管道写入内容即可。

由以上两种不同操作系统的示例可见，匿名管道需要通信进程之间有父子关系，且仅在同一台计算机上具有父子关系的进程才可以使用这种通信方式。这种单一通信方向的管道建立在进程之上，管道"存活"的基础是两个进程都存在，所以具有很大的局限性。

2．命名管道

命名管道就很好地突破了这种局限性，不仅通信的方向是双向的，而且当一个使用该管道的进程结束时，这个管道依然存在；通信进程之间的父子关系不是必要的，一个管道甚至可以支持多个进程通信。根据操作系统的不同，可将命名管道分为半双工和全双工两种。

（1）在 UNIX 系统下创建命名管道

UNIX 系统中命名管道是 fifo，可使用 mkfifo()函数创建 fifo 管道文件。mkfifo()函数有两个参数，第 1 个参数用于指定文件的名称，第 2 个参数用于给出该文件的权限。管道文件的实质是内核缓冲区，利用 open()、read()、write()、close()函数进行操作。

接下来给出管道读出端示例代码，如下：

```
#include <stdio.h>
#include <unistd.h>
#include <fcntl.h>
#include <stdlib.h>
#include <string.h>
#include <errno.h>
#include<sys/types.h>
#include<sys/stat.h>
#define BUFFER_SIZE 128
int main()
{
    char *file = "fifo.txt";
    int fd = open(file, O_RDONLY);
    if(fd<0)
    {
        perror("open failed");
    }
    printf("open fifo.txt success! \n");
    umask(0);
    ssize_t ret = mkfifo(file, 0777);
    if(ret < 0)
    {
        if(errno ! = EEXIST)
            perror("mkfifo failed.");
    }
    printf("mkfifo success.\n");
    char buf[BUFFER_SIZE];
    char outFilename[] = "target.txt";
    int out = open(outFilename, O_CREAT | O_TRUNC | O_RDWR, 0666);
    while(1)
    {
        sleep(1);
```

```
                memset(buf, 0, sizeof(buf));
                ret = read(fd, buf, BUFFER_SIZE-1);
                if(ret<0)
                {
                        perror("read failed.\n");
                } else if(ret==0)
                {
                        printf("write closed.\n");
                        return -1;
                } else
                {
                        write(out, buf, strlen(buf));
                        printf("read buffer: %s\n", buf);
                }
        }
    close(out);
    close(fd);
    return 0;
}
```

写入端代码的逻辑与读出端代码的逻辑刚好对称，示例代码如下：

```
#include <stdio.h>
#include <unistd.h>
#include <fcntl.h>
#include <stdlib.h>
#include <string.h>
#include <errno.h>
#include<sys/types.h>
#include<sys/stat.h>
#define BUFFER_SIZE 128
int main()
{
    char *file = "fifo.txt";
    int fd = open(file, O_WRONLY);
    if(fd<0)
    {
            perror("open failed");
    }
    printf("open fifo.txt success! \n");
    char inFilename[] = "local.txt";
    int in = open(inFilename, O_RDWR, 0666);
    umask(0);
    ssize_t ret = mkfifo(file, 0777);
    if(ret < 0)
    {
            if(errno ! = EEXIST)
                    perror("mkfifo failed.");
    }
    printf("mkfifo success.\n");
```

```
        char buf[BUFFER_SIZE];
        while((ret = read(in, buf, BUFFER_SIZE - 1)) > 0)
        {
            ret = write(fd, buf, strlen(buf));
            if(ret<0)
            {
                    perror("write failed.\n");
            }
            memset(buf, 0, sizeof(buf));
        }
        close(in);
        close(fd);
        return 0;
    }
```

通过示例代码可以看出，由于管道文件的特性，这里的 fifo 通常只允许采用半双工传输而非全双工传输。如果想采用全双工传输（即在两个方向上传输），需要建立 2 个命名管道。前文提到匿名管道无法在不同计算机的进程之间通信，命名管道虽然支持这一功能，但是在消息传输过程中需要套接字的支持，这里不展开叙述。

（2）在 Windows 系统下创建命名管道

而 Windows 系统上的命名管道有些许不同，创建命名管道的一方是管道服务器，另一方是管道客户机。一个管道名称可以创建多个管道实例，每个管道实例都有缓冲区和控制句柄，并且管道服务器与各个管道客户机之间传输数据时所用到的管道不是共享的，从而实现多个管道客户机可以与管道服务器用同一个管道名称通信且互不干扰。

首先给出管道服务器的代码，如下：

```
#include <windows.h>
#include <stdio.h>
void main()
{
    char buffer[1024];
    DWORD ReadNum;
    DWORD WriteNum;
    HANDLE hPipe = CreateNamedPipe("\\\\.\\Pipe\\test", PIPE_ACCESS_
    DUPLEX, PIPE_TYPE_BYTE | PIPE_READMODE_BYTE, 1, 0, 0, 1000, NULL);
    if (hPipe == INVALID_HANDLE_VALUE)
    {
        printf("Create failed! \n");
        CloseHandle(hPipe);
        return;
    }
    if (ConnectNamedPipe(hPipe, NULL) == FALSE)
    {
        printf("Connect failed! \n");
        CloseHandle(hPipe);
        return;
```

```
    }
    printf("Connect success! \n");
    while (1)
    {
        if (ReadFile(hPipe, buffer, 1024, &ReadNum, NULL) == FALSE)
        {
            printf("Read data failed! \n");
            break;
        }
        buffer[ReadNum] = 0;
        printf("Read data: %s\n", buffer);

        char str[1024];
        gets( str);
        if(WriteFile(hPipe, str, strlen(str), &WriteNum, NULL) ==
        FALSE){
        printf("Write data failed! \n");
        break;
    }
    }
    printf("Close pipe.\n");
    CloseHandle(hPipe);
    system("pause");
}
```

服务器的实现步骤分别是调用 CreateNamedPipe() 函数创建命名管道，通过 ConnectNamedPipe() 函数与管道连接；然后使用 ReadFile() 函数和 WriteFile() 函数分别从客户机读出数据或向其发送数据，最后使用 CloseHandle() 函数关闭命名管道。改变 CreateNamedPipe() 函数中的访问模式掩码可以得到服务器/客户机对管道的不同执行权限。例如，PIPE_ACCESS_INBOUND 掩码表示服务器只读，而客户机只写；PIPE_ACCESS_OUTBOUND 掩码则表示服务器只写，而客户机只读；PIPE_ACCESS_DUPLEX 则是服务器和客户机都可读、可写。

管道客户机的代码如下：

```
#include <windows.h>
#include <stdio.h>
void main()
{
    char buffer[1024];
    DWORD WriteNum;
    DWORD ReadNum;

    if (WaitNamedPipe("\\\\.\\Pipe\\test", NMPWAIT_WAIT_FOREVER) ==
    FALSE)
    {
        printf("Wait for instance failed! \n");
        return;
    }
```

```
        HANDLE hPipe = CreateFile("\\\\.\\Pipe\\test", GENERIC_READ |
        GENERIC_WRITE, 0, NULL, OPEN_EXISTING, FILE_ATTRIBUTE_NORMAL,
        NULL);
    if (hPipe == INVALID_HANDLE_VALUE)
    {
            printf("Create failed! \n");
            CloseHandle(hPipe);
            return;
    }
printf("Connect success! \n");
    while(1)
    {
        char str[1024];
        gets(str);
        if (WriteFile(hPipe, str, strlen(str), &WriteNum, NULL) == FALSE)
        {
printf("Write failed! \n");
            break;
        }
        if (ReadFile(hPipe, buffer, 1024, &ReadNum, NULL) == FALSE)
        {
            printf("Read failed! \n");
            break;
        }
        buffer[ReadNum] = 0;
        printf("Read data: %s\n", buffer);

    }
  printf("Close pipe.\n");
    CloseHandle(hPipe);
    system("pause");
}
```

客户机的实现步骤是首先等待想要连接的管道提供一个可用实例，然后使用 CreateFile()
函数建立与命名管道的连接；接着使用 ReadFile()以及 WriteFile()函数分别向服务器读取
数据或写入数据，最后使用 CloseHandle()函数关闭命名管道。

2.5 进程调度

前文提到进程的引入是为了更好地提升 CPU 利用率，方便操作系统管理运行程序之
间的切换，而在进程间切换离不开 CPU 调度。在实际操作系统中，CPU 调度的对象通
常是线程而非进程。虽然概念有所区别，但是从算法角度来说极为相似，故这里讨论的
调度大部分说的是进程调度，只有在少数情况下会提及线程调度。由于第 3 章会详细讲
解处理器调度，本节仅做简要叙述。

2.5.1 概念

1. 队列

进程调度的队列包括作业队列、就绪队列以及设备队列。

- 作业队列：囊括系统中所有的进程。
- 就绪队列：包括驻留在主存储器中的、处于就绪状态的、等待处理器运行的进程。
- 设备队列：当进程执行中遇到特定的事件，如 I/O 请求事件时，系统有可能在处理其他进程的类似事件，所以需要排队，等待 I/O 请求事件被处理的进程队列成为设备队列。

2. 调度

调度是指进程管理器负责根据特定的策略从 CPU 中移除正在运行的进程并选择另一个进程的活动，允许一次将多个进程加载到主存储器中，通过时分复用的方式共享 CPU。

3. 上下文切换

在 CPU 中执行的进程多是时分复用的。当操作系统想要切换进程时，需要保存当前进程的状态以及恢复接下来要执行进程的状态。进程状态的信息均保存在进程控制块中，由进程管理器选择要执行的新进程的上下文。

4. 进程的执行

进程的执行包括 CPU 执行（CPU burst）以及 I/O 执行（I/O burst），几乎所有的进程都在这两个状态之间交替。进程先是 CPU 执行，然后是 I/O 执行，以此类推，最后的 CPU 执行因系统请求终止执行而结束。

5. CPU 调度程序

每当 CPU 是空闲状态时，操作系统都必须从将要执行的就绪队列中选择一个进程，该选择是根据短期计划确定的。从主存储器准备执行的所有进程中选择一个并分配 CPU 资源来执行，CPU 调度程序可能在此过程中完成以下 4 种操作。

- 从运行状态更改为阻塞状态。
- 更改为终止状态。
- 从运行状态更改为就绪状态。
- 从等待状态更改为就绪状态。

若 CPU 调度程序仅能完成前两种调度操作，则称为非抢占调度（non-preemptive scheduling），即 CPU 一旦被某个进程占用就会持续到该进程结束，或者该进程出现 I/O 请求需要处理，转移到等待状态；若 4 种调度操作都可以完成，则称为抢占调度（preemptive scheduling），即 CPU 可以根据进程的重要程度或优先级来选择中断进程并切换其他进程。

6. 调度程序

调度程序（dispatcher）不同于 CPU 调度程序，后者主要负责进程调度，而前者负责将 CPU 控制交给后者调度的进程，实现调度过程中的进程切换细节，其主要工作如下。

- 翻译上下文。
- 切换到用户模式。
- 跳转到用户程序的某一部分，以重新启动该程序。
- 调度程序快速地处理指令和数据。

2.5.2 调度准则

在考虑一种调度算法是不是最佳算法时有许多评判标准，具体如下。

- CPU 利用率：指由 CPU 处理的工作总和，可以理解为计算机忙碌时间占总工作时间的比例。
- 吞吐量：指单位时间内处理器完成的进程总数，或单位时间内完成的工作总量。
- 周转时间：执行特定进程所花费的时间（通常指从提交进程到完成进程的时间）。
- 等待时间：进程在就绪队列中等待获取 CPU 控制权所花费的时间总和。
- 平均负载：就绪队列中等待轮流进入 CPU 的平均进程数。
- 响应时间：从提交请求到生成第一个响应所用的时间。

2.5.3 调度算法

常见的调度算法有以下 6 种。

（1）先来先服务调度算法

先来先服务（first come first service，FCFS）调度算法为非抢占式调度算法，进程被处理器选择并开始处理后就一直被占用，直到该进程被处理完成，再从等待队列中选取一个最早进入的进程处理。

这种算法有可能引发护航效应（convoy effect），即若一个 CPU 密集型进程在 CPU 中处理得较为缓慢，会导致其后的进程等待时间延长较多，降低整个进程集合的性能，造成 CPU 资源和其他设备的浪费。

（2）最短作业优先调度算法

使用最短作业优先（shortest job first，SJF）调度算法，当处理器空闲时，调度器在等待队列中选择一个执行时间最短的进程进行处理；如果出现两个执行时间相同的进程，则可以对它们的先后顺序进行规定，一般采用先来先服务调度算法。在平均等待时间这一指标评判下，这种调度算法是表现最优的，但是现实中很难运用这个算法，原因是在短期运行中几乎不可能精确预计进程的执行时间，所以不易在短期 CPU 调度中实现。

（3）最短剩余时间优先调度算法

在最短作业优先调度算法的基础上，如果考虑新加入等待队列的进程可以抢占处理器，即如果新进入等待队列的进程所需的执行时间短于正在处理的进程剩余的执行时间，那么新进程可以抢占该执行过程中进程的处理器。

（4）优先级调度算法

最短作业优先调度算法是优先级调度算法的一种特殊情况。优先级调度算法是基于对进程分配的优先级进行调度的算法，调度程序根据优先级分配处理器，而优先级相同的进程可以按照循环方式或者先来先服务的方式执行。

优先级的确定分为内部和外部两种因素，内部因素包括主存储器需求、时间需求等，而外部因素包括人为确定的优先级、进程的重要程度以及其他因素等。

（5）轮转调度算法

轮转调度算法是较为标准的分时复用系统调度算法，每个进程每次占用处理器具有时间上限，这样的时间上限称为一个时间片。而调度队列的顺序与先来先服务调度算法队列的顺序是相同的，不同之处在于当一个进程占用处理器时间达到时间上限时，该进程就会被强制中断，然后排到调度队列的最后，并选择队列中的下一个进程执行。

（6）多级队列调度算法

多级队列调度算法通常包含多个调度队列，每个调度队列可以选择上述调度算法中的一种执行进程，队列的优先级不同，如图 2.5 所示。3 个队列的优先级排序为队列 1>队列 2>队列 3，在较高优先级队列中的所有进程执行完之前，较低优先级队列中的进程不会被执行。这种算法提高了灵活性，但是会导致低优先级的进程"饿死"。

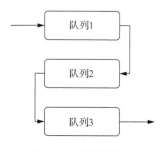

图 2.5　队列的优先级

2.6　进程的同步与互斥

本章中的进程切换以及进程通信部分已经提过进程间协作的问题，当一个进程能够通过共享数据或直接共享主存储器空间上的代码以及数据，或通过文件、消息一类的途径共享数据等方式影响操作系统内其他进程的运行时，称为协作进程（cooperating process）。在没有任何保护措施的情况下，当多个进程共同对一个数据进行操作时，数据的一致性往往会出现问题。所以操作系统需要具体的规则或机制来保障进程运行的正确性，使得进程间的协作更加有效。

2.6.1　进程的并发运行

并发运行是指在单个处理器上有多个进程的指令交替执行，而并行运行则指在多个处理器上有多个进程的指令同时执行。传统的程序设计是顺序式的，一个程序内部是按序执行的（内部顺序性），多个程序也是按序执行的（外部顺序性）。而并发程序则是一个程序可以分为多个同时执行的程序模块，一组进程在指令执行顺序上是穿插进行的。下面举一个简单的例子说明。

进程 A 有 a1、a2、a3 这 3 条指令，而进程 B 有 b1、b2、b3 这 3 条指令。这两个进程并发执行的情况有很多种，其中一种可能的情况是 a1、b1、a2、b2、a3、b3。

从实质上讲，进程的并发就是单一处理器在多进程之间的时分复用，以共享有限的资源，提高系统资源利用率。

2.6.2　同步与互斥的概念

1. 进程同步

2.6 节已经说过，进程的并发运行或并行运行有可能导致数据一致性问题。下面举例进行说明。

对于生产者-消费者问题中的有界缓冲区这一概念，在没有任何机制保障生产者与消费者之间的并发或并行正确时，若仅考虑顺序执行，则生产者进程代码如下：

```
while(true){
    while(counter==BUFFER_SIZE);
    buffer[in]=next_produced;
    In = (in+1) % BUFFER_SIZE;
    counter++;
}
```

消费者进程代码如下：

```
while(true){
    while(counter==0);
    next_consumed=buffer[out];
    out=(out+1)%BUFFER_SIZE;
    counter--;
}
```

这里有一个很经典的问题，虽然看上去即使指令执行是交叉的也不会对结果造成影响，但是往往忽略了这只是高级语言下的情况。当一条指令被编译器处理成汇编语言、最后被汇编器处理成机器语言后，可能会生成很多条机器指令，这些机器指令穿插执行时就有可能出现问题。

上述两段程序中，"counter++"和"counter--"两条指令在机器语言层面的指令如下所示：

```
counter++:
    register=counter;
    register=register+1;
    counter=register;
counter--:
```

```
register=counter;
register=register-1;
counter=register;
```

我们知道，进程切换后寄存器（register）中的数据会和其他进程信息一样被保存并等待恢复，所以这里为了区分两个进程中的寄存器，分别用 register1 和 register2 代替。

然后给出一个异常情况下的指令执行顺序，具体如下：

```
register1=counter;
      register1=register1+1;
register2=counter;
      register2=register2-1;
      counter=register1;
      counter=register2;
      counter=register1;
```

运行后，执行得到的结果居然是 counter=4，而理论上应该是 5 才对。这种由于多个进程并行或并发对共享数据进行操作，最终的结果依赖于多个进程指令执行顺序的情况被称为竞争条件。不同的访问顺序会导致不同的结果。

2. 临界区问题

为了解决进程同步的问题，首先要解决的是临界区（critical section）问题。

每个进程包含一个临界区，多个进程可能会在临界区中对同一个数据进行操作。一组进程在任意时间内，最多只能有一个进程进入自己的临界区。

临界区问题就是设计进程之间的协作机制，使得进程在进入区（entry section）获取进入临界区的许可。在临界区执行完毕后在退出区（exit section）退出，其他代码为剩余区（remainder section）。

解决临界区问题的方法如下。

① 互斥：当一个进程进入临界区后，其他所有进程都不能进入临界区。

② 进展：当没有进程进入临界区且有进程能够进入临界区时，调度系统不应当推迟选择进程进入临界区的操作。

③ 有限等待：任何一个进程等待其他进程进入临界区执行并退出的次数应当有上限，即在进程请求进入临界区后等待时间应该是有限的。

操作系统通常拥有不止一个内核态进程，而临界区问题在操作系统的两种内核下的表现是不同的。一种是非抢占式内核，这种情况下不会导致这一问题，因为任何内核态进程都不会被其他进程打断；另一种是抢占式内核，比较复杂，需要设计一种机制来解决数据的同步问题。

虽然非抢占式内核不会出现竞争，但是与抢占式内核的处理效率以及灵活性差距较大，所以大多数内核还是抢占式内核。

2.6.3　Peterson 算法

在软件层面解决临界区问题的一个经典算法是 Peterson，但它具有很大的局限性，即只能处理两个进程竞争的临界区问题。随着现代计算机的发展以及机器指令层面执行方式的不同,可能这一算法也并不能保证由此设计出的进程执行程序不会出现同步问题,但是由于其经典性以及首创性,仍值得一提。

Peterson算法的主要思想是通过全局布尔变量数组 flag[] 来标识两个进程是否准备好进入临界区,通过全局变量 turn 的值来标识谁可以进入临界区。

两个进程各自的示例代码如下:

```
P0:
flag[0] = true;
turn = 1;
while (flag[1] == true && turn == 1);
//临界区
flag[0] = false;
//剩余区
P1:
flag[1] = true;
turn = 0;
while (flag[0] == true && turn == 0);
//临界区
flag[1] = false;
//剩余区
```

Peterson 算法解决了临界区问题,证明如下。

首先,一个 turn 变量保证了这一算法的互斥条件成立。当一个进程在临界区中执行的时候是无法将 turn 变量赋值成另一个进程的标识的,并且在临界区执行结束之前自己的标识 flag[] 不会被更改为 false,所以另一个进程会一直在临界区前执行 while 循环进行等待。

这里可能会有读者产生疑惑,示例代码中 flag[0]=true 以及 flag[1]=true 这两条指令似乎是不必要的,因为一个 turn 变量对 while 循环来说执行是有效的。这就牵涉算法的进展和有限等待条件,因为剩余区的内容并没有明确表示出来,极有可能进程不会再回到这个循环中,导致另一个进程永远在临界区中执行 while 循环。另外,程序也有可能在剩余区中异常退出,同样无法将临界区执行权限归还给该进程,所以 Peterson 算法引入了 flag[] 数组。

2.6.4 硬件同步

1. 原子指令

与软件解决方案不同的是,硬件同步才真正解决了进程同步问题。

不同数量处理器的计算机需要处理的同步问题也不一样,单处理器的计算机只需要在修改可能出现问题的数据(也就是共享变量)时禁止被中断就能够解决这一问题;多处理器计算机的情况较为复杂,因为中断信号需要通知各个处理器,让它们协作处理中断,这时,处理器之间的协作就变得更为困难。

这种情况下,原子指令应运而生,这一指令在执行中不会被打断。下面以 test_and_set()

以及 compare_and_swap()两个函数为例介绍硬件同步的概念，其他的硬件同步方式留给读者自行探索。

test_and_set()函数的代码如下：

```
bool test_and_set(bool *flag){
    bool value=*flag;
    *flag=true;
    return value;
}
```

使用 test_and_set()函数来处理一个进程之间的同步锁（lock 变量）时，应将该变量初始化为 false 后开始执行，代码如下：

```
do
{
    while(test_and_set (&lock));
    //临界区
    lock = false;
    //剩余区
}
while(TRUE);
```

compare_and_swap()函数的代码如下：

```
int compare_and_swap(int *value, int expect, int new)
{
    int temp=*value;
    if(*value==expected)
    {
        value=new;
    }
    return temp;
}
```

当 value 参数传递 lock，expect 参数传递 0，new 参数传递 1 时，compare_and_swap()函数就是 test_and_compare()函数的翻版。

2．临界区问题

这一机制是否解决了临界区问题呢？

首先，lock 变量初值为 false 保证了一定有一个进程能够先进入临界区，一旦当任意一个进程进入临界区时，处理器就会执行 test_and_set()或 compare_and_swag()函数。将 lock 变量设置为 true，这样一来其他进程不可能进入临界区，从而满足互斥条件。而临界区的进程离开后会将 lock 变量设置为 false，则剩余准备进入临界区的进程通过执行 test_and_set()或 compare_and_swag()函数就能够顺利进入临界区，满足进入条件。但是可能存在某个进程被永远卡在 while 循环中无法执行下去，这显然无法满足有限等待条件。

综上所述，应当对这一原始方案进行改进，先定义 waiting[n]布尔数组以及 lock 变量，并全部初始化为 false。各个进程 P_i 的具体代码如下：

```
do
{
    waiting[i]=true;
    flag=true;
    while(waiting[i]&&flag)
            key=test_and_set(&lock);
    waiting[i]=false;
    //临界区
    j=(i+1)%n;
    while((j! =i)&&(! waiting[j]))
            j=(j+1)%n;
    if(j==i)
            lock=false; else
            waiting[j]=false;
    //剩余区
}
```

接下来证明这一算法解决了临界区问题。

最初可能会有多个进程进入第一个 while 循环，但是只会有一个进程 test_and_set() 函数传入的参数为 false，从而跳出循环，并且将 lock 变量设置为 true；此时不可能再有其他进程进入临界区，满足互斥条件；接下来对 j 的两次操作保证了即将进入临界区中的进程最多不会超过 n 个（这里读者可以尝试自行证明，不赘述）。这一机制满足了进展和有限等待条件，从而满足了解决临界区问题的 3 个条件。

2.6.5　互斥锁

硬件同步解决方案很难在实际编程中直接使用，所以现代操作系统中构建了专门的软件供程序员使用。其中一种常用的方案就是互斥锁，其命名来源于临界区问题中的互斥这一条件，是指一个进程进入临界区后上锁，其他进程就无法进入临界区，等待该进程退出临界区之后释放锁。使用互斥锁时，available 变量用于标识锁是否可用，acquire() 和 release() 两个函数用于对锁进行操作（上锁、释放锁）。

代码如下：

```
acquire():
    acquire()
{
    while! (available);
    available=false;
}
release():
    release()
{
    available=true;
}
```

这里可以看出，当有进程在临界区执行时，剩余准备进入临界区的进程在 acquire() 函数中需要不断重复 while 循环，直到临界区中的进程执行完毕。这种情况称为忙等待，这种类型的互斥锁被称为自旋锁。

release()函数作为原子指令的一种函数执行是毫无疑问的，因为函数中只有一条指令是对共享变量的操作。但是 acquire()函数比较特殊，由于忙等待，等待进入临界区的进程必须始终活跃，不能被打断，不会出现上下文切换的开销，这对处理器的要求非常高。单处理器显然无法处理这种情况，因为一旦忙等待进程占用了处理器就会影响整个系统的运行，并且多处理器中多个进程共享一个处理器时也会造成 CPU 资源的浪费。

2.6.6　信号量

信号量 S 是一个整数变量，利用函数 wait()以及 signal()进行更改，代码如下：

```
wait(S){while(S<=0); S--;}
signal(S){S++;}
```

这里的两个函数都是对共享变量 S 进行操作，所以执行不能中断，与前文中互斥锁的实现类似。在申请进入临界区前的操作都由 while 循环去查询、判断共享变量的值，所以会出现忙等待问题。

根据信号量取值范围的不同，可将其分为二进制信号量与计数信号量两种。二进制信号量只存在 0 和 1 两种数值，与互斥锁的效果近似；而计数信号量与可用资源的数量相关，可以将可用资源的数量作为初值赋给信号量，以实现对资源多个实例的同步调度。

信号量可以作为两个进程之间传递信号的一种手段。当两个进程的执行有严格的先后顺序时，就可以通过信号量来作为"桥梁"。如进程 P_1 的 S1 段需要在进程 P_2 的 S2 段之前执行，只需要在 S1 段之后插入 signal(S)，在 S2 段前插入 wait(S)，并且将 S 的初值设置为 0 即可。

为了解决前文提到的忙等待问题，可通过等待队列实现新的信号量结构，代码如下：

```
struct semaphore{
    int value;
    queue<struct process> que ;
}
```

value 用来限制进入临界区进程的数量。根据进程等候列表的不同结构，可以实现不同的进程选择方式。为了保证满足有限等待条件，这里以一种队列的形式实现，代码如下：

```
wait(S) {
    S->value--;
    if (S->value < 0) {
    (S->queue).push_back(current process P);
    block(P);
    }
}
signal(S) {
    S->value++;
    if (S->value <= 0 && S->queue is not empty) {
    P = (S->queue).pop_front();
```

```
        wakeup(P);
        }
}
```

显然这两个函数中都存在对共享变量的修改，所以必须原子执行这两个函数，否则竞争问题会在信号量操作中再次出现，那么设计这一机制的意义不复存在。所以这也是一个临界区问题，单处理器直接简单地禁止中断即可；但是多处理器非常复杂，需要通过其他的加锁技术来确保这两个函数原子执行。

2.6.7 死锁

系统的资源通常是有限的，而资源的分配可能是无序的。当一个进程需要的资源被其他进程所占有，且其他进程也在等待另一些进程释放资源时，有可能会陷入无法逃离的循环等待状态，即这组进程中的所有进程都在等待其他进程释放资源而不能释放自己的资源，处在"资源拿到了，但是没有完全拿到"的僵局，这就是死锁。因此，需要在操作系统中设计一种机制来避免这种情况，或者在遇到这种情况时能够打破僵局。

1. 系统模型

对进程来说，在执行过程中通常需要不同种类的资源，而一个系统拥有一定数量的资源，每一种资源也具有一定数量的实例。如果一个进程对某两个资源实例的使用无差别，那么这两个实例属于同种资源类型。

进程在执行前需要对所有需要使用的资源进行申请，并在进程执行结束以后释放这些资源。

死锁涉及不同类型的资源。这里的"不同"既可能是广义上的不同，即物理资源、逻辑资源等不同类型的资源；也可能是狭义上的不同，即不同的物理资源、不同的逻辑资源等同一类型中的不同资源。

2. 死锁的特征

死锁是指在一个进程集合中，由于每个进程持有部分资源并等待其他被占用的资源而被阻塞的情况。死锁产生的 4 个必要条件如下。

- 互斥：一个或多个资源是非共享的（一次只能被一个进程使用）。
- 占用等待：一个进程正在占用至少一个资源并且等待其他资源。
- 非抢占性：一个资源在被当前进程释放前不能被其他进程占用。
- 循环等待：存在一个进程集合，集合内的所有进程都在等待其他进程的资源形成环路。

虽然这里的 4 个条件互相并不是完全独立的，但是这样规定在判断过程中会较为方便，同时满足这 4 个条件的就一定是死锁。

3. 资源分配图

用于描述资源分配情况的有向图被称为资源分配图，由有向边集合 E 和节点集合 V

构成，两种集合分别代表资源 R 和进程 P，且分别用矩形和圆形表示。一种有向边是从进程 P 指向资源 R，代表进程 P 申请资源 R，称为申请边；而另一种是从资源 R 指向进程 P，代表资源 R 分配给进程 P，称为分配边。

在系统模型中已经说过，一种资源可能具有多个实例，在资源 R 中用圆点的数量来表示实例的个数，因此申请边只需要指向资源 R，而分配边需要从资源 R 中的圆点出发，以代表其中的一个实例已经被分配。申请边在有资源实例可以分配给该进程的时候就可以转化成为分配边。

3 个进程 P_1、P_2、P_3 以及 4 种资源 R_1（存在 2 个实例）、R_2（存在 1 个实例）、R_3（存在 2 个实例）、R_4（存在 3 个实例）如图 2.6 所示。进程 P_1 已被分配了 1 个 R_3 的实例并且在等待 R_1 的实例，进程 P_2 已被分配了 1 个 R_1 的实例并且在等待 R_2 的实例，进程 P_3 已被分配了 1 个 R_2 的实例。

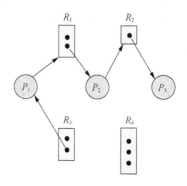

图 2.6　资源分配图

这里给出一个真命题：在资源分配图中如果不存在环路，则系统中不存在死锁情况。读者可以通过资源分配图和死锁的定义轻松地证明，这里不赘述。而如果资源分配图中存在环路，则可能出现死锁，例如图 2.7 所示的两种情况。

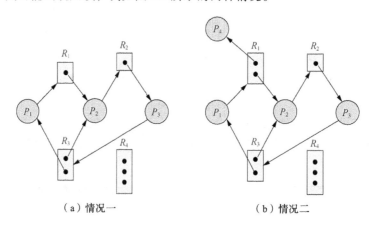

（a）情况一　　　　　　　　　　　（b）情况二

图 2.7　死锁

在图 2.7（a）中，P_2—R_2—P_3—R_3—P_2 环路会导致死锁；在图 2.7（b）中，同

样的，$P_2 — R_2 — P_3 — R_3 — P_2$ 环路却不会导致死锁。这是因为图 2.7（b）中资源 R_3 的一个实例被分配给了环路外的进程，该进程完成后会返还实例，可解除死锁。

4．死锁预防

如前文所述，形成死锁需要同时满足 4 个必要条件。所以只需要使这 4 个条件中至少有 1 个不满足就可以预防死锁的发生。

（1）互斥

在系统资源中每个实例都可以同时被多个进程占用的情况下，互斥条件就不再满足，也就不会出现死锁的情况。

（2）占用等待

有一种实现协议要求进程在执行前一次性完成申请，以获得所有的资源，然后执行。这种方式避免了申请部分资源后其余资源无法申请成功造成的占用等待情况，但是会出现的问题是：如果进程可以在不具有所有资源的情况下满足一定条件（含有必需的部分资源）就能执行，就会造成大量资源的浪费，并且有可能每个时刻都有一种资源不可获得，那么这个进程会被"饿死"。

另一种实现协议是仅在释放当前所有占用资源后才能申请资源。

（3）非抢占性

对于占用一定资源但是由于等待其他资源而未开始执行的进程，允许其他进程抢占这一进程已经分配的资源。这一实现实际上等价于在进程没有执行前并不申请资源，而是隐式地释放这些资源。

（4）循环等待

通过对资源类型进行排序，进程只能按照顺序优先级依次申请资源。具体来说，如果有资源集合 $R = \{R_1, R_2, \cdots, R_n\}$（这里已经按照顺序优先级进行过排序），资源实例可以按照任意顺序分配给进程 P。如已经分配了 R_1、R_4、R_7，之后进程在申请资源时只能申请优先级靠后的资源 $R_i(i > 7)$。若资源 $R_i(i < 7)$ 优先级较高，则需要先释放优先级落后于这一资源的其他资源实例。这一设计保证了在进程集合中不会出现循环等待的现象，否则至少一个进程会出现先申请顺序靠后的资源再申请顺序靠前的资源的情况。

5．死锁避免

（1）安全状态

在讨论死锁避免算法前，需要先定义一种系统状态——安全状态。一个进程对某一种资源在一个时间点上满足如下条件时，称它在该时间点为安全状态：存在一个进程执行顺序 $<P_1, P_2, \cdots, P_n>$，在每个进程执行完毕后回收该进程所分配的所有资源，且在每一个进程执行时间点，系统剩余资源都大于 P_i 执行所需资源最大值减去 P_i 已分配资源。

这一概念仅考虑了该进程集合执行过程中的最差情况，也意味着当系统处于安全状态时，一定存在一种解决方案使得系统不会进入死锁；而系统未处于安全状态时，并不意味着系统一定会遇到死锁。

（2）资源分配图算法

下面介绍借助资源分配图实现一种避免死锁情况的算法，在原资源分配图的基础上加入需求边的概念，方向与申请边相同，都是从进程指向资源，边的类型用虚线表示。一个进程能够申请一种资源的前提是它们之间存在需求边，所以这里需要提前知道所有进程对资源的需求，也就是说资源分配图中的所有边（不关心边的方向和类型）必须在资源分配图创立的时候就全部确定。当进程 P_i 申请资源 R_j 时，将需求边 $P_i \rightarrow R_j$ 转换成申请边 $P_i \rightarrow R_j$，只有在资源 R_j 可用且将申请边 $P_i \rightarrow R_j$ 变成分配边 $R_j \rightarrow P_i$ 时资源分配图中不会出现环路，才允许如此操作。而当进程释放资源时，需要将分配边 $R_j \rightarrow P_i$ 变成需求边 $P_i \rightarrow R_j$，如图 2.8 所示。

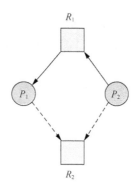

图 2.8　避免死锁资源分配图

如图 2.9 所示，将 P_2 与 R_2 之间的申请边转化为分配边后，检测到资源分配图中出现了一个环路，违反了安全状态，这种情况下有可能出现死锁。根据避免死锁资源分配图算法，不会出现分配边 $R_2 \rightarrow P_2$。

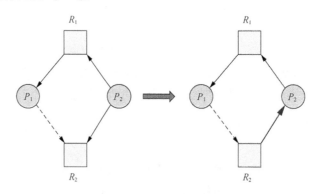

图 2.9　死锁资源分配图

这里需要强调的是，这种算法只支持每种资源只有一个实例的情况，因为这样才满足在资源分配图中出现环路时系统处于非安全状态，而不存在环路时系统处于安全状态。所以这种算法存在很大的局限性。接下来介绍银行家算法，该算法支持一种资源有多个实例的情况。

（3）银行家算法

首先介绍这一算法运行过程中涉及的几个概念，假设系统中存在 n 个进程以及 m 种资源类型。

① 余量矩阵 A：$1 \times m$ 的矩阵，$A[i]$ 表示第 i 种资源可用的实例数。

② 最大需求矩阵 M：$n \times m$ 的矩阵，$M[i][j]$ 表示第 i 个进程对第 j 种资源所需的最大实例数。

③ 已分配矩阵 H：$n \times m$ 的矩阵，$H[i][j]$ 表示第 i 个进程已经分配的第 j 种资源的实例数。

④ 需求矩阵 N：$n \times m$ 的矩阵，$N[i][j]$ 表示第 i 个进程需要的第 j 种资源的实例数，由最大需求矩阵和已分配矩阵计算而来，即 $N[i][j]=M[i][j]-H[i][j]$。

使用该算法时，首先判断系统是否处于安全状态，代码如下：

```
bool found = false;
bool Finish[n];
Work = A;
for (int i = 0;i < n;i++)
     Finish[i] = false;
while(true)
{
    found = false;
    for (int i = 0;i < n;i++)
    {
        //循环一次
        if(Finish[i] == false && N[i] <= Work)
        {
            //进入循环表示可分配，执行完毕后回收资源
            Work += H[i];
            found = true;
            Finish[i] = true;
        }
    }
    if(found == false)
    {
        //无资源分配时就跳出
        break;
    }
}
for (int i = 0;i < n;i++)
{
    if(Finish[i] == false)
    {
        return 不安全;
    }
}
return 安全;
```

真正的资源请求算法在进程申请资源过程中先判断申请的资源是否小于需求矩阵中的对应值，如果不小于对应值则为异常情况；然后判断申请的资源是否小于余量矩阵中的对应值，如果不小于对应值则资源无法获取，进程必须等待。若都满足，则假设分配资源和对相应值进行修改后判断系统是否能够继续处于安全状态，若处于则可以分配，若不处于则进程必须等待，并且将前面修改的值全部恢复。

6．死锁检测

当系统中每种资源最多只有一个实例的时候，可以利用资源分配图的变体来检测死锁情况。具体的方法是删除资源，由剩下的进程组成等待图；若图中存在 $P_i{\rightarrow}R_k$ 以及 $R_k{\rightarrow}P_j$ 两条边，则在进程 P_i 与进程 P_j 之间构建有向边 $P_i{\rightarrow}P_j$；若最后生成的等待图中出现环路，则说明在系统中检测出了死锁。

显然，利用等待图检测死锁的方法很难在实际的操作系统中使用，实际情况往往是每种资源有多个实例。有种死锁检测算法与避免死锁的银行家算法相近，但是需求矩阵不再由最大需求矩阵以及已分配矩阵二者计算而来，而是作为系统运行过程中给定的值存在。其与银行家算法的不同之处在于，若进程最初已分配资源为 0，则认为进程已经结束（即 Finish[i]=true）；然后在算法执行到最后时判断 Finish 矩阵中是否存在 false 值，若存在则说明系统进入死锁状态。具体代码如下：

```
bool found = false;
bool Finish[n];
Work = A;
for (int i = 0;i < n;i++)
{
        Finish[i] = false;
        If(H[i]=0) Finish[i]=true;
}
while(true)
{
        found = false;
        for (int i = 0;i < n;i++)
        {
                //循环一次
                if(Finish[i] == false && N[i] <= Work)
                {
                        //进入循环表示可分配，执行完毕后回收资源
                        Work += H[i];
                        found = true;
                        Finish[i] = true;
                }
        }
        if(found == false)
        {
                //无资源分配时就跳出
                break;
```

```
        }
}
for (int i = 0;i < n;i++)
{
        if(Finish[i] == false)
        {
                return "deadlock";
        }
}
return "deadlock";
```

7. 死锁恢复

死锁恢复的方式分为两种，一种是终止死锁环路中的进程，将资源返还给系统；另一种是通过进程之间的优先级进行资源调配，使得部分进程可以抢占其他进程的已分配资源，从而结束死锁。

终止进程方式可以终止死锁环路中的所有进程，但是这也意味着之前 CPU 对这些进程所做的工作全部被清零。通过只终止部分进程的方式也能实现终止死锁的目标，但需要每次终止一个进程后就判断系统是否还处于死锁状态。这种消耗是巨大的，因为在判定系统结束死锁状态前，每终止一个进程都要进行一次死锁检测。

优先级资源调配方式会导致以下几个问题。

① 如何处理被抢占资源进程的后续。

② 如何分配优先级，以处理抢占顺序。

③ 如何保证所有进程能在有限时间内被处理。

根据优先级资源调配方式，如果允许进程发生资源抢占，那么系统需要考虑 3 个问题：一是如何选择被抢占的资源和进程，即选择牺牲哪些进程；二是如何处理那些被抢占的进程，使其恢复运行，即回滚问题；三是如何确保等待进程的执行不会被无限推迟，即"饥饿"问题。

2.6.8 管程

为了解决可能存在的程序员编程错误的问题，使用抽象数据类型——管程——可以很好地规避一些风险，能够保证每次在管程内只有一个进程活动。而如果考虑同步机制，需额外定义条件变量（condition variable），可以在各个进程中调用 x.wait()以及 x.signal()函数，将进程加入条件变量对应的进程队列中。如果进程队列中仅有一个进程，则可以直接执行，否则需要等到进程队列前端的进程执行完毕后才能被执行。

管程的基础语法如下：

```
condition x, y, z;
monitor Mon_name{
     //共享变量声明
     function f1(…){…}
     function f2(…){…}
```

```
        …
        function fn(…){…}
    }
```

可用 Mon_name.fi() 函数对管程中的函数进行调用，而管程中的函数可通过 x.wait() 或者 x.signal() 函数挂起进程或恢复挂起进程。

当进程 P_1 调用 x.signal() 函数时，若条件变量 x 存在一个挂起进程 P_2，那么接下来进程 P_2 是直接执行还是等待进程 P_1 执行完毕退出管程后再执行是需要明确的问题。根据执行方式的不同可将其分为唤醒等待、唤醒继续两种。

唤醒等待是指进程 P_2 在被唤醒以后，进程 P_1 开始等待进程 P_2 执行完毕退出管程后再执行；而唤醒继续是指进程 P_2 在被唤醒以后，进程 P_1 继续执行到退出管程，然后进程 P_2 进入管程执行。

经典的进程同步问题

2.7 本章小结

本章主要介绍了操作系统进程调度的相关内容。进程调度是操作系统中非常重要的一部分，它负责决定哪个进程可以运行、何时可以运行以及运行多长时间等，以保证系统资源的合理利用和高效运行。首先，本章介绍了进程的基本概念，进程是正在执行的程序，它包含程序计数器、寄存器和主存储器等信息。操作系统通过进程控制块来管理进程，进程控制块包含进程的所有信息，如进程标识符、状态、优先级等。其次，本章介绍了进程的调度准则和调度算法。进程调度的基本原则包括公平性、高效性和优先级。常见的调度算法有 6 种，主要的调度算法包括先来先服务和最短作业优先等调度算法。再次，本章介绍了进程同步和互斥的相关概念和方法。进程同步是指多个进程之间的协调，互斥是指多个进程共享资源时的竞争和冲突。常用的进程同步和互斥方法包括临界区、信号量和管程等。最后，本章介绍了多处理器系统中的进程调度问题。在多处理器系统中，进程可以同时在多个处理器上运行，因此进程调度需要考虑多个处理器的负载平衡和任务分配等问题。

2.8 本章练习

1. 若多个进程共享同一个文件 F，则下列叙述中正确的是（　　　）。

 A. 每个进程只能用读取方式打开文件 F

 B. 在系统打开文件表中仅有一个表项包含 F 的属性

 C. 各进程用户的打开文件表中关于 F 的表项内容相同

 D. 进程关闭 F 时系统会删除 F 在系统打开文件表中的表项

2. 下列与进程调度有关的因素中，在设计多级队列调度算法时需要考虑的是（　　　）。

 Ⅰ. 就绪队列的数量　　　　　　　　　Ⅱ. 就绪队列的优先级

 Ⅲ. 各就绪队列的调度算法　　　　　　Ⅳ. 进程在就绪队列间的迁移条件

A. Ⅰ、Ⅱ   B. Ⅲ、Ⅳ

C. Ⅱ、Ⅲ、Ⅳ   D. Ⅰ、Ⅱ、Ⅲ、Ⅳ

3. 某系统中有 A、B 两类资源各 6 个，t 时刻进程资源分配及需求情况如表 2.1 所示。

表 2.1   进程资源分配及需求情况

进程	A 已分配数量	B 已分配数量	A 需求总量	B 需求总量
P_1	2	3	4	4
P_2	2	1	3	1
P_3	1	2	3	4

t 时刻安全检测结果是（   ）。

A. 存在安全序列 P_1、P_2、P_3 C. 存在安全序列 P_2、P_3、P_1

B. 存在安全序列 P_2、P_1、P_3 D. 不存在安全序列

4. 下列准则中实现临界区互斥机制必须遵循的是（   ）。

Ⅰ. 两个进程不能同时进入临界区

Ⅱ. 允许进程访问空闲的临界资源

Ⅲ. 进程等待进入临界区的时间是有限的

Ⅳ. 不能进入临界区的运行状态的进程应立即放弃 CPU

A. Ⅰ、Ⅳ   B. Ⅰ、Ⅲ   C. Ⅰ、Ⅱ、Ⅲ   D. Ⅰ、Ⅲ、Ⅳ

5. 下列选项中，可能会将进程唤醒的事件是（   ）。

Ⅰ. I/O 结束   Ⅱ. 某进程退出临界区

Ⅲ. 当前进程的时间片用完

A. 仅Ⅰ   B. 仅Ⅲ   C. Ⅰ、Ⅱ   D. Ⅰ、Ⅱ、Ⅲ

6. 下列关于死锁的叙述中，正确的是（   ）。

Ⅰ. 可以通过剥夺进程资源解除死锁

Ⅱ. 死锁预防的方法能确保系统不发生死锁

Ⅲ. 银行家算法可以判断系统是否处于死锁状态

Ⅳ. 当系统出现死锁时，必然有两个或两个以上的进程处于阻塞状态

A. Ⅱ、Ⅲ   B. Ⅰ、Ⅱ、Ⅳ   C. Ⅰ、Ⅱ、Ⅲ   D. Ⅰ、Ⅲ、Ⅳ

7. 某系统采用基于优先级的非抢占式调度策略，完成一次进程调度和进程切换的系统时间开销为 1μs。在 t 时刻，就绪队列中有 3 个进程 P_1、P_2 和 P_3，其在就绪队列中的等待时间、需要的 CPU 时间和优先级如表 2.2 所示。

表 2.2   进程切换时间开销

进程	等待时间/μs	需要的 CPU 时间/μs	优先级
P_1	30	12	10
P_2	15	24	30
P_3	18	36	20

若优先级大的进程优先获得 CPU，从 t 时刻起系统开始调度进程，则系统的平均周转时间为（　　）。

  A．54μs   B．73μs   C．74μs   D．75μs

8．属于同一进程的两个线程 thread1 和 thread2 并发执行，共享初值为 0 的全局变量 x。thread1 和 thread2 实现对全局变量 x 加 1 的机器级代码描述如表 2.3 所示。

表 2.3   线程并发执行

thread1		thread2	
mov R_1, x	// (x) → R_1	mov R_2, x	// (x) → R_2
inc R_1	// (R_1) +1 → R_1	inc R_2	// (R_2) +1 → R_2
mov x, R_1	// (R_1) → x	mov x, R_2	// (R_2) → x

在所有可能的指令执行序列中，使 x 的值为 2 的序列个数是（　　）。

  A．1   B．2   C．3   D．4

9．假设系统中有 4 个同类资源，进程 P_1、P_2 和 P_3 需要的资源数分别为 4、3 和 1，P_1、P_2 和 P_3 已申请到的资源数分别为 2、1 和 0，则安全检测结果是（　　）。

  A．不存在安全序列，系统处于不安全状态

  B．存在多个安全序列，系统处于安全状态

  C．存在唯一安全序列 P_3、P_1、P_2，系统处于安全状态

  D．存在唯一安全序列 P_3、P_2、P_1，系统处于安全状态

10．若 x 是管程内的条件变量，则当进程执行函数 x.wait()时所做的工作是（　　）。

  A．实现对变量 x 的互斥访问

  B．唤醒一个在 x 上阻塞的进程

  C．根据 x 的值判断该进程是否进入阻塞状态

  D．阻塞该进程，并将之插入 x 的阻塞队列中

11．让权等待指的是当一个进程发现它无法继续执行时，主动放弃 CPU 使用权，进入阻塞状态或者等待状态，等待被唤醒时再继续执行。在下列同步机制中，可以实现让权等待的是（　　）。

  A．Peterson 算法   B．swap 指令

  C．信号量方法   D．TestAndSet 指令

12．下列操作中，操作系统在创建新进程时，必须完成的是（　　）。

  Ⅰ．申请空白的进程控制块   Ⅱ．初始化进程控制块

  Ⅲ．设置进程状态为运行状态

  A．仅Ⅰ   B．Ⅰ、Ⅱ   C．Ⅰ、Ⅲ   D．Ⅱ、Ⅲ

13．下列内核的数据结构或程序中，分时操作系统实现时间片轮转调度需要使用的是（　　）。

  Ⅰ．进程控制块   Ⅱ．时钟中断处理程序

  Ⅲ．进程就绪队列   Ⅳ．进程阻塞队列

  A．Ⅱ、Ⅲ   B．Ⅰ、Ⅳ   C．Ⅰ、Ⅱ、Ⅲ   D．Ⅰ、Ⅱ、Ⅳ

14．下列事件中，可能引起进程调度程序执行的是（　　）。

　Ⅰ．中断处理结束　　　　　　　　　　Ⅱ．进程阻塞

　Ⅲ．进程执行结束　　　　　　　　　　Ⅳ．进程的时间片用完

　A．Ⅰ、Ⅲ　　　　　　　　　　　　　　B．Ⅱ、Ⅳ

　C．Ⅲ、Ⅳ　　　　　　　　　　　　　　D．Ⅰ、Ⅱ、Ⅲ和Ⅳ

15．若系统中有 n（$n \geqslant 2$）个进程，每个进程均需要使用某类临界资源 2 个，则系统不会发生死锁所需的该类资源总数至少是（　　）。

　A．2　　　　　　　B．n　　　　　　　C．$n+1$　　　　　　D．$2n$

16．创建子进程的任务是什么？子进程生成后如何使它完成与父进程不同的任务？

17．某系统的状态转换图如图 2.10 所示，请说明引起状态转换 1、2、3、4 的原因，并各自举例；说明以下状态切换是否可能发生及相应原因。

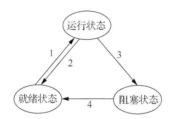

图 2.10　状态转换图

（1）3→1；

（2）2→1；

（3）3→2；

（4）3→4；

（5）4→1。

18．一个理发店有一张理发椅及 n 张等候椅。若没有要理发的顾客，理发师就去睡觉；若顾客走进理发店，但所有椅子都被占了，该顾客就离开理发店；若理发师正在为别人理发，该顾客就找一张空椅子坐下并等待；若理发师在睡觉，顾客就唤醒他。请设计一个协调理发师和顾客的程序。

19．在解决死锁的方法中，哪种方法最浪费资源？哪种方法最易实现？哪种方法资源利用率最高？

20．有 3 个进程共享 9 个资源，它们的占有量和最大需求量如表 2.4 所示。

表 2.4　　　　　　　　　　　　进程共享资源（1）

	占有量	最大需求量
P_1	2	6
P_2	3	6
P_3	1	5

若 3 个进程均再申请 2 个资源，按照银行家算法，应该分配给谁？

21．为什么要在生产者和消费者的同步问题中加入互斥信号量，而在计算进程和输出进程的同步问题中不加入互斥信号量？

22．现有 3 个进程 P_1、P_2、P_3 共享(A,B,C)这 3 类资源，系统的总资源数为(6,8,6)，各进程占有量和最大需求量如表 2.5 所示。请根据银行家算法解答下列问题。

（1）目前系统是否处于安全状态？

（2）现在如果进程 P_3 提出申请(1,1,1)个资源或进程 P_1 提出申请(0,0,1)个资源，系统是否能为它们分配资源？

表 2.5 进程共享资源（2）

进程	占有量			最大需求量		
	A	B	C	A	B	C
P_1	2	6	3	2	6	5
P_2	2	0	1	2	0	1
P_3	2	1	0	2	8	5

23．现有 5 个操作 A、B、C、D 和 E，操作 C 必须在 A 和 B 完成后执行，操作 E 必须在 C 和 D 完成后执行。请使用信号量的 wait()、signal()函数描述上述操作之间的同步关系，并说明所用信号量及其初值。

24．有 n（$n \geq 3$）位哲学家围坐在一张圆桌边，每位哲学家交替地就餐和思考；在圆桌中心有 m（$m \geq 1$）个碗，每 2 位哲学家之间有 1 根筷子；每位哲学家必须取到 1 个碗和 2 根筷子后才能就餐；就餐完毕，将碗和筷子放回原位并继续思考。为使尽可能多的哲学家同时就餐，且防止出现"死锁"现象，请使用 wait()、signal()函数描述上述过程中的互斥与同步，并说明所用信号量及其初值的含义。

3

第 3 章 处理器管理

处理器管理是操作系统中的重要组成部分，管理的核心就是资源的调度。操作系统调度的目的是在有限的资源下，通过对多个程序执行过程的管理，尽可能满足系统和应用的指标，如应用的等待响应时间、完成时间、系统的资源利用率、吞吐率、功耗等。这些指标根据应用场景的不同会发生相应的变化。

然而，在操作系统中做好调度绝非易事，系统中没有全知全能的"神"来指导调度，复杂多变的应用场景和不同程序的特征及需求都会增大调度的难度。因此，针对调度的研究伴随着整个计算机系统的发展历程，调度的设计与实现随着时代发展也在不断演化。

本章从 CPU 讲起，针对当前各种操作系统的主流调度算法和策略展开介绍，并对现代操作系统中的调度器进行案例分析。

3.1 CPU

CPU 的架构设计与计算机系统的结构密切相关。本节将以较为简单的 MIPS（million instructions per second，百万条指令每秒）处理器为例对处理器的架构做简单说明。

一个简单的单周期 MIPS32 处理器拥有控制单元（control unit）、算术逻辑单元（arithmetic logic unit，ALU）、寄存器文件（register file）以及一些必要的控制通路和数据通路等。图 3.1 所示是典型的 MIPS 处理器的工作原理。控制单元从指令主存储器中读取相应的指令并解析出多个控制信号，通过控制通路传输给 CPU 中的寄存器文件、算术逻辑单元以及 CPU 外部指令主存储器和数据主存储器，并指定下一条指令的主存储器地址以及待操作数据的主存储器地址。算术逻辑单元可以与寄存器文件通过数据通路互相传输数据，并进行控制信号指定的运算。寄存器文件由多个寄存器组成，可以与数据主存储器互相传输数据，从而实现主存储器中数据的读与写。

一个典型的单周期 MIPS32 处理器的指令集可以分为 R-type、J-type 和 I-type 3 种。执行 R-type 指令的时候，根据解析出来的控制信号，两个指定寄存器中的数据会被传输到算术逻辑单元中进行指定的运算操作，最后的运算结果会通过数据通路传输到寄存器文件并被存储到指定的寄存器中。在操作系统中，lw 指令是一条典型的 I-type 指令，该指令会从数据主存储器中的指定位置读取数据，通过数据通路将数据传输到寄存器文件并存储在指定的寄存器中。

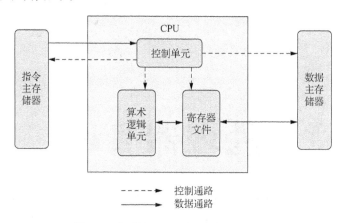

图 3.1　典型的 MIPS 处理器的工作原理

3.1.1　寄存器

本小节将简单介绍 CPU 中的重要组成部件——寄存器。寄存器是存储器层次中最靠近算术逻辑单元的一层，也是读出时间最小的一层，是存储器层次的重要组成。一个典型的寄存器读出时间的数量级约为 0.1ns。图 3.2 是 Intel 公司 Skylake 架构处理器的存储器层次，可以看到从外部的主存储器读取数据进处理器需要 90ns。寄存器超快的读取速度可以提高处理器的工作效率。

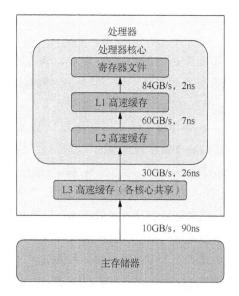

图 3.2　Intel 公司 Skylake 架构处理器的存储器层次

MIPS32 架构处理器的寄存器分为通用寄存器和专用寄存器两种。通用寄存器即用户可以进行读/写操作的寄存器，MIPS32 架构的处理器共拥有 32 个通用寄存器。典型的 MIPS32 架构处理器中的寄存器文件如图 3.3 所示，可以同时读取两个寄存器中的数据，也可以在写控制信号为真时向指定寄存器写入数据。另外，MIPS32 架构的处理器中还有多个专用寄存器，这些寄存器没办法通过编程人为地任意改变其中的值。程序计数器（program counter，PC）寄存器就是典型的专用寄存器。该寄存器存储了下一条指令在指令主存储器中的主存储器地址，可以在下一个周期开始的时候读取对应的指令。

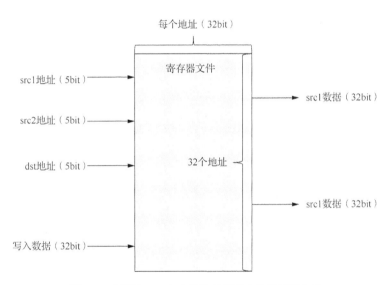

图 3.3　典型的 MIPS32 架构处理器中的寄存器文件

3.1.2　处理器状态

处理器状态是操作系统赋予 CPU 的操作模式，会规定以及限制处理器可以进行的操作。典型的操作系统会给处理器赋予两种不同的状态——内核态和用户态。

当处理器状态处于内核态的时候，处理器可以执行该体系结构对应的指令集中的所有指令，包括初始化任何 I/O 操作以及访问任何主存储器区域。通常只有高度可靠且被高度信任的操作系统内核代码会运行在内核态下，因为内核态的处理器具有极高的权限。如果用户在内核态中进行操作，可能会在不经意间对计算机造成毁灭性损害。另外，某些恶意软件如果运行在内核态中，对计算机的伤害会很大。

用户态是与内核态相对应的一种处理器状态。在这种状态中，处理器的运行受限，可运行的指令是指令集的子集，通常来说 I/O 操作的指令以及访问部分主存储器区域的指令是禁止在用户态下运行的。如果用户的应用程序想要执行这些受限指令，需要发出系统调用的申请，通过中断的方式请求内核执行相应的操作。

3.1.3 多处理器系统

随着硬件技术以及并行处理技术的进步与发展，多处理器系统逐渐发展成熟。典型的多处理器系统将多个 CPU 通过某种方式连接在一起，共同执行并行处理任务。设计多处理器系统的重要目的是通过并行处理的方式加快系统的处理速度，同时多处理器系统也可以增加系统的容错性，因此在某些执行重要任务的计算机系统中常常运用。

多处理器系统自 1961 年首次问世以来，已经发展了半个多世纪，出现了多种不同的类型。从大的分类来说，可以分为松耦合多处理器系统和紧耦合多处理器系统。这两种系统的显著区别在于：松耦合多处理器系统中的每一个处理器都有专用主存储器，在需要共享数据时通过网络连接进行共享，因此松耦合多处理器系统又叫作分布式主存储器系统；而紧耦合多处理器系统大多是多个处理器共享物理意义上的同一个主存储器。图 3.4 所示是松耦合多处理器系统的工作原理。

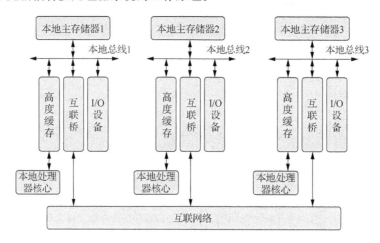

图 3.4　松耦合多处理器系统的工作原理

紧耦合多处理器系统的一个典型例子是对称式多处理器（symmetric multi-processor，SMP）。SMP 是指在一个计算机上汇集一组处理器，各 CPU 之间共享主存储器子系统以及总线结构。在 SMP 中，每个处理器的地位是平等的，没有主从关系，操作系统内核可以运行在任意一个处理器上，也可以实现多进程或多线程运行的内核，从而利用多处理器系统并行运行。因为所有的处理器都使用同一块主存储器，所以各个处理器的主存储器访问时间是一致的。所以 SMP 又称为均匀存储器存取（uniform memory access，UMA）系统。图 3.5 所示是 SMP 的工作原理。

需要注意的是，随着人们对计算能力的要求日益提高，SMP 逐渐暴露出了一些弊端。因为整个系统共用一块主存储器，在系统中处理器数量较多的情况下，主存储器访问冲突频率会变大很多，这会造成高频率的处理器暂停，以等待主存储器访问权限，从而导致整个系统的并行加速比不高，使得每个处理器所发挥的性能有限。因此，SMP 的扩展性不好，只适用于处理器数量较少的系统。

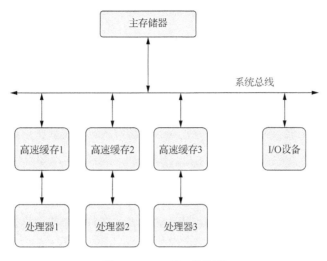

图 3.5　SMP 的工作原理

为了弥补 SMP 扩展性不好的不足，非均匀存储器存取（non-uniform memory access，NUMA）系统应运而生。如图 3.6 所示，NUMA 系统可以简单地理解为多个 SMP 或者单个处理器通过高速网络连接在一起，因此也可认为是 SMP 的松耦合系统。在 NUMA 系统中，处理器访问本地主存储器时间与访问通过网络连接的远端主存储器的时间是不一致，该系统也因此而得名。

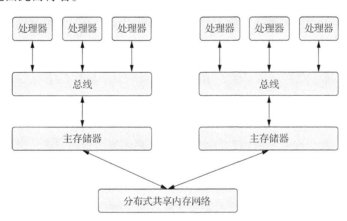

图 3.6　NUMA 系统的工作原理

3.2　处理器调度算法

在实际的操作系统中，用户会不断地提交新的任务给操作系统完成，因此操作系统在同一时间可能有多个任务等待被执行。但是对某一特定的计算机系统来说，自身处理器的计算资源是有限的，因此如何以一种合理的方式去使用处理器完成这些任务就显得尤为重要。这也是本节接下来要阐述的内容。

先来看一个实际的例子，假如没有合适的处理器调度算法会发生什么事情呢？张三有在编写代码时听歌的习惯。某天他打算采纳朋友的建议，利用 LaTex 在个人计算机（假设张三的计算机处理器是单核的）中编写代码。他先打开一个代码编辑器编写相应的 LaTex 代码，同时打开播放器听歌。若此时调度的方式是先来的任务先处理，即采用先来先服务调度算法，那么张三会发现播放器没办法播放音乐。因为此时代码编辑器作为先提交的任务还没有执行完，所以播放器播放音乐的任务就得等到处理器的前一个任务完成后执行。由于张三没法按照自己的习惯边编写代码边听歌，因此张三的体验是极为糟糕的。

从上面的例子可以看出，以合适的方式调度处理器资源是很有必要的。事实上，后文所介绍的多种调度算法都可以为张三提供一边听歌一边编写代码的体验。

在正式介绍各种不同的处理器调度算法之前，先来讨论如何评价处理器调度算法的优劣。

（1）处理器利用率

一个好的调度算法至少应该保证处理器利用率足够高，处理器利用率可以简单地用处理器工作时间除以总工作时间的百分比表示。但是处理器利用率高（也就是处理器保持"忙碌工作"的时间占比高）也不意味着采用的调度算法就是优秀的。比如在张三这个例子中，处理器利用率是极高的，因为处理器一直在处理代码编辑任务，但是播放歌曲的任务迟迟没有进行，张三的体验是极差的。因此仅用这个指标来评价是不够的。

（2）吞吐量

吞吐量描述了单位时间内处理完成的任务数量，这个指标越高越好。另外这个指标通常用在不与或者少与用户进行交互的批处理任务以及后台任务中。

（3）周转时间

周转时间是针对某一个进程或者线程来说的（在处理器调度这个领域，习惯性地将进程和线程统称为任务）。周转时间表示执行完成该进程或者线程所花费的时间，具体来说，是向操作系统提交某任务到该任务执行完毕的这段时间。周转时间可以明确地表示完成某任务所需要的时间。在实际使用的时候，针对处理器调度算法来说，单个具体任务的周转时间是没有太大意义的，因此在实际使用中更常用的是平均周转时间。

（4）等待时间

等待时间是某任务在就绪队列（参见 2.2 节中的五状态进程模型）中等待被执行的总时间，该指标反映了某任务在执行完毕前所需等待执行的时间长短。显然，该指标越小越好。同理，单个具体任务的等待时间无法用于评价整体处理器调度算法的优劣，因此在实际使用中更常用的是平均等待时间。

（5）响应时间

响应时间是向操作系统提交某任务到某任务分配到处理器上执行的时间间隔。需要注意的是，这里容易犯一个常见的错误，那就是将响应理解为产生用户可见的交互。这里的响应是指处理器对任务有了第一次响应，也可以把响应时间理解为某任务的第一次等待时间。该指标常在交互式系统中应用。同理，该指标在实际使用中常用相应的平均指标来代替。

在评价某一个具体的处理器调度算法时，常根据该算法设计时的目标从上述 5 个指标中选取部分或者全部进行评价。另外值得注意的是，后文所描述的各种算法其实都相对简单。这是因为需要充分考虑操作系统的实时性，如果算法设计得过分复杂，导致调度任务的时间开销比执行任务还高，就是舍本逐末、得不偿失了。因此用相对较少的时间开销得到较好的调度序列，是后文所有算法设计的核心思想。

3.2.1 先来先服务调度算法

先来先服务调度算法又叫先进先出（first in first out，FIFO）调度算法，该调度算法在操作系统内核中按照任务到达的先后次序维护任务队列。当处理器处于空闲状态且任务队列非空的时候，该任务队列的队首任务出队，处理器执行该出队的任务。当处理器执行完当前任务抑或是当前任务被阻塞时，处理器调度器按照同样的规则从前文所描述的任务队列中选取队首任务让处理器执行。根据对先来先服务调度算法的描述可以很容易地发现这种算法确保了在没有任务被阻塞的情况下，处理器执行任务的次序符合任务向操作系统提交的先后次序，算法由此得名。

先来先服务调度算法的一个很明显的优势就是实现简单，容易理解。在该算法的实现中，操作系统仅需要维护一个表征任务进入有先后次序的任务队列。事实上，这个任务队列可以用操作系统内核中原有的预备队列来代替，所以实现该调度算法相对来说是比较简单的。

但是先来先服务调度算法有一个致命的缺点，即护航效果。护航效果是指如果执行时间短的任务的到达时间在执行时间长的任务的到达时间之后，那么执行时间长的任务会按照该调度算法优先执行。此时在执行时间短的任务的周转时间中，等待先前任务执行完毕的时间会占主要部分，如表 3.1 所示。

表 3.1　　　　　　　　　　　　　先来先服务调度任务示例 1

任务标识	到达时间/ns	执行时间/ns
A	0	100
B	1	1

表 3.1 中，任务的执行次序是 A→B，A 的周转时间为 100-0=100ns，B 的周转时间为 101-1=100ns，这里的 101 指的是完成 A、B 两个任务所需要的时间，故平均周转时间为 100ns；A 的等待时间为 0ns，B 的等待时间为 100-1=99ns，平均等待时间为 99÷2=44.5ns。在这种情况下，如表 3.2 所示，简单地交换两个任务的到达时间会得到更好的调度效果，此时任务的执行次序是 B→A，A 的周转时间为 101-1=100ns，B 的周转时间为 1-0=1ns，平均周转时间为 101÷2=50.5ns；A 的等待时间为 0ns，B 的等待时间为 0ns，平均等待时间也为 0ns。平均等待时间以及平均周转时间这两项重要指标在交换任务到达时间后都得到了很好的提升。

表 3.2　　　　　　　　　　　　　　先来先服务调度任务示例 2

任务标识	到达时间/ns	执行时间/ns
A	1	100
B	0	1

实际系统中长执行时间任务和短执行时间任务常常交错出现，很容易出现前文提及的护航效果，因此这种调度算法虽然实现简单，但是很少在实际操作系统中使用。

该算法的另一个缺点是对 I/O 密集型任务和计算密集型任务不公平。I/O 密集型任务对处理器的使用时间是碎片化的，它们需要花费更多的时间在等待 I/O 响应上。I/O 密集型任务在处理 I/O 请求时会被阻塞，因此计算密集型任务可能会得到处理器的使用权限，但计算密集型任务常常执行时间较长，使 I/O 密集型任务的下一次 I/O 请求只能等待计算密集型任务完成后才进行处理。在这种情况下，I/O 密集型任务的周转时间可能会被延长很多。因此先来先服务调度算法更加偏向于计算密集型任务，而对 I/O 密集型任务不友好，缺乏公平性。

3.2.2　最短作业优先调度算法

为了弥补前文所描述的先来先服务调度算法的第一个缺点，即护航效果，人们提出了最短作业优先调度算法。护航效果意味着短执行时间任务如果在长执行时间任务之后执行则会提高系统的平均周转时间以及整体系统的平均等待时间，因此一个很自然的想法就是设计一种调度算法，让处理器优先调度执行时间短的任务，这种算法就是最短作业优先调度算法，如表 3.3 所示。

表 3.3　　　　　　　　　　　　　最短作业优先调度任务示例

任务标识	到达时间/ns	执行时间/ns
A	0	100
B	1	100
C	2	1

表 3.3 中，任务的执行次序是 A→B→C，A 的周转时间为 100ns，B 的周转时间为 199ns，C 的周转时间为 199ns，平均周转时间为 166ns；A 的等待时间为 0ns，B 的等待时间为 99ns，C 的等待时间为 198ns，平均等待时间为 99ns。可以看见 B 对 C 产生了明显的护航效果。如果我们将调度算法换为最短作业优先调度算法，那么任务的执行次序变为 A→C→B。此时，A 的周转时间为 100ns，C 的周转时间为 99ns，B 的周转时间为 200ns，平均周转时间为 133ns；A 的等待时间为 0ns，C 的等待时间为 98ns，B 的等待时间为 100ns，平均等待时间为 66ns。由此可以发现最短作业优先调度算法可以显著减弱护航效果，对于长、短执行时间任务交错的场景来说调度效率显著提高。可以证明，最短作业优先调度算法能够最小化平均等待时间，是所有任务同时发起请求情况下的一个最优算法。

但是最短作业优先调度算法仍然存在缺点，首先该算法调度的效果跟任务的到达时间有一定的关系。在刚刚的示例中，任务 C 的执行时间很短，但是因为任务 A 先到达，且处理器处于空闲状态，所以调度算法会先运行任务 A。而任务 A 的执行时间较长，使系统的平均周转时间和平均等待时间都相应变长。上述示例中最优的调度次序其实是 C→A→B（或 C→B→A），比最短作业优先调度算法的执行次序拥有更短的平均周转时间和平均等待时间。因此前文提到最短作业优先调度算法仅当所有任务同时发起请求时是一种最优算法。但是所有任务同时发起请求这个条件过于苛刻，在实际使用中常常会用抢占式的最短剩余时间优先调度算法来进行处理器调度。

最后，值得一提的是，最短作业优先调度算法高度依赖于任务的执行时间，但是在实际的生产实践中，很少能够准确地提前知道某一个任务具体的执行时间。在相对理想的情况下，可能会有相关领域的专家可以较为准确地预测某任务的执行时间，但在一般情况下，我们会使用一些启发式算法来自动预测任务的执行时间。一个常见的启发式算法如下。

$$\tau_{n+1} = \alpha t_n + (1-\alpha)\tau_n \tag{3.1}$$

式中，τ 表示预测执行时间；t 表示实际执行时间；n 或 $(n+1)$ 表示第 n 或 $(n+1)$ 个任务；α 表示根据最近一次实际任务执行时间更新的比例大小，应介于 0 和 1 之间。

观察式（3.1）可以发现，第 $(n+1)$ 个任务的预测执行时间是将第 n 个任务的实际执行时间和第 n 个任务的预测执行时间按照 α 进行混合，说明 τ_n 包含前 $(n-1)$ 个任务的实际执行时间。因此 α 越大，表示在更新第 $(n+1)$ 个任务的预测执行时间时最近一个任务的执行时间越受重视；反之则表示之前的任务实际执行时间越受重视。还有一点值得一提，将式（3.1）展开，可以发现越久远任务的执行时间在最终的预测结果中所占的权重是越小的（按照指数规律衰减）。这符合实际生产中的规律，越久远的任务对当前任务的影响越小。

3.2.3 最短剩余时间优先调度算法

最短剩余时间优先（shortest remaining time first，SRTF）调度算法是最短作业优先调度算法的抢占式改进，该改进调度算法弥补了最短作业优先调度算法的调度效果与任务到达时间高度相关的缺点。

在讲解最短剩余时间优先调度算法之前，我们先来了解抢占式调度和非抢占式调度的概念。非抢占式调度意味着进程一旦开始在处理器上运行，就不可被中断执行，仅当进程运行完毕或者等待 I/O 等原因进入阻塞状态时会归还处理器的使用权。由上面的描述我们可以知道，之前讲解的两种调度算法均是非抢占式调度算法。那么什么是抢占式调度呢？抢占式调度是指当有新的任务进入预备队列后会执行一次调度算法；若新进入预备队列的任务按照相应的调度规则应该比正在运行的任务先运行，则抢占式调度不会等待当前的运行任务自行释放处理器资源，而是中断执行当前任务，让新进入预备队列的任务获得处理器资源并运行。

分清楚抢占式调度和非抢占式调度的区别之后，我们再来对比最短作业优先调度算法和最短剩余时间优先调度算法。最短作业优先调度算法是非抢占式调度算法，因此该算法的调度效果在某种程度上依赖于任务到达时间的先后顺序，正如我们在前文中阐明的。那么该怎么摆脱这个依赖呢？我们可以考虑用抢占式调度算法来实现。因为我们已经知道最短作业优先调度算法所面临的问题是如果短执行时间任务在长执行时间任务已经开始运行后到达，那么只能等待长执行时间任务执行完毕。如果我们采用抢占式调度算法，在短执行时间任务到达时执行一次最短剩余时间优先调度算法，那么很明显处理器调度器会中断执行长执行时间任务，将处理器分配给短执行时间任务使用，从而弥补最短作业优先调度算法高度依赖任务到达时间的缺点。

举一个例子，让读者能更直观地感受到最短剩余时间优先调度算法相对于最短作业优先调度算法的好处。如果我们在 3.2.2 小节的示例中运用最短剩余时间优先调度算法，那么任务调度的次序应该为 A→B→C→A→B，A 的周转时间为 102ns，B 的周转时间为 200ns，C 的周转时间为 1ns，平均周转时间为 101ns；A 的等待时间为 2ns，B 的等待时间为 100ns，C 的等待时间为 0ns，平均等待时间为 34ns。而使用最短作业优先调度算法相应的平均周转时间为 133ns，平均等待时间为 66ns。最短剩余时间优先调度算法对调度效果有明显的改善。

但是最短剩余时间优先调度算法仍然存在一定的缺点，最致命的缺点之一是长执行时间任务的饥饿问题。设想在第 0s 一个执行时间为 100ns 的长执行时间任务进入预备队列，因为此时处理器处于空闲状态，它被分配到处理器上运行。此后每隔 1ns，都有一个执行时间为 1ns 的短执行时间任务进入预备队列，那么按照最短剩余时间优先调度算法，该长执行时间任务将不断地被打断，几乎永远没有办法完成运行。上述的例子可能有点儿极端，但是在实际生产环境中，我们可能会遇到提交的任务中有绝大多数短执行时间任务和极少数长执行时间任务的情况。在这种情况下，长执行时间任务很有可能需要远远多于其执行时间的周转时间，甚至不可能完成运行。这就是长执行时间任务的饥饿问题。

3.2.4 时间片轮转调度算法

针对先来先服务调度算法偏好长执行时间任务以及最短作业优先调度算法偏好短执行时间任务的劣势，提出一种基于时间片（time slice）的调度算法，即时间片轮转调度（round-robin scheduling）算法。时间片是将处理器的使用时间划分为若干相等的片段分配给用户或者任务使用。在分时操作系统中，因为操作系统需要对多个用户提交的任务进行统筹、规划和调度，尽量保证每个任务的响应时间较短，且需要确保系统对用户的透明性（即从用户角度来看，无法区分是多个用户共享计算资源还是自己独自占用所有计算资源），所以采用时间片的概念对每个用户的使用时间进行切分。之前研究的调度算法所关注的重点在于缩短系统的平均周转时间以及平均等待时间，因此这些调度算法更多应用在批处理系统中，而批处理系统不关心每一次任务的响应时间，只关注一批任务的总周转时间。但是在现代的交互式系统中，及时响应对于用户的使用体验是一个很重要的因素。借助时间片的概念，我们可以将所有任务的响应时间控制在某一个相对合理的范围内，这就是时间片轮转调度算法。

在时间片轮转调度算法中，调度器首先需要确定一个固定的时间间隔，作为切分处理器时间片的依据。对于所有的就绪任务，调度器会按照到达的先后次序将其排列成一个预备队列，在每一个处理器时间片中，处理器会选取预备队列的队首任务运行。若在某时间片里任务没有运行完毕，那么该处理器时间片结束之后，会将该任务放进预备队列的末尾，并再次选取当前队列的队首在下一个处理器时间片里运行。若在某时间片里任务运行完毕或者因为 I/O 请求等原因进入阻塞状态，那么当前时间片立即结束，执行上述的步骤；但如果任务已执行完毕，则略过放回预备队列这一步。将时间片轮转调度算法与前文的调度算法进行对比，可以发现时间片轮转调度算法能够通过进程的切换提供更短的响应时间，更加符合分时操作系统和交互式系统的要求。

时间片轮转调度算法中值得注意的一个点是时间片长短的选择。众所周知，上下文切换（即进程的切换）需要消耗一定的系统资源，耗费一定的时间。如果时间片设置得过短，甚至小于上下文切换的时间，那么在实际使用中会花费很多的时间在调度任务本身。但是时间片不能设置得过长。试想一种极端情况，若时间片设置为无穷大（实际仅需比最长执行时间的任务稍长即可），那么时间片轮转调度算法的运行表现不就与先来先服务调度算法无异了吗？这会严重影响后进预备队列的任务响应时间。综上所述，时间片设置得过长和过短均不妥，因此时间片的长短设置是十分讲究的。事实上，在实际操作系统中，根据实验，通常认为时间片设置为超过 80% 的任务执行时间为宜。

时间片轮转调度算法也有缺点。因为该算法的设计初衷是尽量降低任务的响应时间，最终调度算法在某些生产环境中会面临平均周转时间较长的问题，特别是在每个任务的执行时间较为接近的时候。为了说明这点，我们假设这样一个任务场景：每个任务的执行时间都是一样的，时间片的长度很短。那么在时间片轮转调度算法下，每个任务都几乎在最后才能结束运行，造成了平均周转时间比使用之前所描述的算法都长的问题。

另一个缺点是时间片轮转调度算法对高 I/O 负载的任务并不公平。如果刚刚开始运行的任务便因为 I/O 请求的发起而阻塞，那么它需要再次进入预备队列中，等待下一次被分配到处理器时间片。如果是高 I/O 负载的任务，它可能没法用完大多数时间片，就因为 I/O 请求的发起而重新进入预备队列，所以使用时间片轮转调度算法可能会面临高 I/O 负载任务的周转时间和等待时间延长的问题。面对时间片轮转调度算法更加偏好高计算负载任务的问题，目前人们已经提出了一些改进方法。一个简单的改进方法是添加一个额外的任务队列，将所有因阻塞而被迫提前放弃时间片的任务添加到该队列中，且在调度的时候优先于预备队列中的任务。

3.2.5 优先级调度算法

前文所介绍的各种调度算法其实已经暗含优先级的概念。例如，除时间片轮转调度算法以外，各调度算法都命名为"××优先调度算法"。在这里，"优先"其实意味着这种算包含优先级的思想，而命名中的"××"描述了优先级是根据什么因素来决定的。比如最开始介绍的先来先服务调度算法，就是以任务到达时间的先后作为优先级的判断依据。

现在，我们试图抽象出广义的优先级概念，并利用其进行调度算法的设计。操作系统或者用户可以给任务指定优先级，优先级更高的任务会优先由调度算法分配处理器资源，这就是包含优先级的调度算法。

接下来给出两种新的利用优先级进行调度的算法。

1. 多级队列调度算法

多级队列（multi-level queue，MLQ）调度算法根据系统设置的任务具有几个优先级，相应地设置几个任务队列，到达操作系统的任务会按照自己的优先级选择相应的任务队列进入。每一个任务队列都可以设置自己的调度方式，可以是前文所提到的任意一种调度算法。一般来说，优先级最低的任务队列采用的是先来先服务调度算法，其他任务队列都采用时间片轮转调度算法。另外，操作系统在执行时是优先考虑优先级的，且一般是抢占式的。也就是说，优先级为 1 的任务队列中某一任务在运行时，若优先级为 0 的任务队列中到达了一个新的任务，系统会中断执行当前任务，执行优先级为 0 的任务队列中的任务（假设优先级越小意味着优先级越高）。多级队列的优先级设置中值得注意的一点是，一般高 I/O 负载的任务优先级需要设置得比高计算负载的任务的更高，因为高 I/O 负载的任务多是交互式任务，对响应时间要求高。而且根据之前的分析，时间片轮转调度算法更加不利于高 I/O 负载的任务。

多级队列调度算法可能面临的问题是低优先级任务饥饿问题。因为优先级的调度算法一般是抢占式的，那么低优先级的任务在高优先级任务不断到达操作系统的前提下，周转时间可能会大幅度增加，甚至根本不能完成执行。老化是一种解决饥饿问题的方式，是指按照某任务的等待时间逐步提高任务的优先级。

2. 多级反馈队列调度算法

面对计算机系统对任务调度越来越复杂的需求，1990 年图灵奖获得者费尔南多·乔斯·科巴托（Fernando Jose Corbato）提出了利用反馈信息进行更精细的优先级设置的想法，并提出了多级反馈队列（multi-level feedback queue，MLFQ）调度算法。多级反馈队列相对于多级队列的优点是其引进了优先级的动态变化，这种优先级的动态变化适应现代操作系统中任务的负载等属性是时刻变化的特点。在多级反馈队列中，所有的任务都会先按照操作系统或用户指定的优先级进入相应的任务队列。一个时间片执行完毕之后，若当前任务仍未执行完毕，那么当前任务会被自动放入更低一级优先级的任务队列并使用调度算法决定下一个运行的任务；如果当前任务已经是最低优先级任务，那么维持其优先级不变。若一个任务在其时间片中因为等待 I/O 或被抢占等因素进入阻塞状态，那么这一任务会被重新放入当前任务队列的尾部并使用调度算法决定下一个运行的任务。为了解决之前提到的饥饿问题，多级反馈队列用到了前文提到的老化，具体的实现为最低优先级任务队列中的任务在隔了一段指定的时间后，会被提升为最高优先级。

多级反馈队列虽然设计复杂，却相对而言是一种适用性非常强的调度算法，在各种操作系统也常常出现。但是正因为其设计得复杂，在实现时参数的设置也较为复杂，需要试验并调整的重要参数有以下几个。

① 任务队列的个数。

② 每个任务队列所选取的调度算法及其参数。

③ 最低优先级任务提升为最高优先级任务的时间间隔。

3.3 多核处理器的调度

3.2 节系统地梳理了针对单核处理器的各种处理器调度算法，这些算法都有各自的优势和劣势。应该说没有一种完美的处理器调度算法。在实际的操作系统设计中，处理器调度器通常会综合多种传统的调度算法，以给用户提供能够适用于大多数场景的处理器调度器。在以 Linux 为首的开源操作系统中，用户通常可以设置相应的调度算法及其参数。

需要注意的是，截至目前仅讨论了单核处理器的调度算法，很显然这些算法无法适用于各种计算机系统常用的多核处理器。因此本节将讨论如何调度多核处理器以及设计多核处理器调度算法时应该注意的一些特性。

3.3.1 常用的多核处理器调度算法

多核处理器调度算法的设计是高度基于单核处理器的各种调度算法的，通常通过修改某个成熟的单核处理器调度算法来适应多核处理器的调度场景。本小节主要介绍 3 种基础的多核处理器调度算法——公共就绪队列调度算法、私有就绪队列调度算法以及两级调度算法。这些算法都可以使用任意一种单核处理器调度算法来作为底层的就绪队列调度算法。

1. 公共就绪队列调度算法

正如公共就绪队列调度算法的名字所描述的那样，如图 3.7 所示，其会维护一个公共就绪队列。对任意一个处理器核心来说，当其因为当前运行的进程被阻塞或者运行结束而处于空闲状态时，就会从公共就绪队列中按照已经设定好的全局调度算法提取一个新的进程来执行。

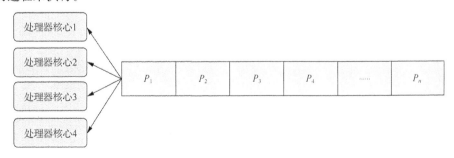

图 3.7　公共就绪队列调度算法

应该说，公共就绪队列具有很自然地将单核处理器调度算法扩展到多核处理器调度算法的思想。但是这个思想有很大的局限性和性能瓶颈，导致其没有特别多地应用在现代操作系统中。下面简单地讨论公共就绪队列调度算法的局限性和性能瓶颈。

首先，正如第 2 章所讨论的那样，当有多个进程在读/写同一个主存储器中的数据时，需要尤其注意各种操作的原子性以及其可能带来的各种影响。例如，在公共就绪队列调度算法中，可能会出现两个处理器核心同时调度同一个进程的情况，这显然不符合预期。根据第 2 章的介绍，其实可以给公共就绪队列加锁，把其当成互斥资源来处理。通过加锁，保证每个时刻都只能有一个处理器核心在读取下一个执行的进程。但需要注意的是，等待锁、获取锁和释放锁都将带来额外的运行开销，同时处理器调度在操作系统中是使用频率极高的算法，因此加锁虽然保证了进程执行的正确性，却成为一个性能瓶颈。

其次，公共就绪队列调度算法还存在另一个性能瓶颈，该性能瓶颈与后文将详细描述的处理器亲和性密切相关。简单来说，就是同一个进程在不同处理器核心之间的切换将带来额外的性能开销（具体内容可以参照 3.3.3 小节）。

2．私有就绪队列调度算法

为了突破公共就绪队列调度算法所具有的局限性和性能瓶颈，如图 3.8 所示，操作系统引入了私有就绪队列调度算法。简单来说，该调度算法就是每一个处理器核心单独维护一个私有就绪队列。当任意一个处理器核心因为当前运行的进程被阻塞或者运行结束而处于空闲状态时，就会从私有就绪队列中按照已经设定好的全局调度算法去调取一个新的进程来执行。

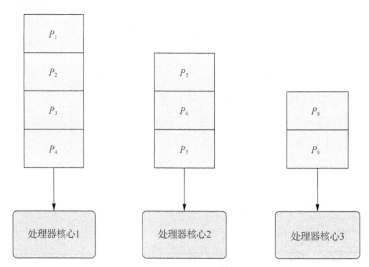

图 3.8　私有就绪队列调度算法

私有就绪队列调度算法解决了公共就绪队列调度算法的诸多问题，但是引入了一个致命的性能瓶颈，该瓶颈与后文提到的负载均衡密切相关（具体内容可以参考 3.3.2 小节）。

该瓶颈主要体现在各私有就绪队列的负载具有显著差异的时候。试想这样一个场景，如果某一四核处理器其中有 3 个处理器核心对应的私有就绪队列中始终没有进程，所有的任务负载全在第一个处理器核心的私有就绪队列中，那么这个时候多核处理器的性能又与单核处理器有何异呢？因此，如何均衡各个处理器核心的私有就绪队列负载是操作系统设计中一件十分重要的事情。

3．两级调度算法

两级调度算法是为了解决私有就绪队列调度算法中可能会出现的不同处理器核心的私有就绪队列负载不均衡的问题而设计的。两级调度算法将综合利用公共就绪队列调度算法和私有就绪队列调度算法的优点。

具体来说，两级调度算法使用分级调度。第一级是一个全局调度器，该调度器主要负责将进程分配给不同的处理器核心，也就是各处理器核心的负载均衡由这个级别的调度器予以保证，它将根据不同处理器核心的负载情况决定某一进程具体由哪一个处理器核心处理。当一个进程被全局调度器分配给某一个处理器核心后，其将进入相应处理器的私有就绪队列（或称本地调度器）被进一步地调度。当该进程因为 I/O 操作或者时间片用尽而释放了处理器核心资源后，会重复进入该处理器核心的本地调度器，而不会重新进入全局调度器，这样在某种程度上保证了处理器的亲和性。

3.3.2　负载均衡

正如前文所描述的，在私有就绪队列调度算法和两级调度算法中可能会出现各处理器核心的工作负载不均衡的情况。在极端情况下，甚至可能只有一个处理器核心在卖力工作，其余的处理器核心全在"看热闹"。这种负载不均衡的情况可以通过两级调度算法来减少出现的可能性，但是不能断绝这种可能性。因此操作系统需要用一些手段在负载不均衡的情况下进行负载均衡的工作，通常的表现形式为在不同的处理器核心间迁移进程。迁移进程主要有推式迁移和拉式迁移两种方式，这两种方式的主要不同在于触发时机不同。

1．推式迁移

为了均衡负载，一种很直观的想法是每隔一段时间检查每个处理器核心私有就绪队列的负载状况。当某一处理器核心私有就绪队列的负载率高于某一阈值时，会触发操作系统的推式迁移，将该处理器核心的某些任务负载分给其他工作负载轻的处理器。推式迁移的触发时机是操作系统中一个可设定时间间隔的软中断。

2．拉式迁移

按照一定时间间隔运行一次的负载检查仍然有其局限性，有可能存在一个工作负载较轻的处理器核心在下一次推式迁移时间点到达之前已经处理完了其就绪队列中的所有进程，那么从处理完毕到下一次推式迁移的负载检查之前，该处理器一直处于空闲状态，这明显对提高性能是有害的。因此，当某一处理器核心进入空闲状态时，操作系统会立刻进行一次拉式迁移，从其他负载重的处理器核心就绪队列中拉取一个进程给空闲处理器运行。

在现代操作系统中，比如 Linux 系统，这两种负载迁移方式常常同时使用，以更好地进行负载均衡。另外，负载率是决定负载均衡效果的一个重要因素，普通的想法是以私有就绪队列含有的进程数来计算负载率，但是不同的进程占用处理器核心的执行时间具有很大区别，在极端情况下可能会导致负载均衡的效果大幅降低。

3.3.3　处理器亲和性

3.3.1 小节中介绍公共就绪队列调度算法时，指出了其面临的一个性能瓶颈是处理器亲和性。本小节将对这一概念做深入的讲解。

当某一处理器核心需要访问主存储器中的某些数据，但是这些数据并没有在处理器核心内部的高速缓存中时，需要触发一个中断，从主存储器中读取相应的数据到缓存中。直接访问主存储器的速度很慢，会带来巨大的时间开销。对单个进程来说，如果在不同处理器核心中切换，每一次切换都需要访问一次主存储器，带来额外的时间开销。因此同一个进程为了发挥更好的性能，通常倾向于在同一个处理器核心中运行，不切换处理器核心运行。这就是处理器亲和性。

从私有就绪队列调度算法和两级调度算法来看，在没有运行负载均衡算法时，这两种算法天生具有优秀的处理器亲和性，因为某一进程只会在一个特定处理器核心上运行。

Linux 系统提供了两种不同的处理器亲和性策略。第一种是软亲和，其含义是操作系统将尽量尝试将单个进程运行在同一个特定的处理器核心上，但并不保证一定不进行处理器核心的切换，如在负载不均衡时可能会发生处理器核心的迁移。第二种是硬亲和，顾名思义，它是一种与软亲和相对应的处理器亲和性策略。硬亲和在给进程指定了一个可供使用的处理器核心集后，会"强硬"地要求该进程只能在该处理器核心集含有的处理器核心上运行，哪怕是负载不均衡时也不能迁移到没有指定的处理器核心上。

另外一个很有趣的现象是，处理器亲和性和负载均衡在某种意义上是互相矛盾的。例如，负载均衡会在不同处理器核心上迁移进程来保证不同处理器核心的负载均衡性，但是这种迁移会破坏处理器亲和性。又如，在保证处理器亲和性的前提下，操作系统很难做到有效的负载均衡，常会出现有的处理器核心很繁忙，而另一些处理器核心十分空闲的情况。因此平衡负载均衡和处理器亲和性是现代操作系统设计与实现中的重要部分。

3.4　批处理系统调度和实时调度

批处理系统是最早的操作系统采用的系统之一，它可以对用户提交的任务进行成批的处理，在任务运行期间不需要用户加以干涉。批处理系统中的处理器调度算法通常来说不需要保证平均响应时间，只需要尽量缩短平均周转时间即可，因此批处理系统中常用的处理器调度算法主要有先来先服务调度算法、最短作业优先调度算法和最短剩余时间优先调度算法等。前文介绍的时间片轮转调度算法以及优先级调度算法多用于注重响应时间的交互式系统。

除了批处理系统和交互式系统，还有一种操作系统叫作实时系统（real-time system，RTS）。实时系统具有一定的特殊性，通常来说，实时系统要求在特定的时间范围内完成某个任务，而且超时完成的后果是极为严重的。实时系统在现代社会中有广泛的应用，比如飞行器的飞控系统和汽车的车控系统。如果飞控系统出现意外，没有在规定的时间范围内计算好如何维持姿态，那么很可能发生失速或者失控的事故，甚至机毁人亡。

接下来具体对实时系统中的任务进行分类，可以将实时系统中的任务简单地根据截止时间是否够"硬"（即任务是否可以偶尔超时），将任务分为硬实时任务和软实时任务。硬实时任务意味着任务的截止时间是"硬"的，是完全不可以超时的，一旦超时就会造成严重影响。相应地，软实时任务意味着任务的截止时间相对不那么"硬"，可以偶尔超过截止时间，不会造成特别严重的影响。另外，还有一种分类是按照任务的到达是否具有周期性，将任务分为周期任务和非周期任务。周期任务指任务按照某一个特定周期到达操作系统，非周期任务则指任务的到达不具备任何周期性。

真正的实时系统往往过于复杂，在接下来的讨论中我们选取一个较为理想的简化版实时系统。假设该简化版实时系统中的所有任务都是具有周期性的硬实时任务，且任务的截止时间与其周期相同，每个任务的周期为 P_i，执行时间为 C_i。

下面从理论层面探讨该实时系统能够完成调度的必要条件。可以用 $\dfrac{C_i}{P_i}$ 表示第 i 个任务对处理器的占用率，显然实时系统能够完成调度的一个必要条件是所有任务对处理器的占用率之和小于或等于 1，即

$$\sum_i \frac{C_i}{P_i} \leqslant 1 \tag{3.2}$$

需要注意的是，上述条件仅是一个必要条件，满足上述条件后仍需要选取适当的调度算法才能满足所有任务的实时性。如果某一组任务的处理器占用率求和结果大于 1，那么一定不存在可以满足所有任务实时性的调度算法。另外，式（3.2）忽略了调度算法的执行时间以及上下文切换的时间开销，因此在真正使用的时候，需要采用一个比 1 小一些的阈值，如 0.95。

最后给出一个实时系统中经典的调度算法——最早截止时间优先（earliest deadline first，EDF）调度算法。最早截止时间优先调度算法是一种抢占式调度算法，在该算法中，离截止时间越近的任务具有越高的优先级，能够中断正在运行的离截止时间更远的任务。那么最早截止时间优先调度算法的实时性如何呢？事实上，已经有学者证明最早截止时间优先调度算法是一种最优的实时调度策略，若所有任务对处理器的占用率之和需要小于或等于 1，那么使用最早截止时间优先调度算法一定能保证所有任务的运行都

不会超过截止时间。但需注意的是，若处理器总占用率超过了 1，那么使用该算法时可能因为一个任务超过了截止时间，而导致后面的任务也受其影响超过截止时间。因此在使用该算法的时候，要在提交任务前检查处理器总占用率。若任务提交后处理器总占用率超过 1，一般会放弃提交任务或者延后提交。

3.5 不同操作系统的处理器调度算法

3.5.1 UNIX/Linux 系统的处理器调度算法

1. UNIX 系统的处理器调度算法

UNIX 系统的处理器调度算法综合使用了抢占式、分时（即时间片）以及优先级等调度算法的设计思想。任务的优先级范围为 0～127，越低的数字意味着越高的优先级。其中，0～49 意味着系统级任务，50～127 意味着用户级任务。在 UNIX 系统中，为了方便调度任务，每个任务结构体中都存储了 p_pri、p_usrpri、p_cpu、p_nice 这 4 个变量，具体含义如表 3.4 所示。

表 3.4　　　　　　　　　UNIX 系统任务结构体中的变量含义

变量	含义
p_pri	任务的实际优先级
p_usrpri	任务在用户态下的优先级
p_cpu	根据用户之前在 CPU 中执行任务的时长计算出的一个量
p_nice	用户给予的优先级修正量

已知上述 4 个变量后，用户态下任务的优先级的计算公式为

$$p\_pri = P\_USER + p\_cpu/4 + p\_nice \times 2$$

其中，P_USER 是一个常量，为 50。

p_usrpri 的作用是当任务要从用户态转为内核态运行的时候，存储当前任务在用户态下的优先级，方便之后再转为用户态后对任务进行读取和设置。任务在内核态中的优先级则由任务进入内核态运行的原因决定，且是静态的。举例来说，若任务因为要读/写磁盘进入内核态，那么其优先级为 20；若任务要等待终端的 I/O 输入，优先级就为 28。

UNIX 系统对用户态任务的调度采用的是抢占式、分时且依照优先级的调度算法，对内核态任务的调度采用的是非抢占式、非分时且依照优先级的调度算法。相关的调度算法在前文已经介绍过，相信读者能够较为容易地勾勒出 UNIX 系统任务调度的全貌。这里就不赘述，读者可以想一想 UNIX 系统是怎么调度任务的。

2. Linux 系统的处理器调度算法

Linux 作为著名的开源系统，其内核代码是不断迭代升级的。Linux 系统从 2.6.23 版开始设计了一套全新的调度器——完全公平调度器（completely fair scheduler，CFS），

这种调度器的创新点在于使用了红黑树这种平衡二叉树，使得在保持查找开销为 $O(1)$ 的前提下将插入开销降为 $O(\log n)$（此处 n 为操作系统中任务的数量）。另外，该调度器还引进了虚拟执行时间的概念，并在实际调度中以虚拟执行时间的长度作为优先级的划分依据（虚拟执行时间越短者优先级越高）。

在完全公平调度器中，为了解决使用静态时间片带来的当任务数量较多时平均响应时间变长的问题，设计者选择了动态时间片。简单地说，就是先设置一个调度周期 sched_period；然后按照每个任务的 nice 值，利用一个固定的对应表得到每个任务的权重 w_i；再利用该权重计算在一个调度周期中每个任务分到的可执行时间，即

$$T_i = \text{sched\_period} \times \frac{w_i}{\sum_i w_i} \tag{3.3}$$

值得注意的是，因为系统在调度任务时是优先调度虚拟执行时间更短的任务，所以在任务运行之后，需要根据实际执行时间来计算虚拟执行时间的增加量，并更新虚拟执行时间。更新公式为

$$vT_i + = \frac{\text{C} \times T_i}{w_i} \tag{3.4}$$

式中，vT_i 代表虚拟执行时间；T_i 代表实际执行时间；C 是一个常数；w_i 是之前得到的任务权重。

观察式（3.3）和式（3.4）可知，在一个完整的调度周期后，所有任务的虚拟执行时间的增加量是一致的，但是高权重任务的实际执行时间更长。

完全公平调度器在实际使用中具有不少优点，因此 Linux 系统从 2.6.23 版之后将其设为默认的调度器。需要注意的是，Linux 系统包含许多其他的调度器，用户在使用时可以设置相应的编译选项，以选取更适合自己系统的调度器。这也是一种切身体会各种调度算法之间差异的方法。

3.5.2　Windows 系统的处理器调度算法

Windows 是占有率极高的一款桌面操作系统，但遗憾的是，Windows 操作系统的代码是闭源的。因此此处关于 Windows 操作系统调度算法的分析比较简略。

Windows 操作系统所采用的调度算法是抢占式、基于优先级的分时调度算法。该调度算法会按照优先级调度相应的进程，运行中的进程会因为时间片耗尽、被阻塞、运行结束或被高优先级任务打断等因素释放占用的处理器资源。根据前文的分析，这样的算法一般很容易导致低优先级任务饥饿的问题。因此在 Windows 操作系统中，除了优先级最高的实时任务以外，其余任务的优先级都是动态调整的，以避免饥饿问题。另外，Windows 操作系统中的调度算法针对交互式任务有特殊的优化，即适当地延长交互式任务的时间片，给用户提供更短的周转时间，以提升用户与计算机系统进行交互的使用体验。

处理器与处理器核心

3.6　本章小结

处理器调度算法是操作系统中的一个重要组成部分，它负责决定哪个进程可以在处理器上运行并且在不同的进程之间切换，以实现多任务操作。本章讨论了操作系统的基本概念，介绍了不同场景和需求下所使用的不同调度策略，并对现代操作系统中的调度器进行了案例分析。3.1 节对 CPU 进行了整体介绍；3.2 节对处理器调度算法进一步展开说明；3.3 节和 3.4 节分别对多核处理器的调度、批处理系统调度和实时调度进行了叙述；3.5 节通过真实的操作系统实例对前几节的知识进行了融会贯通的介绍。在真实应用中，处理器调度算法需要根据实际情况进行选择和调整，以实现最优的性能和用户体验。同时，还需要考虑多处理器系统和实时系统等特殊情况下处理器调度算法的使用。

3.7　本章练习

1．下列关于线程的描述中，错误的是（　　　）。

A．内核级线程的调度由操作系统完成

B．操作系统为每个用户级线程建立了一个线程控制块

C．用户级线程的切换比内核级线程的切换效率高

D．用户级线程可以在不支持内核级线程的操作系统上实现

2．系统采用二级反馈队列调度算法进行进程调度。就绪队列 Q1 采用时间片轮转调度算法，时间片为 10ms；就绪队列 Q2 采用最短作业优先调度算法。系统优先调度 Q1 队列中的进程，当 Q1 为空时系统才会调度 Q2 中的进程。新创建的进程首先进入 Q1，Q1 中的进程执行一个时间片后，若未结束，则转入 Q2。若当前 Q1、Q2 为空，系统依次创建进程 P_1、P_2 后即开始进程调度，P_1、P_2 需要的 CPU 时间分别为 30ms 和 20ms，则进程 P_1、P_2 在系统中的平均等待时间为（　　　）。

A．25ms　　　　B．20ms　　　　C．15ms　　　　D．10ms

3．简述两种典型的处理器状态。

4．简述松耦合多处理器系统和紧耦合多处理器系统的主要差异。

5．选择调度方式和调度算法时应考虑哪些因素？

6．如果某操作系统希望对 I/O 密集型任务更加友好，应尽量避免使用哪些调度算法？试阐述原因。

7．先来先服务调度算法很少应用在实际系统中，请分析其中的原因。

8．在已知程序执行时间及到达时间的情况下，何种调度算法能在非抢占式的情况下使得任务完成时间最短？试阐述原因。

9．在已知程序执行时间及到达时间的情况下，何种调度算法能在抢占式的情况下使得任务完成时间最短？试阐释原因。

10．接问题 9：在已经证明该调度算法具有最优性的情况下，为何其仍然没被主流

操作系统采用？

11．简述时间片轮转调度算法的缺点及可能的改进措施。

12．多级队列中，对不同优先级的进程分配不同时间片的优点是什么？

13．多级反馈队列相对于多级队列的优点是什么？

14．结合本章中对 UNIX 系统调度算法的介绍，自行查阅 UNIX 调度算法的相关文档，说明基础版 UNIX 为什么不适合作为实时系统使用。（选做）

15．简述 UNIX 系统的处理器调度算法。（选做）

4

第 4 章　主存储器管理

　　主存储器是计算机中十分重要的计算资源。在介绍具体的主存储器管理方法前，我们可以先考虑这样一个问题：在多个应用程序同时运行时，操作系统应该如何使它们能够同时使用物理主存储器资源？

　　一种容易想到的方法是在程序 A 执行时将主存储器资源全部分配给程序 A，等待分配给程序 A 的计算时间片结束后，在转换到程序 B 执行时，操作系统将程序 A 执行过程中的所有主存储器数据保存到存储设备（如磁盘）中，之后再将程序 B 的数据从存储设备加载进主存储器中运行。但由于读/写设备的速度很慢，导致程序转换过程中的时间开销巨大。

　　另一种方法是使不同程序同时独立地使用物理主存储器的一部分，数据始终驻留在主存储器中，这样程序转换时不再需要操作存储设备。这种方法在性能上优于第一种方法，但也存在严重缺陷：①无法隔离不同应用使用的物理主存储器，程序 A 可能会读、写、修改程序 B 的主存储器页面，导致程序 B 无法运行；②无法保证程序可用主存储器的地址空间是统一且连续的，增加了程序编写与编译的复杂性。

　　现代操作系统中一般采用的方法是在物理主存储器与应用程序间添加一个抽象层，即虚拟主存储器。应用程序面向虚拟主存储器编写程序，而不面向物理主存储器编写程序。应用程序在运行时，内部仅使用虚拟地址，由 CPU 负责将虚拟地址转换为物理地址，操作系统则负责管理虚拟地址与物理地址间的映射关系。操作系统通过对虚拟地址与物理地址的映射关系进行管理，从而提高主存储器的资源利用率。应用程序是面向虚拟地址进行设计的，这使得不同应用程序间的主存储器得以隔离，且每个应用程序内部的主存储器空间是统一、连续的。

　　本章将从虚拟主存储器与物理主存储器的映射与分配出发，在介绍具体的虚拟主存储器概念前，先介绍简单的主存储器管理策略，随后介绍虚拟主存储器的构建以及引入虚拟主存储器后操作系统做出的适配改进，最后介绍物理主存储器的分配与管理。

4.1　主存储器与程序执行

1. 存储器概述

若把 CPU 中的寄存器看作一种特殊的存储器，那么可把存储器分为寄存器、主存储器和高速缓冲存储器、辅助存储器（包括磁带、软盘、硬盘、光盘等）3 个层次，这 3 层次又可以分为 6 个部分，如图 4.1 所示。处理器能直接访问寄存器、主存储器和高速缓冲存储器，但不能直接访问辅助存储器。只有在 I/O 控制系统的管理下，辅助存储器与主存储器之间才能够相互传送信息。存储器的特性由存储容量、存取速度等技术指标来描述，其中，容量越小的存储器存取速度越快，相应的成本也越高。

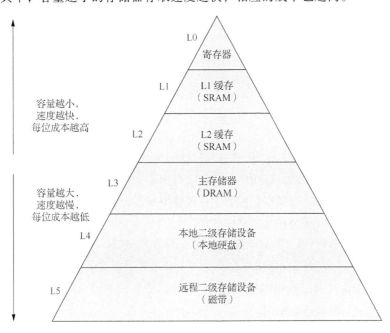

图 4.1　计算机中的分层存储器结构

寄存器是所有存储器中最昂贵的，它具有存取速度快、容量小的特点。一般情况下寄存器只能存储一个字长的信息，字的大小取决于计算机体系结构，所以它只被用来存储临时数据与程序控制信息。常用的寄存器有以下几种。

- 指令寄存器：用于存储从主存储器中读出的指令。
- 通用寄存器：用于存储参与运算的操作数以及运算结果等。
- 控制寄存器：用于存储控制信息，以保障程序的正确执行和系统的安全性。程序状态字寄存器（存放当前处理机状态字）、基址寄存器和界限寄存器（限定程序执行时可访问的主存储器空间范围）等都属于控制寄存器。

主存储器的存储空间较大，存取速度较快。存储单元以字节为单位进行编址，若干个字节可组成一个字，处理器能按地址读/写一个字节或一个字。主存储器用于存放用户当前需执行的程序和数据以及操作系统进行控制和管理的信息。

高速缓冲存储器的存取速度快于主存储器，但造价比主存储器高，且存储空间不大。当存放在主存储器中的某些信息经常被访问时，可以把这些信息复制到高速缓冲存储器中，需要时就可以从高速缓冲存储器中直接读取信息，以提高程序的执行速度。

辅助存储器的存储空间很大，可用于长期存储信息，但处理器不能直接读/写辅助存储器中的信息。辅助存储器通常用于存放经常要用的程序、数据、等待处理的作业信息和作业的执行结果等。当要执行程序或处理作业时，必须把它们的程序和数据等信息读到主存储器中。当要保存运算结果时，可把主存储器中的执行结果写到辅助存储器中。但从辅助存储器中读/写信息时必须启动相应的外设，因此存取速度较慢。

从上述针对不同层次存储的介绍中可以知道，寄存器是用来存放控制信息或供当前运行程序临时存放工作数据的。哪个进程占用处理器，寄存器就为哪个进程服务，故不存在寄存器的分配问题。主存储器和辅助存储器中经常存放多个程序和数据，会发生竞争存储空间的现象，因此合理地分配和使用存储空间是尤为重要的。

2. 主存储器

操作系统本身必须占用主存储器的部分存储空间来存储操作系统程序、数据、管理信息——如 PCB（process control block，进程管理块）——以及操作系统与硬件（如新、旧处理机状态字）之间的接口信息，我们将这部分空间称为系统区。除系统区外的剩余主存储器空间被称为用户区，这片空间可用于存储用户的程序和数据。主存储器管理是对主存储器中的用户区进行管理，包括主存储器空间的分配和回收、主存储器空间的共享和保护、地址转换以及主存储器空间的扩展。

主存储器的存储单元以字节为单位，每个存储单元都有一个地址与其对应。假定主存储器的容量为 n，则该主存储器有 n 个存储单元（即 n 字节的存储空间），其地址编号为 $0,1,2,\cdots,n-1$。主存储器空间的地址编号称为主存储器的绝对地址，与绝对地址对应的主存储器空间称为物理地址空间。

采用多道程序设计技术后，往往会在主存储器中同时存放多个用户作业，而每个用户无法预先知道自己的作业被存放到主存储器中的什么位置。这样用户编制程序时就不能使用绝对地址。为了便于处理和操作，每个用户都可以认为自己作业的程序和数据存放在一组从"0"地址开始的连续空间中。用户程序中使用的地址称为逻辑地址，与逻辑地址对应的存储空间称为逻辑地址空间。

当用户作业进入计算机系统执行时，存储管理需要完成的任务就是为其分配合适的主存储器空间，这个主存储器空间可能是从某单元开始的一组连续地址空间。该主存储器空间的起始地址是不固定的，这样就会出现两个问题：一是用户作业中的逻辑地址经常与分配的主存储器空间的绝对地址不一致；二是每个逻辑地址没有固定的绝对地址与其对应。例如，当某作业被放到主存储器 A 单元开始的区域中时，若作业程序指定访问 K 单元，则实际应访问主存储器的 A+K 单元；但是当该作业被放到主存储器 B 单元开始的区域中时，则作业程序指定访问的 K 单元在主存储器中的实际位置应该是 B+K 单元。可见作业执行时不能按照其逻辑地址到主存储器中存取信息,处理器必须按照绝对地址去访问主存储器才能保证作业的正确执行。

为了保证作业的正确执行,必须根据分配给作业的主存储器空间对作业中指令和数据的存放地址进行重定位,即把逻辑地址转换成绝对地址。把逻辑地址转换成绝对地址的工作称为重定位或地址转换。

3. 程序执行

图 4.2 展示了计算机程序的代码文件编译、链接以及装入主存储器中执行的过程。

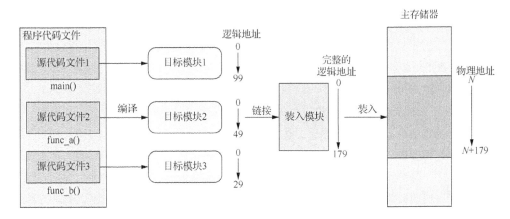

图 4.2 计算机程序的执行过程

计算机程序的执行过程主要可划分为以下几个阶段。

- 将程序源代码文件编译成目标模块,不同的目标模块代表不同代码区功能(如不同函数或代码文件)。在这一步中,高级语言被翻译成机器语言。
- 链接程序将目标模块和它的库函数进行链接,形成完整的装入模块。装入模块从 0 开始编址,即逻辑地址。
- 装入程序将装入模块装入主存储器。装入后,不同装入模块的逻辑地址会形成物理地址,地址转换就发生在这一步。

程序的链接过程是将编译后的目标模块和它的函数库链接在一起的过程,主要分为静态链接与动态链接两种方式。

静态链接发生在程序运行之前,先将各目标模块及它们所需要的库函数链接成完整的可执行文件(装入模块),之后不再拆开。静态链接需要完成程序逻辑存储空间及逻辑地址的分配,扫描所有的目标代码文件,合并相似段,收集当中所有的符号信息,将这些符号解析并重定位,调整代码段位置,以优化程序的执行性能。静态链接的实现较为简单,但存在浪费主存储器的缺陷,主要是因为主存储器中一个程序可能有多个装入模块,每一个装入模块的函数库可能重复,所以主存储器中可能出现多个重复的函数库,浪费存储空间。另外,静态链接不容易扩展,如果有新的目标模块,则必须重新进行编译与链接。

动态链接则是在程序执行中需要该目标模块时,才对它进行链接。其优点是便于修改和更新，便于实现目标模块的共享。

装入程序将程序链接后形成的装入模块装入主存储器。现有操作系统主要有以下 3 种不同的装入方法。

- 绝对装入：在程序进行编译时就得到绝对地址，按照绝对地址装入，这种方法只适用于单道程序环境。
- 静态重定位装入：在装入一个作业时，把作业中的指令地址和数据地址全部转换成绝对地址。由于地址转换工作是在作业执行前集中一次完成的，所以在作业执行过程中无须再进行地址转换工作，这种定位方式称为静态重定位。假定作业中的第 8 条指令是从 032 单元中取出操作数 3465 执行加法操作，那么，若采用静态重定位方式把作业装入分配的主存储器区域（假定从 100 单元开始），则第 8 条指令被放到 108 单元，指令中的逻辑地址 032 被转换成绝对地址 132，操作数 3465 存放在 132 单元中。
- 动态重定位装入：动态重定位是由软件和硬件相互配合实现的。硬件设置一个基址寄存器，当存储管理器为作业分配了主存储器区域后，装入程序会原封不动地把作业装入所分配的区域中，然后把该主存储器区域的起始地址存入基址寄存器中。在作业执行过程中，由硬件的地址转换机构动态地进行地址转换，在执行指令时只要把逻辑地址与基址寄存器中的值相加就可得到绝对地址。这种定位方式是在指令执行过程中进行的，所以称为动态重定位。

4.2 主存储器的分区管理方法

4.2.1 单用户主存储器分区管理

单用户主存储器分区管理是最简单的存储管理方法之一。在这种管理方法下，操作系统占用了一部分主存储器空间，剩下的主存储器空间都被分配给一个作业使用，即在任何时刻，主存储器中最多只有一个作业，故适用于单道运行的计算机系统。个人计算机上可采用这种管理方法。图 4.3 所示是单用户进行主存储器分区管理采用的连续存储管理示意图。

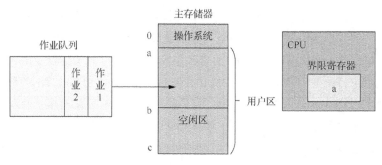

图 4.3 单用户连续存储管理示意图

采用这种管理方法时，处理器中设置一个界限寄存器，界限寄存器的内容为当前可供用户使用的主存储器区域的起始地址。在一般情况下，界限寄存器中的内容是不变的，只有当操作系统功能扩展或修改，改变了所占区域的长度时，才更改界限寄存器的内容。等待装入主存储器的作业排列成一个作业队列，当主存储器中无作业或一个作业执行结束时，允许作业队列中的一个作业装入主存储器。作业总是被装入由界限寄存器指示的、从用户区起始地址 a 开始的区域。如果作业的地址空间小于用户区的地址空间，则它可只占用一部分，其余部分作为空闲区（图 4.3 中的 b~c 部分）。不管空闲区有多大，都不用来装另一个作业。

在分时操作系统中，可用对换方式让多个用户的作业轮流进入主存储器执行。系统中必须有一个大容量的高速辅助存储器（如磁盘），多个用户的作业信息都被保留在磁盘中。先把一个作业装入主存储器执行，以后在调度时，若选中另一个作业，就换出已在主存储器中的作业，并把选中的作业换入主存储器。以两个作业为例，作业的对换过程如图 4.4 所示，按时间片轮转的办法轮流地被换出和换入。

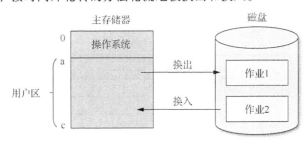

图 4.4 作业的对换过程

由于单用户连续存储管理每次只允许一个作业加载到主存储器中，而不需要考虑作业在主存储器中的移动，因此可以使用静态重定位装入进行地址转换，即当作业加载到主存储器中时，一次性完成地址转换，硬件也不必有地址转换单元。但处理器在执行指令时要检查其绝对地址是否大于或等于界限地址 a，且小于或等于最大地址 c。若绝对地址在规定的范围内，则可执行指令。否则会产生一个"地址越界"中断事件，由操作系统进行处理，以达到存储保护的目的。

4.2.2 主存储器固定分区管理

1. 概述

主存储器固定分区管理是把主存储器中可分配的用户区预先划分成若干个连续区，每一个连续区称为一个分区。一旦划分好后，主存储器中分区的个数就固定了。各个分区的大小可以相同，也可以不同，但每个分区的大小固定不变。每个分区可以装入一个作业，所以当有多个分区时，就可同时在每个分区中装入一个作业，但不允许多个作业同时装入同一个分区。这种管理方法适用于多道程序设计批处理系统。图 4.5 所示为 3 个分区的主存储器固定分区管理示意图。

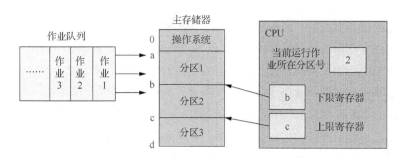

图 4.5　主存储器固定分区管理示意图

如何知道主存储器中哪个分区已被作业占用，哪个分区是空闲的呢？即在主存储器固定分区管理下，主存储器如何进行分配与回收？存储管理器设置了一张分区分配表，用来说明各分区的分配和使用情况，其中指出了各分区的起始地址和长度，并为每个分区设置了一个标志位。当标志位为"0"时，表示分区空闲；当标志位非"0"时，表示分区已被占用。分区分配表的长度应根据主存储器中被划分的分区数量来决定。表 4.1 中，主存储器被分成了 3 个分区，分区 2 已装入了一个作业。

表 4.1　　　　　　　　　　　　3 个分区的分区分配表

分区号	起始地址	长度	标志位
1	a	L1	0
2	b	L2	Job1
3	c	L3	0

当作业队列中有作业要装入分区，存储管理器分配主存储器区域时，先查分区分配表，选择标志位为"0"的分区。然后将作业地址空间的长度与标志位为"0"的分区长度进行比较，当分区长度能容纳该作业时，则把作业装入该分区，且把作业名填到标志位上；如果作业长度大于空闲分区长度，则该作业暂时不能装入。作业运行结束时，根据作业名查分区分配表，从标志位的记录中可知该作业占用的分区，把该分区的标志位置为"0"，表示该分区现在空闲，可以装入新作业。

由于主存储器固定分区管理方法是预先把主存储器划分成若干分区，每个分区只能装入一个作业，作业在执行过程中是不会改变存放区域的，因此可以采用静态重定位装入把作业装入分配的分区。

2．存储保护

为了实现存储保护，处理器设置了一对寄存器，分别为下限寄存器和上限寄存器。当一个已经装入主存储器的作业在处理器中运行时，进程调度应记录当前运行作业所在的分区号，且把该分区的下限地址和上限地址分别送入下限寄存器和上限寄存器中。处理器执行该作业的指令时必须核对以下不等式

$$下限地址 \leqslant 绝对地址 < 上限地址 \tag{4.1}$$

如果不等式（4.1）不成立，则为防止其他分区中的信息被破坏，硬件会产生地址越

界中断事件，停止执行该指令，以达到存储保护的目的。

运行的作业在让出处理器时，调度程序会选择另一个可运行的作业，同时修改当前运行作业的分区号和下、上限寄存器内容，以保证处理器能控制作业在所在的分区内正确运行。

用主存储器固定分区管理方法管理主存储器时，总是为作业分配一个不小于作业长度的分区。因此，有许多作业实际上只占用分区的一部分，使分区中有一部分区域闲置不用，即内部碎片，降低了主存储器空间的利用率。但主存储器固定分区管理方法管理简单，又适合多道程序设计批处理系统，所以对微机多用户系统，如 IBM OS/MFT（master file table，主控文件表），采用这种管理方法是适宜的。

3．提高利用率的措施

为了提高主存储器空间的利用率，可以采用如下几种措施。

- 根据经常出现的作业大小和数量来划分分区，尽可能使各个分区被充分利用。
- 划分分区时按分区的大小顺序排列，低地址部分是较小的分区，高地址部分是较大的分区。各分区按从小到大的顺序依次记录在分区分配表中，只要顺序查找分区分配表就可方便地找出一个能满足作业要求的最小空闲区分配给作业。这样做一方面使闲置的空间尽可能减少，另一方面尽量保留较大的空闲区，以利于大作业的装入。
- 按作业对主存储器空间的需求量排多个作业队列，规定每个作业队列中的各作业只能依次装入一个固定的分区，每次装入一个作业；不同作业队列中的作业分别依次装入不同的分区；不同的分区中可同时装入作业；某作业队列为空时，该作业队列对应的分区不用装入其他作业队列中的作业，空闲的分区等到对应的作业队列有作业时再被使用。

图 4.6 展示了多个作业队列的主存储器固定分区管理示意图。其中，0、a、b、c、d 指起始地址，作业队列 1 中的作业长度小于 L1，规定它们只能被装入分区 1；作业队列 2 中的作业长度大于 L1 但小于 L2，这些作业只能被装入分区 2；作业队列 3 中的作业长度大于 L2 但小于 L3，这些作业只能被装入分区 3。

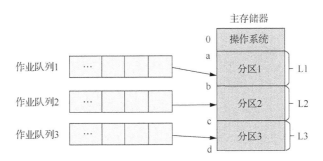

图 4.6　多个作业队列的主存储器固定分区管理示意图

采用多个作业队列的主存储器固定分区管理能有效地防止小作业进入大分区，从而减少闲置的主存储器空间。但是划分分区时应特别注意可能出现的作业大小和作业出现的频率，如果划分不当，会造成某个作业队列经常是空队列，反而影响分区的使用效率。

4.2.3　主存储器可变分区管理

1. 概述

主存储器可变分区管理不是预先把主存储器中的用户区划分成分区，而是在作业要求装入主存储器时，根据作业需要的主存储器空间大小和当时主存储器空间的使用情况来决定是否为作业分配一个分区。因此分区的长度不是预先固定的，而是按作业的实际需求来划分的；分区的个数也不是预先确定的，而是由装入的作业数来决定的。

系统初始启动时，主存储器中除操作系统占用部分外，把整个用户区看作一个大的空闲区。当有作业要装入主存储器时，根据作业对主存储器空间的需求量，从空闲区中划出一个与作业长度一致的分区来装入作业，剩余部分仍为空闲区。当空闲区能满足需求时，作业可装入；当作业对主存储器空间的需求量超过空闲区长度时，则作业暂时不能装入。图 4.7 所示是主存储器可变分区管理示意图，由于分区的大小是按照作业的实际需求量来决定的，因此能克服主存储器固定分区管理方法中分区空间不能被充分利用的缺点。

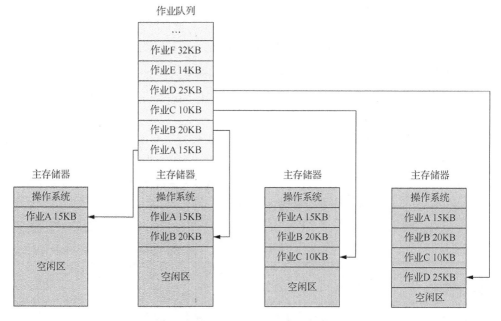

图 4.7　主存储器可变分区管理示意图

装入主存储器的作业执行结束后，它所占的分区被收回，成为空闲区，这些收回后的空闲区仍可用来装入作业。随着作业不断地被装入和作业执行结束后的移除，主存储器空间被划分成许多分区，有的分区被作业占用，而有的分区是空闲的。当一个空闲区装入一个作业后，该空闲区被分成两部分，其中一部分被作业占用，另一部分成为一个较小的空闲区，如图 4.8 中作业 F 被装入后的情况。

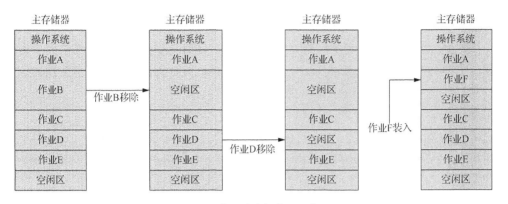

图 4.8 作业移除与装入示意图

可见，采用主存储器可变分区管理方法管理主存储器时，主存储器中空闲区的数目和大小是不断变化的。为了便于管理，必须设置一张空闲区表，用来记录空闲区的起始地址和长度。当有作业要装入主存储器时，在空闲区表中查找状态为"未分配"的栏目，从中找出一个能容纳该作业的空闲区。若该空闲区大于作业长度，则被分成两部分，一部分分配给作业，另一部分仍作为空闲区登记在空闲区表中。若找到的空闲区正好等于作业长度，则在该区分配给作业后，把该栏目对应的状态改为"空"状态。当有作业执行结束，收回该作业所占的主存储器空间后，应把收回区域的起始地址和长度登记在状态为"空"的栏目中，且将状态改为"未分配"。如果收回区域正好与某一空闲区相邻，则应将其连成一片后登记。

2. 分配算法

主存储器可变分区管理方法常用的主存储器分配算法有最先适应分配算法、最优适应分配算法、最坏适应分配算法。

（1）最先适应分配算法

最先适应分配算法是指每次分配时总是顺序查找空闲区表，找到第一个能满足作业长度要求的空闲区后将其分割，一部分分配给作业，另一部分仍为空闲区。

这种分配算法实现简单，但可能把大的主存储器空间分割成许多小的空闲区，在主存储器中形成许多不连续的空闲区，我们把这些不连续的空闲区称为碎片。碎片的长度有时不能满足作业的要求，碎片过多可能使主存储器空间的利用率降低。

作为改进，可把空闲区按地址顺序从小到大登记在空闲区表中。这样分配时总是尽量利用低地址部分的空闲区，而使高地址部分保持较大的空闲区，有利于大作业的装入。但是这会给收回分区带来一些麻烦：每当有作业归还分区时，必须调整空闲区表，把归还的分区按地址顺序插入空闲区表的适当位置并进行登记。

（2）最优适应分配算法

最优适应分配算法是指从所有的空闲区中挑选一个能满足作业要求的最小空闲区，这样可保证不去分割更大的空闲区，使装入大作业比较容易实现。在实现这种算法时，可把空闲区按长度以递增次序登记在空闲区表中。分配时顺序查找空闲区表，总是从最小的空闲区开始查找。所以，当找到第一个能满足作业要求的空闲区时，其一定就是所

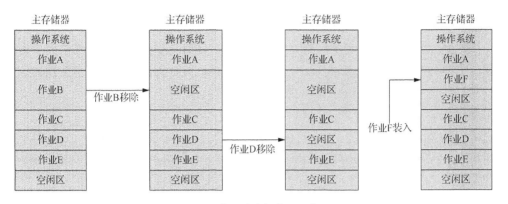（此处为页边标注）第 4 章　主存储器管理

有能满足作业要求的分区中的最小分区。

采用最优适应分配算法时，有时找到的分区可能只比作业要求的长度略大，这样经分割后剩下的空闲区就很小了。这种极小的空闲区往往无法使用，影响主存储器空间的利用率。当作业归还分区时，要把收回的分区按长度顺序插入空闲区的适当位置并进行登记。

（3）最坏适应分配算法

最坏适应分配算法总是挑选最大的空闲区分割一部分给作业使用，使剩下的部分不至于太小，仍可分配给作业使用。采用最坏适应分配算法时，空闲区表中的登记项可按空闲区长度以递减顺序排列，因此空闲区表中第一个登记项所对应的空闲区总是最大的。同样，在收回一个分区时，必须把空闲区表调整成按空闲区长度的递减次序排列。

4.3 主存储器的页式管理方法

前面介绍的几种主存储器分区管理方法要求作业的逻辑地址空间连续地存在于主存储器的某个区域中。当主存储器中没有足够大的区域时，则作业无法装入，或必须移动某些作业后才能装入。是否可以把作业的连续逻辑地址空间分散到几个不连续的主存储器区域中，且作业仍能正确执行呢？如若可行，则既可充分利用主存储器空间，又可减少移动所花费的开销。不仅如此，还可采用虚拟存储管理技术，在较小的主存储器空间里运行较大的作业。

4.3.1 主存储器页

页式管理是将主存储器划分为许多大小相等的区域，每个区域称为一个块，编写程序时，逻辑地址按照块大小划分为许多页。页式存储器的逻辑地址由两部分组成，即页号与页内地址，其格式为"页号 页内地址。"

逻辑地址结构决定了主存储器中块的大小，也决定了主存储器中页面的大小。假设地址的总长度为 15 位，其中页号占 5 位，页内地址占 10 位，那么逻辑地址中有 32 个页，编号为 0～31；每页有 1024 字节，编号为 0～1023。从地址结构来看，逻辑地址是连续的，编程时不需要考虑如何分页。当使用一组顺序地址时，假设地址为 0～1023，则只需使用低 10 位页内地址部分，而页号部分可以设为"0"，那么这些地址将归属第 0 页。如继续使用 1024～2047 的地址，那么将地址结构中的页号设为"1024"，而页内地址仍为 0～1023。以此类推，一组顺序地址将根据地址结构进行分页。因此，编程时只需要使用连续的逻辑地址即可。

存储器总是以块为单位进行分配的。一个作业的信息需要多少页存储，把它装入主存储器时就给它分配多少个块。但分配给作业的主存储器块可以是不连续的，即作业信息可以按页分散存放在主存储器的空闲块中。主存储器中哪一块空闲，哪一块就用于存放作业的一页信息，这样避免了为得到连续的存储空间而频繁进行移动。如果作业列表有 4 页，

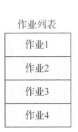

即作业 1、作业 2、作业 3 和作业 4，那么只要找出 4 个空闲块，作业就可装入主存储器。假定找到的 4 个空闲块是第 10、12、13、16 块，则主存储器空间如图 4.9 所示。

图 4.9 按页分配主存储器空间

作业执行时根据逻辑地址中的页号找到所在的块号，再确定当前指令应访问的主存储器绝对地址。

页式管理必须解决两个关键的问题：第一，怎样知道主存储器中哪些块已被占用，哪些块空闲；第二，作业信息被分散存放后如何保证作业的正确执行。

4.3.2 页表与快表

1. 页表

页式管理根据页面大小将主存储器的可分配区域划分为若干块，主存储器空间按块为单位进行分配。可以用一张主存储器分配表来记录已分配块、未分配块以及当前剩余空闲块的数量。由于块的大小是固定的，可以用位图来表示主存储器分配表。假设主存储器的可分配区域被划分为 256 个块，那么主存储器分配表可以由 8 个字长的位图组成，字长为 32 位，位图中的每个位对应一个块；0 / 1 分别表示相应的块是空闲/占用的，再用一个字节来记录当前剩余空闲块的数量。

进行主存储器空间分配时，需要先查询空闲块数能否满足作业要求。若不能满足，则作业不能装入。若能满足，则在位图中找出为 "0" 的位，将标志位置为 "1"；从空闲块数中减去本次占用块数，按找到的位计算出对应的块号，将作业装入这些块中。根据为 "0" 的位所在的字号和位号，可计算出对应的块号

$$块号 = 字号 \times 字长 + 位号 \qquad (4.2)$$

作业完成后，应回收作业占用的主存储器块，方法为：根据返回的块号计算出该块在位图中的对应位置，将标志位置为 "0"；然后将返回的块数与空闲块数相加，假设返

回块的块号为 i，则位图中的对应位置为"字号=[i/字长]，页号=i mod 字长"。当主存储器中空闲块的数量能够满足作业要求时，主存储器管理器将找出这些空闲块并将其分配给作业；同时为作业建立页表，指出逻辑地址中的页号与主存储器中的块号之间的对应关系，页表格式如表 4.2 所示。

表 4.2　　　　　　　　　　　　　　　　页表格式

页号	块号
0	B0
1	B1
2	B2
3	B3
…	…

每个作业的页表长度是不同的，页表长度由作业所占页的多少决定。

页式管理采用动态重定位装入的方式装入作业，作业执行时由硬件地址转换机构来完成从逻辑地址到绝对地址的转换工作。在作业执行过程中，处理器每执行一条指令，都要让地址转换机构按逻辑地址中的页号查页表得到与该页对应的块号，再按逻辑地址中的页内地址换算出欲访问的主存储器单元的绝对地址。由于块的长度都是相等的，所以地址转换的一般公式为

$$绝对地址=块号×块长+页内地址 \tag{4.3}$$

实际上，由于分块和分页的大小是一致的，利用二进制乘法的特性，只要把逻辑地址中的页内地址作为绝对地址中的低地址部分，再根据页号从页表中查得的块号，将其作为绝对地址中的高地址部分，就能得到要访问的主存储器的绝对地址。图 4.10 所示是页式管理地址转换示例。

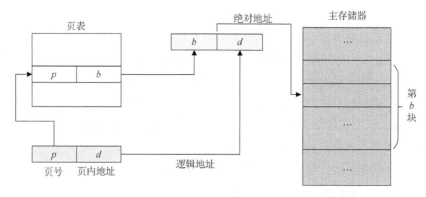

图 4.10　页式管理地址转换示例

因此，虽然作业被存放在若干个不连续的块中，但在作业执行时总是能按确切的绝对地址进行存取，保证了作业的正确执行。

但是，页式管理中的页表一般是存放在主存储器中的，因此，当要按给定的逻辑地址进行读/写时，必须访问两次主存储器：第一次按页号读出页表中对应的块号，第二次

按计算出来的绝对地址进行读/写。这样就延长了指令的执行周期，降低了执行速度。

为了提高存取速度，通常会设置一个小容量的高速缓冲存储器。高速缓冲存储器可根据指定的特征对每个存储单元进行并行查找，查找速度极快，但造价很高，故其一般是小容量的，如8～16个存储单元。

2．快表

当利用高速缓冲存储器存放页表的一部分时，我们把存放在高速缓冲存储器中的部分页表称为快表。快表登记了页表中的一部分页号与块号的对应关系。根据程序执行的局部性的特点，在一段时间内总是访问某些页。若把这些页登记在快表中，则可快速查找并提高指令执行速度。利用快表加速地址转换的示意图如图4.11所示。

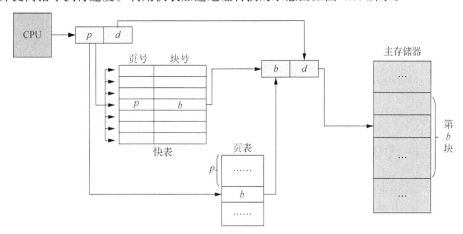

图4.11 利用快表加速地址转换的示意图

根据逻辑地址中的页号同时查快表和页表时，若该页已登记在快表中，则停止在主存储器中查页表的工作，并按快表中得到的对应块号与逻辑地址中的页内地址合成绝对地址；若该页没有登记在快表中，则从页表中得到对应的块号，再与逻辑地址中的页内地址合成绝对地址，同时将该页登记到快表中，以便下次访问该页时加快查找速度。由于快表容量较小，快表被填满后要在快表中登记新页，就必须淘汰快表中的旧页。一种简单的淘汰策略是先进先出，即总是淘汰最先登记的那一页。

采用快表的方法后，可以使地址转换的时间大大缩短。假定访问主存储器的时间为200ns，访问高速缓冲存储器的时间为40ns，高速缓冲存储器有16个存储单元时，查快表的命中率（指在计算机系统中的缓存里成功找到所需数据的概率）可达90%。因此，将逻辑地址转换成绝对地址进行存取的平均时间为(200+40)×90%+(200+200)×10%=256ns。而不使用快表时需要访问两次主存储器，所用时间是 200×2=400ns。两者相比，前者减少了144ns，即所用时间缩短了(144÷400)×100%=36%。

整个系统只设置一个高速缓冲存储器时，只有占用处理器者才能使用它。由于快表是动态变化的，所以当占用处理器的作业让出处理器时，应把该作业的快表保护到它的进程控制块中。当其再次占用处理器时，就可把它的快表恢复到高速缓冲存储器中。

页式管理有利于实现多个作业共享程序和数据。在多道程序设计批处理系统中，编译程序、编辑程序、解释程序、公共子程序、公共数据等信息都是可共享的。这些共享的信息在主存储器中需要保留一个副本。各作业共享这些信息时可使它们各自页表中的有关表目指向共享信息所在的主存储器块。图 4.12 所示是页的共享示意图，其具体实现涉及与用户程序衔接的一些细节问题，有一定难度，本书不阐述。

利用页的共享可节省主存储器空间，但实现信息共享必须解决信息的保护问题。通常的办法是在页表中增加一些标志，指出该页的信息可读/写、只读或只执行等。图 4.12 中规定了共享程序只执行，共享数据只读。处理器在执行指令时要进行核对，若想向只读块写入信息就需要停止执行指令并产生中断。

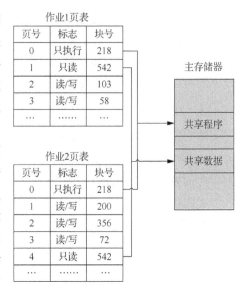

图 4.12　页的共享示意图

4.3.3　现代操作系统的页式管理

现代计算机普遍采用页式管理，为用户提供较大的逻辑地址空间。例如，Windows 系统供用户使用的逻辑地址空间由 32 位组成，规定页面（即块的长度）为 4096 字节，页内地址占用了逻辑地址中的 12 位，余下的 20 位被页号占用。2 的 20 次幂约为 1 百万，即允许每个用户程序最多可以用约 100 万个页面。

100 万个页面在页表中占 100 万个表项，这张页表非常庞大。若以每个页表表项占用 4 字节计算，则一张页表就要占用 400 万字节的连续主存储器空间。如果是多道程序并行工作，那么要为每个用户建立一张页表，多张页表会占用更多的主存储器空间，使得主存储器空间的开销实在太大。

1.　二级页表

（1）概述

实际上，程序的执行往往具有局部性，在一段时间内只涉及一部分页，也只会在这些页所对应的页表表项中进行查找，而不会查找另一部分页所对应的页表表项。因此，没有必要把整张页表一直保存在主存储器空间中。接下来以 32 位逻辑地址为例阐述二级页表的原理。32 位逻辑地址被分成 3 个部分，其中高 12 位是页内地址；低 20 位的页号被分成两部分，每一部分占 10 位。二级页表格式如图 4.13 所示。

图 4.13　二级页表格式

由于逻辑地址是连续的，所以这实际上是把页分成了 1024 个页面组，每个页面组含有 1024 个页面。页号 I 指出页面组编号为 0～1023，页号 II 指出每个页面组内的页面编号为 0～1023，这样我们就设计出了二级页表，二级页表可以极大地扩展逻辑地址空间。

建立页表时，第一级是页面组表（称为一级页表），第二级是组内页面表（称为二级页表，每组一张，共 1024 张）。一级页表指出二级页表的存放地址，二级页表指出页的存放地址。二级页表结构如图 4.14 所示。

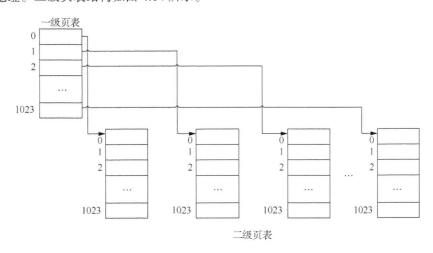

图 4.14　二级页表结构

页表中表项内容类似于之前所阐述的页式管理中的页表表项。若每个表项占用 4 字节，那么每张页表占用 4096 字节，正好与主存储器块的大小一致，即一个主存储器块正好可用来存放一张页表。

采用二级页表结构的系统总是把页表保存在辅助存储器中。程序执行时只需把一级页表先装入主存储器。进行地址转换时，按逻辑地址中的页号 I 查一级页表，找出对应的表项，根据表项中的标志位可以知道对应的二级页表是否已在主存储器中。若已在主存储器中，则可按页号 II 查二级页表中的表项，得到页所在位置（已在主存储器中或尚未装入主存储器）；若二级页表尚未装入主存储器，则先将其装入，再按页号 II 查找页所在位置。若页已在主存储器中，则根据对应的块号和逻辑地址中的页内地址得到当前要访问的主存储器绝对地址，否则需将该页先调入主存储器再进行地址转换。采用二级页表结构后，不需要把页表一次性装入主存储器，且各页表可以分散存放在主存储器块中，必要时还可把当前暂时不用的页表调出主存储器，有利于主存储器空间的利用。但是在进行地址转换时增加了访问主存储器的次数，影响了指令执行速度，在进行页面调入、调出时也会增加系统的开销。采用二级页表结构的系统均会使用高速缓冲存储器来加快地址转换过程。二级页表还可扩展为三级、四级或更多级的页表，级别越多，灵活性越强，但管理的复杂性越大。

（2）二级页表的不适用性

尽管二级页表极大地扩展了可分配主存储器的空间大小，但对于 64 位逻辑地址空间的系统来说，该方案不再适用。假设系统的页面大小为 4KB，此时页表可由多达 2^{52} 个条目组成。如果采用二级分页方案，那么内部页表可方便地定为一页长，或包括 2^{10} 个 4 字节的条目。页面偏移表示在虚拟页内的偏移位置，用于访问虚拟页内的数据。二级页表的分析案例结构如图 4.15 所示。

外部页表	内部页表	页面偏移
P1	P2	d
42	10	12

图 4.15　二级页表的分析案例结构

图 4.15 中，外部页表有 2^{42} 个条目或 2^{44} 字节。避免产生这种大页表的方法是将外部页表进一步细分。外部页表的划分有很多方法，例如，我们可以对外部页表进行再分页，进而得到三级分页方案，如图 4.16 所示。假设外部页表由标准大小的页组成（2^{10} 个条目或者 2^{12} 字节），这时，64 位地址空间仍然足够大。

二级外部页表	外部页表	内部页表	页面偏移
P1	P2	P3	d
32	10	10	12

图 4.16　三级页表的分析案例结构

图 4.16 中，二级外部页表的大小仍为 2^{34} 字节（16GB）。再向下是四级分页方案，这时二级外部页表也将被分页。为了转换每个逻辑地址，64 位的 UltraSPARC 处理器需要 7 个级别的分页，如此多的主存储器访问是不可取的。可以看出，对于 64 位的处理器架构，分级页表通常被认为是不适用的。

2．哈希页表

（1）哈希页表简介

处理大于 32 位地址空间的常用方法是使用哈希页表，将虚拟页号作为哈希值。哈希页表的每个条目都包含一个链表（链表用于解决哈希碰撞），链表内元素都被"哈希"到同一位置。链表内每个元素由 3 个字段组成：虚拟页号、映射的物理页号和指向链表中下一个元素的指针。

其工作原理是：将虚拟地址的虚拟页号散列到哈希页表中，并将虚拟页号与链表中第一个元素的第一个字段进行比较。如果匹配，则使用映射的物理页号（第二个字段）来形成物理地址；如果没有匹配，则将其与链表中后续节点的第一个字段进行比较，以找到匹配的页号。哈希页表地址转换示意图如图 4.17 所示。

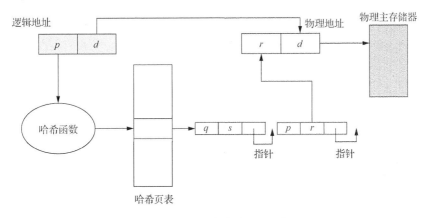

图 4.17　哈希页表地址转换示意图

这里给出的哈希页表地址转换法是 64 位地址空间方案的一种变体，这个变体使用的是聚簇页表，类似于哈希页表。但这里页表中的每个条目都指向多个物理页（如 16 个页），而不是单个物理页。聚簇页表对稀疏地址空间特别有用，因为在稀疏地址空间中，虚拟页到物理页的映射是不连续的，并且分散在整个地址空间中。

通常，每个进程都有一个相关联的页表，进程使用的每个页在页表中都有一个条目。这种表示方法十分自然，因为进程通过虚拟地址引用主存储器页，而操作系统会将该引用转换为物理主存储器地址。由于页表是按虚拟地址排序的，操作系统可以计算相应条目在页表中的位置，从而直接使用该值。但这么做存在一个显著缺点：每个页表可能包含数百万个条目，需要大量物理主存储器，以记录其他物理主存储器的使用情况。

（2）倒置页表

处理大于 32 位地址空间的另一种方法是使用倒置页表。每个物理主存储器的页在倒置页表中只有一个条目，每个条目包含存储在物理主存储器的页的虚拟地址和该页进程的相关信息。因此整个系统只有一张页表，每个物理主存储器页只有一条对应的条目。

图 4.18 所示为倒置页表地址转换示意图。由于倒置页表通常包含多个映射到物理主存储器的不同地址空间，因此通常需要为每个条目保存一个地址空间标识符。地址空间标识符确保特定进程的每个逻辑页都可以映射到相应的物理页。采用倒置页表的系统包括 64 位 UltraSPARC 处理器和 PowerPC 处理器。

假设系统内的每一个虚拟地址为三元组

〈PID,页号,页内偏移〉

每个倒置页表的条目都是二元组〈PID,页号〉。PID 用作地址空间标识符。当主存储器引用发生时，由〈PID,页号〉组成的虚拟地址被提交给主存储器管理系统，之后搜索倒置页表以找到匹配项。如果找到匹配项，如条目 i，则会生成物理地址；如果找不到匹配项，则为非法地址。

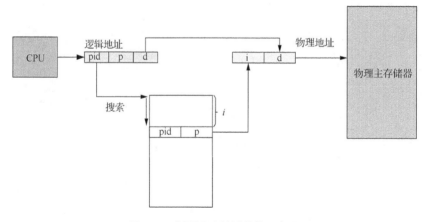

图 4.18　倒置页表地址转换示意图

　　虽然倒置页表减少了存储页表所需的主存储器空间,但增加了查找页表所需的时间。由于倒置页表是按物理地址排序的,而查找是基于虚拟地址的,因此查找匹配项可能需要搜索整张表,耗费很长时间。可以通过额外的哈希页表将搜索限制为一个或多个页表项,以解决这个问题。每次对哈希页表访问会添加一次主存储器操作,因此对虚拟地址的每次访问都需要至少读取主存储器两次:一次用于哈希页表项,另一次用于页表。具有倒置页表的系统很难实现主存储器的共享。共享主存储器的常见实现是将多个虚拟地址(共享主存储器中的每个进程都有一个虚拟地址)映射到同一个物理地址。而这种做法不能用于倒置页表,因为每个物理页只有一个虚拟页条目,一个物理页不能被两个(或更多)虚拟地址引用。

4.4　虚拟主存储器与页面调度算法

　　本节介绍虚拟主存储器的有关概念及引入虚拟主存储器后操作系统需要提供的各项支持。

4.4.1　虚拟主存储器

　　在之前介绍的多种主存储器管理方法中,无论是分区管理方法,还是页式管理方法,都建立在主存储器能为作业分配足够大的存储空间,以装入有关作业全部信息的基础上。

　　然而在实际运行时,程序的有些部分是互斥的,即在程序的一次运行中,执行了这部分程序就不会执行那部分程序。例如,错误处理部分仅在有错误的情况下才会运行。另外,程序的执行往往有局部性,某一时刻可能会循环执行某些指令或多次访问某一部分数据。所以,当把有关作业的全部信息都装入主存储器后,作业执行时实际上不会同时使用这些信息,甚至有些部分在作业执行的整个过程中都不会被使用。因此,问题就出现了:能否不把作业的全部信息同时装入主存储器,而是将其中一部分先装入主存储器，另一部分暂时存放在磁盘上，作业执行过程中要用到那些不在主存储器中的信息时再把它们装入主存储器？在这种情况下，即使主存储器空间小于作业需求量，作业也能执行，这使得主存储器空间能被充分利用，进而用户编制程序时可以不必考虑主存储器的实际容量，允许用户的逻辑地址空间大于主存储器的绝对地址空间。对用户来说，好像计算机系统具有一个容量很大的主存储器，这称为虚拟存储器。

虚拟存储器的容量由计算机的地址结构和辅助存储器（如磁盘）的容量决定，与实际主存储器的容量无关，所以虚拟存储器实际上是为扩大主存储器容量而采用的一种管理技巧。实现虚拟存储管理必须解决 3 个关键问题：怎样知道当前哪些信息已在主存储器中，哪些信息尚未装入主存储器？如果作业要访问的信息不在主存储器中，怎样找到这些信息并把它们装入主存储器？在把欲访问的信息装入主存储器时，发现主存储器中已无空闲区，该怎么办？

采用页式管理的存储器能被方便地改造成虚拟存储器。改造的方法很简单，只需将作业的全部信息作为副本存放在磁盘上；作业调度选中一个作业时，至少把作业的第一页信息装入主存储器；在作业执行过程中欲访问不在主存储器中的页时，再把它们装入。为此需要对页表进行改造，首先应在页表中指出哪些页已在主存储器中，哪些页还没装入主存储器，并且指出每一页副本在磁盘上的位置。例如，可将页表修改成表 4.3 所示的页表格式。

表 4.3 页表格式

页号	标志位	块号	磁盘上的位置
0			
1			
...			

标志位用来指出对应页是否已经装入主存储器。如果某页对应栏的标志位为 "1"，则表示该页已经装入主存储器，此时从块号中可得知该页在主存储器中占用的是哪一块；如果标志位为 "0"，则表示该页未装入主存储器。这时可根据其在磁盘上的位置找到该页信息，必要时把它装入主存储器。

然后，在作业执行过程中访问某页时，可由硬件的地址转换机构查页表。若该页对应标志位为 "1"，则按指定的块号进行地址转换，得到绝对地址；若该页标志位为 "0"，则由硬件发出一个缺页中断信号，表示该页不在主存储器中。操作系统必须处理这个缺页中断信号，处理的办法是先查看主存储器中是否有空闲块，若有，则按磁盘上的位置读出该页，并把它装入主存储器，在页表中填上该页所占块号，修改该页标志位。当要访问的页被调入主存储器后，再重新执行被中断的指令就可找到要访问的主存储器单元。图 4.19 所示为当访问的页不在主存储器中时的页面调入过程。

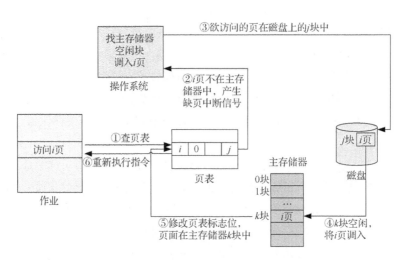

图 4.19　页面调入过程

4.4.2　主存储器页面调度算法

如果要调入一页，但主存储器中已没有空闲块，则必须先调出已在主存储器中的某一页，再将当前所需的页调入，同时对页表做相应的修改。采用某种算法选择一页暂时调出，把它存放到磁盘上让出主存储器空间，以存放当前要使用的页面，这一过程称为页面调度。若被页面调度选中调出的页被访问，则可用类似的方法调出另一些页面来将其调入。页面调度算法的选择是很重要的，如果选择了一个不合适的页面调度算法就会出现这样的现象：刚被调出的页立即要用，因此要把它重新调入；而调入不久后又被调出，调出不久后又被调入。如此反复，调度非常频繁，以致大部分时间都花费在来回调度上，这种现象称为抖动，又称颠簸。因此，应该选择一种好的调度算法，以减少和避免抖动。常用的页面调度算法有最优页面置换算法、先进先出页面调度算法、最近最少使用页面调度算法、最近最不常用页面调度算法、时钟页面调度算法、第二次机会页面置换算法等。下面分别对其进行介绍。

1. 最优页面置换算法

抖动的一个解决方法是使用最优页面置换算法（optimal-page-transform，OPT），这个算法具有极低的缺页错误率，并且不会出现抖动，可确保对给定数量的帧产生最低的缺页错误率。但在实际操作系统中该算法是不可实现的，只能作为理想情况下的最优算法。可以先在仿真程序上运行该算法，跟踪页面访问情况，在第二次运行时利用第一次运行收集到的信息来实现该算法。

2. 先进先出页面调度算法

先进先出页面调度算法总是优先淘汰最早进入主存储器的页面。这种算法简单，易于实现。有一种实现方法是根据写入顺序对加载到主存储器的页面页号进行排列，并使用指针 K 指示在页号队列中调用新页面时应淘汰的页位置，该位置最初应指向页号队列头部。无论何时载入新页面，都将指针指示的位置改为新载入页的页号，之后指针 K 加 1 指向应淘汰的下一页。图 4.20 展示了先进先出页面调度算法示例。

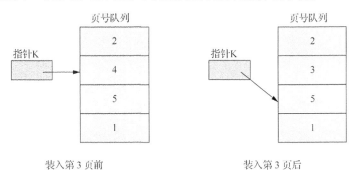

图 4.20　先进先出页面调度算法示例

这里的指针 K 是循环指针。假定页号队列中有 n 个页，每次调出 1 页后，执行的操作为 $K=(K+1)\bmod n$。

例如，依次访问的页号为 7、0、1、2、0、3、0、4、2、3、0、3、2、1、2。而现在只有 3 个主存储器块空闲，首先将前 3 页加载到主存储器中。然后根据先进先出页面调度算法执行页面调度，将产生 9 次缺页中断。页面的装入和调出如图 4.21 所示。

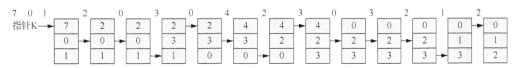

图 4.21　使用先进先出页面调度算法时页面的装入和调出

该算法基于这样一个事实，即最早进入主存储器的页不再被使用的概率比最新进入主存储器的页不再被使用的概率更大。但如果一个页被频繁访问，一段时间后它就成了最早进入主存储器的页。此时它如果被调出主存储器，可能会立即再次被调入。

3．最近最少使用页面调度算法

最近最少使用（least recently used，LRU）页面调度算法是基于程序执行的局部性理论，即程序一旦访问某些位置的数据或指令时，可能在一段时间里会经常访问它们。

先进先出页面调度算法是淘汰在主存储器中存放得最久的一页，而不管它是否经常被用到。最近最少使用页面调度算法认为最近经常被使用的页很可能马上又被访问，因此不能把它调出。相反，在过去一段时间里没有被访问过的页最近可能也暂时不会被访问。所以需要装入新页时，应选择将在最近一段时间里最久没有被使用的页调出。

实现这种算法的一种方法是在页表中为每一页增加一个"引用位"标志，记录该页自上次被访问以来所经历的时间，每访问一次都应重新计时。当产生缺页中断而要装入新页时，检查页表中各页的引用位，从中选出计时值最大的一页调出（即最久没有被使用的页），并且把所有的引用位置"0"重新计时。这样，当再一次产生缺页中断时，又可找到最近一段时间里最久没有被使用的页。这种实现方法必须对每一页的访问情况时刻加以记录和更新，实现起来比较困难，且开销大。

在实际应用中也可用页号队列的方法，这种方法能方便、正确地选出最近最久未使用的页。页号队列中存放当前在主存储器中的页，但不需要使用指针。规定队首总是最久未使用的页，而队尾总是最近才被访问的页。因此，每访问一页就要将队列调整一次，把当前访问的页调到队尾。每发生缺页中断时总是调出队首所指示的页。我们还是用先进先出页面调度算法中的例子，在把前 3 页装入主存储器的情况下来看最近最少使用页面调度算法的调度情况，如图 4.22 所示。

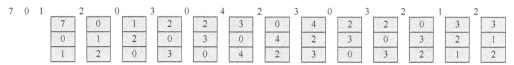

图 4.22　使用 LRU 算法时页面的装入和调出

4．最近最不常用页面调度算法

最近最不常用页面调度（least frequently used，LFU）算法考虑到在过去一段时间里被访问次数多的页可能是经常需要用的页，所以应调出被访问次数少的页。一种简单的实现方法是为每一页设置一个计数器，每访问一页，就把该页对应的计数器加 1；隔一个周期 T，把所有计数器清 0。当发生缺页中断时，选择计数值最小的页，它是最近一段时间里最不常用的页，可把它调出，同时把所有计数器清 0。这个算法的关键是要选择一个合适的周期 T。

5．时钟页面调度算法

时钟页面调度算法将所有页面保存在类似时钟的环形循环链表中，指针指向最旧的页面。在中断的情况下，同下面要讲的第二次机会页面置换算法一样，如果 R 位为 0，则插入新页并将指针移动一个位置。如图 4.23 所示，操作系统为每个页面设置了 2 个状态位：访问位（R 位）和修改位（M 位）。访问位表示该页面在主存储器中是否被访问，修改位表示该页面在主存储器中是否被修改。当一个进程启动时，会将这个进程的所有页面的 R、M 位都设置为 0。每访问一个页面就将 R 位为 1，每修改一个页面就将 M 位设为 1。

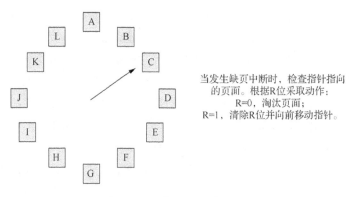

当发生缺页中断时，检查指针指向的页面。根据R位采取动作：
R=0，淘汰页面；
R=1，清除R位并向前移动指针。

图 4.23　时钟页面调度算法

6. 第二次机会页面置换算法

第二次机会页面置换算法的基本思想与先进先出页面调度算法的相同，但进行了改进，以避免替换频繁使用的页面。当选择替换页面时，它仍然与先进先出页面调度算法相同，即选择调出最早放入主存储器的页面。但是第二次机会页面置换算法会设置一个访问位，所以要检查页面的访问位。如果访问位为 0，则淘汰此页面；如果访问位为 1，则给它第二次机会并选择下一个页面。当页面获得第二次机会时，其访问位置为 0，到达主存储器的时间设置为当前时间。如果在之后一段时间内该页面被访问，则访问位置为 1。这样，只有在所有其他页面被淘汰（或有第二次机会）后，才会淘汰提供过第二次机会的页面。因此，如果一个页面经常被使用，并且它的访问位总是保持为 1，它将永远不会被淘汰。

第二次机会页面置换算法可视为一个环形队列，用一个指针指示哪一页应该被淘汰的。当需要一个存储块时，指针就前移，直至找到访问位是 0 的页。随着指针的前移，访问位依次置为 0。在最坏的情况下，所有的访问位都是 1；指针通过整个队列一周，每页都给第二次机会，这时它就退化成先进先出页面调度算法。

4.4.3 段式主存储器管理方法

在前面介绍的各种主存储器管理方法中，用户的逻辑地址都是连续的，这给用户编写大型程序带来了不便。如图 4.24 所示，实际的程序通常由若干段组成，如主程序段、子程序段、数组和工作区域等。

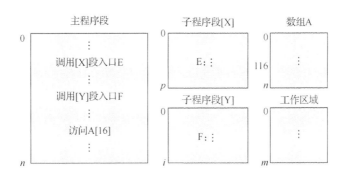

图 4.24　作业的分段结构

段式主存储器管理按段管理和分配主存储器空间，为此逻辑地址具有图 4.25 所示的格式。

在地址结构确定后，还需要确定作业中允许的最大段数和每个段的最大长度。段式主存储器管理为作业的每个段分配一个连续的主存储器区域，以存储段信息。分配方法类似于主存储器可变分区管理方法，根据段的长度找到一个可以容纳该段的可用主存储器区，然后划分主存储器可用区，一部分用于载入段信息，另一部分仍然是空闲区。作业段可以加载到几个未连接的主存储器区域中。

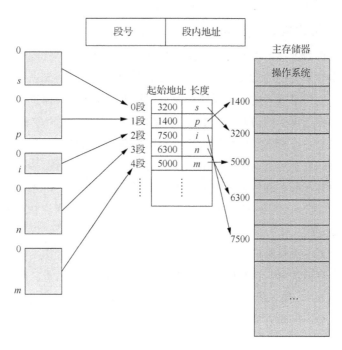

图 4.25　逻辑地址

段式主存储器管理也采用动态重定位载入的方式来加载作业的每个段。如果主存储器中找不到足够大的空闲区，可以使用移动技术合并分散的空闲区。在执行作业时，由地址转换机制完成逻辑地址到物理地址的转换。

为了正确执行作业，必须首先记录每个段的位置。因此，系统设置了段表，以记录主存储器中每个段的起始地址和长度，如图 4.25 所示。在执行作业时，每执行一条指令，硬件的地址转换机制根据逻辑地址中的段号检查段表，以获得主存储器中段的起始地址和长度。起始地址加上段内地址就是要访问的主存储器的物理地址。如果该物理地址位于段的存储区域内，则可以访问该绝对地址；否则将发生地址越界中断。段式主存储器管理的地址转换过程类似于主存储器可变分区管理方法，段区域可根据段表条目中的起始地址和长度确定，即必须满足如下不等式

$$起始地址 \leqslant 物理地址 \leqslant 起始地址 + 长度 \tag{4.4}$$

例如，结合图 4.24 和图 4.25，当主程序执行指令"调用[X]段入口 E"时，由于编译器将子程序的段[X]分配为 1 段"调用 X"，它应该检查段表的第 1 项。可以看出，子程序 X 段的起始地址在主存储器中为 1400，长度为 p；起始地址 1400 加上"入口 E"，即加上段内地址 E，就是子程序的物理地址；然后使用式（4.4）确定绝对地址是否在 1 段（子程序 X 段）内，即满足不等式

$$1400 \leqslant 1400 + E \leqslant 1400 + p \tag{4.5}$$

用户使用段式主存储器管理后，不仅程序编写方便，且逻辑清晰。段式主存储器管理支持用户程序的段式逻辑，但缺点是每个分段必须占用连续的主存储器区域。为此在加载段时，可能需要移动主存储器中已分配的其他区域。为了克服这个缺点，可以采用

段页式主存储器管理。

段页式主存储器管理的核心思想为用户作业仍然采用分段结构，每个模块都可以独立编程。然而，在分配主存储器空间时，操作系统不会将一个连续的主存储器区域分配给一个段，而是将每个段划分为几个长度相等的页面，在主存储器中划分出几个与页面大小相同的块，然后按页将其存储在几个可能不连续的主存储器块中。

与页式管理类似，对用户来说，每个段的逻辑地址仍然是从"0"开始编程的，而无须考虑如何分页。

段页式主存储器管理结合了段式主存储器管理逻辑清晰、页式管理方便的优点。为了正确执行作业，段页式主存储器管理必须为每个作业建立段表，并为每个段建立页表。段表的长度由程序包含段的数量决定，段表中的每个条目都表示与该段对应页表的起始地址和长度。页表的条目包含页号和与其对应的主存储器块号间的对应关系。

4.5 物理主存储器的分配与管理

前面介绍的各种主存储器管理方法中，我们主要聚焦于应用程序以及主存储器的逻辑地址空间管理。然而在主存储器管理中，逻辑地址经过重定位转化为物理地址后，物理主存储器的分配与管理又是怎样的呢？本节我们将进行物理主存储器分配与管理的讲解。

4.5.1 主存储器碎片

所有主存储器的分配都必须从一个可以被4、8或16整除的地址开始（具体取决于处理器体系架构），或是由于内页管理系统分页机制的限制，主存储器分配算法只能将预定大小的主存储器块分配给客户。假设当客户请求42字节的主存储器块时，由于没有合适大小的主存储器块，可能会被分配稍大的主存储器块，如44字节或48字节。这种情况下产生的多余空间称为内部碎片。

内部碎片是位于已分配主存储器区域或页面内的存储块。占用这些区域或页面的进程并不会使用该存储块。在进程释放该存储块或进程结束之前，系统不能使用该存储块。为了有效利用主存储器，以产生更少的碎片，应该对主存储器进行分页，按页使用主存储器。但进程的最后一页往往装不满，加载的数据块小于分区大小，导致分区存在空间浪费。

由于主存储器页面调度算法频繁地分配和回收物理页，导致在已分配的页面间掺杂着大量的小页块，从而产生外部碎片。假设有一个连续的可用主存储器空间被划分为100个单元，范围为0～99。如果申请一块主存储器，如10个单元，则申请的主存储器范围为0～9；此时若继续申请主存储器，如5个单元，那么第二个块获得的主存储器块范围应该为10～14；之后释放第一个主存储器块，然后申请大于10个单元的主存储器块，如20个单元；因为新释放的主存储器块不能满足新的主存储器空间请求，所以会从地址15开始分配20个单元的主存储器块。此时整个主存储器空间的状态为0～9空闲、10～14占用、15～34占用和35～99空闲，其中，0～9是一个主存储器碎片。如果10～14

一直被占用，且之后申请的空间始终大于 10 个单位，那么 0～9 将永远不会被使用，成为外部碎片。因此，外部碎片是存在于已分配区域或页面外部的空闲块。这些存储块的总和可以满足当前应用程序请求的主存储器空间，但由于地址不连续或其他原因，系统无法满足当前应用程序的需求。

此外，为了在不同的程序之间共享，需要对主存储器进行分段。然而，当片段被载入和移出主存储器时，会形成外部碎片。例如，在交换一个 5KB 段后，一个 4KB 段进入主存储器并置于之前 5KB 段的位置，将形成 1KB 的外部碎片。

4.5.2　伙伴系统

1．概述

Linux 主存储器管理的一个重要任务是在应用程序频繁申请释放主存储器空间的情况下避免碎片产生。Linux 系统使用伙伴系统来解决外部碎片的问题，使用 slab 系统来解决内部碎片的问题。本小节我们将讨论如何解决外部碎片的问题，4.5.3 小节将讨论 slab 系统。有两种方法可以避免外部碎片产生：一种是之前介绍过的非连续主存储器分配方法；另一种是采用有效的方法对主存储器进行监控，确保在只申请一小段主存储器空间时，不会截取大的连续空闲主存储器空间中的一段，从而保证大主存储器空间的连续性和完整性。显然，前者并不能作为解决问题的常用方法。首先，用于映射非连续主存储器的线性地址空间是有限的；其次，每次映射都必须重写页表，之后刷新快表，大大降低了主存储器的分配速度，这在频繁申请主存储器空间的情况下显然是不能接受的。因此，Linux 系统采用后者（著名的伙伴系统）来解决外部碎片问题。

如图 4.26 所示，伙伴系统把系统中要管理的物理主存储器按照页面个数分为不同的组，一般分成 11 个组（即 MAX_ORDER=10），分别对应 11 种不同大小的连续主存储器块，组内的主存储器块大小都相等，均为 2 的整数次幂个物理页。

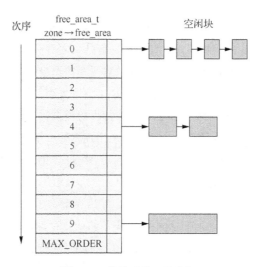

图 4.26　伙伴系统页面分组

伙伴系统的目标是使用最小的主存储器块来满足进程的主存储器空间请求。一开始只有一个主存储器块，即整个主存储器。在分配主存储器时，优先从欲分配的主存储器块的链表中查找空闲块。当发现相应大小的主存储器块已被使用时，就从较大的主存储器块中分配一个主存储器块，并将其切分出一半供进程使用，剩余的一半被存放到对应大小的主存储器块链表中。

例如，进程要请求一个 8KB 大小的主存储器块，但发现没有对应大小的空闲块可供使用，伙伴系统会从 16KB 的主存储器块链表中找到一个可用主存储器块，将其切分为两个 8KB 主存储器块，一个 8KB 主存储器块返回给进程使用，剩余的 8KB 主存储器块放入 8KB 主存储器块对应的主存储器块链表中进行管理。在极端情况下，如果系统发现没有大小为 16KB 的空闲块，它将搜索更高级别的 32KB 主存储器块链表。若此时找到了可用主存储器块，32KB 主存储器块将被划分为一个 16KB 的主存储器块和两个 8KB 的主存储器块。16KB 主存储器块将在 16KB 主存储器块链表中进行管理，两个 8KB 主存储器块中的一个返回给进程，另一个在 8KB 主存储器块链表中进行管理。

当伙伴系统释放主存储器块时，会扫描相应大小的主存储器块链表，以查看是否有地址可以连接在一起的主存储器块。如果有，合并主存储器块，并将它们放在更高级别的主存储器块链表中，以此类推。例如，假设进程释放了 8KB 的主存储器块，伙伴系统将从相应大小的主存储器块链表中扫描是否有可以合并的主存储器块。如果存在一个 8KB 的主存储器块与进程释放的主存储器块地址是连续的，伙伴系统将合并它们，以形成一个 16KB 的主存储器块；然后扫描 16KB 主存储器块链表，以继续寻找可合并的主存储器块；以此类推。

2．碎片问题的解决

如图 4.27 所示，假定主存储器由 60 个页组成，左侧的地址空间中散布着空闲页。尽管有大约 25% 的物理主存储器仍然未分配，但最大的连续空闲区只有 1 页。这对用户空间内的应用程序来说没有问题，因为其主存储器是通过页表映射的，无论空闲页在物理主存储器中的分布如何，应用程序看到的主存储器总是连续的。图 4.27（b）所示的空闲页和使用页的数目与图 4.27（a）所示的相同，但所有空闲页都位于一个连续区中。

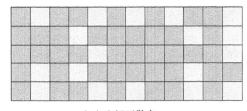

（a）空闲页散布　　　　　　　　　　　　　（b）空闲页连续

图 4.27　伙伴系统分配场景

但对内核来说，碎片是一个问题。由于内核区的地址空间与物理主存储器的映射是直接映射，而在图 4.27（a）的场景中，无法分配比一页更大的主存储器区。尽管许多时候内核请求的都是比较小的主存储器，但有时需要分配多于一页的主存储器。在分配较大主存储器的情况下，图 4.27（b）中所有已分配页和空闲页都处于连续主存储器区的情形，对内核是更为可取的。

如图 4.28 所示，其中一共有 32 个页，已分配 4 个页，但是能够分配的最大连续主存储器只有 8 个页（因为伙伴系统分配出去的主存储器必须是 2 的整数次幂个页）。内核解决这种问题的办法就是将不同类型的页分组。分配出去的页可分为以下 3 种类型。

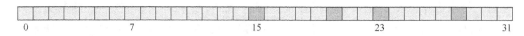

图 4.28　伙伴系统中的分配情景

- 不可移动页：不可移动页在主存储器中有固定的位置，不能移动。内核分配的主存储器大多属于这种类型。

- 可回收页：可回收页不能直接移动，但可以删除，其内容页可以从其他地方重新生成。例如，映射自文件的数据属于这种类型。针对这种页，内核有专门的页面回收处理机制。

- 可移动页：可移动页可以随意移动，用户空间应用程序所用到的页属于该类型。它们通过页表来映射。如果将它们复制到新的位置，页表项也会相应地更新，应用程序不会注意到任何改变。

假如图 4.28 中的大部分页都是可移动页，而分配出去的 4 个页都是不可移动页，由于不可移动页插在了其他类型页的中间，导致无法从原本空闲的连续主存储器区中分配较大的主存储器块。如图 4.29 所示，将可回收和不可移动页分开，这样虽然在不可移动页的区域中无法分配大块的连续主存储器，但是可回收页的区域没有受其影响，可以分配大块的连续主存储器。由于伙伴系统在一开始就对主存储器页面进行了分组，因此在伙伴系统分组基础上加上不同类型的页面种类信息，就可以很好地解决外部碎片的问题。

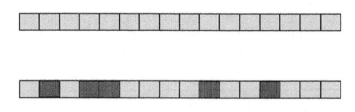

图 4.29　根据页的可移动性进行分组

4.5.3　slab 系统

另一种管理物理主存储器的策略称为 slab。每个 slab 由一个或多个物理上连续的页面组成，每个缓存由一个或多个 slab 组成，每个内核数据结构中都有一个缓存。

例如，用于表示进程描述符、文件对象、信号量等的数据结构有各自的缓存。每个缓存中都包含内核数据结构的一个对象。如信号量缓存中有信号量对象，进程描述符缓存中有进程描述符对象等。

图 4.30 所示为 slab 系统主存储器分配示意图。其中有 2 个大小为 3KB 的对象和 3 个大小为 7KB 的对象，它们分别位于各自的缓存中。slab 分配算法使用缓存来存储对象。创建缓存时，会将最初标记为空闲（free）的多个对象分配给缓存。缓存中对象的数量取决于相关 slab 的大小。例如，一个 12KB 的 slab（由 3 个连续的 4KB 页面组成）可以存储 6 个 2KB 的对象。一开始缓存中的所有对象都标记为 free，当需要内核数据结构的新对象时，分配算法可以从缓存中分配任何空闲对象。缓存中分配的对象被标记为使用（used）。

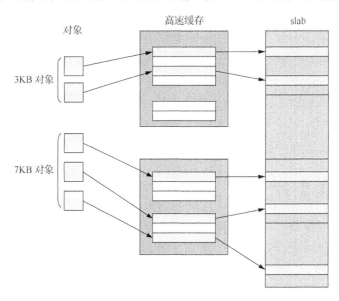

图 4.30　slab 系统主存储器分配示意图

在 Linux 系统中，slab 可以处于以下 3 种状态。

- Full：slab 的所有对象标记为使用。
- Empty：slab 的所有对象标记为空闲。
- Portion：slab 的对象有的标记为使用，有的标记为空闲。

slab 分配器首先尝试在部分为空的 slab 中使用空闲对象来满足请求。如果不存在，则从空闲 slab 中分配自由对象。如果没有可用的空闲 slab，则从连续物理页中分配一个新的 slab，并将其分配到缓存，从这个 slab 中再分配对象主存储器。

slab 有以下两个主要优点。

① 不会因碎片而造成主存储器浪费。每个内核数据结构都有一个关联的缓存，每个缓存由一个或多个 slab 组成，这些 slab 根据表示对象的大小划分为块。因此，当内核请求对象主存储器时，slab 分配算法刚好可以返回对象所需的主存储器。

② 能快速满足主存储器要求。当频繁分配和释放对象时，比如来自内核的请求，slab 分配方案在管理主存储器方面尤其有效。分配和释放主存储器可能是一个耗时的过程，但由于对象是预先创建的，因此可以从缓存中快速分配它们。此外，当内核用完对象并

将其释放时，该对象会被标记为空闲并返回缓存，可以在缓存中用于后续的内核请求。slab 分配器最早出现于 Solaris 2.4 内核中，由于其通用性，Solaris 现在在某些用户模式下也使用此分配器来处理主存储器请求。最初 Linux 系统使用伙伴系统，从 2.2 版本开始，Linux 内核开始采用 slab 分配器。

最近发布的 Linux 系统还包括另外两个主存储器分配器：slob 分配器和 slub 分配器。slob 分配器一般用于主存储器有限的系统，如嵌入式系统。slob 使用 3 种对象列表：小（小于 256 字节的对象）、中（小于 1024 字节的对象）和大（小于页面大小的对象）。主存储器请求采用首次适应策略，从适当大小的列表中分配对象。从 2.6.24 版本开始，slub 分配器开始替代 slab 分配器，成为 Linux 系统内核的默认分配器。slub 分配器通过减少 slab 分配器所需的大量开销，解决了 slab 分配器的性能问题。其中一个改进是存储在 slab 分配器下的每个 slab 中的元数据被移动到 Linux 系统内核使用的每个页面的结构页中。此外，对于 slab 分配器，每个 CPU 都需要用队列来维护每个缓存中的对象，slub 分配器则删除了这些队列。对于具有多处理器的系统，分配维护这些队列的主存储器非常重要。因此，随着系统处理器数量的增加，slub 的性能相对更好。

4.6　本章小结

本章分为主存储器与程序执行、主存储器的分区管理方法、主存储器的页式管理方法、虚拟主存储器与页面调度算法、物理主存储器的分配与管理 5 个部分。4.1 节介绍了分层存储器的结构、程序执行过程与地址转换；4.2 节介绍了单用户主存储器分区管理、主存储器固定分区管理和主存储器可变分区管理，并介绍了 3 种主存储器分配算法；4.3 节介绍了主存储器页、页表与快表、现代操作系统的页式管理；4.4 节介绍了虚拟主存储器、主存储器页面调度算法和段式主存储器管理方法；4.5 节介绍了主存储器碎片、伙伴系统和 slab 系统。

4.7　本章练习

1. 动态重定位载入需要（　　　）的支持。
   A. 目标程序　　　　　　　　　　　B. 重定位装入程序
   C. 重定位寄存器　　　　　　　　　D. 地址机构
2. 在主存储器固定分区管理中，每个分区的大小（　　　）。
   A. 相同　　　　　　　　　　　　　B. 随作业长度变化
   C. 可以不同但根据作业长度固定　　D. 可以不同但预先固定
3. 可以很好地解决内部碎片问题的主存储器管理方法是（　　　）。
   A. 段式主存储器管理　　　　　　　B. 多重分区管理
   C. 可变分区管理　　　　　　　　　D. 页式管理

4. 把作业地址空间中使用的逻辑地址转换为主存储器中物理地址的过程称为（　　　）。

　　A. 链接　　　　　　B. 重定位　　　　　　C. 编译　　　　　　D. 加载

5. 在页式管理系统中，地址转换工作是由（　　　）完成的。

　　A. 硬件　　　　　　B. 装入程序　　　　　C. 用户程序　　　　D. 地址转换程序

6. 在采用段式主存储器管理的系统中，若地址用 24 位表示，其中 8 位表示段号，则允许每段的最大长度是（　　　）。

　　A. 2^8　　　　　　B. 2^{16}　　　　　　C. 2^{24}　　　　　　D. 2^{32}

7. 采用最优适应分配算法时，空闲区应按（　　　）顺序在空闲区表中记录。

　　A. 容量递增　　　　B. 地址递减　　　　　C. 容量递减　　　　D. 地址递增

8. 在段页式主存储器管理方式中，用于地址映射的映射表（　　　）。

　　A. 每个进程一张页表，每个段一张段表

　　B. 进程的每个段均有一张段表和一张页表

　　C. 每个进程一张段表，每个段一张页表

　　D. 每个进程一张段表、一张页表

9. 静态链接是在（　　　）进行的。

　　A. 程序装入前　　　　　　　　　　B. 编译某程序段时

　　C. 装入某程序段时　　　　　　　　D. 程序编译前

10. 在没有快表的情况下，页式管理系统每访问一次数据，要访问（　　　）次主存储器。

　　A. 1　　　　　　　B. 2　　　　　　　C. 3　　　　　　　D. 4

11. 为了保证进程在主存储器中被改变了位置后仍能正确运行，则对主存储器空间应采用（　　　）。

　　A. 动态重定位　　B. 静态链接　　　C. 静态重定位　　D. 动态链接

12. 如果一个程序被多个进程共享，即该程序的代码在执行的过程中不能被修改，那么程序应该是（　　　）的。

　　A. 可修改　　　　B. 可执行　　　　C. 可读取　　　　D. 可删除

13. 在主存储器可变分区管理中的拼接可以（　　　）。

　　A. 加速地址转换　　　　　　　　　B. 增加主存储器容量

　　C. 缩短访问周期　　　　　　　　　D. 集中空闲区

14. 系统抖动现象是由（　　　）引起的。

　　A. 主存储器容量不足　　　　　　　B. 置换算法选择不当

　　C. 交换的信息量过大　　　　　　　D. 请求页式管理方案

15. 某系统采用最近最少使用页面调度算法和局部置换策略，若系统为进程 P 预分配了 4 个页，进程 P 访问页号的序列为 0、1、2、7、0、5、3、5、0、2、7、6，则进程访问上述页的过程中，产生页置换的总次数是（　　　）。

　　A. 3　　　　　　　B. 4　　　　　　　C. 5　　　　　　　D. 6

16. 某计算机主存储器按字节编址，采用二级页表，地址结构如下：

外部页表（10 位）	内部页表（10 位）	页面偏移（12 位）

虚拟地址 2050 1225H 对应的外部页表、内部页表分别是（   ）。

    A．081H、101H   B．081H、401H   C．201H、101H   D．201H、401H

17. 在下列主存储器分配算法中，最容易产生主存储器碎片的是（   ）。

    A．首次适应算法   B．最差适应算法

    C．最优适应算法   D．循环首次适应算法

18. 在采用二级页表的分页系统中，CPU 页表基址寄存器中的内容是（   ）。

    A．当前进程一级页表的起始虚拟地址

    B．当前进程一级页表的起始物理地址

    C．当前进程二级页表的起始虚拟地址

    D．当前进程二级页表的起始物理地址

19. 下列关于主存储器连续分配的说法，（   ）是正确的。

    A．提高数据访问的性能   B．提高主存储器的空间使用效率

    C．减少主存储器碎片   D．简化进程主存储器地址描述

20. 关于页表的说法，（   ）是正确的。

    A．页的大小可以是 16MB   B．完整的页表存放于主存储器中

    C．少部分的页表存放于快表中   D．页表有多种类型，如分级页表

21. 关于伙伴系统和块分配器的说法，（   ）是正确的。

    A．伙伴系统可以减少外部碎片   B．伙伴系统可以减少内部碎片

    C．块分配器可以减少外部碎片   D．块分配器可以减少内部碎片

22. 某系统采用页式管理，主存储器容量为 64KB，某作业大小是 8KB，页面大小为 2KB，依次装入主存储器的第 8、9、12、4 块。请回答下列问题。

（1）逻辑地址十六进制表示为 0AFB，求对应的物理地址。

（2）逻辑地址十六进制表示为 1AD8，求对应的物理地址。

23. 在页式管理系统中，设页面大小为 1KB，作业的 0、1、2 页分别存放在第 2、4、7 块中。请回答下列问题。

（1）逻辑地址 3000 对应的物理地址。

（2）逻辑地址 4200 对应的物理地址。

24. 某页式管理系统中，其页表存放在主存储器中。请回答下列问题。

（1）如果对主存储器的一次存取需要 1.2μs，实现一次页面访问的存取时间是多少？

（2）如果系统中有快表，平均命中率为 90%。当页表项在快表中时，其查找时间忽略为 0，此时实现一次页面访问的存取时间是多少？

25. 某页式管理系统中，其页表存放在主存储器中。请回答下列问题。

（1）如果对主存储器的一次存取需要 1.5μs，实现一次页面访问的存取时间是多少？

（2）如果系统中有快表，平均命中率为80%。当页表项在快表中时，其查找时间为0.1μs，此时实现一次页面访问的存取时间是多少？

26. 某32位系统采用基于二级页表的请求页式管理，按字节编址，页目录项和页表项长度均为4字节，虚拟地址结构如下：

外部页表（10位）	内部页表（10位）	页面偏移（12位）

某C程序中数组a[1024][1024]的起始虚拟地址为1080 1000 H，数组元素占4字节。该程序运行时，其进程的外部页表起始物理地址为0020 1000H，请回答下列问题。

（1）数组元素a[1][2]的虚拟地址是什么，对应的外部页表和内部页表分别是什么，对应的页目录项的物理地址是什么？若该目录项中存放的页号为 00301H，则 a[1][2]所在页对应页表项的物理地址是什么？

（2）数组a在虚拟地址空间中所占区域是否必须连续，在物理地址空间中所占区域是否必须连续？

（3）已知数组a按行优先方式存放，若对数组a分别按行遍历和按列遍历，则哪一种遍历方式的局部性更好？

27. 某计算机采用页式虚拟存储管理方式，按字节编址。CPU存储访问过程如图4.31所示。

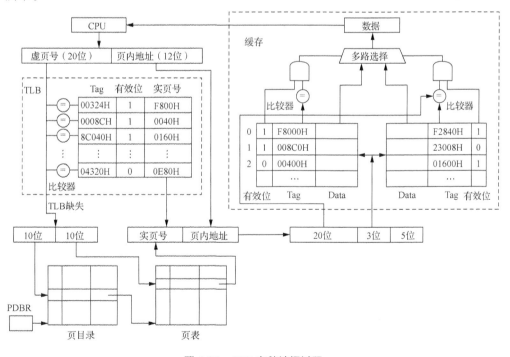

图4.31 CPU存储访问过程

根据图4.31所示回答下列问题。

（1）某虚拟地址对应的外部页表为6，在相应的页表中对应的内部页表为6，页面偏移量为 8，该虚拟地址的十六进制表示是什么？

（2）寄存器 PDBR（page directory base register，页目录基址寄存器）用于保存当前进程的页目录起始地址，该地址是物理地址还是虚拟地址？进程切换时，PDBR 的内容是否会变化？说明理由。同一进程的线程切换时，PDBR 的内容是否会变化？说明理由。

（3）为了支持改进型时钟页面调度算法，需要在页表项中设置哪些字段？

5

第 5 章　I/O 设备管理

I/O 设备是计算机的重要组成部分,绝大多数用户与计算机的交互都是通过 I/O 设备进行的。此外,承担存储功能的硬盘也属于 I/O 设备。对 I/O 设备进行管理和控制是操作系统的主要功能之一。

本章将从系统结构、I/O 系统控制方式、缓冲技术、设备分配、虚拟设备 5 个方面介绍操作系统对 I/O 设备的管理与涉及的技术。

5.1　系统结构

操作系统中的 I/O 子系统负责连接与控制各种不同的 I/O 设备。本节主要介绍 I/O 设备及其功能、I/O 设备的组成和设备驱动程序。

5.1.1　I/O 设备及其功能

I/O 设备是计算机最重要的外围设备之一,控制 I/O 设备是操作系统的主要功能之一。I/O 子系统的核心由多种方法构成,用来控制不同功能和访问速度的 I/O 设备,因此操作系统内核的其余部分可以从复杂的 I/O 设备管理中解放出来。

近年来,I/O 设备技术呈现两种趋势:一方面,硬件与软件接口日益标准化,这一趋势有助于将各种设备方便地集成到现有计算机和操作系统中;另一方面,I/O 设备呈现多样性。这造成了有的新设备与旧设备区别很大,以至于很难集成到计算机的操作系统中,这种问题需要通过硬件和软件联合设计的途径来解决。为每种 I/O 设备提供不同的内核命令是不现实的,因此操作系统内核设计成使用设备驱动程序模块的结构,用来对不同 I/O 设备的功能进行封装。设备驱动程序为 I/O 子系统提供了统一的设备访问接口,这样就可以用相同的内核命令访问不同的 I/O 设备。

5.1.2　I/O 设备的组成

图 5.1 展示了计算机中常见的 I/O 设备。I/O 设备通常由两部分组成：控制器和设备本身。控制器是嵌入式电路板上的一个或一组芯片，用来在物理上控制设备。它接收来自操作系统的命令，如从设备中读数据。

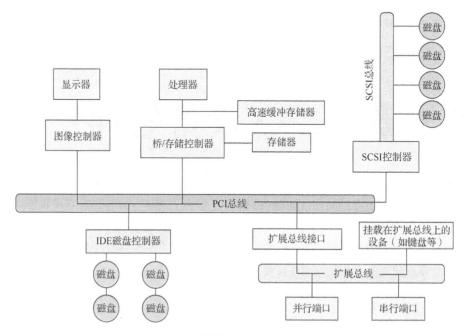

图 5.1　计算机中常见的 I/O 设备

在很多情况下，控制器本身非常复杂，因此控制器需要给操作系统提供简单的接口。例如，一个磁盘控制器可能接收一个命令：读取 2 号磁盘的 11206 扇区。那么控制器需要将这个线性扇区号转换为相应的磁盘柱面、磁头和扇区。因为外部柱面比内部柱面有更多的扇区，而且一些损坏的扇区可能会被重新映射到另外的扇区，所以这个转换过程可能会非常复杂。控制器必须确定磁盘机械臂当前在哪个柱面上，并提供一个脉冲序列来让机械臂向内或向外移动特定数量的柱面。等待相应的扇区旋转到磁头下，再开始读取和存储从磁盘驱动器中取出的数据，去掉前导并计算校验和。它必须将输入的位组合成字并存储在主存储器中。为了完成这些工作，控制器通常包含小型嵌入式计算机，用来实现上述功能。

I/O 设备的另一部分是设备本身。设备有相当简单的接口，一是因为它们不能做很多事情，二是为了使它们符合标准规范。例如，为了使集成驱动电路（Integrated drive electronics，IDE）磁盘控制器能处理任何 IDE 磁盘，设备接口符合标准规范就显得非常重要。IDE 是基于 Pentium 处理器的计算机上的标准磁盘类型。由于实际的设备接口隐藏在控制器后面，所以操作系统看到的只是控制器接口，而控制器接口可能与设备接口完全不同。

5.1.3 设备驱动程序

因为每种控制器的类型不同，所以需要不同的软件来控制它们。与控制器交互、向控制器发出命令并接收响应的软件叫作设备驱动程序。每个控制器制造商必须为其支持的操作系统提供设备驱动程序，因此扫描程序可能附带 Windows、Linux 和 UNIX 系统的设备驱动程序。

要使用设备驱动程序，必须将其放入操作系统，这样它才能在内核模式下运行。理论上，设备驱动程序也可以在内核之外运行，但目前很少有系统支持这种功能，因为这样需要允许用户空间设备驱动程序以可控方式访问设备。有 3 种方法可以将设备驱动程序放入内核。第 1 种方法是重新链接内核和新的驱动程序，然后重新启动系统。许多 UNIX 系统都是这样工作的。第 2 种方法是在操作系统文件中创建一个条目，告诉操作系统需要执行设备驱动程序，然后重新启动系统。在启动系统时，操作系统会找到它需要的设备驱动程序并加载。Windows 就是这样工作的。第 3 种方法是操作系统能够在运行时接收和安装新设备驱动程序，而不需要重新启动系统。这种方法以前很少见，但现在变得越来越常见。USB 和 IEEE 1394 等热插拔设备总是动态加载设备驱动程序。

5.2 I/O 系统控制方式

I/O 系统控制 I/O 设备并进行输入和输出可以通过 4 种不同的方式来完成，分别是直接程序控制方式、中断方式、DMA 方式和 I/O 通道。

5.2.1 直接程序控制方式

在多种 I/O 系统控制方式中，最简单的方式就是直接程序控制方式，即用户程序发出系统调用，内核将其转化为对适当设备驱动程序的过程调用；设备驱动程序开始执行 I/O 操作，并通过 CPU 轮询设备，看它是否完成 I/O 操作（通常有一些标志位表明设备仍然繁忙）；当 I/O 操作完成后，设备驱动程序将数据（如果有的话）放到需要的地方并返回；最后，操作系统将控制权返回给调用者。这种方式称为繁忙等待，其缺点是占用 CPU 轮询设备，直到设备完成 I/O 操作。

5.2.2 中断方式

如图 5.2 所示，基本中断机制具有以下 3 个流程。

① 设备控制器通过中断请求线发送信号而引起中断。CPU 中有一个特殊的硬件——中断请求线（interrupt-request line，IRL）。各种外围设备的控制器通过 IRL 来向 CPU 发送中断请求。

② CPU 捕获中断并分发到中断处理程序中。CPU 执行完每条命令后都会检测

IRL。当检测到某个控制器发送的中断信号时，CPU 将保存当前状态的上下文，准备处理中断。

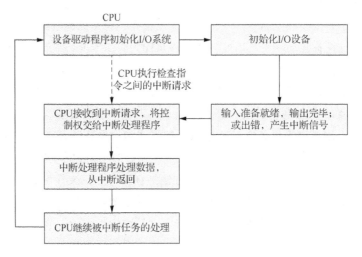

图 5.2　I/O 控制的中断方式

③ 中断处理程序通过处理设备请求来清除中断。CPU 切换并执行主存储器中对应的中断处理程序，判断中断原因并执行相应操作后，执行中断返回指令；CPU 完成中断处理并重新载入被保存的上下文，继续执行被暂停的程序。

这一基本中断机制可以使 CPU 响应异步事件，如有多个设备控制器陆续处于就绪状态的情况。对于现代操作系统，需要更为成熟的中断机制，具体如下。

- 延迟中断处理。在 CPU 处理某些重要任务（如用户自定义的较高优先级任务）时，即使系统收到中断请求，也可以进行延迟中断处理。
- 高效选择中断处理程序。当操作系统内核选择中断处理程序时，不再需要通过检查所有设备来决定。
- 区分中断优先级。操作系统内核能根据中断的紧迫程度进行响应。

对现代计算机硬件来说，这 3 个特性是由 CPU 与中断控制器提供的。

绝大多数 CPU 有两个中断请求线，一个是非屏蔽中断请求线，主要用来处理不可恢复的事件，如主存储器错误；另一个是可屏蔽中断请求线，可以由 CPU 在执行关键的、不可中断的指令序列前加以屏蔽。可屏蔽中断请求线可以被设备控制器用来请求服务。

中断机制接收一个地址，从一个集合内选择特定的中断处理程序。对于绝大多数体系结构，这个地址是一个称为中断向量的表中偏移量，该中断向量包含特殊中断处理程序的主存储器地址。中断机制的目的是减少单个中断处理程序的需求，这些中断处理程序搜索所有可能的中断源，以决定哪个中断需要服务。事实上，计算机设备（如中断处理器等）常常比中断向量内的地址多。解决这一问题的常用方法之一就是使用中断链接技术，即中断向量内的每个元素都指向中断处理程序列表的头。当有中断发生时，相应链表上的所有中断处理程序都将被一一调用，直到发现可以处理请求的为止。这种结构是解决使用大型中断向量表的大开销与分发到单个中断处理程序的低效率问题的一个办法。

中断机制也实现了中断优先级。中断机制可以使 CPU 延迟处理低优先级中断而不屏蔽所有中断，也可以让高优先级中断抢占低优先级中断处理资源。现代操作系统可以与中断机制进行多种方式的交互。启动时操作系统会探查硬件总线，以发现哪些设备是存在的，并将相应中断处理程序与中断向量链接。在 I/O 过程中，各种设备控制器如果准备好服务就会触发中断。这些中断表示输出已完成，或输入数据已准备好，或已检测到错误。中断机制也用来处理各种异常，如被 0 除、访问一个受保护的或不存在的主存储器地址、企图从用户态执行一个特权指令等。触发中断的事件有一个共同特点：它们都会让 CPU 去执行一个紧迫的、自我独立的程序事件。

对能够保存少量处理器的状态并能调用内核中特权程序的高效硬件和软件机制来说，操作系统还有其他用途。例如，许多操作系统使用中断机制进行虚拟主存储器分页。如果页错误引起中断异常，该中断会挂起当前进程并跳转到内核的页错误处理程序；该处理程序会保存进程状态，将所中断的进程加到等待队列中，进行页面缓存管理；安排一个 I/O 操作来获取所需页面，安排另一个进程恢复执行，并从中断返回。

另一个例子是系统调用的实现，通常使用库程序来执行系统调用。库程序会检查应用程序所给的参数，建立一个数据结构将参数传递给内核，并执行一个称为软中断或者陷阱指令的特殊指令。该指令有一个参数，用来标识所需的内核服务。当系统执行陷阱指令时，中断硬件会保存用户代码的状态，将其切换到内核模式，并执行实现所请求服务的内核程序。陷阱指令所赋予的中断优先级比设备中断优先级低，例如应用程序执行系统调用与在 FIFO 队列溢出并失去数据之前及时处理设备控制器相比，后者优先级更高。

中断也可以用来管理内核的控制流，如完成磁盘读操作所需的处理。其中一步是从内核空间中将数据复制到用户缓存，这个复制耗费时间但并不紧迫，不应该阻塞其他更高优先级的中断处理。另一步是为该磁盘驱动器启动相应的下一个 I/O 操作。这一步有更高的优先级，如果要使磁盘使用更为高效，必须在完成一个 I/O 操作之后马上启动另一个 I/O 操作。因此，可由一段中断处理程序来完成磁盘读操作。高优先级中断记录了 I/O 状态，清除了设备中断，启动了下一个 I/O 操作，使用一个低优先级中断来完成任务。当 CPU 没有更高优先级的任务时，将会处理低优先级中断。相应的处理是把数据从内核缓存中复制到用户空间，并调用进程调度程序将应用加入就绪队列，以完成用户级的 I/O 操作。

多线程的内核体系结构非常适合实现多优先级中断，并可确保中断处理的优先级高于内核后台处理和用户程序的优先级。可以用 Solaris 内核来说明这一点。Solaris 内核的中断处理是作为内核线程来执行的，一定范围的高优先级会保留给这些线程。这样的优先级机制使得中断处理程序的优先级高于应用程序和内核管理的优先级，并且确定了中断处理程序之间的优先级关系。优先级关系使得 Solaris 线程调度器用高优先级中断处理程序抢占低优先级中断处理程序的资源，多线程实现了允许多处理器硬件同时执行多个中断处理程序。

总而言之，中断在现代操作系统中有两个主要作用：处理异步事件和处理通过陷阱指令进入内核模式的管理程序。同时，现代计算机区分了中断优先级，以优先处理最紧迫的任务。设备控制器、硬件错误、系统调用等都可以引起中断并触发内核程序。由于中断大量地用于时间敏感的处理，所以系统需要更加高效的中断处理机制。

5.2.3　DMA 方式

对于需要进行大量传输的设备，如磁盘驱动器，使用昂贵的通用处理器来控制 I/O（观察设备的状态信息并按字节向控制器寄存器送入数据）是对资源的浪费。因此许多计算机将一部分任务下发给专用处理器来避免 PIO（process input output，过程输入输出）增加 CPU 的负担。这种专用处理器称为 DMA 控制器。相应地，DMA 传输主要分为以下几步。

首先，主机向主存储器写入 DMA 命令块。该命令块包括传输的源地址指针、传输的目的地址指针、传输的字节数等字段。

然后，CPU 只需要将该命令块的地址写入 DMA 控制器，就可以继续完成其他任务。

最后，DMA 控制器可以绕开 CPU，直接操作主存储器总线，将命令块的地址放到总线并向主存储器发出请求。

简单的 DMA 控制器已经成为 PC 的标配器件。一般来说，PC 上采用总线控制 I/O 的主板都拥有 DMA 硬件。

DMA 控制器与设备控制器之间通过 DMA-request 和 DMA-acknowledge 两种线进行交流。当有数据需要传输时，设备控制器通过 DMA-request 线向 DMA 控制器发送信号，于是 DMA 控制器可以直接将命令块地址放到主存储器总线上向主存储器发出请求。然后，DMA 控制器通过 DMA-acknowledge 线发送信号，通知设备控制器向主存储器传输数据，并清除 DMA-request 线的信号。

图 5.3 描述了数据传输完成后，DMA 控制器中断 CPU 的过程。当 DMA 控制器占用主存储器总线时，CPU 暂时不能访问主存储器，但可以访问一级或二级高速缓冲存储器，这种现象称为周期挪用。这可能会减慢 CPU 计算速度。将数据传输控制从 CPU 下放到 DMA 控制器，往往能带来更大的收益，从而减轻周期挪用的代价。有些计算机的 DMA 控制器使用物理主存储器地址，而有的使用直接虚拟主存储器访问。这里所使用的虚拟主存储器地址需要经过虚拟地址到物理地址的转换才能访问主存储器。直接虚拟存储器访问可以直接实现两个主存储器映射设备之间的传输，而无须 CPU 的干涉或使用主存储器。

对于保护模式下的内核，操作系统通常不允许进程直接向设备发送命令。该规定保护数据，避免其违反访问控制策略，并保护系统不因设备控制器的错误使用而崩溃。取而代之的是，操作系统导出一些函数，这些函数可以被具有足够特权的进程用来访问低层硬件的底层操作。对于不在保护模式下的内核，进程可以直接访问设备控制器。该直接访问方式是高性能的，这是因为它避免了内核通信、上下文切换及内核软件层。不过，这破坏了系统的安全与稳定。通用操作系统的发展趋势是保护主存储器和设备，这样系统可以预防错误或恶意程序的破坏。

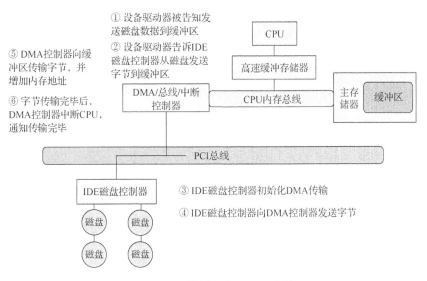

图 5.3　DMA 控制器中断 CPU 的过程

5.2.4　I/O 通道

I/O 通道是指专门负责输入/输出的处理器，相比 DMA 方式，它可以进一步减少 CPU 的干预。它不仅关注每一个数据块的读/写，还关注一组数据块的读/写及有关的控制和管理，从而减少对运行程序的干预。同时，I/O 通道还可以实现 CPU、I/O 通道和 I/O 设备三者的并行操作，从而更有效地提高整个系统的资源利用率。

使用 I/O 通道的数据访问过程可以分为如下几个步骤。

① CPU 向 I/O 通道发送一条 I/O 指令，给出其所要执行的 I/O 通道程序的起始地址和要访问的 I/O 设备。

② 通道接收到该指令后，通过执行通道程序便可完成 CPU 指定的 I/O 指令。

③ 数据传送结束时，通道向 CPU 发送中断请求，进行数据传输。

I/O 通道与一般处理器的区别是通道指令的类型单一，没有自己的主存储器，通道所执行的通道程序是放在主机主存储器中的。也就是说通道与 CPU 共享主存储器。

I/O 通道与 DMA 方式都是为了替 CPU 分担 I/O 控制的压力，两者的区别如下：DMA 方式需要 CPU 来控制传输的数据块大小、传输的主存储器位置，而 I/O 通道中这些信息是由通道控制的；每个 DMA 控制器对应一台设备，用于与主存储器传递数据，一个 I/O 通道可以控制多台设备与主存储器的数据交换。

5.3　缓冲技术

缓冲技术通过设立缓冲区来实现暂存数据，对设备间或设备与应用程序间适时、高效的数据传输具有重要作用。

1. 缓冲的作用

缓冲区是用来保存两个设备之间或在设备和应用程序之间传输数据的主存储器区域。缓冲有 3 个作用，第 1 个作用是处理数据流的生产者与消费者之间的速度差异。例如，主存储器需要从调制解调器接收一个文件并保存到硬盘上，但调制解调器的速度大约是硬盘的数千分之一。这种情况下可以在主存储器中创建缓冲区，以累积从调制解调器接收到的数据。当整个缓冲区被填满时，就可以通过一次操作将缓冲区中的数据写入磁盘中。

缓冲的第 2 个作用是协调传输数据大小不一致的设备。这种不一致在计算机网络中特别常见，缓冲常常用来处理消息的分段和重组。在发送端，一个大消息被分成若干包。这些包通过网络进行传输，接收端将它们放在重组缓冲区内，以形成完整的源数据镜像。

缓冲的第 3 个作用是支持应用程序 I/O "复制语义"。假如某应用程序需要将缓冲区内的数据写入磁盘，它可以调用 write()函数，并给出缓冲的指针和所写字节数量的整数。当系统调用函数返回时，如果应用程序改变了缓冲区中的内容，那么会怎样呢？根据"复制语义"，操作系统可保证要写入磁盘的数据就是 write()函数生效时的版本，而无须顾及应用程序缓冲区随后发生的变化。一个简单的方法就是操作系统在 write()函数返回应用程序之前，将应用程序缓冲区复制到内核缓冲区中。磁盘写操作会在内核缓冲区中执行，这样应用程序缓冲区后来的改变就没有影响。操作系统常常使用内核缓冲区来缓冲应用程序数据空间之间的数据复制，尽管这产生了一定的开销，但是获得了简洁的语义。类似地，虚拟主存储器映射和写复制页保护可提供更高的处理效率。

2. 单缓冲

假设某用户进程请求某种块设备读入若干块数据，若采用单缓冲，操作系统会在主存储器中为其分配一个缓冲区（一般为一个块的大小）。当缓冲区数据非空时，不能向缓冲区写入数据，只能从缓冲区中把数据传出；当缓冲区为空时，可以向缓冲区写入数据，但必须把缓冲区写满以后，才能从缓冲区中把数据传出。

3. 双缓冲

假设某用户进程请求某种块设备读入若干块数据，若采用双缓冲，操作系统会在主存储器中为其分配两个缓冲区（一般为一个块的大小）。与单缓冲相似，每一个缓冲区为空时才可以写入，写满后才可以传出。但不同的是，当向一个缓冲区写入数据时，另一个缓冲区可以向外传出数据，反之亦然。

4. 循环缓冲

将多个大小相等的缓冲区链接成循环队列，就是循环缓冲区。其中每一个缓冲区为空时才能写入，写满后才能传出。循环缓冲区有两个指针，一个指针指示设备可以写入的缓冲区，另一个指针指示应用可以读出的缓冲区。这样，系统的读/写就可以同时进行，提高效率。

5.4 设备分配

设备分配是指根据用户的 I/O 请求，为用户分配一个具体的物理设备。本节首先介绍设备独立性，再介绍设备分配原理与 SPOOL 技术。

5.4.1 设备独立性

设备独立性即应用程序独立于具体使用的物理设备。为了实现设备独立性，操作系统引入了逻辑设备和物理设备这两个概念。在应用程序中使用逻辑设备名称来请求使用某类设备，而系统在实际执行时必须使用物理设备名称。因此，系统须具有将逻辑设备名称转换为物理设备名称的功能，这非常类似于存储器管理中所介绍的逻辑地址和物理地址的概念。

现代计算机系统常常配置了许多类型的外围设备（以下简称外设），同类设备也可能有多台。作业在执行前，要对静态分配的外设发出申请。如果申请指定了某一台具体的物理设备，那么分配工作就很简单。但当指定的设备有故障或者被占用时，该作业就不能直接执行。为了解决这一问题，通常用户不指定特定的设备，而指定逻辑设备，这样就解耦了用户作业和物理设备。再通过建立逻辑设备和物理设备之间的对应关系，为用户作业分配合适的物理外设。我们称这种用户应用程序与物理设备相互独立的特性为设备独立性。在具有设备独立性的系统中，用户编写程序时使用的设备与实际使用的设备无关，即逻辑设备名称是用户命名的，可以更改；而物理设备是系统规定的，不可更改。设备管理的功能之一就是建立逻辑设备和物理设备之间的映射关系。

设备独立性的好处如下：用户程序和物理外设无关，系统增减或变更外设时程序不必修改；易于应对 I/O 设备的故障、替换和占用，从而提高系统的可用性，增加外设分配的灵活性，使用户更有效地利用外设资源，实现多道程序设计技术；易于实现 I/O 重定向等设备转换功能。

操作系统提供设备独立性，程序开发者可以直接利用逻辑设备名称来操作物理设备，而逻辑设备与物理设备的转换通常由操作系统负责。不同操作系统实现逻辑设备与物理设备转换的方式不同，一般使用以下 3 种方式：利用作业控制语言实现批处理系统的设备转换；利用操作命令实现设备转换；利用高级语言的语句实现设备转换。

在具体的实现方式上，首先，操作系统把所有外设统一当作文件来看待，只要安装它们的驱动程序，任何用户都可以像使用文件一样使用这些设备，而不必知道它们的具体存在形式。其次，考虑到驱动程序是与特定外设绑定的，操作系统必须部署设备独立性软件，以执行所有设备的公有操作，完成逻辑设备名称到物理设备名称的转换（为此应设置一张逻辑设备表）并向用户层软件提供统一接口。

5.4.2 设备分配原理

设备分配指根据用户的 I/O 请求,为用户请求的逻辑设备分配合适的物理设备。分配需要达到以下目标:充分发挥设备的使用效率,尽可能地让设备忙碌;避免使用不合理的分配方法造成进程死锁。

1. 设备分配依据

设备分配依据的主要数据结构有设备控制表(device control table,DCT)、控制器控制表(controller control table,COCT)、通道控制表(channel control table,CHCT)和系统设备表(system device table,SDT),各数据结构介绍如下。

① DCT:系统为每个设备配置一张 DCT,如图 5.4 所示,用于记录设备的特性以及与 I/O 控制器连接的情况。

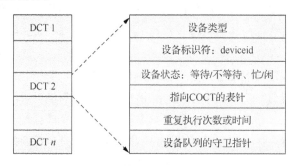

图 5.4 DCT

② COCT:每个控制器都有一张 COCT,如图 5.5(a)所示。它反映设备控制器的使用状态以及和通道的连接情况等。

③ CHCT:每个通道有一张 CHCT,如图 5.5(b)所示。

④ SDT:整个系统只有一张 SDT,如图 5.5(c)所示。它记录已连接系统的所有物理设备的情况,每个物理设备占一个表目。

(a)COCT   (b)CHCT   (c)SDT

图 5.5 数据结构

2. 设备分配时的考虑因素

由于在多任务程序系统中,进程数通常多于资源数,这会引起资源的竞争。因此使用一套合理的分配方法,既要保证多个进程的公平性和多个物理设备的均衡性,又要防止某些进程饿死或某些物理设备死锁。设备分配时操作系统主要考虑的因素有 I/O 设备的特性、I/O 设备的分配方式、设备分配的安全性。

（1）设备的特性

从设备的特性来看，设备可以分为独占设备、共享设备和虚拟设备 3 类。

① 独占设备：在一段时间内只允许一个进程访问的设备。多个并发执行的进程应该互斥地访问该类设备，如打印机。

② 共享设备：一段时间内允许多个进程同时访问的设备。这些进程可以交叉地访问设备不同数据块上的数据，如磁盘。

③ 虚拟设备：通过虚拟化技术将独占设备变成可由多个进程共享的若干台逻辑设备。例如，使用 SPOOL 技术可以将一台打印机虚拟成多台逻辑打印机。

（2）设备分配方式

设备分配应同时考虑设备特性、用户要求和系统配置情况。设备分配方式主要有静态分配和动态分配两种。

- 静态分配主要用于对独占设备的分配，在用户作业开始执行前由系统一次性分配该作业所要求的全部设备。一旦分配，该设备就一直被该作业占用，直到该作业完成或被撤销。静态分配方式不会出现死锁，但设备的利用率低。因此，静态分配方式不符合分配的总原则。

- 动态分配在进程执行过程中根据执行需要进行。当进程需要设备时，通过系统调用命令向系统提出设备请求，由系统按照事先规定的策略给进程分配所需的设备，一旦用完便立即释放。动态分配方式有利于提高设备的利用率，但如果分配算法使用不当，则有可能造成进程死锁。

对于独占设备，既可以采用动态分配也可以采用静态分配。但往往采用静态分配，即在作业执行前，将作业所要用的设备分配给它。

共享设备可被多个进程所共享，一般采用动态分配，但在每个 I/O 传输的单位时间内只被一个进程所占有，通常采用先请求先分配和优先级高者先分配的分配算法。

（3）设备分配的安全性

设备分配的安全性是指设备分配中应防止发生进程死锁，其两种分配方式如下。

- 安全分配方式：进程每发出 I/O 请求后便进入阻塞状态，直到其 I/O 操作完成才被唤醒。这样可以保证不发生进程死锁，但缺点是 CPU 和 I/O 设备进行串行工作，效率较低。

- 不安全分配方式：进程在发出 I/O 请求后继续运行，需要时又发出多个 I/O 请求。仅当进程所请求的设备已被另一进程占用，才进入阻塞状态。优点是一个进程可同时操作多个设备，从而使进程推进迅速，缺点是采用这种分配方式有可能发生进程死锁。

5.4.3　SPOOL 技术

为了缓和 CPU 高速性与 I/O 设备低速性之间的矛盾，人们引入了脱机 I/O 技术。该技术利用专门的外围控制器，将低速 I/O 设备上的数据传送到高速磁盘上，或者相反。

假脱机（simultaneous peripheral operations on ling，SPOOL）是用来保存设备输出的缓冲区，这些设备（如打印机）不能接收交叉的数据流。虽然打印机一次只能执行一个打印任务，但是可能有多个程序希望并发打印而且不将其输出混在一起。操作系统通过截取对打印机的输出来解决这个问题。应用程序的输出先发送到一个独立的磁盘文件上。当应用程序完成打印时，SPOOL 系统将对相应的待送打印机的 SPOOL 文件进行排队。SPOOL 系统一次复制一个已排队的 SPOOL 文件到打印机上。有的操作系统采用系统守护进程来管理 SPOOL，而有的操作系统采用内核线程来处理 SPOOL。不管怎样，操作系统都提供一个控制接口，以便用户和系统管理者显示和管理队列，例如删除那些尚未打印又不再需要的任务，以及当打印机工作时暂停打印等。

有的设备，如磁带和打印机，不能有效地多路复用并发应用程序的 I/O 请求。SPOOL 是一种操作系统可以用来协调并发输出的方法。处理并发设备访问的另一个方法是提供协调所需要的工具。有的操作系统提供对设备互斥访问的支持，如允许进程分配一个空闲设备以及在不再需要时释放该设备；而有的操作系统则对这种设备的打开文件句柄有所限制。许多操作系统都支持进程的互斥访问。例如，Windows NT 提供的系统调用可以等到设备对象可用为止。

如图 5.6 所示，SPOOL 技术包含以下几个部分。

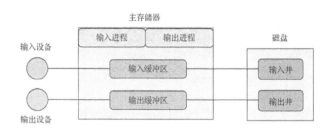

图 5.6　SPOOL 技术

- 输入井和输出井：在磁盘上划分的两个存储区域。输入井模拟脱机输入的磁盘，用于存储 I/O 设备的输入数据；输出井模拟脱机输出的磁盘，用于存储用户程序的输出数据。
- 输入缓冲区和输出缓冲区：在主存储器中划分的两个缓冲区。输入缓冲区用于暂存由输入设备送来的数据，再传送到输入井；输出缓冲区用于暂存从输出井送来的数据，再传送到输出设备。
- 输入进程和输出进程：输入进程模拟脱机输入时的外围控制器，将用户要求的数据从输入进程通过输入缓冲区再传送到输入井；当 CPU 需要输入数据时，直接将数据从输入井读入主存储器。输出进程模拟脱机输出时的外围控制器，把用户要求输出的数据先从主存储器传送到输出井；待输出设备空闲时，再将输出井中的数据经过输出缓冲区传送到输出设备中。

5.5　虚拟设备

虚拟设备可以将独占设备转换为共享设备，使得一台设备可以被多个用户共享，同时提升设备的利用率。

1．虚拟设备概述

所谓虚拟设备技术，就是在一类物理设备上模拟另一类物理设备的技术，是指将独占设备转换为共享设备的技术。用来代替独占设备一部分外存空间的设备称为虚拟设备。

随着云计算的出现和流行，系统虚拟化技术变得越来越重要。基础设施即服务（infrastructure as a service，IaaS）是一种重要的云计算模式，用户无须自己维护物理服务器，而是租用云服务商的虚拟机，在虚拟机中部署和运行自己的程序，降低了运维成本。云服务商则通过系统虚拟化技术大大提高了物理服务器的资源利用率，通过将大量服务器整合租售的方式实现规模效应，提升了经济效益。正因为云计算模式能为用户和云服务商双方带来收益，所以此模式在近 20 年内得到了大规模推广，计算能力逐渐变得和水、电、煤气一样，成为一种按需购买、价格低廉的商品。在这个过程中，系统虚拟化技术起到了关键的作用。

2．虚拟设备实例

独立磁盘冗余阵列（redundant arrays of independent disks，RAID）是一种典型的虚拟存储设备。RAID 控制器将多个物理磁盘按不同的分块和级别组织在一起，通过板上 CPU 及阵列管理固件来控制及管理硬盘，解释用户的 I/O 指令，并将它们发给物理磁盘执行，从而屏蔽具体的物理磁盘，为用户提供统一的、具有容错能力的逻辑虚拟磁盘。这样，用户对 RAID 的存储操作就像对普通磁盘的一样，从而实现磁盘存储阵列的虚拟化。

5.6　本章小结

本章介绍了 I/O 设备以及操作系统中的一个重要组成部分——I/O 系统。I/O 系统负责控制不同功能和访问速度的 I/O 设备，简化操作系统内核其余部分对 I/O 设备的管理和使用。操作系统可通过由设备商提供的设备驱动程序与设备上的控制器进行交互，进而控制设备本身。为了实现输入与输出，I/O 系统可以以多种方式来控制 I/O 设备，如直接程序控制方式、中断方式、DMA 方式、I/O 通道等。系统将构建缓冲区来暂存输入与输出的数据，可以采用单缓冲、双缓冲或循环缓冲策略。

为了管理多种设备以及为用户作业分配相应的设备，操作系统将物理设备与用户作业解耦，通过建立逻辑设备和物理设备之间的对应关系，来为用户作业分配合适的物理外设。通过引入虚拟设备技术，进一步将独占设备变成可由多个进程共享的若干台逻辑设备，从而更好地支持并管理多个任务对独占设备的使用。此外，随着云计算的出现与流行，虚拟化技术大大提高了物理服务器的资源利用率，并变得越来越重要。

5.7 本章练习

1. 下列与中断相关的操作中，由操作系统完成的是（   ）。

   Ⅰ. 保存被中断程序的中断点　　　　　　Ⅱ. 提供中断服务

   Ⅲ. 初始化中断向量表　　　　　　　　　Ⅳ. 保存中断屏蔽字

   A. Ⅰ、Ⅱ　　　　　B. Ⅰ、Ⅱ、Ⅳ　　　　C. Ⅲ、Ⅳ　　　　　　D. Ⅱ、Ⅲ、Ⅳ

2. 当定时器产生时钟中断后，由时钟中断处理程序更新的部分内容是（   ）。

   Ⅰ. 内核中时钟变量的值　　　　　　　　Ⅱ. 当前进程占用 CPU 的时间

   Ⅲ. 当前进程在时间片内的剩余执行时间

   A. Ⅰ、Ⅱ　　　　　B. Ⅱ、Ⅲ　　　　　　C. Ⅰ、Ⅲ　　　　　　D. Ⅰ、Ⅱ、Ⅲ

3. 简述 DMA 方式和中断方式的主要区别。

4. 简述 DMA 方式和 I/O 通道的主要区别。

5. 在一个 32 位 100MHz 的单总线计算机系统中（每 10ns 一个周期），磁盘控制器使用 DMA 以 40MB/s 的速率从存储器中读出数据或向存储器写入数据。假设计算机在没有周期挪用的情况下，每个循环周期读取并执行一个 32 位指令，则磁盘控制器使指令的执行速度降低了多少？

6. 在某计算机系统中，时钟中断处理程序每次执行时间为 2ms（包括进程切换开销）。若时钟中断频率为 60Hz，CPU 用于时钟中断处理的时间比例是多少？

7. 考虑 56KB/s 调制解调器的性能，驱动程序输出一个字符后就阻塞；当一个字符输出完毕后，产生一个中断通知阻塞的驱动程序；输出下一个字符，再阻塞。若发消息、输出一个字符和阻塞的时间总和为 0.1ms，则由于处理调制解调器而占用的 CPU 时间比例是多少？

8. 用于设备分配的数据结构有哪些？它们之间的关系是什么？

9. 一个串行线能以最大 50000B/s 的速度接收输入数据，数据平均输入速率是 20000B/s。若用轮询来处理输入，不管是否有输入数据，轮询过程都需要 3μs 来执行。在下一个字节到达之前未从控制器中取走的字节将丢失，那么最大的安全轮询时间间隔是多少？

10. 在某系统中，从磁盘将一块数据输入缓冲区需要花费的时间为 T，CPU 对一块数据进行处理的时间为 C，将缓冲区的数据传送到用户区所花的时间为 M。那么在单缓冲和双缓冲情况下，系统处理大量数据时，一块数据的处理时间分别为多少？

11. 在某系统中，若采用双缓冲区（每个缓冲区可存放一个数据块），将一个数据块从磁盘传送到缓冲区的时间为 80μs，从缓冲区传送到用户的时间为 20μs，CPU 计算一个数据块的时间为 50μs，总共处理 4 个数据块，每个数据块的平均处理时间是多少？

6

第 6 章　磁盘和固态硬盘

在计算机系统中，磁盘和固态硬盘是十分常见的两种大容量存储设备，可用来长期存储信息。本章将介绍磁盘和固态硬盘的结构、性质与工作原理等内容，首先介绍磁盘工作原理，分析多种磁盘调度算法；然后介绍固态硬盘及其核心闪存转换层（flash translation layer，FTL），FTL 不仅可完成逻辑地址与物理地址之间的映射，还可实现垃圾回收（garbage collection，GC）、磨损均衡（wear leveling，WL）等功能，并引出写放大的问题；最后对磁盘和固态硬盘进行比较，展示固态硬盘在性能、功耗等多方面的优势。

6.1　磁盘工作原理

磁盘为现代计算机系统提供大容量的外部存储，是最常见的存储介质之一。磁盘由一系列的盘片组成，每个盘片都是扁平圆盘，像小型光碟（compact disc，CD）。常用的盘片直径为 4.5～13.3cm，每个盘片的两面都涂有磁性材料，通过对盘片的两面进行磁记录来存储信息。磁头在磁盘的表面运动，磁头与磁臂相连，磁臂将所有磁头作为整体一起移动。盘片的表面被划分为同心圆，这些同心圆称为磁道。磁道被进一步划分为扇区，扇区的大小通常为 512 字节。位于同一磁臂位置的磁道的集合形成柱面。每个磁盘通常有 10000～50000 个柱面，每条磁道可能有 100～500 个扇区。普通磁盘驱动器的存储空间以 GB 计算。

当磁盘处于使用状态时，驱动器的马达会高速旋转磁盘。大多数驱动器的转速为 5400～15000r/min。磁盘速度分为两部分，分别是传输速率和定位时间。传输速率是指数据在硬盘和计算机之间传输的速率。定位时间也称随机访问时间，由寻道时间（将磁臂移动到所需柱面的时间）和旋转延迟（等待所需扇区旋转到磁臂下所需的时间）组成。一个典型的磁盘可以以每秒几兆字节的速度读取数据，寻道时间和旋转延迟通常为毫秒级。

由于磁头在极薄（几微米）的空气层上运动，因此磁头和盘片表面之间存在接触的风险。尽管盘片上涂有一层薄薄的保护层，但磁头仍会损坏盘片的表面，这种现象称为磁头碰撞。磁头碰撞后，磁盘无法修复，必须更换整个磁盘。

磁盘驱动器通过一组称为 I/O 总线的数据通道与计算机相连，目前常见的 I/O 总线包括增强 IDE（enhanced IDE，EIDE）、先进技术总线附属接口（advanced technology attachment interface，ATA）总线、串行先进技术总线附属接口（serial advanced technology attachment interface，SATA）总线、USB、光纤通道以及小型计算机系统接口（small computer system interface，SCSI）总线等。控制器是一种处理总线上数据传输的特殊处理器，主机控制器是计算机上位于总线末端的控制器，磁盘控制器位于磁盘驱动器内。为了执行磁盘 I/O 操作，计算机通常通过主存储器映射端口在主机控制器上发送命令；然后主机控制器将该命令传送给磁盘控制器，后者操纵磁盘驱动器硬件来执行该命令。磁盘控制器通常有内置的缓存，允许将最近读取的数据存储在磁盘控制器的缓存中，以便用更快的速度响应命令。

现代磁盘驱动器可以看作由逻辑块组成的一维数组。逻辑块是最小的传输单位，大小通常是 512B。有些磁盘可以通过低级格式化设置不同的逻辑块大小，如 1024B。由逻辑块组成的一维数组以顺序的方式映射到磁盘的扇区。索引为 0 的扇区是最外层柱面第一条磁道的第一个扇区。将扇区按磁道内的位置排序，然后在柱面内按轨道顺序排列，最后按柱面顺序从外到内排序，即可得到逻辑块到扇区的映射。

通过映射，理论上可以将逻辑块号转换为物理磁盘地址，包括磁盘内的柱面号、柱面内的磁道号、磁道内的扇区号。事实上，进行这种转换并不容易，原因有二：一是，绝大多数磁盘都有一些有缺陷的扇区，所以映射必须用磁盘上的其他空闲扇区来替换这些有缺陷的扇区；二是，对某些磁盘来说，每条磁道的扇区数不一定是常数。

每条磁道的扇区数不一定是常数的具体原因如下：对使用恒线速度（constant linear velocity，CLV）介质的磁盘来说，每条磁道的位密度是均匀的，磁道离磁盘中心越远，长度越长，能容纳的扇区也就越多。外磁道的扇区数通常比内磁道的扇区数多 40%。这时，随着磁头由外移到内，驱动器会增加速度，以保持磁头读/写数据的速率恒定。这种方法用于 CD-ROM（compact disc-read only memory，只读存储光盘）和 DVD-ROM（digital versatile disc-read only memory，只读存储多用途数字光盘）驱动器。另外，对于恒角速度（constant angular velocity，CAV）介质的磁盘来说，其转动速度保持不变。在这种情况下，外磁道到内磁道的位密度要不断增大，以保持数据率不变。

随着磁盘技术的不断改善，每条磁道的扇区数不断增加。磁盘外部的每条磁道通常有数百个扇区。类似地，每个磁盘的柱面数也不断增加，大磁盘有数万个柱面。

6.2 磁盘调度算法

操作系统的任务之一是有效地使用硬件。磁盘驱动器需拥有较快的访问速度和较宽的磁盘带宽。前面已经说过，访问时间包括两个主要部分：寻道时间和旋转延迟。磁盘带宽是传输的总字节数除以从服务请求开始到传输结束的总时间的商。操作系统可以通过调度磁盘 I/O 请求来适当地调整访问顺序，以提高访问速度。

当进程需要对磁盘进行 I/O 操作时，该进程向操作系统发出一个系统调用请求。该调用请求包含以下信息。

- 操作是输入还是输出。
- 所传输的磁盘地址。
- 所传输的主存储器地址。
- 所传输的扇区数。

如果所需的磁盘驱动器和控制器都是可用的，请求可以立即得到服务；如果磁盘驱动器或控制器繁忙，任何新的调用请求都会被放在该驱动器的待处理请求队列中。对于多进程系统，磁盘队列中可能经常有多个待处理的请求。当一个请求完成后，操作系统使用磁盘调度算法来选择下一个待处理请求进行服务。接下来讨论常用的磁盘调度算法。

1. FCFS 调度算法

最简单的磁盘调度算法之一是 FCFS 调度算法。这种算法本身比较公平，但是它通常不提供最快的服务。例如，有一个磁盘队列，其输入/输出对各个柱面上块的请求顺序是 98、183、37、122、14、124、65、67。如图 6.1 所示，如果磁头开始于 53，那么它将从 53 移到 98，接着到 183、37、122、14、124、65，最后到 67，总的磁头移动数为640 柱面。

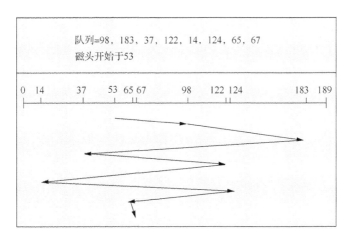

图 6.1　FCFS 调度算法实例

从 122 到 14 再到 124 的大摆动展示了这种调度算法的问题。如果在 122 和 124 之前或之后一起处理柱面 37 和 14 的请求，总的磁头移动数会大大减少，性能也会因此得以改善。

2. SSTF 调度算法

在将磁头移到远处以处理其他请求之前,先处理靠近当前磁头位置的请求较为合理。这是最短寻道时间优先(shortest seek time first,SSTF)调度算法的基础。SSTF 调度算法会选择寻道时间最短的请求来处理。由于寻道时间随着磁头所经过的柱面数而增加,SSTF 调度算法会选择离当前磁头位置最近的待处理请求。

根据前面磁盘队列的例子,如图 6.2 所示,离开始磁头位置柱面 53 最近的请求位于柱面 65;当磁头位于柱面 65 时,下个最近请求位于柱面 67;当位于柱面 67 时,它离柱面 37 比柱面 98 更近,所以下次处理柱面 37;如此继续进行,依次处理柱面 14、98、122、124,最后处理柱面 183 上的请求。这种调度算法所产生的磁头移动数为 236 柱面,约为 FCFS 调度算法所产生磁头移动数的 1/3,大大提高了性能。

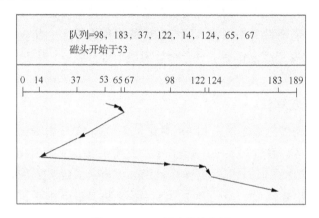

图 6.2　SSTF 调度算法实例

SSTF 调度实际上是一种 SJF(最短作业优先法)调度。与 SJF 调度一样,它可能导致一些请求得不到服务。假如一个队列中有两个请求,分别为柱面 14 和 186;当处理来自 14 的请求时,另一个靠近 14 的请求到达;这个新的请求会在下次处理,因此位于 186 上的请求要继续等待;当处理柱面 20 的请求时,另一个靠近 20 的请求可能又会到达。从理论上来说,相近的一些请求会连续不断地到达,这样位于 186 上的请求可能永远得不到服务。如果待处理请求队列比较长,这种情况就很可能出现。

虽然 SSTF 调度算法与 FCFS 调度算法相比有了很大改善,但并不是最优的。例如,假如有一种调度算法使磁臂先从 53 移到 37(虽然 37 并不是最近的),再到 14,然后到 65、67、98、122、124、183。采用这种调度算法所产生的磁头移动数量为 208,小于 SSTF 的磁头移动量 236。

3. SCAN 调度算法

对于 SCAN(扫描)调度算法,磁臂从磁盘的一端向另一端移动,当磁头移到某个柱面时,就处理位于该柱面上的服务请求。到达另一端时,磁头会改变移动方向,继续处理请求。SCAN 调度算法有时被称为电梯算法,因为磁头的行为就像大楼里面的电梯,先处理所有向上请求，再处理相反方向的请求。下面举个例子，如图 6.3 所示，在应用 SCAN 调度算法来调度位于柱面 98、183、37、122、14、124、65、67 上的请求之前，不但需要知道磁头当前位置（53），还需要知道磁头移动方向。如果磁头朝 0 方向移动，那么磁头会先服务 37 再服务 14；在柱面 0 时，磁头会掉转方向，朝磁盘的另一端移动，并处理位于柱面 65、67、98、122、124、183 上的请求。如果一个请求刚好在磁头移动到请求位置之前加入队列，那么它几乎会马上得到处理；如果一个请求刚好在磁头移动到请求位置之后加入队列，那么它必须等待磁头到达磁盘的另一端并反向移动后才能得到处理。

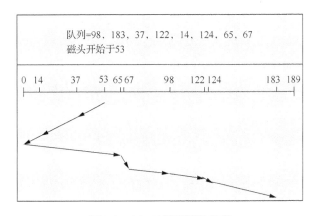

图 6.3　SCAN 调度算法实例

　　假设磁盘服务请求均匀地分布在各个柱面上，当磁头移动到磁盘一端并掉转方向时，紧靠磁头之前的请求只有少数，因为这些柱面上的请求刚刚处理过；而磁盘另一端的请求密度十分大，这些请求等待时间很长。

4．C-SCAN 调度算法

　　C-SCAN（circular-SCAN，环形-SCAN）调度算法是 SCAN 调度算法的变种，能够提供更为均匀的等待时间。与 SCAN 调度算法一样，C-SCAN 调度算法在将磁头从磁盘一端移动到磁盘另一端的过程中不断地处理请求。不过，当磁头移动到另一端时，它会马上返回磁盘开始位置，返回时并不处理请求。C-SCAN 调度算法将柱面当作环链，以将最后的柱面和第一个柱面相连。图 6.4 为 C-SCAN 调度算法实例。

5．LOOK 和 C-LOOK 调度算法

　　正如上文所描述的，SCAN 调度算法和 C-SCAN 调度算法使磁头在整个磁盘宽度内移动。通常磁头只移动到一个方向上最远的有请求的柱面为止，接着马上回头，而不是继续移动到磁盘的尽头。这种形式的 SCAN 调度算法和 C-SCAN 调度算法被称为 LOOK 调度算法和 C-LOOK 调度算法，因为它们在朝一个方向移动时会看是否存在有请求的柱面。

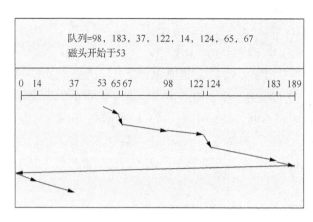

图 6.4　C-SCAN 调度算法实例

6.3　固态硬盘

固态硬盘（solid state drive，SSD）是一种以半导体与非型闪存（NAND flash）为介质的存储设备。和硬盘驱动器（hard disk drive，HDD）不同，SSD 用半导体存储数据，通过电子电路实现，没有任何机械设备，这决定了其在性能、功耗、可靠性等方面和 HDD 有很大不同。

6.3.1　SSD 产品的核心参数

本小节以 Intel 一款针对企业用户的高耐久闪存技术产品 DC S3710 的产品手册为例解读 SSD 产品的核心参数。图 6.5 展示了 SSD 几大核心参数。

图 6.5　DC S3710 的产品手册

SSD 的核心参数包括容量、介质、温度、认证及兼容性信息、性能、寿命、数据可靠性等。还有其他一些重要信息在产品手册里是无法体现出来的，比如产品可靠性等。由固件或硬件缺陷导致的产品返修率至关重要，在保修期内，产品返修率越低越好。特别是对于企业硬件用户，由固件、硬件可靠性问题或缺陷导致的数据丢失或无法通过技术手段恢复的数据丢失是不能容忍的。

1. 容量

容量是指 SSD 提供给终端用户使用的最终容量大小，以字节为单位。标称的数据都以十进制为单位，而不是二进制。同样一组数据，采用二进制会比采用十进制多出约 7%的容量，如下。

十进制 128GB：$128 \times 1000 \times 1000 \times 1000 = 128000000000B$。

二进制 128GB：$128 \times 1024 \times 1024 \times 1024 = 137438953472B$。

行业内称以二进制为单位的容量为裸容量，以十进制为单位的容量为用户容量。在 GB 级下，裸容量比用户容量多出约 7%；当为 TB 级时，数值差距更大。SSD 可以利用这多出来的 7%进行空间管理和存储内部数据，比如把这部分额外的空间用作 FTL 映射表的存储空间、GC 所需的预留交换空间、闪存坏块的替代空间等，也可以转换为预留空间（over provisioning，OP），公式为

$$OP = \frac{裸容量 - 用户容量}{用户容量} \tag{6.1}$$

2. 介质

当前 SSD 的核心存储介质是闪存。闪存这种半导体介质有其自身物理参数，如编程擦除次数、写时间、擦除时间、读时间、温度对读/写/擦的影响、闪存页的大小、闪存块的大小等。介质的好坏直接影响数据存储的性能和完整性。

闪存分为单级单元（single-level cell，SLC）、多级单元（multi-level cell，MLC）、三级单元（triple-level cell，TLC）甚至四级单元（quadratic-level cell，QLC），它指的是一个存储单元存储的位数。表 6.1 比较了 SLC、MLC 和 TLC 的性能参数。

表 6.1   **SLC、MLC 和 TLC 性能参数比较**

性能种类	SLC	MLC	TLC
每单元位数	1	2	3
擦除次数/次	100000	3000	1000
读出时间/μs	30	50	75
写入时间/μs	300	600	1000
擦除时间/μs	1500	3000	4500

SLC 即单个存储单元存储 1bit 的数据。SLC 速度快，寿命长（5 万～10 万次擦写寿命），但价格昂贵（约是 MLC 价格的 3 倍以上）。

MLC 即单个存储单元存储 2bit 的数据。MLC 速度一般，寿命不长（约为 3000～10000 次擦写寿命），价格适中。

TLC 即单个存储单元存储 3bit 的数据，也有闪存厂家称之为 8LC，速度慢，寿命短（约 500～1500 次擦写寿命），价格便宜。

闪存发展到现在，已从 2D 平面制程发展到现在的 3D 立体制程，使得硅片单位面积能存储更多的位，每 GB 成本和价格更低。48 层 Samsung 的 3D V-NAND 每平方毫米能存储 2600MB 的数据，是 2D 闪存容量的 3 倍，所以同样的硅片可以切割出存储空间相当于原来 3 倍数据量的闪存颗粒，即每 GB 的价格能降为原来的 1/3。

3. 温度

SSD 应在一定温度范围内使用。工作温度是 SSD 在运行状态时的温度，一般为 0～70℃，超出这个温度范围 SSD 可能出现产品异常和数据异常，这不在产品保证和保修范围内。非工作温度是 SSD 存储和运输期间的温度，一般为-50～90℃，这也是在非开机工作状态下产品运输和仓库存储时的参考温度。超出-50～90℃，SSD 可能会发生损坏。

4. 认证及兼容性信息

SSD 硬件和软件都应通过一定认证测试来反映产品的标准测试情况。认证及兼容性对应标准组织的测试集，标准组织属于第三方，独立且客观。测试通过意味着客户可以免去一部分测试。

5. 性能

（1）SSD 的性能指标

SSD 性能指标一般包括每秒 I/O 次数（I/O operations per second，IOPS）、吞吐量、响应时间。

① IOPS：IOPS 表示设备每秒完成的 I/O 请求数，一般是小块数据读/写命令的响应次数，比如对于 4KB 数据块，IOPS 越大越好。

② 吞吐量：单位为 MB/s，即每秒读/写命令完成的数据传输量，也叫作带宽。对于大块数据的读/写性能，吞吐量是一个重要的衡量指标。比如对于 512KB 数据块，吞吐量越大越好。

③ 响应时间：也叫作时延，即每个命令从发出到收到状态回复所需要的时间。时延有平均时延和最大时延两项指标，时延越小越好。平均时延的计算公式是整个应用或者测试过程中所有命令响应时间总和除以命令的个数，反映的是 SSD 总体平均时延性能；最大时延取的是在测试周期内所有命令中响应时间最长的那个，反映的是用户体验，如最大时延影响的是应用通过操作系统操作 SSD 时有无卡顿的用户体验。时延达到了秒级，用户就会有明显的卡顿感知。

（2）常用的访问模式

在设计 SSD 的性能测试时需要考虑访问模式，常用的访问模式包括以下 3 种。

① 数据命令请求模式：分为顺序数据命令请求模式和随机数据命令请求模式。连续

的地址称为顺序请求，不连续的地址称为随机请求。

② 块大小：单条命令传输的数据大小，性能测试使用的数据块大小为 4KB～512KB。随机测试一般用小块数据，比如 4KB；顺序测试一般用大块数据，比如 512KB。

③ 读/写比例：读/写命令数混合的比例。

任何工作负荷都是上述模式的组合，比如顺序读测试指的是逻辑块地址（logical block address，LBA）连续读块大小为 256KB、512KB 等的大块数据，读/写比例为 1 : 0；随机写测试指的是 LBA 不连续地写，块大小一般为 4KB，读/写比例为 0 : 1；随机混合读/写指的是 LBA 不连续地读/写混合测试，块大小一般为 4KB，读/写保持一定的比例。

6. 寿命

用户拿到一款 SSD 时，除了会关心其容量和性能参数外，还会关心它的寿命参数。衡量 SSD 寿命主要有两个指标：一个是每日全盘写入（drive writes per day，DWPD），即在 SSD 保质期内，用户每天可以把盘写满多少次；另一个是写入的总字节数（terabytes written，TBW），即在 SSD 的生命周期内可以写入的总字节数。

7. 数据可靠性

SSD 用几个关键指标来衡量其数据可靠性：不可修复的错误比特率（uncorrectable bit error rate，UBER）、原始错误比特率（raw bit error rate，RBER）和平均故障间隔时间（mean time between failures，MTBF）。

（1）UBER

UBER 是一种数据损坏率衡量标准，是指在应用了任意特定的错误纠正机制后依然产生的每比特读取的数据错误数量占总读取数量的比例（概率）。

对于任何存储设备，包括 HDD 和 SSD，用户最关心的是数据保存后的读取正确性。数据丢失和损坏很可能会给用户带来严重的后果。UBER 指标描述了数据出错的概率，能直观地描述出现错误数据的可能性，该指标越低越好。

SSD 的存储介质是闪存，闪存有天然的数据比特翻转率，会导致错误产生。导致比特翻转主要有以下几种原因。

- 擦写磨损。
- 读取干扰。
- 写入干扰。
- 数据保持发生错误。

虽然 SSD 主控和固件设计会用差错校验（error checking and correction，ECC）的方式（可能还使用其他方式，如 RAID）来修正错误数据，但错误数据在某种条件下依然有无法成功修正的可能，所以需要用 UBER 让用户知道数据误码无法成功修正的概率。

（2）RBER

RBER 反映了闪存的质量。所有闪存出厂时都有一个 RBER 指标。RBER 指标不是固定不变的，闪存的数据错误率会随着擦写磨损的增加而增加。

（3）MTBF

MTBF 指标反映的是产品的无故障连续运行时间，是产品数据可靠性的重要指标。

MTBF 主要考虑产品中每个设备的故障率。但是，设备的故障率在不同的环境和不同的使用条件下有很大的差异：同一产品在不同的环境下，如在实验室和海洋平台上，其可靠性是不同的；额定电压为 16V 的电容器在实际电压为 25V 和 5V 的情况下，其故障率是不同的。因此，在计算可靠性指标时，必须考虑各种因素。这些因素几乎不可能由人工计算，但在软件（如 MTBFcal 软件）和庞大参数库的帮助下，MTBF 可以轻松得出。

工作负载对 MTBF 有很大的影响，如合格的 SSD 每天写 20GB，其 MTBF 可达到 120 万小时；但如果工作量减少到每天写 10GB，MTBF 将变为 250 万小时；如果每天写 5GB，就是 400 万小时。

6.3.2　SSD 的工作原理

1. SSD 的三大功能模块及读/写过程

SSD 的输入是命令，输出是数据和命令状态。SSD 前端接收用户命令，经过内部计算和处理逻辑，输出用户所需要的数据和命令状态。如图 6.6 所示，SSD 主要由三大功能模块组成。

（1）前端接口（SSD 接口）和相关的协议模块。

（2）中间的 FTL 模块。

（3）后端接口（NAND 接口）和闪存通信模块。

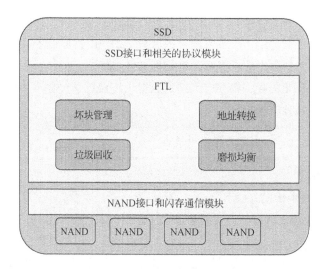

图 6.6　SSD 功能模块

SSD 前端负责和主机直接通信，接收主机发来的命令和相关数据；命令经 SSD 处理后，交由前端将命令状态或数据返回给主机。SSD 通过 SATA、串行小型计算机系统接口（serial attached small computer system interface，SAS）和 PCIe（peripheral component interconnect express）等接口与主机相连，实现对应的 ATA、SCSI 和 NVMe（non-volatile memory express）等协议。

这里以写数据为例来说明 SSD 的读/写过程。主机通过接口向 SSD 发送一个写命令；SSD 接收命令，执行命令，并接收主机要写入的数据，数据一般会先缓存在 SSD 的内部 RAM 中；FTL 为每个逻辑数据块分配一个闪存地址，当数据收集到一定数量时，FTL 向后端发送一个写闪存请求，后端根据写闪存请求将缓存中的数据写入相应的闪存空间；由于闪存不能覆盖写入，在写入前需要擦除闪存块；主机发送的一个数据块不会被写入闪存的固定位置，SSD 可以为其分配任何可能的闪存空间进行写入；因此，SSD 内部需要 FTL 来完成逻辑数据块到闪存物理空间的映射。

假设 SSD 的容量为 128GB，逻辑数据块大小为 4KB，所以该 SSD 一共可存储 128GB/4KB ≈ $3.4×10^7$ 个逻辑数据块。每个逻辑数据块都有一个从逻辑地址到物理地址的映射。如果一个物理地址用 4 字节表示，那么存储 $3.4×10^7$ 个逻辑数据块在闪存中的物理地址则需要 $3.4×10^7×4B$ ≈ 128MB 的映射表。

由于 SSD 维护着逻辑地址到物理地址的内部映射表，当主机发出读取命令时，SSD 可以根据要读取的逻辑数据块查询映射表，得到这些逻辑数据在闪存空间中的位置。然后后端可以从闪存中读取相应的数据到 SSD 的内部缓存空间，前端负责把这些数据返回给主机。

由于前端接口协议都是标准化的，所以后端和闪存的接口及操作也是标准化的，例如闪存遵循 ONFI（open NAND flash interface，开放 NAND 闪存接口）或者 Toggle 协议。因此，在前端协议及闪存确定下来后，不同 SSD 的差异体现在 FTL 算法上。FTL 算法决定了性能、数据可靠性、功耗等 SSD 的核心参数。

2. SSD 的核心技术 FTL 及存储介质闪存

FTL 算法的优劣与否直接决定 SSD 在性能、数据可靠性、耐用性等方面的好坏，FTL 可以说是 SSD 固件的核心组成。

FTL 完成了主机逻辑地址空间到闪存物理地址空间的映射。SSD 每把一项用户逻辑数据写入闪存的物理地址空间，便记录该逻辑地址到物理地址的映射关系。当主机想读取该数据时，SSD 便会根据这个映射从闪存中读取这些数据并返回给用户。完成逻辑地址空间到物理地址空间的映射是 FTL 基本的功能。

SSD 使用的存储介质一般是 NAND flash，以及 RAM、3D XPoint 等新型存储介质。如无特别说明，后文说的 SSD 存储介质都指 NAND flash，简称闪存。

闪存有一些重要的特性，具体如下。

（1）闪存块不能覆盖写

闪存块需先擦除才能写入，不能覆盖写。因此当写入新的数据时，不能直接在原来的位置更改（闪存不允许在闪存页上重复写入，一次擦除只能写入一次），必须写入一个新的位置。另外，往一个新的位置写入数据，会导致原来的位置上的数据无效，这些数据就变为垃圾数据。垃圾数据会占用闪存空间。当可用闪存空间不够时，FTL 需要进行垃圾回收，即把若干个闪存块上的有效数据搬出，写入某个新的闪存块；然后把之前的闪存块擦除，得到可用的闪存块。

（2）闪存块寿命有限

每擦除一次闪存块，就会对闪存块造成磨损，因此闪存块的寿命是有限的，可以用擦写次数衡量。使用时不能集中往某几个闪存块上写数据，否则这几个闪存块很快就会因 PE 数耗尽而"死亡"，这不是用户希望的。用户希望所有闪存块均摊写入的数据，而不是有些块磨损远严重于其他块。所以 FTL 需要保持磨损均衡（wear leveling，WL），让写入的数据均摊到每个闪存块上，让每个块的磨损都差不多，从而保证 SSD 具有最大的数据写入量。

（3）闪存块存在读干扰问题

每个闪存块读的次数是有限的，读得太多，其上面的数据便会出错，造成读干扰问题。FTL 需要处理读干扰问题。当某个闪存块读的次数将达到一定阈值时，FTL 把这些数据从该闪存块上搬走，从而避免数据出错。

（4）闪存存在数据保持问题

由于电荷的流失，存储在闪存上的数据是会丢失的。闪存中数据保持的时间长则十多年，短则几年、几个月，甚至更短（这是在常温环境下。如果在高温环境下，电荷流失速度加快，数据保存的时间就更短）。如果 SSD 不上电，FTL 对此毫无办法，因为没有运行机会。但一旦上电，FTL 就需要采取一些措施来检查是否存在数据保持问题，比如扫描闪存，如果可能存在数据保持问题，则需要搬动数据，防患于未然。好的 FTL 需要具备处理数据保持问题的能力。

（5）闪存存在坏块问题

闪存天生就有坏块。另外，随着 SSD 的使用，会产生新的坏块。坏块表现为擦写失败或者读失败（ECC 不能纠正数据错误）。坏块管理也是 FTL 的一大任务。

MLC 或 TLC 的读/写速度都不如 SLC，但它们都可以模拟成 SLC 模式来使用，FTL 应利用该特性去改善 SSD 的性能和可靠性。前文所述的这些特性是闪存的共性，不同的闪存会有各自的问题。随着闪存质量变差，FTL 除了需要进行上述常规处理，还需要针对具体闪存特性做一些特殊处理，以获得好的性能和高的可靠性。

FTL 分为基于主机和基于设备两类。基于主机的 FTL 是在主机端实现的，即使用用户计算机的 CPU 和主存储器资源。基于设备的 FTL 是在设备端实现的，使用 SSD 上的控制器和 RAM 资源。

目前主流 SSD 都使用基于设备的 FTL，如无特别说明，后文有关 FTL 的论述都是基于设备的。接下来介绍 FTL 的各个关键技术，FTL 的初衷是完成逻辑地址（或逻辑空间）到物理地址（或物理空间）的映射，因此首先介绍 FTL 的映射。

3．FTL 的映射

根据映射粒度不同，FTL 映射分为块映射、页映射和混合映射。

① 块映射。块映射以闪存块为映射粒度。一个用户逻辑块可以映射到任意一个闪存物理块，但是映射前后，每个页在块中的偏移保持不变。由于映射表只需存储块的映射，因此映射表所需存储空间小，但其性能差，尤其是小尺寸数据的写入性能。用户即使只写入一个逻辑页，也需要把整个物理块数据先读出来，然后改变该逻辑页的数据，再整块写入。块映射连续大尺寸数据的读/写性能较好。

U 盘一般采用块映射（U 盘使用的存储介质是闪存，因此是有 FTL 的），适合大尺寸数据的读/写，不适合小尺寸数据的写入，所以 U 盘的随机读/写性能较差。

② 页映射。页映射以闪存页为映射粒度，一个逻辑页可以映射到任意一个物理页中。由于闪存页远比闪存块多，因此需要更多的空间来存储映射表。但它的性能好，尤其在随机写上。为追求性能，SSD 一般采用页映射。实际中逻辑页大小可能小于闪存页大小，一个闪存页可容纳若干个逻辑页数据。

③ 混合映射。混合映射是块映射和页映射的结合。一个逻辑块映射到一个物理块，但在块中，每个页的偏移并不是固定不动的，块内采用页映射的方式，一个逻辑块中的逻辑页可以映射到对应物理块中的任意页。因此，它的映射表所需空间以及性能均介于块映射和页映射之间。

如无特别说明，接下来讲的 FTL 都是基于页映射的，因为现在的 SSD 几乎都采用这种映射方式。

用户通过 LBA 访问 SSD，每个 LBA 代表一个逻辑块（大小一般为 0.5KB、8KB、4KB……），用户访问 SSD 的基本单元称为逻辑页。在 SSD 内部，SSD 主控是以闪存页为基本单元读/写闪存的，称闪存页为物理页。用户每写入一个逻辑页，SSD 主控就会找一个物理页把用户数据写入，SSD 内部同时记录这样一条映射。有了这样一个映射关系后，下次用户需要读某个逻辑页时，SSD 就知道从闪存的哪个物理页中读取数据。

SSD 内部维护了一张逻辑页到物理页地址转换的映射表。用户每写入一个逻辑页，就会产生一个新的映射关系，这个映射关系会加入（第一次写）或者更改（覆盖写）映射表。当读取某个逻辑页时，SSD 首先查找映射表中该逻辑页对应的物理页，再访问闪存来读取相应的用户数据。

由于闪存页和逻辑页大小不同，一般前者大于后者，所以实际上不是一个逻辑页对应一个物理页，而是若干个逻辑页写在一个物理页中，逻辑页其实是和子物理页一一对应的。

一张映射表有多大呢？假设有一个容量为 256GB 的 SSD，以 4KB 大小的逻辑页为例，那么用户空间一共有约 $6.7×10^7$（256GB/4KB）个逻辑页，也就意味着 SSD 需要有能容纳 $6.7×10^7$ 条映射关系的映射表。映射表中的每个单元存储的就是物理地址，假设其为 4 字节，那么整个映射表的大小为 $6.7×10^7×4B=256MB$。一般来说，映射表大小为 SSD 容量大小的千分之一。准确地说，映射表大小是 SSD 容量大小的 1/1024。前提条件是映射页大小为 4KB，物理地址用 4 字节表示。这里假设 SSD 内部映射粒度等于逻辑页大小，当然它们也可以不一样。

绝大多数 SSD 都板载 DRAM，其主要作用是存储映射表。在 SSD 工作时，全部或绝大部分映射表都可以放在 DRAM 上，映射关系可以快速访问。但有些入门级 SSD 或者移动存储设备——比如 eMMC、UFS（universal flash storage，通用闪存存储）——出于成本和功耗考虑，采用 DRAM-less 设计，即不带 DRAM，比如经典的 SandForce 主控，它并不支持板载 DRAM，而是采用二级映射。一级映射表常驻 SRAM；二级映射表小部分缓存在 SRAM 中，大部分存放在闪存中。二级映射表就是逻辑地址到物理地址转换表，它被分成块，大部分存储在闪存中，小部分缓存在 RAM 中。一级表则将这些块存储在闪存中的物理地址，由于它不是很大，一般可以完全放在 RAM 中。

带 DRAM 的 SSD 只需要查找 DRAM 当中的映射表，获取物理地址后访问闪存便可得到用户数据，这期间只需要访问一次闪存。而不带 DRAM 的 SSD 首先会查看该逻辑页对应的映射关系是否在 SRAM 内：如果在，直接根据映射关系读取闪存；如果不在，那么它需要把映射关系从闪存中读取出来，再根据这个映射关系读取用户数据。这意味着其相比于有 DRAM 的 SSD，需要读取两次闪存才能把用户数据读取出来，底层有效带宽减小。

对顺序读来说，映射关系是连续的，因此一次映射块的读，可以满足很多用户数据的读需求，也意味着不带 DRAM 的 SSD 有好的顺序读性能。但对随机读来说，映射关系分散，一次映射关系的加载基本只能满足一次逻辑页的读需求，因此随机读需要访问两次闪存才能完成读操作，性能就不是那么理想。

4．垃圾回收

垃圾回收是 FTL 的一个重要任务。我们将以一个小型 SSD 为例来讲解垃圾回收的原理以及与之紧密联系的写放大（write amplification，WA）和 OP 等概念。

（1）垃圾回收的原理

假设该 SSD 底层有 4 个通道（CH0～CH3），连接 4 个 Die（每个通道上的 Die 可并行操作），每个 Die 只有 6 个闪存块（块 0～块 5），所以一共有 24 个闪存块。每个闪存块内有 9 个块，每个块的大小和逻辑页大小一样。24 个闪存块中，20 个闪存块大小为 SSD 容量，就是主机端看到的 SSD 容量；另外 4 个闪存块是超出 SSD 容量的 OP。

顺序写入 4 个逻辑页，分别写到不同通道的 Die 上，这样写的目的是增加底层的并行性，提升写入性能。继续顺序写入，固件则把数据交错写入各个 Die，直到写满整个 SSD 空间（主机端看到的）。整个盘写满后（从用户角度来看就是整个用户空间写满了，但在闪存空间中，由于 OP 的存在，并没有写满），如果想写入更多数据，只能删除部分已写入数据，腾出空间以写入新数据。

下面继续写入。假设还是从逻辑页 1 开始写入。这时，SSD 会把新写入的逻辑页写入所谓的 OP。逻辑页 1～4 的数据已更新，写到了新的地方，那么之前那个位置上的逻辑页 1～4 数据就失效了。用户更新数据，由于闪存不能在原位置上覆盖写，固件只能另找闪存空间写入新的数据，因此原闪存空间数据过期，形成垃圾数据。继续顺序写入，垃圾数据会越来越多。现在不仅整个用户空间都写满了，整个闪存空间也满了。如果用户想继续写入后续的逻辑页（36 之后的），就需要进行垃圾回收。需要说明的是，实际中不是所有闪存空间都写满后才开始进行垃圾回收，而是在写满之前就触发垃圾回收。

垃圾回收是把某个闪存块上的有效数据读取出来重写，然后把该闪存块擦除，得到新的可用闪存块。假设块 x 上的有效数据为 A、B、C，块 y 上的有效数据为 D、E、F、G，其余块为无效数据。垃圾回收就是先找一个可用块 z，然后把块 x 和块 y 中的有效数据迁移到块 z 上，这样块 x 和块 y 上就没有任何有效数据，擦除后变成两个可用的闪存块。

再回到之前举例的小型 SSD 中来。由于是顺序写入，垃圾数据集中在块 0 上，且块 0 上没有任何有效数据，把它们擦除就可以腾出新的写入空间，用户就可以把新的数据写入完成垃圾回收的块 0 上。从这个例子中可以看出：顺序写，即使是闪存空间写满后的写，性能也是比较好的，因为垃圾回收可以很快完成（也许只需要一个擦除动作）。

在实际情况下，SSD 垃圾数据分散在每个闪存块上，而不是集中在某几个闪存块上。这个时候，如何挑选需要进行垃圾回收的闪存块呢？显然需要挑垃圾数据比较多的闪存块来回收，因为有效数据少，要迁移的数据少，腾出空闪存块的速度就快。

由于是同时往 4 个通道上写，需要每个通道都有一个空闲的闪存块。因此，在做垃圾回收时，不是回收某一个闪存块，而是所有通道上都要挑一个闪存块。一般选择每个 Die 上块号一样的所有闪存块进行垃圾回收。上例中，块 0 上的垃圾数量最多，因此挑选块 0 作为进行垃圾回收的闪存块。垃圾回收完毕，把之前块 0 上面的有效数据重新写入这些闪存块（这里假设回收的有效数据和用户数据都写在同一个闪存块中，实际上它们可能是分开写的）。这时，有了空闲的空间，用户就可以继续写入数据了。

综上可知，SSD 越写越慢的说法其实是有科学依据的：可用闪存空间富裕时，SSD 是无须进行垃圾回收的，因为总有空闲的空间可写；SSD 使用早期，由于没有触发垃圾回收，无须额外地读/写，所以读写速度很快；慢慢地 SSD 读写变慢，主要是因为 SSD 需要做垃圾回收。

另外，从上面的例子来看，如果用户顺序写，垃圾数据比较集中，有利于 SSD 做垃圾回收；如果用户随机写，垃圾数据产生比较分散，SSD 做垃圾回收相对来说更慢，所以性能没有前者好。因此，SSD 的垃圾回收性能与用户写入数据的模式（随机写还是顺序写）是有关的。

（2）写放大

由于存在垃圾回收，当用户要写入一定的数据时，SSD 为了腾出空间写入这些数据，需要额外地进行数据迁移，也就是额外地写，最后往往导致 SSD 往闪存中写入的数据量比实际用户写入 SSD 的数据量多。因此，SSD 中有个重要参数就是 WA，其公式为

$$WA = \frac{写入闪存的数据量}{用户写入的数据量}$$

对空盘来说（未触发垃圾回收），WA 一般为 1，即用户写入多少数据，SSD 就写入闪存多少数据（这里忽略 SSD 内部数据的写入，如映射表的写入）。在 SandForce 控制器出现之前，WA 最小值为 1。但是由于 SandForce 控制器内部具有实时数据压缩模块，它能对用户写入的数据进行实时压缩，再把它们写入闪存，因此 WA 可以小于 1。例如，用户写入 8KB 数据，经压缩后变为 4KB 数据，如果这个时候没有垃圾回收，那么 WA 就只有 0.5。

接下来介绍垃圾回收触发后，WA 是如何变化的。以前面的垃圾回收为例，挑选每个 Die 上的块 0 进行垃圾回收；一共 36 个块，其中有 12 个有效数据块；完成垃圾回收后，需重新把这 12 个有效数据块写入。

后面还可以写入 24 个块的用户数据。因此，为了写这 24 个块的用户数据，SSD 实际写了 12 个块的原有效数据，再加上该 24 个块的用户数据，总共写入 36 个块数据，按照 WA 定义可知 WA=36/24=1.5。

WA 越大，意味着额外写入闪存的数据越多，一方面磨损闪存，缩短 SSD 寿命；另一方面，写入这些额外数据会占用底层闪存带宽，影响 SSD 性能。因此，SSD 设计的一个目标是让 WA 尽量小。减小 WA，可以使用前面提到的压缩办法，还可以采用顺序写（取决于用户的工作负载）以及增大 OP。

增大 OP 为何能减小 WA？以前面的 SSD 空间为例，SSD 容量是 180 个块，当 OP 是 36 个块时，整个 SSD 闪存空间为 216 个块，OP 比例是 36/180×100%=20%。那么 180 个块的用户数据平均分摊到 216 个块时，每个块的平均有效数据量为 180/216≈0.83，一个闪存块上的有效数据量为 180/216×9=7.5。为了写 1.5 个用户数据块，需要写 9 个块的数据（原有 7.5 个有效数据，再写入 1.5 个用户数据），因此 WA 是 9/1.5=6。

如果整个 SSD 闪存空间不变，还是 216 个块，调整 OP 比例至 72 个块（牺牲用户空间，OP 比例为 50%），则 SSD 容量就变成 144 个块。144 个块的用户数据平均分摊到 216 个块时，每个块的平均有效数据量为 144/216≈0.67，一个闪存块上的有效数据量为 144/216×9=6。为了写 3 个用户数据块，需要写 9 个块的数据（原有 6 个有效数据，再写入 3 个用户数据），因此 WA 是 9/3=3。

综上所述，OP 越大，每个闪存块的有效数据量就越少，垃圾数据就越多，需要重写的数据就越少，WA 也就越小。同时，垃圾回收需要重写的数据越少，SSD 的满盘写性能越好。

以上分析的都是最坏的情况，即垃圾数据平均分摊到每个闪存块上。现实中，垃圾数据大多数时候并不是平均分配到每个闪存块上的，有些块上的垃圾数据多，有些块上的垃圾数

据少，实际垃圾回收时挑选垃圾数据多的闪存块。因此，实际 WA 是小于前面的计算值的。

影响 WA 的因素主要如下。

- OP：OP 越大，WA 越小。
- 用户写入数据的模式：如前文所述，如果数据都是顺序写，垃圾回收的量就少（最好的情况是整个闪存块都是无效数据，只需擦除，无须数据迁移），WA 也就相应地变小。
- 垃圾回收策略：在挑选源闪存块的时候，如果不挑选有效数据最少（垃圾数据最多）的块作为源闪存块，就会增大 WA。另外，控制后台垃圾回收产生空闲闪存块的数量，也能减小 WA。
- WL：为平衡每个闪存块的擦除次数（erase count，EC），需要进行数据迁移，会增大 WA。
- 读干扰和数据保持处理：为解决读干扰和数据保持问题而进行数据迁移会增大 WA。
- 主控：控制器是否压缩数据会影响 WA 的大小。

（3）垃圾回收步骤

① 挑选源闪存块。一个常见的算法就是挑选有效数据量最小的块，这样需要重写的有效数据量就最少，WA 自然最小，回收一个块付出的代价也最小。要找到有效数据量最小的块，需要固件在写用户数据时做一些额外的工作，即记录和维护每个用户闪存块的有效数据量。用户每往一个新的块上写入一笔用户数据，该闪存块上的有效数据量就加 1。同时需要找到这笔数据之前所在的块（如果该笔数据曾写入过），由于该笔数据写入了新的块，那么原闪存块上的数据就无效，因此原闪存块上的有效数据量应该减 1。

还是以前面的小型 SSD 为例：当用户没有写入任何数据时，所有闪存块上的有效数据量都为 0。当往块 0 上写入逻辑页 1、2、3、4 后，块 0 的有效数据量就变成 4；将逻辑页 1、2、3、4 写入块 5，块 5 上的有效数据量变成 4，所以之前块 0 的逻辑页 1、2、3、4 上变成无效数据。因此在写入逻辑页 1、2、3、4 的时候，不仅要将块 5 上的有效数据量更新为 4，还要把块 0 上的有效数据量相应地减少 4。由于固件维护了每个闪存块的有效数据量，因此在垃圾回收的时候能快速找到有效数据量最少的那个块。

挑选有效数据量最少的那个块作为源闪存块，这种挑选源闪存块的算法叫作贪心算法，是绝大多数 SSD 采用的一种算法。除此之外，还有其他挑选源闪存块的算法。比如，有些 SSD 在挑选源闪存块时，同时考虑了闪存块的擦写次数，这其实暗藏了 WL。挑选闪存块时，一方面希望挑有效数据量最少的（快速得到一个新的闪存块），另一方面希望挑选擦写次数最小的（分摊擦写次数到每个闪存块）。最理想的情况是兼顾上述两个方面，但现实是擦写次数最小的闪存块，有效数据量未必最少；有效数据量最少的闪存块，擦写次数未必最小。因此，需要给有效数据和擦写次数设定权重因子，在给定权重因子的情况下得到最优的选择。这种方法的好处是可以使用 WL 算法来进行垃圾回收，不需要设计额外的 WL 算法；缺点是相对单纯，对于这种只看有效数据策略的垃圾回收来说，由于挑选的闪存块可能有效数据量很多，因此 WA 变大，垃圾回收性能变差。

② 从源闪存块中找出有效数据。垃圾回收的第二步是把数据从源闪存块中读出来。当挑选块 0（有效数据最少）来进行垃圾回收时，如果只读出有效数据，固件如何知道块 0 上哪些数据是有效的呢？

前面提到，固件往一个闪存块写入逻辑页时，会更新和维护闪存块的有效数据量，因此可以快速挑中源闪存块。更进一步，如果固件不仅更新和维护闪存块的有效数据量，还给闪存块一个位图，标识某个闪存页（假设逻辑页和闪存页大小一样）是否有效，那么在进行垃圾回收的时候，固件只需根据位图表的信息把有效数据读出，然后重写即可。具体做法跟前面介绍的类似，即固件把一个逻辑页写入某个闪存块的闪存页时，该闪存页在位图表中对应位置的位就置为 1。一个闪存块上新增一笔有效数据，就意味着该笔数据所在的前一个闪存块上的数据变成无效数据，因此需要把前一个闪存块位图表对应位置的位清零。

在写入逻辑页 1、2、3、4 的时候，不仅要更新块 5 上的位图表，还要把块 0（逻辑页 1、2、3、4 之前所在的闪存块）的位图表上对应的位清零。

由于有了闪存块上有效数据的位图表，在垃圾回收的时候，固件就能准确定位有效数据并读出。位图表存在的好处是使垃圾回收更有效率，但固件需要付出额外的代价去维护每个闪存块的位图表。还是以前面的小型 SSD 为例，每个闪存块（这里指的是所有 Die 上由同一个闪存块号组成的闪存块集合）只有 36 个逻辑页，但在实际情况下，每个闪存块可能存在一两千个闪存页，每个闪存页可以容纳若干个逻辑页，因此，每个闪存块的位图表需要占用数目不小的存储空间。对带 DRAM 的 SSD 来说，位图表的存储空间可能不是问题；但对不带 DRAM 的 SSD 来说，可能就没有那么多的 SRAM 来存储所有闪存块的位图表。对 DRAM-less 的 SSD 来说，由于 SRAM 受限，只能在 SRAM 中加载部分闪存块的位图表，因此需要位图表的换入和换出，这给固件带来不小的开销。

如果没有每个闪存块的有效数据位图表，SSD 进行垃圾回收的时候，可以选择读取闪存块内的所有数据，但此时需要分辨其中的哪些数据是需要重写的，哪些数据是不需要重写的。SSD 在把用户数据写入闪存的时候，会额外打包一些数据，称为元数据，它记录着该笔用户数据的相关信息，比如该笔用户数据对应的逻辑地址、数据长度以及时间戳（数据写入闪存的时间）等。

垃圾回收的时候，SSD 读取数据的同时获得该数据对应的 LBA。要判断该数据是否无效，需要查找映射表，获得该 LBA 对应的物理地址。如果该地址与该数据在闪存块上的地址一致，就说明是有效的，否则该数据就是无效的。

把源闪存块里的全部数据读出来，这种方式的缺点显而易见：垃圾回收性能差。不管数据是否有效（读之前不知道是否有效），都需要从闪存块内读取全部的数据，然后查找映射表来决定该笔数据是否无效。这对带 DRAM 的 SSD 来说，性能损失不大，因为其所有映射表都在 DRAM 中；但对 DRAM-less 的 SSD 来说，这会带来极大的性能开销，因为很多时候都需要从闪存内读取映射关系。这种方式的好处就是实现简单，不需要维护闪存块有效数据位图表，不需要额外的 RAM 资源和固件开销。

还有一个折中的方式，就是除了维护逻辑地址到物理地址（logical to physical，L2P）

的映射表，还维护一张物理地址到逻辑地址（physical to logical，P2L）的表。该表记录了每个闪存块写入的 LBA 以及 P2L 数据写在闪存块的某个位置（或单独存储）。当回收该闪存块时，首先加载该 P2L 表，然后根据上面的 LBA 依次查找映射表，决定该数据是否有效，有效的数据会被读出来，然后重新写入。采用该方式，不需要把闪存块上的数据全部读取，但还是需要查找映射表，以决定数据是否有效。因此，该方式在性能上介于前面两种方式之间，在资源和固件开销上也处于它们之间。

③ 把有效数据写入目标闪存块。当有效数据读出来后，最后一步就是重写，即把读出来的有效数据写入闪存。一般，当用户写入数据时，如果可用的闪存块小于一定阈值，就需要进行垃圾回收，以腾出空间给用户写。这时进行的垃圾回收叫作前台垃圾回收。这是被动方式，是由于 SSD 没有多少可用的闪存块才进行的垃圾回收。与之相对应的是后台垃圾回收，它是 SSD 空闲的时候主动进行的垃圾回收，这样在用户写入的时候就有充裕的可用闪存块，不需要进行前台垃圾回收，从而改善用户写入性能。但是，出于功耗考虑，有些 SSD 可能不会进行后台垃圾回收，SSD 空闲后则直接进入省电模式；或者进行少量的垃圾回收，然后进入省电模式。

这两种常见的垃圾回收方式都是由 SSD 内部控制的。事实上，除了 SSD 本身，有些 SSD 还支持主机控制其进行垃圾回收。2015 年 8 月 15 日，东芝发布了一款 SATA 接口企业级 SSD——Saber 1000 HMS，它是首款具有主机管理 SSD（host managed SSD，HMS）功能的 SSD。HMS 是指主机通过应用软件获取 SSD 的运行状态，然后控制 SSD 的一些行为。SSD 的内部运行着一些后台任务，比如垃圾回收、记录 SSD 运行日志等。这些后台任务的执行会影响 SSD 的性能，并且使 SSD 的时延不可预测。HMS 技术使得主机能控制 SSD 的后台任务执行与否以及执行时间。对单个 SSD 来说，使用者可以通过 HMS 软件，在 SSD 空闲时让其执行垃圾回收任务。这样在后续的写入过程中，SSD 内部有足够的空闲块可写，不需要临时进行垃圾回收，从而提升 SSD 性能，减少写入的时延。

Saber 1000 HMS 是企业级 SSD，相比客户级 SSD，稳定的性能和时延是企业级 SSD 更加追求的。后台任务的存在使得 SSD 的性能和时延很难保持一致。HMS 技术的出现使得整个系统具有稳定的性能和可预测的时延。

（4）磨损均衡

磨损均衡就是让 SSD 中的每个闪存块的磨损（擦除）都保持均衡。由于闪存都是有寿命的，即闪存块有擦写次数限制。一个闪存块，如果其擦写次数超过一定的值，那么该块就变得不可靠，甚至变成坏块。如果不进行 WL，则有可能出现有些闪存块频繁拿来擦写的情况，这些闪存块很容易出现故障。随着不断地写入，越来越多的坏块出现，最后导致 SSD 在保质期前就无法正常使用。相反，如果让所有闪存块一起来承担，则能经受更多的用户数据写入。

从 SLC 几万次的擦写次数，到 MLC 几千次的擦写次数，然后到 TLC 一两千次甚至几百次的擦写次数，随着闪存工艺的不断发展，闪存的寿命越来越短，SSD 对 WL 的处理要求也越来越高。下面通过几个概念来介绍磨损均衡的概念与方法。

冷数据就是用户不经常更新的数据，比如用户写入 SSD 的操作系统数据、只读文件数据、短视频等；相反，热数据就是用户更新频繁的数据。数据频繁更新，会在 SSD 内部产生很多垃圾数据。

年老的块就是擦写次数比较多的闪存块；年轻的块就是擦写次数比较少的闪存块。SSD 使用 EC 就可以很容易地区分年老的块和年轻的块。

SSD 一般有动态磨损均衡和静态磨损均衡两种算法。动态磨损均衡算法的基本思想是把热数据写到年轻的块上，即拿一个新的闪存块写数据的时候，挑选擦写次数小的；静态磨损均衡算法的基本思想是把冷数据写到年老的块上，即把冷数据移到擦写次数比较多的闪存块上。

动态磨损均衡算法相对更好理解，在写入新数据时挑选年轻的块，以此避免一直往年老的块中写入数据，使闪存块的擦写次数能保持一个比较均衡的值。

静态磨损均衡算法考虑到冷数据不经常更新，写在一个或者几个闪存块上后，基本保持不动，这样，这些闪存块的擦写次数就不会增加；相反，对于别的闪存块，由于经常拿来写入用户数据，擦写次数是一直增长的。因此，固件采用静态磨损均衡算法时，把冷数据移到擦写次数比较多的闪存块上，腾出来年轻的块去承受用户数据的写入。

固件采用静态磨损均衡算法的时候，一般的实现方法与垃圾回收机制类似。只不过它挑选源闪存块时，不是挑选有效数据量最小的闪存块，而是挑选冷数据所在的闪存块。其他和垃圾回收机制差不多，即读取源闪存块上的有效数据，然后把它写到擦写次数相对大的闪存块上去。

静态磨损均衡算法可能导致冷数据和热数据混合在同一个闪存块上，即冷数据可能跟用户刚写入的数据混合在一起，或者冷数据和垃圾数据写在一起，或者三者写在一起。

当冷、热数据混合在一个闪存块上时，即进行垃圾回收时，由于冷数据掺杂其中（冷数据由于不经常被用户更改，往往是有效数据），这些冷数据可能经常从一个闪存块移到另一个闪存块，然后从另一个闪存块迁到别的闪存块。长此以往，引入了不少额外的读写，导致 WA 增大。

针对这个问题的一种解决思路是：采用静态磨损均衡算法的时候，用专门的闪存块来放冷数据，即不与用户数据或者垃圾回收数据写入同一个闪存块。这样冷数据就单独写在某些闪存块上。这些块一般不会被挑选为垃圾回收的源闪存块，也就避免了冷数据的频繁迁移。只有在下一次需要采用静态磨损均衡算法的时候，冷数据才会从一个闪存块移到另一个闪存块。

不同的 SSD 采用不同的静态磨损均衡算法。如果用户对 WA 不敏感，对冷数据迁移导致的性能下降也不敏感，那么冷、热数据可以混合在一起；相反，如果对 WA 比较敏感，那么冷、热数据分开是最好的做法。

6.3.3　SSD 的优势

从技术参数上来看，SSD 与 HDD 相比具有如下优点。

1．性能好

传统的 HDD 是"马达+磁头+磁盘"的机械结构，SSD 则变成了"闪存介质+主控"的半导体存储芯片结构，两者有完全不同的数据存储介质和读/写方式。

性能测试工具包括连续读/写吞吐量工具和随机读/写 IOPS 工具两种，包括但不限于iometer、FIO 等测试工具。也有具有良好用户体验的性能测试工具——PCMark Vantage，它以应用运行和加载的时间为考察对象。性能测试项一般是影响用户体验的项，影响用户体验的项涉及系统启动时间、文件加载、文件编辑等。

2．功耗低

HDD 的工作功耗为 6～8W，而 SATA SSD 为 5W，待机功耗 SSD 可降低到毫瓦（mW）级别。业界关于功耗有以下几类定义：峰值功耗、读/写功耗、空闲功耗、省电功耗等。SSD 的省电功耗可降到 10mW 以下，功耗极低，可应用于功耗要求苛刻的应用场景。如消费级笔记本计算机休眠状态的 SSD 低功耗特性是非常重要的。

从 SSD 功耗分解来看，读/写功耗主要分布在闪存上。数据读取和写入在后端的闪存中并发进行，闪存的单位读/写功耗是决定性的，如 16KB 闪存页的读/写功耗决定了主机端满负荷下 SSD 的平均读/写功耗。

其次影响读/写功耗的是主控功耗，约占功耗的 20%。专用集成电路（application specific integrated circuit，ASIC）主控 CPU 的频率和个数、后端通道的个数、数据 ECC 编码器/解码器的个数和设计等因素影响整体的主控功耗。

科学地比较功耗的方法是比较单位 IOPS 性能上的功耗输出，该值越低越好。由于SSD 具有极高的性能，相对于 HDD 而言，单位功耗产生了百倍的性能，所以 SSD 被称为高性能、低功耗的节能产品，符合数据中心的使用定位。

3．防震

SSD 内部不存在任何可活动的机械部件，相比 HDD 更加防震。HDD 是机械结构，跌落时磁头和磁片接触碰撞会产生物理损坏，无法复原。SSD 主要由电子元件和 PCB 组成，跌落时不存在机械损伤问题，因此更加防震和可靠。另外，SSD 对环境的要求没有HDD 那么苛刻，更适合作为便携式笔记本计算机、平板电脑的存储设备。从可靠性角度来看，物理上的损伤以及带来数据损坏的概率，SSD 比 HDD 更低。

4．低噪声

SSD 的结构内没有高速运转的马达，所以 SSD 几乎是无噪声的。

5．物理体积更小

HDD 一般只有 3.5 英寸和 2.5 英寸两种尺寸，SSD 除了这两种尺寸，还有更小的、可以贴放在主板上的 M.2 形式，甚至可以小到芯片级，如 BGA SSD 的大小只有 16mm×30mm，甚至可做得更小。深圳市江波龙电子股份有限公司 2017 年 8 月发布了目前世界上最小尺寸（11.5mm×13mm）的 BGA SSD——P900 系列。

SSD 和 HDD 的优势对比如表 6.2 所示。

表 6.2   **SSD 与 HDD 优势对比**

比较项	SSD	HDD	比较项	SSD	HDD
容量	√		噪声	√	
性能	√		重量	√	
可靠性	√		防震	√	
寿命	√		温度	√	
尺寸	√		价格		√
功耗	√				

目前 HDD 和 SSD 相比只有价格优势。但随着大容量闪存的出现，SSD 的价格会越来越低，相信在不久的将来，HDD 的价格优势会不复存在。

6.4 本章小结

本章介绍了磁盘和固态硬盘，包括磁盘的工作原理和调度算法、固态硬盘的核心参数和工作原理等。本章还介绍了 HDD 和 SSD 的异同与优劣，以及它们对操作系统的影响。通过学习本章，读者应该能够理解和分析操作系统中的磁盘和固态硬盘的相关问题，以及如何利用现代的磁盘技术提高系统的性能和可靠性。

6.5 本章练习

1．位图用于（　　　　）。

　　A．文件目录的查找　　　　　　　　B．文件的保护和保密

　　C．主存储器空间的共享　　　　　　D．磁盘空间的管理

2．在对磁盘进行读/写操作时，下面给出的地址参数中，（　　　　）是不正确的。

　　A．柱面号　　　　　B．磁头号　　　　　C．设备号　　　　　D．扇区号

3．在 UNIX 系统中，磁盘存储空间空闲块的链接方式是（　　　　）。

　　A．单块链接　　　　B．位图法　　　　　C．顺序结构　　　　D．成组链接

4．设磁盘的每块可以存放 1024B。现有一大小为 5000B 的流式文件要存储在磁盘上，该文件至少用（　　　　）块。

　　A．4　　　　　　　　B．5　　　　　　　　C．6　　　　　　　　D．8

5．Linux 系统下查看磁盘使用情况的命令是（　　　　）

　　A．dd　　　　　　　B．df　　　　　　　　C．top　　　　　　　D．netstat

6．关于 HDD 与 SSD 的区别，下列说法正确的是（　　　　）

　　A．HDD 俗称机械硬盘，存在机械马达装置，而 SSD 没有

　　B．SSD 相对 HDD 来说读/写性能要好一些，尤其是随机读/写性能相差很大

C．HDD 比 SSD 性价比更高，容量更大

D．SSD 比 HDD 防震性更好，功耗也更低，而且没有 HDD 的噪声

7．关于 SATA 硬盘与 SAS 硬盘的区别，下列说法正确的是（　　　）。

A．相同容量的 SATA 硬盘与 SAS 硬盘价格有很大差距，SAS 硬盘价格比较低

B．SATA 硬盘比较常见的转速为 5400r/min 和 7200r/min

C．SAS 硬盘比较常见的转速为 5400r/min 和 7200r/min

D．SATA 硬盘控制器可以直接控制 SAS 硬盘

8．目前服务器常见硬盘的种类包括（　　　）。

A．SATA　　　　　　B．SAS　　　　　　C．SSD　　　　　　D．IDE

9．下列选项中支持文件大小可变、随机访问的磁盘存储空间分配方式是（　　　）。

A．索引分配　　　　B．链接分配　　　　C．连续分配　　　　D．动态分区分配

10．系统总是访问磁盘的某个磁道而不响应访问其他磁道的请求，这种现象称为磁臂黏着。下列磁盘调度算法中，不会导致磁臂黏着的是（　　　）。

A．FCFS　　　　　　B．SSTF　　　　　　C．SCAN　　　　　　D．C-SCAN

11．下列优化方法中，可以提高文件访问速度的是（　　　）。

Ⅰ．提前读　　　　　　　　　　　　　Ⅱ．为文件分配连续的簇

Ⅲ．延迟写　　　　　　　　　　　　　Ⅳ．采用磁盘高速缓存

A．Ⅰ、Ⅱ　　　　　　　　　　　　　B．Ⅱ、Ⅲ

C．Ⅰ、Ⅲ、Ⅳ　　　　　　　　　　　D．Ⅰ、Ⅱ、Ⅲ、Ⅳ

12．某系统中磁盘的磁道数为 200（0～199），磁头当前在 184 号磁道上。用户进程提出的磁盘访问请求对应的磁道号依次为 184、187、176、182、199。若采用 SSTF 调度算法完成磁盘访问，则磁头移动的距离（磁道数）是（　　　）。

A．37　　　　　　　B．38　　　　　　　C．41　　　　　　　D．42

13．根据用户作业发出的磁盘 I/O 请求的柱面位置，来决定请求执行顺序的调度，被称为（　　　）调度。

14．在用位示图管理磁盘存储空间时，位示图的大小是由磁盘的（　　　）决定的。

15．假设某系统磁盘共有 2400 块，块号范围为 0～2399，若用位示图管理此磁盘空间，当字长为 64 时，位示图需要（　　　）个字，第 42 个字的第 20 位对应的块号是（　　　）。

16．假设磁头当前位于 95 号磁道，正在向磁道号增加的方向移动。现有一个磁道访问请求序列为 45，35，52，78，130，106，150，215，采用 SCAN 调度算法得到的磁道访问序列是（　　　）。

17．为什么位示图法适用于页式管理和磁盘存储空间管理？如果在存储管理中采用主存储器可变分区管理方案，也能采用位示图法来管理空闲区吗？为什么？

18．怎样显示文件系统磁盘空间的使用情况？怎样显示指定的文件或目录已使用的磁盘空间的总量使用情况？如何限制用户使用磁盘空间的大小？

19．假设一个机械硬盘转速为 7200r/min，寻道时间为 4ms，I/O 吞吐量（I/O 传输带宽）为 150MB/s，请计算通过这一机械硬盘访问某一文件的平均时间（文件大小为 3MB）。

20．磁盘请求以 12、32、20、3、50、8、68 柱面的次序到达磁盘驱动器。移动臂移动一个柱面需要 6ms，使用以下磁盘调度算法时，各需要多少总的查找时间？假定磁臂起始时位于柱面 18。

（1）FCFS。

（2）SSTF。

21．某磁盘共有 200 个柱面，每个柱面有 8 个磁头，每条磁道有 4 个扇区，若逻辑记录与扇区等长，柱面、磁道、扇区均从 0 开始编址，现用 32 位的、200（0～199）个字的位示图来管理空间，请回答下列问题。

（1）位示图第 15 个字的第 7 位对应的柱面、磁道、扇区是多少？

（2）现回收第 56 个柱面第 6 条磁道的第 3 个扇区，那么要对位示图的第几个字的第几位清 0？

22．磁盘组有 66 片磁盘，每片有两个记录面，最上和最下两个面不用，存储区域内径为 22cm，外径为 33cm，道密度为每厘米 40 道，内层位密度为每厘米 400 位，转速 6000r/min。请回答下列问题。

（1）共有多少柱面？

（2）磁盘盘组总存储空间是多少？

（3）数据传输速率是多少？

（4）平均等待时间为多少？

（5）采用定长数据块记录格式，这里假定每扇区存储 512B 数据，直接寻址的最小单位是什么？寻址命令中如何表示磁盘地址？

（6）如果某个文件大小超过一条磁道的容量，应将它记录在同一个存储面上，还是记录在同一个组面上？

23．某计算机系统中的磁盘有 300 个柱面，每个柱面有 10 条磁道，每条磁道有 200 个扇区，扇区大小为 512B。文件系统的每个簇包含 2 个扇区。请回答下列问题。

（1）磁盘的容量是多少？

（2）假设磁头在 85 号柱面上，此时有 4 个磁盘访问请求，簇号分别为 100260、60005、101660 和 110560。若采用 SSTF 调度算法，则系统访问簇的先后顺序是什么？

（3）第 100530 簇在磁盘上的物理地址是什么？将簇号转换成磁盘物理地址的过程是由 I/O 系统的什么程序完成的？

24．在采用下面地址队列的情况下，请画 3 个图分别说明 FCFS 调度算法、SSTF 调度算法、SCAN 调度算法是如何调度的（SCAN 调度算法从小地址方向开始扫描）：

55，10，102，145，7，82，99，134（磁臂起始位置是 100）

7

第 7 章　文件系统

　　所有计算机应用程序都需要存储和检索信息。如果将信息保存在进程的地址空间中，会导致 3 个问题：首先，存储空间仅限于虚拟地址空间的大小，对于部分应用程序（如银行业务、机票预订、公司记录保留）来说过小；其次，当进程终止时信息会丢失，但对于许多应用程序来说，进程终止或被"杀死"时信息不能丢失；最后，多个进程可能需要同时访问（部分）信息，因此信息本身应独立于任何一个进程。

　　解决这些问题的常用方法是将信息存储在磁盘和其他外部介质上，这些信息称为文件。进程可以读取文件，并在需要时写入新的文件。存储在文件中的信息必须是具有持久性的，即不受进程创建和终止的影响，仅当文件所有者明确删除文件时，该文件才应消失。文件由操作系统管理，文件的结构、命名、访问、使用、保护和实现方式是操作系统设计中的主题。本章将介绍操作系统中的文件系统，从文件结构出发详细地介绍文件系统的实现。

7.1　文件的基本结构

　　文件是一种在磁盘上存储信息的抽象机制，便于数据读取。可以通过几种方式来组织文件，图 7.1 描绘了 3 种文件结构。图 7.1（a）中的文件是无结构的字节序列。实际上，操作系统不知道也不在乎文件中的内容。它所看到的只是字节，其任何含义都必须由用户程序解释。UNIX 和 Windows 系统都使用此方式。

　　让操作系统将文件视为字节序列能提供极大的灵活性。用户程序可以在文件中放入任何所需内容，并以任何方便的方式对其进行命名。操作系统不提供任何帮助，但不妨碍用户。对于想做不寻常事情的用户，这可能非常重要。

　　图 7.1（b）所示是对文件结构进行第一步改进的成果。在此文件结构中，文件是固定长度的记录序列，每个记录都有一些内部结构。把文件作为记录序列的中心思想是：读操作返回一个记录，写操作覆盖或追加一个记录。这里对"记录"给予一个历史上的

说明。在过去的几十年中，当 80 列打孔卡还是主流时，许多操作系统（大型机）将其文件系统基于包含 80 个字符的记录（实际上就是卡图像）文件进行设计。这些系统还支持 132 个字符的记录文件，该文件是为行式打印机（当时是具有 132 列的大型连锁打印机）设计的。程序以 80 个字符为单位进行读取输入，并以 132 个字符为单位进行写入输出，最后 52 个字符可以是空格。当前的通用系统都无法以这种方式工作。

　　第三种文件结构如图 7.1（c）所示。在这种文件结构中，文件由记录树组成，记录树的长度不一定相同，每棵记录树都在记录中的固定位置包含一个键字段。记录树在"键"字段上排序，以便快速搜索特定键。

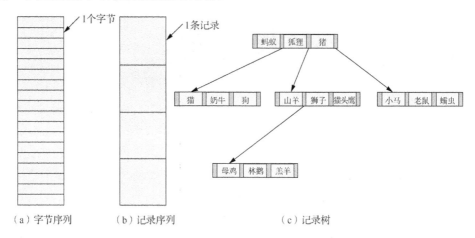

（a）字节序列　　　　（b）记录序列　　　　　　　（c）记录树

图 7.1　3 种文件结构

　　这里的基本操作不是获得"下一个"记录（尽管这是可能的），而是获得具有特定键的记录。对于图 7.1（c），可以要求系统获取键为"小马"的记录，而不必担心其在文件中的确切位置。此外，可以使用操作系统（而不是用户）将新记录添加到文件中，从而决定将它们放置在何处。这种文件结构显然与 UNIX 和 Windows 系统使用的无结构化字节序列完全不同，但是被广泛应用于某些处理商业数据的大型机上。

7.2　文件系统概述

　　文件系统是操作系统中文件的管理者。对上层用户和应用程序来说，文件系统提供文件抽象并实现了文件访问所需要的接口。对下层存储设备来说，文件系统以特定格式在存储设备上维护每个文件的数据和元数据。

　　早期计算机系统中没有文件管理系统，用户自行管理辅助存储器上的信息，按照物理地址安排信息，组织数据的输入和输出，同时要记住存储介质上的信息分布情况。这样的操作复杂、烦琐，容易出错，可靠性不高。大容量直接存储器的出现为文件系统的建立提供了良好的物质基础。同时分时操作系统、多道程序设计的出现使多个用户以及系统能够共享大容量辅助存储器。因此，现代的操作系统都配备了文件系统，以满足系统管理和用户使用软件资源的需求。

作为具有完整意义的信息集合，每个文件有一个名字以供识别。字母或数字组成的字母数字串称为文件名，它的格式和长度随系统的差异而不同。

文件的组成信息是各式各样的，一批数据、各类语言的编译程序和一个源程序都可以组成文件。可以按照各种方法对文件进行分类：按用途可以分成库文件、用户文件和系统文件；按信息流向可以分成输入/输出文件、输入文件和输出文件；按保护级别可以分成读/写文件、只读文件和不保护文件；按设备类型可以分成磁带文件、软盘文件和磁盘文件；按存放时限可以分成临时文件、档案文件和永久文件。

文件系统出现以后，首先，用户不需要记住信息存放在辅助存储器中的物理位置，也不需要考虑怎么将信息存放在存储介质上，只要根据文件名，通过相关的操作便可以读取想要的文件。当文件存放位置发生改变甚至存储文件的设备更换时，对文件的使用者来说也没有任何影响。其次，由于文件系统提供各种安全、保护以及保密措施，且用户通过文件系统才能对文件进行访问，因此可以防止对文件信息有意识和无意识的破坏和窃用。在硬件出现故障时，文件系统可以组织转存储，以提高文件的可靠性。最后，如果不同的用户想使用同名或异名的文件，文件系统还提供文件共享功能。这样既能够节省文件的存储空间，又能够减少文件传递的交换时间，进一步提高了文件和文件空间的利用率。

7.2.1　文件系统模型

现在使用的文件系统比较多，大部分的操作系统都支持多个文件系统。除了拥有可以移动的介质文件系统以外，每个操作系统还拥有一个或多个基于磁盘的文件系统，如伯克利快速文件系统（fast file system，FFS），用于 UNIX 系统的 UNIX 文件系统（UNIX file system，UFS），可用于 Windows NT、Windows 2000、Windows XP 系统的 FAT（file allocation table，文件分配表）、FAT32 和 NTFS（new technology file system），以及 DVD、CD-ROM 和软盘文件系统。虽然 Linux 系统支持 40 多种不同的文件系统，但是标准的 Linux 文件系统是可扩展的文件系统（extended file system，EXT），其中十分常见的版本是 EXT2 和 EXT3。还存在一些分布式文件系统，即在服务器上能够被一个或多个客户端加载的文件系统。

有些文件系统区分大小写字母，有些文件系统则不区分大小写字母。UNIX 系统属于第一类，MS-DOS 系统属于第二类。因此，UNIX 系统可以将字母大小写不同的文件maria、MARIA 和 Maria 作为 3 个不同的文件；在 MS-DOS 系统中，这些名称都表示同一个文件。

Windows 95 和 Windows 98 都使用 MS-DOS 文件系统，因此继承了它的许多属性，如文件名的构造方式。此外，Windows NT 和 Windows 2000 支持 MS-DOS 文件系统，因此也继承了它的属性。同时，这两个系统还有一个本机文件系统，它具有不同的属性（如Unicode 中的文件名）。本章提到 Windows 文件系统时，指的是 MS-DOS 文件系统，它是所有版本 Windows 操作系统都支持的唯一文件系统。

许多操作系统支持由两部分组成的文件名，两部分之间用句点分隔，如 prog.c。句点后面的部分称为文件扩展名，简称扩展名，通常表示文件的某些内容。例如，在 MS-DOS 文件系统中，文件名由 1～8 个字符外加 1～3 个字符的可选扩展名组成。在 UNIX 文件系统中，扩展名的大小由用户决定，一个文件甚至可能有两个或更多扩展名，如 prog.c.Z，其中.Z 通常用于指示文件（prog.c）已使用 Lempel-Ziv 压缩算法进行了压缩。

7.2.2 文件系统实现

1. 概述

用户关心的是文件的命名方式、可执行的操作、目录树的外观以及类似的接口问题，实现者感兴趣的是如何存储文件和目录、如何管理磁盘空间以及如何使一切工作高效、可靠。接下来，我们将介绍文件系统。

（1）文件系统简介

使用多种磁盘和主存储器结构来实现文件系统时，尽管这些结构会因文件系统和操作系统的不同而不同，但它们有一些相同的规律。

在磁盘上，文件系统可能包含关于存储的操作系统如何开启的信息、空闲块的位置和数量、块的总数、个别特定的文件以及目录结构等。其中许多结构将在本章后面详细讨论，下面简单介绍。

引导控制块（针对每个卷）包含系统从该卷引导操作系统所需的相关信息。如果磁盘上没有操作系统，这个块就是空的。UFS 称这个块为引导块，NTFS 称这个块为分区引导扇区。

卷控制块（针对每个卷）包含有关卷（或分区）的详细信息，如分区中的块数、块的大小、空闲块的数量和它们对应的指针、空闲文件控制块（file control block，FCB）的数量和它们对应的指针等。UFS 称这个块为超级块；而在 NTFS 中，它被存储在主文件表（master file table，MFT）中。

每个文件系统都使用目录结构来组织其文件，UFS 中的目录包含相关的索引节点号和文件名，而 NTFS 则将目录存储在主文件表中。

每个文件的 FCB 包含文件的许多细节，如所有者、文件权限以及数据块的位置和大小。UFS 称之为索引节点；NTFS 将这些信息存储在主文件表中，其结构就像关系数据库一样，每个文件有一行内容。

主存储器信息用来管理文件系统，并通过缓存提高性能。这些信息在文件系统被挂载时加载，在文件系统被卸载时丢弃。主存储器信息具体包括以下几部分。

① 一个主存储器中的挂载表：包括所有挂载的卷的信息。

② 一个目录结构的主存储器缓存：用于保存最近访问的目录信息。对于按卷挂载的目录来说，可以包括一个指向卷标的指针。

③ 系统范围的打开文件表：包括每个打开文件的 FCB 副本和其他信息。

④ 单个进程的打开文件表：包括指向系统范围内打开文件表中相应条目的指针和其他相关信息。该进程通过调用逻辑文件系统来创建一个新文件，逻辑文件系统知道目录结构的形式。为了创建一个新文件，需要分配一个新的 FCB（如果文件系统实现了在创建文件系统时创建所有 FCB，则只需从空闲的 FCB 集中分配一个）。然后系统将相应的目录信息读取到主存储器中，并使用新的文件名更新 FCB 和目录，将结果写回磁盘。

（2）文件系统的结构

UNIX 系统中的 FCB 结构如图 7.2 所示，包含文件名、扩展名、属性、保留、时间、首块号、大小等信息。

文件名	扩展名	属性	保留	时间	首块号	大小

图 7.2　UNIX 系统中的 FCB 结构

UNIX 等操作系统将目录视为文件，并使用类型字段指示它是否为目录。Windows NT 等操作系统为目录和文件提供了单独的系统调用，并对目录和文件使用不同的处理方法。无论结构如何，逻辑文件系统都可以通过调用文件组织模块将目录 I/O 映射到磁盘块的编号，然后传递给 I/O 控制系统和基本文件系统。只要创建了文件，就可以用于输入/输出。只是文件应该先打开，打开文件过程如图 7.3（a）所示。调用 open() 函数将文件名传递给文件系统。在调用 open() 函数之前，系统首先搜索系统中的打开文件表，以确定文件是否已被其他进程使用。如果是，则在单个进程的打开文件表中创建一项，并指向现有系统范围内的打开文件表，这种算法可以节省大量的开销。打开文件时，根据给定的文件名搜索目录结构。目录结构的一部分通常缓存在主存储器中，以加速目录操作。一旦找到文件，它的 FCB 就会复制到系统范围的打开文件表中。该表不仅可以存储 FCB，还可以跟踪打开文件的进程数。

然后，在单个进程的打开文件表中添加一个条目，并通过指针将系统范围的打开文件表条目与其他字段连接起来。这些其他字段主要包括指向文件当前位置的指针（用于下一次读/写操作）和文件的打开模式。调用 open() 函数返回指向单个进程的打开文件表中相应项的指针，所有后续的文件操作都通过该指针执行。文件名不必是打开文件表的一部分，因为一旦 FCB 位于磁盘上，系统将不再使用该文件名，但是可以缓存它，以节省后续打开同一文件的时间。有多个索引名用于访问打开文件表，在 UNIX 系统中称为文件描述符，在 Windows 系统中称为文件句柄。因此，只要文件没有关闭，所有文件操作都是通过打开文件表来执行的。读文件过程如图 7.3（b）所示。

当进程关闭文件时，需要删除单个进程打开文件表中的相应条目，系统范围内打开文件表中相应条目的文件项目数将依次减少。当所有打开文件的所有用户同时关闭一个文件时，更新后的文件元数据会被复制到磁盘的目录结构中，系统范围内打开文件表的相应条目也会删除。

有些系统更复杂，它们将文件系统作为访问其他系统（如网络）的接口。例如，UFS

范围的打开文件表包含索引节点和其他关于文件和目录的信息，也有关于网络连接和设备的类似信息。这样，一个机制就达到了多个目的。

文件系统结构的缓存是不可忽视的。在主存储器中，大多数系统保留有关打开文件的所有信息（实际数据块除外）。在缓存的使用上，典型的系统是伯克利软件套件（Berkeley Software Distribution，BSD），它可以节省磁盘 I/O 资源，平均缓存命中率为 85%。

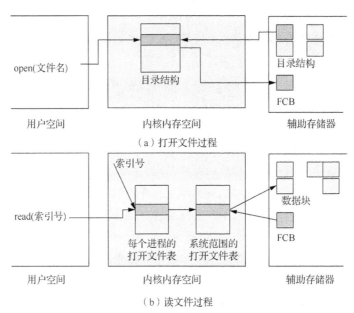

图 7.3　主存储器中的文件系统结构

2. 文件系统布局

文件系统存储在磁盘上。大多数磁盘可以划分为一个或多个分区，每个分区都有一个单独的文件系统。磁盘的扇区 0 称为主引导记录（master boot record，MBR），用于引导计算机。MBR 的末尾包含分区表，这个表给出了每个分区的起始地址和结束地址，表中的分区被标记为活动分区。当计算机启动时，基本输入/输出系统（basic input/output system，BIOS）读入并执行 MBR。MBR 程序要做的第一件事是定位活动分区，读入它的第一个块（称为启动块）并执行它。

引导块中的程序将加载分区包含的操作系统。为了一致性，每个分区都从一个引导块开始，即使它不包含可引导的操作系统。此外，它可能包含将来使用的启动块，因此无论如何，保留一个启动块是一个好策略。

除从启动块开始外，磁盘分区的布局因文件系统而异。文件系统通常包含图 7.4 所示的一些内容。第一个是超级块，包含有关文件系统的所有关键参数，并在计算机启动或首次接触文件系统时读入主存储器。超级块中的典型信息包括用于标识文件系统类型的幻数、文件系统中的块以及其他密钥管理信息。

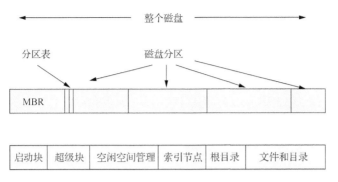

图 7.4　文件系统布局

超级块之后可能有关于文件系统中空闲块的信息，以位图或指针列表的形式给出；可能会有索引节点，索引结构是一个数据结构数组，每个文件一个，提供所有关于文件的信息；然后可能是根目录，它包含文件系统树的顶部；最后，磁盘的其余部分通常包含所有其他文件和目录。

3．执行文件

在实现文件存储时，最重要的问题之一是跟踪哪些磁盘块与哪个文件一起使用。不同的操作系统会使用不同的分配方法，下面介绍其中的一些方法。

（1）连续分配

一个简单的分配方法是将每个文件存储为连续运行的磁盘块。因此，大小为 50KB 的文件在块大小为 1KB 的磁盘上将被分配 50 个连续块，而在块大小为 2KB 的磁盘上将被分配 25 个连续块。

图 7.5（a）所示是一个连续存储分配的示例。这里显示了前 40 个磁盘块。最初磁盘是空的，从块 0 开始，将大小为 4 个块的文件 A 写入磁盘；之后，一个长度为 3 个块的文件 B 从文件 A 的末尾写入。请注意，每个文件都以一个新块开始，因此如果文件 A 实际上是 3 个块，那么最后一个块的末尾会浪费一些空间。总共有 7 个文件，每个文件都从上一个文件的末尾写入，着色只是为了更容易区分文件。

连续的磁盘空间分配有两个显著的优点。

首先，它很容易实现，因为跟踪文件块的位置只需要记住两个数字即可：第一个块的磁盘地址和文件中的块数。给定第一个块的编号，任何其他块的编号都可以通过简单的加法找到。

其次，读取性能非常好，因为整个文件可以在一次操作中从磁盘读取。在只进行一次寻道（第一个块）之后，不需要更多的寻道或旋转延迟，数据将通过磁盘的全部带宽进入。因此，连续分配易于实现并且具有高性能。

然而，连续分配有一个显著的缺点：磁盘会随着时间的推移变得"支离破碎"。要了解这是如何发生的，请参见图 7.5（b）。两个文件 D 和 F 已经被删除了。当一个文件被删除时，它的块被释放，在磁盘上留下空闲块来运行。磁盘不会当场压缩以挤出"孔"，孔（hole）指的是一大块可用的主存储器。因为磁盘压缩涉及复制孔后面的所有块，可能有数百万块，因此磁盘最终由文件和孔组成。

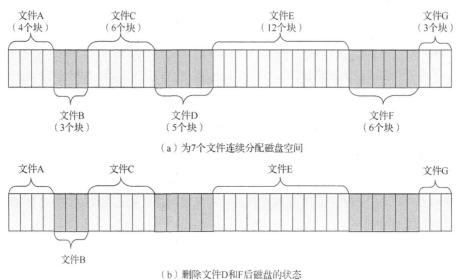

（a）为7个文件连续分配磁盘空间

（b）删除文件D和F后磁盘的状态

图 7.5　连续分配

碎片不是问题，因为每个新文件都可以写入上一个文件的末尾。但是，磁盘最终会被填满，因此必须对其进行压缩，这将使开销非常昂贵。或者重新使用孔中的可用空间。重用空间需要维护一个孔列表，这是可行的。但是，如果要创建新文件，则必须知道其最终大小，以便选择正确大小的孔并将文件放入其中。

想象采用这种设计的后果。用户启动文本编辑器或文字处理器来键入文档。程序首先要求输入的是最终文档中的字节数，否则程序将无法继续。如果给定的字节数太小，则程序必须提前终止，因为磁盘孔已满，并且没有放置文件其余数据的位置。如果用户试图通过给定一个不切实际的字节数（比如 100MB）作为最终大小来避免这个问题，那么编辑器可能无法找到这样大的孔并宣布无法创建该文件。当然，用户可以自由地再次启动程序，比如这次给定 50MB 等，直到找到合适的孔。

然而，在光盘上广泛使用连续分发是可行的。这里，所有的文件大小都是预先知道的，将来使用 CD-ROM 文件系统时不会改变。我们将在后文介绍常见的 CD-ROM 文件系统。

正如第 1 章提到的，随着新一代技术的出现，历史常常在计算机科学中重演。由于简单和高性能（用户友好性在当时并不重要），连续分配实际上在很多年前就用于磁盘文件系统了。而由于在创建文件时必须指定最终文件大小的麻烦存在，这种分配方法被放弃了。但随着 CD-ROM、DVD 和其他一次性写入光学介质的出现，连续分配竟然成了一个好方法。

（2）链表分配

存储文件的第二种分配方法是将每个文件存储为磁盘块的链表，如图 7.6 所示。每个块的第一个字用作指向下一个块的指针，块的其余部分分配给数据。

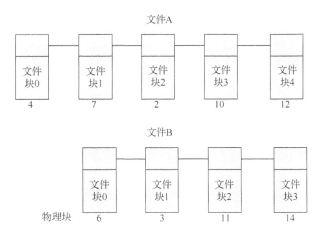

图 7.6 将文件存储为磁盘块的链表

与连续分配不同，这种方法可以使用每个磁盘块。磁盘碎片不会丢失任何空间（最后一个块中的内部碎片除外）。同样，对目录条目来说，仅存储第一个块的磁盘地址就足够了，其余的目录可以从第一个块找到。

虽然按顺序读取文件很简单，但随机访问速度非常慢。要到达第 n 块，操作系统必须从头开始，读取 $n-1$ 个块，一次读取一个块。很明显，读这么多块访问速度会很慢。

而且，一个块中的数据存储量不再是 2 的多少次幂，因为指针占用了几个字节。虽然不是致命的，但会导致效率降低，因为许多程序读/写块的大小是 2 的多少次幂。当每个块的前几个字节被指向下一个块的指针占用时，为了读取整个块的大小，需要从两个磁盘块获取并连接信息，这会由于复制信息而产生额外的开销。

（3）使用主存储器中的表分配链表

通过从每个磁盘块中提取指针并将其放入主存储器中，可以弥补链表分配的两个不足，即访问速度慢和主存储器开销大。图 7.7 显示了图 7.6 所示表的外观。这两个图中有两个文件，文件 A 按顺序使用磁盘块 4、7、2、10 和 12，文件 B 按顺序使用磁盘块 6、3、11 和 14。使用图 7.7 的表，文件 A 可以从块 4 开始，一直沿着链表到最后。文件 B 从块 6 开始也可以这样做。两个链表都用一个特殊标记（如-1）终止，该标记不是有效的块号。这样的主存储器表称为文件分配表。

使用此组织结构，整个块可用于存储数据。此外，随机存取更容易。尽管仍然必须遵循该链表才能在文件中找到给定的偏移量，但该链表完全位于主存储器中，因此可以无须进行任何磁盘引用。与前面的方法一样，目录条目只保留一个整数（起始块号）就足够了，并且仍然能够定位所有块，不管文件有多大。

这种方法的主要缺点是整个表必须一直在主存储器中才能工作。对于一个 20GB 的磁盘和 1KB 大小的块来说，表需要 2000 万个条目，每个条目对应 2000 万个磁盘块。若每个条目占 4 个字节，则整个表将始终占用 80MB 的主存储器。可以想象，表放在可分页主存储器中仍然会占用大量虚拟主存储器和磁盘空间，并产生额外的分页通信量。

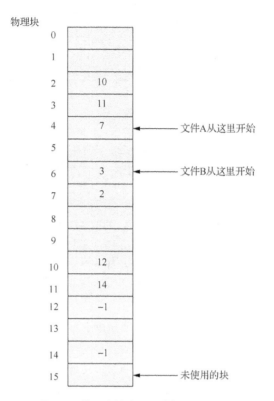

图 7.7　使用文件分配表进行链表分配

（4）使用索引节点法

最后一种方法是将一个称为索引节点的数据结构与每个文件相关联，该结构列出了文件块的属性和磁盘地址。图 7.8 描绘了一个简单的索引节点示例。给定索引节点，就可以找到文件的所有块。与使用主存储器中的表分配链表相比，该方法的最大优点是：当相应的文件打开时，索引节点只需要在主存储器中。如果每个索引节点占用 n 字节，并且一次最多可以打开 k 个文件，则为打开的文件保存索引节点的数组所占用的总主存储器仅为 kn 字节。这些空间需要提前预留。

这个数组通常比前文描述的文件表所占用的空间小得多。原因很简单，保存所有磁盘块的链表大小与磁盘本身成比例。如果磁盘有 n 个块，则表需要 n 个条带。随着磁盘变大，此表也线性增长。相反，索引节点方法要求主存储器中有一个数组，其大小与一次可以打开的最大文件数成比例，磁盘是 1GB、10GB 还是 100GB 并不重要。

如果每个索引节点都有空间容纳固定数量的磁盘地址，那么当文件增长超过此限制时会产生问题。一种解决方案是不为数据块保留最后一个磁盘地址，而是为包含其他磁盘地址的磁盘块保留地址，如图 7.8 所示。更高级的解决方案是采用两个或多个包含磁盘地址的磁盘块，甚至指向其他存放地址的磁盘块。

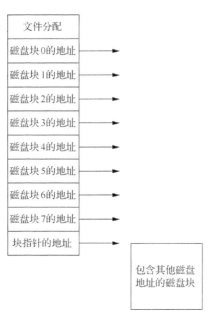

图 7.8　索引节点示例

　　UNIX 系统的文件系统使用的另一种解决方案是将索引块的前 15 个指针保留在文件中。索引节点前 12 个指针指向直接指针，也就是说，它们包含文件数据块的地址。因此，小文件（不超过 12 个块）的数据不需要单独的索引块。如果块大小为 4KB，则最多可以直接访问 48KB 的数据。接下来的 3 个指针指向间接指针，第一个指向一次间接指针，它是一个索引块，不包含数据，而包含数据块的地址；第二个指向二次间接指针，它包含一个块的地址，该块包含指向实际数据块的指针的块的地址；最后一个指向三次间接指针，它包含一个块的地址，被包含的块也包含一个块的地址，最后这个块包含指向实际数据块的指针的块的地址。

　　使用这种方法，可以分配给文件的块数超过了许多操作系统使用的 4 字节文件指针可寻址的空间量。32 位文件指针只能支持大小为 2^{32} 字节的文件或文件系统，即 4GB。许多 UNIX 和 Linux 系统现在都支持 64 位文件指针，这使得文件或文件系统的大小可以达到 ZB 级。ZFS（zettabyte file system）支持 128 位文件指针。

7.3　文件的逻辑与物理结构

　　本节将介绍文件的结构，包括文件的逻辑结构与文件的物理结构。

7.3.1　文件的逻辑结构

　　文件的逻辑结构可分为两大类，一类是有结构文件，即由一个以上的记录构成的文件，故又称为记录式文件；另一类是无结构文件，即由字符流构成的文件，故又称为流式文件。

（1）有结构文件

在有结构文件中，每个记录都用于描述实体集中的一个实体，各记录有着相同或不同数目的数据项。根据记录长度的不同，可将其分为定长记录和不定长记录两类。

① 定长记录：文件中所有记录都具有相同的顺序和长度，所有记录中的各数据项都在记录中同样的位置，文件的长度用记录数目表示。定长记录处理方便，开销小，所以是目前较常用的一种记录格式，被广泛用于数据处理中。

② 不定长记录：文件中各记录的长度不相同。产生不定长记录，可能是由于一个记录中所包含的数据项数目不相同，如图书的作者、论文中的关键词等；也可能是由于数据项本身的长度不确定，如病历记录中的病因、病史和科学记录中的摘要等。不论是上述两种原因的哪一种，在处理前，每个记录的长度都是不可知的。

根据用户和系统管理的需要，可采用多种方式来组织这些记录，形成下述的几种文件。

① 顺序文件：由一系列记录按某种顺序排列所形成的文件。其中的记录通常是定长记录，因此能用较快的速度查找文件中的记录。

② 索引文件：当记录为可变长度时，通常为之建立一张索引表，并为每个记录设置一个表项，以加快对记录检索的速度。

③ 索引顺序文件：上述两种文件构成方式的结合。它为文件建立一张索引表，为每一组记录中的第一个记录设置一个表项。

（2）无结构文件

大量的数据结构和数据库采用有结构文件，大量的源程序、可执行文件、库函数等采用无结构文件，即流式文件。对流式文件进行访问时，采用读/写指针来指出下一个要访问的字符。在 UNIX 系统中，所有的文件都是流式文件，系统不对流式文件进行格式处理。

7.3.2　文件的物理结构

文件的物理结构又称为文件的存储结构，是指文件在外存储器上的存储组织形式。它不仅与存储介质的存储性能有关，而且与所采用的外存储器分配方式有关。

文件的物理结构直接与外存储器分配方式有关，所以在采用不同的分配方式时，将形成不同的文件物理结构。例如，连续分配方式将形成顺序式文件结构，链接分配方式将形成链接式文件结构，而索引分配方式将形成索引式文件结构。

7.4　文件存储管理

存储是现代操作系统的重要功能之一。无论是日常生活中的图片、音乐、文档、视频、电子邮件，还是隐藏在大数据下的账户信息和预测模型，都需要临时或永久地存储在计算机系统中。存储设备有很多种，在桌面和服务器级计算机系统中，HDD 和SSD 是常用的存储设备；在手机和平板电脑等移动终端中，嵌入式多媒体卡（embeded multimedia card，eMMC）和通用闪存设备更为常见。此外，还有磁带、光盘、软盘甚至纸带等存储设备。

文件是操作系统存储中最常用的抽象形式之一。每个文件本质上都是一个带有名称的字符序列。序列的内容是文件数据，序列长度、序列修改时间等描述文件数据属性、支持文件功能的信息称为文件元数据。应用程序使用一组特定的接口来访问文件，如打开、定位、读取、写入和关闭。文件名用于区分不同的文件，通常保存在一个目录中，就像本书的目录一样。目录将文件名（对应本书章节标题）组织在一起，并记录每个文件名对应的文件地址或编号（对应本书页码）。每个文件名和相应的文件地址或编号形成一个目录项，一个或多个目录项形成一个目录。一般来说，目录本身被设计成特殊的文件，应用程序需要使用特殊的接口来操作目录，如创建目录和删除目录。文件系统是实现文件接口、管理文件数据和元数据的系统。

一般来说，文件系统将文件保存在存储设备中。操作系统将这些存储设备抽象为块设备，以便于文件系统使用统一的接口进行访问。块设备上的存储空间在逻辑上划分为固定大小的块。块是块设备进行读/写的最小单位，大小为 512B 或 4KB。每个存储块都有一个地址，称为块号。文件系统在请求中指定块号，操作系统负责在块设备中写入和读取指定块的数据。

7.4.1 文件与磁盘空间

文件通常存储在磁盘上，因此磁盘空间的管理是文件系统设计者关注的主要问题。存储 n 字节的文件有两种通用策略：分配 n 个连续字节的磁盘空间，或者将文件分成多个连续的块。在主存储器管理系统中，主要存在分段管理和分页管理两种方式，在实际应用中，需要对它们进行不同的权衡。将文件存储为连续的字节序列存在一个明显的问题，即如果文件所需的磁盘空间增大，文件可能必须在磁盘上移动。同样的问题也适用于主存储器中的段，只是在主存储器中移动段与将文件从一个磁盘移动到另一个磁盘相比是一个相对快速的操作。

为了避免这个问题，几乎所有的文件系统都将文件划分为固定大小的块，这些块不需要相邻。

1. 块大小

一旦决定将文件存储在一个固定大小的块中，就有一个问题，那就是块应该多大。考虑到磁盘的组织方式，扇区、磁道和柱面显然是分配单元的候选对象（尽管它们依赖于设备）。在分页系统中，分页大小也是主要因素。

拥有一个大的分配单元，比如一个柱面，意味着每个文件（甚至一个 1B 的文件）都将绑定一个完整的柱面。另外，使用一个小的分配单元意味着每个文件将由许多块组成。读取每个块通常需要一个寻道时间和一个旋转延迟时间，因此读取一个由许多块组成的文件可能非常慢。

例如，考虑一个磁盘，每条磁道有 131072B，旋转延迟时间为 8.33ms，平均寻道时间为 10ms，则读取 k 字节块的时间（以 ms 为单位）是寻道时间、旋转延迟时间和传输时间之和，即

$$10+8.33\div2+(k\div131072)\times8.33$$

2. 跟踪空闲块

一旦选择了块大小，下一个问题就是如何跟踪空闲块。有两种方法被广泛使用，如图 7.9 所示。第一种方法是使用磁盘块列表，每个磁盘块包含尽可能多的可用块号。对于 1KB 块和 32 位磁盘块号，空闲列表上的每个块都包含 255 个空闲块（指向下一个块的指针需要一个插槽）。一个 16GB 的磁盘需要一个最多有 65794 个块的空闲列表来保存所有 2^{24} 个块号。通常，空闲块用于保存空闲链表。

另一种空闲块管理方法是位图。具有 n 个块的磁盘需要具有 n 个位的位图。空闲块在映射中用 1 表示，分配块用 0 表示。一个 16GB 的磁盘有 2^{24} 个 1KB 的块，所以需要一个 2^{24} 位的位图，即位图需要 2048 个块。位图需要更少的空间并不奇怪，因为它们每个块使用 1 位，链表模型使用 32 位。只有当磁盘快满（即空闲块很少）时，链表方案需要的块比位图少。另外，如果有许多空闲块，可以借用其中的一些来保存空闲列表，而不会丢失任何磁盘容量。

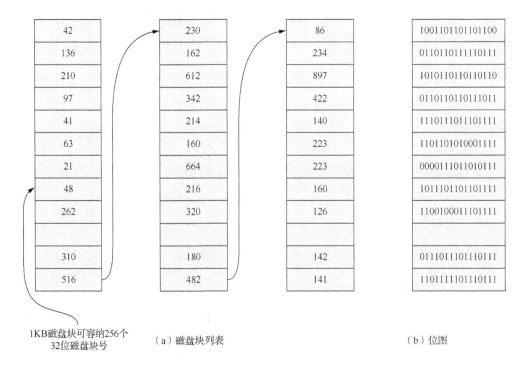

图 7.9　跟踪空闲块

当使用空闲链表方法时，只需要在主存储器中保留一个指针块。创建文件时，所需的块将从指针块中获取。指针用完时，将从磁盘中读取一个新的指针。类似地，当一个文件被删除时，它的块被释放并添加到主存储器中的指针块中。当块填满时，它被写入磁盘。在某些情况下，这种方法可能会导致不必要的磁盘输入/输出。

3. 磁盘配额

为了防止用户占用过多的磁盘空间，多用户操作系统通常提供一种强制执行磁盘配额的机制。其思想是系统管理者为每个用户分配文件和块的最大配额，操作系统确保用户不超过其配额。下面描述一种典型的机制。

当用户打开一个文件时，属性和磁盘地址被定位并放入主存储器中的一个打开文件表。其中一个属性描述了文件所有者是谁。文件大小的任何增加都将计入所有者的配额。

配额表包含当前打开该文件的每个用户的配额记录，即使该文件是由其他人打开的也是如此。该表如图 7.10 所示，它是从当前打开文件的所有者的磁盘配额文件中提取的。关闭所有文件后，记录将写回配额文件。

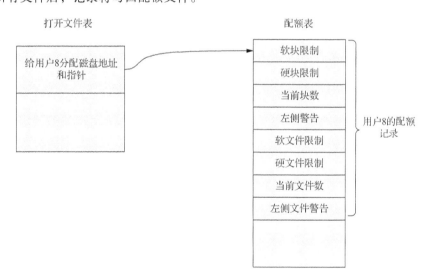

图 7.10　配额表

在打开文件表中创建新条目时，输入指向所有者配额记录的指针，以便搜索各种限制。每次向文件中添加块时，向所有者收取的块总数都会增加，并且会根据硬限制和软限制进行检查。可以超过软限制，但不能超过硬限制。当达到硬限制时尝试追加到文件将导致错误。对于文件的数量也存在类似的检查。

当用户尝试登录时，系统将检查配额文件，以查看用户是否已超过文件或磁盘块数的软限制。如果违反了限制，将显示一条警告，剩余的警告数将减少一个。如果剩余的警告数为 0，说明用户忽略警告的次数太多，将不再允许登录。要再次获得登录的权限，需要与系统管理者联系。

此方法的属性是，如果用户在注销之前删除了额外的软限制，则在登录会话期间可能会超出软限制，可能永远不会超过硬限制。

文件管理中的一个重要问题是如何为新创建的文件分配存储空间。它的分配方法与主存储器分配方法有许多相似之处，可以采用连续分配或离散分配。前者具有较高的文件访问速度，但可能产生较多的外存碎片；后者可以有效利用外存空间，但访问速度较慢。无论采用哪种方式，存储空间的基本分配单元都是磁盘块，而不是字节。为了实现存储空间的分配，系统首先必须能够记住存储空间的使用情况。因此，系统应该为存储空间的分配设置相应的数据结构；其次，系统应该提供存储空间分配和回收的手段。下面介绍几种常见的文件存储空间管理方法。

（1）空闲表法

空闲表法属于连续分配模式，与主存储器的动态分配模式相同。它为每个文件分配连续的存储空间，即系统为外部存储器中的所有空闲区建立空闲表，每个空闲区对应一个空闲表项，包括表项号、空闲区的第一个磁盘块号、该区的空闲磁盘块数，然后按增加起始块数的顺序排列所有空闲区。

空闲磁盘的分配类似于主存储器的动态分配，也采用首次适应算法、循环首次适应算法等。例如，当系统为新创建的文件分配空闲磁盘时，它首先按顺序搜索空闲表的表项，直到找到第一个大小能满足要求的空闲区，然后将磁盘分配给用户（进程），同时修改空闲表。当系统回收用户释放的存储空间时，也采用类似于主存储器回收的方法，即需要考虑回收区是否与空闲表中插入点的前区和后区相邻，需要合并相邻的用户。需要注意的是，在主存储器分配中虽然很少使用连续分配，但是在外存储器的管理中，由于这种分配方法具有较高的分配速度，可以降低访问磁盘的 I/O 频率，因此在许多分配方法中占有一席之地。例如，在上述交换模式中，交换空间通常采用连续分配。对于文件系统，当文件较小（1～4 个磁盘）时，采用连续分配方法，为文件分配几个相邻的磁盘；当文件较大时，采用离散分配方法。

（2）空闲链表法

空闲链表法将所有空闲磁盘区拉入一个空闲链。根据链的基本元素，列表可以分为两种形式：空闲磁盘块链和空闲磁盘区链。前者将磁盘上的所有可用空间拉入一个磁盘块链中。当用户请求为创建文件分配存储空间时，系统从链首开始，取下适当数量的空闲磁盘分配给用户；当用户由于删除文件而释放存储空间时，系统将恢复的磁盘依次插入空闲磁盘块链的末尾。这种方法的优点是分配和回收盘块的过程非常简单，但为文件分配磁盘块时，可能需要重复多次。

空闲磁盘区链将磁盘上的所有空闲扇区（每个扇区可以包含几个块）拉到一个链中。除了应指示下一个可用磁盘区的指针外，还应提供信息，指示每个磁盘区的大小（磁盘块的数量）。磁盘分配方法与动态分区分配方法相似，通常采用首次适应算法。在回收磁盘区时，还需要将回收区与相邻的空闲磁盘区结合起来。为了提高空闲磁盘的检索速度，在使用首次适应算法时，可以使用显式链接方法，即在主存储器中创建一个空闲磁盘链接列表。

（3）位图法

位图法是用一个二进制位来表示磁盘块在磁盘中的使用情况。当其值为"0"时，表示对应的磁盘块空闲；当其值为"1"时，表示已分配。有些系统将"0"作为磁盘块的分配标志，"1"作为空闲标志（二者基本相同，均使用一位的两种状态来标记空闲和分配的情况）。磁盘上的所有磁盘块都有一个对应的二进制位。这样所有磁盘对应的位就形成一个集合，称为位图。通常可以用 $m×n$ 位组成位图，$m×n$ 等于磁盘块的总数。

根据位图，磁盘分配可以分为以下 3 个步骤。

① 扫描位图，找出一个或一组二进制位，其值为"0"（表示空闲）。

② 将找到的一个或一组二进制位转换为相应的磁盘块号。假设找到的值为"0"，如果它的二进制位位于位图的第 i 行和第 j 列，则相应的磁盘块号计算公式为

$$B = n(i-1) + j$$

式中，n 代表每行的位数。

③ 修改位图，使 bit map$[i,j]$=1。

回收磁盘块包括以下两个步骤。

① 将磁盘块的块号 B 转换为位图中的行号和列号，换算公式为

$$i = (B-1) / n + 1$$
$$j = (b-1) \% n + 1$$

② 修改位图，使 bit map$[i,j]$ =0。

位图法的主要优点是很容易从位图中找到一个或一组相邻的空闲磁盘。例如，我们需要找到 6 个连续的空闲磁盘，只需要在位图中找到 6 个连续的"0"位。另外，由于位图非常小，占用空间较小，可以保存在主存储器中，因此每次分区分配时不必先将分区分配表读入主存储器，从而节省了大量的磁盘启动操作。位图在微型计算机和小型计算机操作系统中经常使用，如 CP/M、Apple-DOS 等操作系统。

（4）成组链接法

空闲表法和空闲链表法都不适用于大型文件系统，因为它们会使空闲表或空闲链表过长。UNIX 系统采用成组链接法，这是将空闲链表法和位图法结合起来形成的一种空闲磁盘管理方法。它综合了空闲链表法和位图法的优点，克服了空闲链表法和位图法表太长的缺点。

成组链接法对空闲磁盘块的组织可分成以下 5 个步骤。

① 利用空闲磁盘块号堆栈存储一组可用空闲磁盘的磁盘块号（最多 100 个）和堆栈中可用磁盘的数量 N。N 也被用作指向堆栈顶部的指针，例如，当 N=100 时，它指向 S.free(99)。由于堆栈是一种关键资源，每次只允许一个进程访问它，系统为堆栈设置了一个锁。图 7.11 的左边部分显示了空闲磁盘块号堆栈的结构。其中 S.free(0)是堆栈的底部，S.free(99)是堆栈满了之后的顶部。

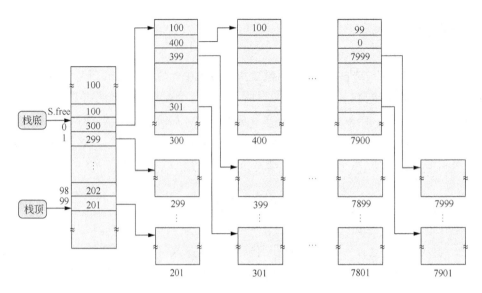

图 7.11　空闲磁盘块的成组链接法

② 文件区的所有空闲磁盘被分成若干组，如每 100 个磁盘为一组。假设磁盘上有 10000 个磁盘块，每个磁盘块的大小为 1KB。磁盘块 201～7999 是用来存储文件的，即文件区域。因此，文件区域内最后一组磁盘块应该是 7901～7999，其次是 7801～7900，第二组是 301～400，第一组是 201～300，如图 7.11 右边部分所示。

③ 将每组的磁盘总数 N 和该组的所有磁盘编号记入其前一组的第一个磁盘的编号 S.free(0)到 S.free(99)。这样一来，每组的第一个磁盘块就可以连接成链条。

④ 第一组中的磁盘总数和所有的区块号码被记录在空闲磁盘区块号码堆栈中，作为当前可分配的空闲磁盘区块号码。

⑤ 最后一组只有 99 个块，它们的块号被记录在前一组的 S.free(1)到 S.free(99)中，"0"被存储在 S.free(0)中，作为空闲磁盘块链的结束标记。需要注意的是，最后一组磁盘块数应该是 99，而不是 100。因为最后一组的磁盘块数指的是可用的空闲磁盘块，可用的磁盘块应该是 1～99，而空闲磁盘块链的结束标记是数字 0。

随后，当系统要为用户分配磁盘块时，必须调用磁盘块分配程序来完成。磁盘块分配程序首先检查空闲磁盘号的堆栈是否被锁定。如果没有被锁定，它从堆栈的顶部得到一个空闲的磁盘块号，为用户分配相应的磁盘块，然后将堆栈顶部的指针向下移动一个空间。如果该块号已经在栈底，即 S.free(0)，那么这是当前栈中最后一个可供分配的块号。由于下一组可用的块号被记录在与块号对应的区块中，因此需要调用磁盘读取程序，将与堆栈中磁盘块号对应的块内容读入堆栈，作为新块号堆栈的内容，并分配与原来堆栈底部（有用数据已读入堆栈）对应的块。然后，分配相应的缓冲区（作为磁盘块的缓冲区）。最后，堆栈中可用磁盘块的数量减 1 并返回。当系统回收空闲的磁盘时，必须调用磁盘恢复进程来完成。系统在空闲磁盘块号堆栈的顶部记录恢复的块号，并执行空闲块数量加 1 的操作。当堆栈中的空闲磁盘数达到 100 时，表示堆栈已满。现有堆栈中的 100 个磁盘号被记录在新恢复的磁盘号中，然后将该磁盘号作为新堆栈的底部。

7.4.2 存储空间的分配方式

磁盘直接访问的特点是用户能够灵活地使用文件。在大多数情况下，磁盘可以存储许多文件。我们通常面临的问题是如何为这些文件分配适当的空间，以便有效地访问这些文件和使用磁盘空间。例如，数据通用公司 Nova 系列计算机的 RDOS（realtime disc operating system，实时磁盘操作系统）支持连续分配、链接分配和索引分配这 3 种方法。但是，大多数操作系统只支持一种方法。

1. 连续分配

连续分配方法要求磁盘上的每个文件占用一组连续块。磁盘地址定义磁盘的线性序列。假设只有一个作业访问磁盘，使用此序列在块 B 之后访问块 $B+1$ 通常不需要移动磁头。当需要移动磁头（从一个柱面的最后一个扇区移动到下一个柱面的第一个扇区）时，只需要移动一个磁道。因此，访问连续分配文件需要的寻道次数最少，真正进行寻道时需要的寻道时间最少。使用连续分配方法的操作系统（如 IBM VM/CMS）具有良好的性能。

使用第一个块的磁盘地址和连续块数定义文件的连续分配。如果文件有 n 个块长并且从块 B 开始，文件将占用块 $B,B+1,B+2,\cdots,B+n-1$。文件的目录项包括分配给文件的区域长度和起始块的地址，如图 7.12 所示。

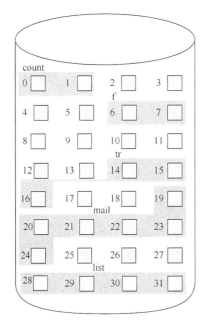

目录

文件	起始	长度
count	0	2
tr	14	3
mail	19	6
list	28	4
f	6	2

图 7.12 磁盘空间的连续分配

连续分配的文件很容易访问。如果要按顺序访问它，文件系统将记住上次访问的块的磁盘地址，并按需读取下一个块，如果要直接访问从块 B 开始的第 I 块，可以直接访问块 $B+I$。因此，连续分配支持直接访问和顺序访问。

但是，连续分配也存在一些问题，其中之一是难以为新文件找到空间。如何完成任务取决于所选的管理可用空间的系统。尽管可以使用任何管理系统，但有些管理系统比其他系统执行速度慢。

一般动态存储分配的一个具体应用是连续磁盘空间分配。也就是说，如何从空闲孔列表中找到大小为 n 的空间呢？最常用的算法是首次适应算法和最优适应算法。仿真实验结果表明，在时间和空间利用上，首次适应算法和最优适应算法比最差适应算法更有效。首次适应算法和最优适应算法在空间利用率上相当，但首次适应算法"跑"得更快。

这些算法都存在外部碎片化问题。随着文件的分配和删除，磁盘可用空间被划分为许多小部分。只要把空闲空间分成小块，就会产生外部碎片。但当最大的连续切片不能满足需求时，会出现问题；存储空间中分成了许多小洞，其中没有一个洞的大小可以用来存储数据空间中分成的许多小洞。由于磁盘空间总量与文件平均大小的差异，外部碎片可能是小问题，但也可能是大问题。

对于磁盘的分配，一些老式的微型计算机采用了连续分配的方法。用户必须运行重新打包程序，以防止外部碎片造成磁盘空间浪费，外部碎片用于将整个文件系统复制到另一个磁盘中。原来的磁盘变空，产生一个较大的连续可用空间。然后重新打包程序，使用连续分配方法将这个相对较大的连续可用空间复制回文件。该方法能有效地结合所有较小的空闲空间，解决碎片化问题，这种合并的代价是时间。对于连续分配的大型磁盘，这一时间开销非常大。合并所有空间可能需要几小时甚至一周的时间。有些系统需要卸载文件系统或脱机执行此功能。在停机期间不能进行正常操作，因此在生产系统中应尽量避免合并操作。当正常的系统与大多数需要进行碎片整理的现代系统联机时，性能下降是显而易见的。

连续分配的另一个问题是无法确定文件需要多少空间。创建文件时，需要查找并分配文件所需的总空间。如何知道要创建的文件大小？有时，如当复制现有文件时，是容易确定的；但一般来说，很难估计输出文件的大小。

如果分配给文件的空间太小，则可能无法扩展该文件。特别是在采用最优适应算法后，文件的两端都可能已经被使用。

2. 链接分配

链接分配解决了连续分配必须为文件分配连续磁盘空间的问题。如果一个逻辑文件存储在外部存储器中，则不需要为整个文件分配连续的空间，而可以将该文件加载到多个离散磁盘中，这样可以解决上述问题。当采用链式分配时，可以通过每个磁盘上的链接指针将属于同一文件的多个离散磁盘链接成一个链表。以这种方式形成的物理文件称为链接文件。

链接分配采用离散分配方式，消除了外部碎片，大大提高了外部存储空间的利用率。

由于链接分配根据文件当前的需要分配必要的磁盘块，当文件动态增长时，它可以动态地为它分配磁盘块，因此不需要预先知道文件的大小。另外，文档的添加、删除和修改也非常方便。

链接分配可分为隐式链接分配和显式链接分配两种。

当采用隐式链接分配时，文件目录中的每个目录项都必须包含指向链接文件的第一个和最后一个磁盘块的指针。图 7.13 显示了带有 5 个磁盘的链接文件。在相应的目录项中，它指示第一个块号为 9，最后一个块号为 25。每个磁盘块都包含指向下一个磁盘块的指针。例如，在第一个磁盘块 9 中，第二个磁盘块的磁盘块号被设置为 16；在磁盘块 16 中，第三个磁盘块的磁盘块号被设置为 1。如果指针占用 4 字节，对于大小为 512 字节的块，每个磁盘块中只有 508 字节可供用户使用。

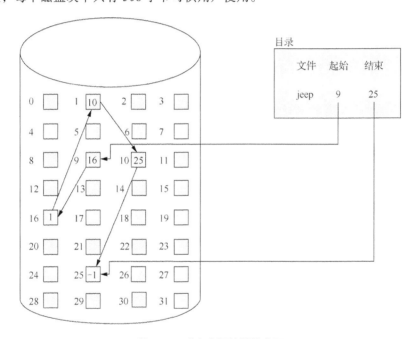

图 7.13　磁盘空间的链接分配

隐式链接分配的主要问题是只适用于顺序访问，随机访问效率极低。如果我们要访问文件所在的第 i 个磁盘块，必须以顺序访问的方式读取文件的第一个磁盘块，依次找到第 i 块。当 $i=100$ 时，磁盘必须启动 100 次才能读取磁盘块，平均每次需要几十毫秒。可见，随机存取速度很慢。另外，仅通过指针链接大量离散磁盘是不可靠的，因为任何指针失败，整个链都会断开。

为了提高检索速度，减少指针占用的存储空间，可以将多个磁盘组成一个簇。例如，一个簇可以包含 4 个磁盘，这些磁盘是由簇分配的，链接文件中的每个元素也在簇中。这样，查找指定块的时间会大大减少，指针占用的主存储器空间也会减少，但内部碎片会增加，改进非常有限。

显式链接分配意味着用于链接文件的物理块的指针显式存储在主存储器的链接表

中。整个磁盘只设置一个表，如图 7.14 所示。表的序列号是物理磁盘块号，从 0 到 n-1，n 是磁盘总数。在每个表项中存储链接指针，即下一个磁盘块号。在该表中，一个文件的第一个磁盘块号或每个链的第一个指针对应的磁盘块号，作为文件地址填写在相应文件 FCB 的"物理地址"字段中。由于查找记录的过程是在主存储器中进行的，不仅提高了检索速度，还大大减少了访问磁盘的次数。由于分配给文件的所有磁盘块号都放在这个表中，所以这个表称为 FAT。

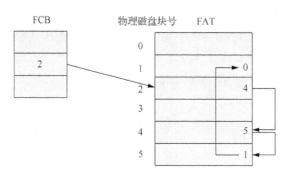

图 7.14　显式链接结构

MS-DOS 系统早期采用 FAT12 文件系统，后来采用 FAT16 文件系统。在 Windows 95 和 Windows 98 操作系统中，文件系统升级到 32 位。Windows NT、Windows 2000 和 Windows XP 操作系统进一步采用 NTFS 文件系统。上述文件系统中使用的文件分配方法基本类似于前文描述的显式链接分配。

MS-DOS 系统早期的 FAT 文件系统引入了"卷"的概念，它支持将物理磁盘划分为 4 个逻辑磁盘，每个逻辑磁盘都是一个卷（也称为分区）。也就是说，每个卷都是一个逻辑单元，可以单独格式化，并单独用于文件系统分配空间。卷包含文件系统信息、一组文件和可用空间。每个卷都有一个单独的区域来存储自己的目录和 FAT 以及自己的逻辑驱动器号。因此，对于只有一个硬盘的计算机，其硬盘最多可分为 4 卷（逻辑磁盘）："C:""D:""E:""F:"。应该指出，在现代操作系统中，物理磁盘可以分为多个卷，一个卷也可以由多个物理磁盘组成，如 RAID。

（1）FAT12

早期的 MS-DOS 系统使用 FAT12 文件系统。每个分区中有两个文件分配表：FAT1 和 FAT2。下一个块号存储在 FAT 的每个表项中，它实际上是一个用于块之间链接的指针。通过它，一个文件的所有块都可以链接起来，一个文件的第一个块号可以放在它自己的 FCB 中。图 7.15 显示了 MS-DOS 文件的物理结构。这里显示了 2 个文件，文件 A 占用 3 个磁盘块，磁盘块号依次为 4、6 和 11；文件 B 占用 3 个磁盘块，磁盘块编号依次为 9、10 和 5。每个文件的第一个块号都放在它自己的 FCB 中。整个系统有一个 FAT，在 FAT 的每个条目中存储下一个磁盘块号。对于 1.2MB 软盘，每个磁盘块的大小为 512B，每个 FAT 包含 1.2MB/512B=2.4×10^3 个表项。因为每个 FAT 条目占用 12 位，所以 FAT 占用 $2.4\times10^3\times$（12bit/8bit）B=3.6KB 的存储空间。

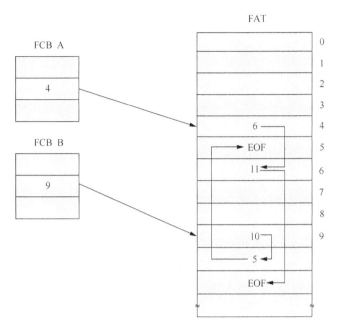

图 7.15　MS-DOS 文件的物理结构

现在计算磁盘块分配中允许的最大磁盘容量。因为每个表项是 12 位的，所以在 FAT 中最多允许 4096 个表项。如果以磁盘块为基本分配单元，每个磁盘块（也称为扇区）的大小一般为 512B，则每个磁盘分区的容量为 2MB（4096×512B）。同时，1 个物理磁盘支持 4 个逻辑磁盘分区，因此对应磁盘的最大容量只有 8MB。这可以满足最早的硬盘的需求，但磁盘容量很快就超过了 8MB，FAT12 还可以继续用吗？虽然答案是肯定的，但它需要引入一个新的分配单位——簇。

为了满足日益增长的磁盘容量需求，磁盘块分配的基本单元是簇，而不是磁盘块。簇是一组连续的扇区。在 FAT 中，它被视为虚拟扇区。簇的大小一般为 $2n$（n 为整数）个扇区。在 MS-DOS 系统的实际应用中，簇的容量只能是 1 个扇区（512B）、2 个扇区（1KB）、4 个扇区（2KB）、8 个扇区（4KB）等，簇中扇区的数量与磁盘容量直接相关。例如，当簇只有 1 个扇区时，磁盘的最大容量为 8MB；当簇有 2 个扇区时，磁盘的最大容量可达 16MB；当簇有 8 个扇区时，磁盘的最大容量可达 64MB。

综上所述，簇作为基本的分配单元，最大的优点就是能够适应磁盘容量的不断增加。值得注意的是，簇作为基本分配单元可以减少 FAT 中的表项数（在相同磁盘容量下，FAT 中的表项数与簇的大小成反比）。一方面，它会使 FAT 占用较少的存储空间，降低访问 FAT 的成本，提高文件系统的效率；另一方面，它会导致较大的簇内零头（类似于主存储器管理中的页内零头）。

虽然 FAT12 以前是一个不错的文件系统，但毕竟已经老化，不能满足操作系统发展的需要。主要问题是，其允许的磁盘容量有严重限制，通常只有几十兆字节。虽然我们可以继续通过增加簇的大小来提高允许的最大磁盘容量，但是随着支持的硬盘容量的增加，集群中的碎片数量将成倍增加。此外，它只能支持 8+3 文件名，即 8 位文件名加 3 位扩展名。

（2）FAT16

FAT12 文件系统中存在问题的根本原因是 FAT 最多只允许 4096 个表项，即一个磁盘分区最多可以分成 4096 个簇。这样，随着磁盘容量的增加，簇的大小和碎片将增加。解决办法是增加 FAT 中的表项数，即增加 FAT 的宽度。如果我们将 FAT 的宽度增加到 16 位，则最大表项数将增加到 65536。此时，磁盘分区可以划分为 65536（2^{16}）个簇。我们称 16 位表宽的 FAT 为 FAT16。FAT16 的每个簇的磁盘块数是 4、8、16、32、64，所以 FAT16 可以管理的最大分区空间是 $2^{16}×64×512B=2048MB$。

从以上分析不难看出，FAT16 改善了 FAT12 的局限性，但改善非常有限。当磁盘容量快速增加时，如果继续使用 FAT16，簇碎片化造成的浪费会更大。例如，当分区大小要求为 8GB 时，每个簇的大小可以达到 128KB，这意味着最大内部零头大小可以达到 128KB。一般对 1～4GB 的硬盘来说，大约有 10%～20%的空间会被浪费。为了解决这个问题，微软推出了 FAT32。

由于 FAT12 和 FAT16 不支持长文件名，因此文件名受 8 字符文件名和 3 字符文件扩展名长度的限制。为了满足用户通过文件名更好地描述文件内容的需要，Windows 95 之后的系统中使用了 FAT16，通过一个长文件名占用多个目录项的方法，使得文件名长达 255 个字符，这种扩展的 FAT16 也称为 VFAT（virtual file allocation table，虚拟文件分配表）。

（3）FAT32

就像主存储器管理中的页式管理一样，所选页越大，页内零头的数量可能越大。为了减少页内零头的数量，我们应该选择合适的页面大小。在这种情况下，为了减少簇中零头磁盘的数量，我们应该选择一个大小合适的簇。问题是 FAT16 的宽度只有 65535。随着磁盘容量的增加，簇的规模必然增大。为了减少簇中的零头，需要增加 FAT 的宽度。因此，我们需要增加 FAT 的宽度，使 FAT16 演变成 FAT32。

FAT32 是 FAT 系列文件系统的最后一个产品。FAT 中每个簇的表项占用 4 字节（2^{32}）。FAT 可以表示 4294967296 个条目，也就是说，FAT32 允许管理比 FAT16 更多的簇。这样，在 FAT32 中允许更小的簇。FAT32 的每个簇固定为 4KB，即每个簇使用 8 个磁盘而不是 FAT16 的 64 个磁盘，每个磁盘仍然是 512 字节。FAT32 分区格式可以管理的最大磁盘空间高达 $4KB×2^{32}=16TB$。3 种 FAT 类型的最大分区大小和相应的块大小如图 7.16 所示。

FAT32 支持比 FAT16 更小的簇和更大的磁盘容量，大大减少了磁盘空间的浪费，使 FAT32 的空间分配更加高效。例如，两个磁盘的容量都是 2GB，一个磁盘采用 FAT16 文件系统，另一个磁盘采用 FAT32 文件系统。FAT16 磁盘的簇大小是 32KB，FAT32 磁盘的簇大小只有 4KB，所以 FAT32 磁盘碎片减少了，这比 FAT16 主存储器利用率要高得多，一般可以提高 15%。FAT32 主要用于 Windows 98 及以后的 Windows 系统，可以提高磁盘性能，增加可用磁盘空间，支持长文件名，不存在存储空间最小的问题，可以有效节省硬盘空间。

块大小/KB	FAT12/MB	FAT16/MB	FAT32/TB
0.5	2		
1	4		
2	8	128	
4	16	256	1
8		512	2
16		1024	2
32		2048	2

图 7.16　FAT 的最大分区大小和相应的块大小

FAT32 还有明显的缺点：首先，由于 FAT 的扩展，FAT32 的运行速度比 FAT16 慢；其次，FAT32 存在最小管理空间的限制，FAT32 的卷必须至少有 65537 个簇，因此 FAT32 不支持容量小于 512MB 的分区，FAT16 或 FAT12 仍然需要支持小分区；再次，单个 FAT32 文件的大小不能大于 4GB；最后，FAT32 最大的限制是兼容性，FAT32 不能保持向下兼容性。

3．索引分配

（1）单级索引分配

虽然链接分配解决了连续分配的问题，但也出现了两个额外的问题：一是它不支持有效的直接访问，为了直接访问一个大文件，必须在 FAT 中按顺序找到许多磁盘块号；二是 FAT 占用了大量的主存储器空间，由于文件所占用的区块号在 FAT 中是随机分布的，要保证在 FAT 中找到一个文件的所有区块号，唯一的办法是把整个 FAT 转移到主存储器中。当磁盘很大时，FAT 可能会占用超过几兆字节的主存储器空间，这是不可接受的。

事实上，当打开一个文件时，只需要将文件占用的磁盘块调入主存储器，而不需要将整个 FAT 调入主存储器。因此，每个文件对应的磁盘块号应该放在一起。索引分配是一种基于这种思想的分配方法。它为每个文件分配一个索引块（表），然后在索引块中记录所有分配给该文件的磁盘块号，所以索引块是一个包含许多磁盘块号的数组。当创建一个文件时，只需在为其创建的目录条目中填写一个指向索引块的指针。磁盘空间的索引分配如图 7.17 所示。

索引分配支持直接访问。当要读取文件的第 i 个磁盘块时，可以很容易地从索引块中直接找到第 i 个磁盘块的磁盘块号。此外，索引分配不会产生外部碎片。当文件较大时，索引分配无疑比链接分配更好。

索引分配的主要问题是可能会占用更多的外部主存储器空间。每次创建文件时，必须为其分配一个索引块，所有分配给文件的磁盘块号都记录其中。然而，在一般情况下，大多数文件都是小到中等大小的，许多文件甚至只需要 1～2 个磁盘。在这种情况下，如果使用链接分配方法，只需要设置 1～2 个指针。如果使用索引分配方法，还必须分配一个索引块。通常情况下，一个特殊的磁盘块被用作索引，它可以存储数百或数千个磁盘块号。可以看出，当对小文件使用索引分配时，索引块的利用率很低。

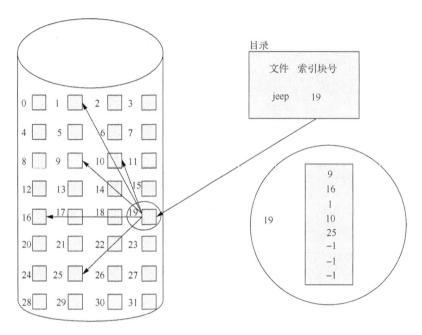

图 7.17 磁盘空间的索引分配

（2）多级索引分配

当操作系统为大型文件分配磁盘空间时，如果分配的块的块号填满了索引块，则操作系统会为该文件分配另一个索引块，以记录将来继续分配的块号。以此类推，然后通过链指针按顺序链接起各索引块。显然，当文件太大且索引块太多时，这种方法效率很低。在这种情况下，应该为这些索引块再创建一级索引，称为第一级索引。换句话说，将系统分配的另一个索引块作为第一级索引的索引块。第一个块和第二个块将索引块的磁盘块号填充到索引表中，从而创建两级索引分配模式。如果文件很大，可以使用 3～4 个级别的索引分配。

图 7.18 显示了两级索引分配模式下索引块之间的链接。如果每个磁盘块的大小为 1KB，并且每个磁盘块号占用 4 字节，则索引块中可以存储 256 个磁盘块号。这样，在两级索引中，最多可以包含的磁盘块数 $n=256\times256=65536$。可以得出结论，当使用两级索引时，允许的最大文件大小为 64MB。如果磁盘块的大小为 4KB，使用单级索引时，最大文件大小为 4MB；使用两级索引时，最大文件大小为 4GB。

（3）混合索引分配

所谓混合索引分配法，就是将多种索引分配方式组合而成的一种分配方法。例如，系统不仅使用直接地址，还使用一级索引分配方法，或者二级索引分配方法，甚至三级索引分配方法。这种混合索引分配方法已经在 UNIX 系统中得到应用。UNIX System V 的索引节点中设置了 13 个地址项，即 iaddr(0)～iaddr(12)，如图 7.19 所示。BSD UNIX 的索引节点中有 13 个地址条目，它们将所有地址分为两类：直接地址和间接地址。

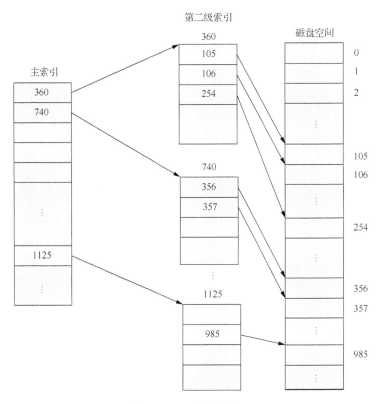

图 7.18　两级索引分配

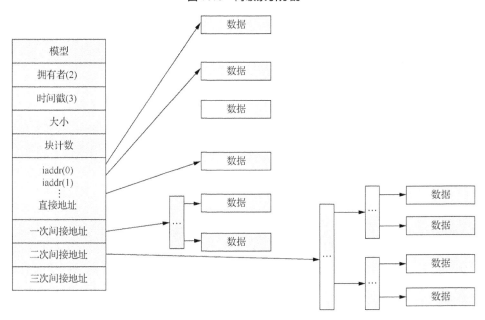

图 7.19　混合索引分配

① 直接地址。为加快文件检索的速度，索引节点可以设置 10 个直接地址条目，即使用 iaddr(0)～iaddr(9)存放直接地址。也就是说，这里的每一项都存储了文件数据所在

磁盘块的磁盘块号。如果每个磁盘块的大小为 4KB，则在文件大小不超过 40KB 的情况下，可以直接从索引节点中读取该文件的所有磁盘块号。

② 一次间接地址。对于大型文件，只使用直接地址进行索引是不现实的。因此，可以使用索引节点中的地址条目 iaddr(10)提供间接地址。该方法的本质是一级索引分配方法。图 7.19 中的一次间接地址块是一个索引块，系统在其中记录了分配给文件的多个磁盘块号。可以在一个地址块中存储 1024 个磁盘块号，从而允许存储最大 4MB 的文件。

③ 多次间接地址。当文件大小超过 4MB + 40KB（一次间接地址和 10 个直接地址条目）时，系统必须使用二级地址分配。在这种情况下，用地址项 iaddr(11)提供二次间接地址。这种方法的本质是两级索引分配。在这种情况下，系统会将所有主要内部地址块的磁盘号记录在次要内部地址块中。使用辅助地址时，最大文件大小可达 4GB。类似地，如果将地址项 iaddr（12）用作三次间接地址，则最大文件大小为 4TB。

7.5 文件目录管理

为了更好地对系统中的大量文件进行有效管理，操作系统为每个文件设置了描述和控制文件的数据结构，即 FCB。在 FCB 中，通常应含有 3 类信息，即基本信息、存取控制信息及使用信息。

- 基本信息类包括文件名、文件物理位置、文件逻辑结构和文件物理结构。文件名指用于标识文件的符号名。文件物理位置指文件在磁盘上的存储位置。文件逻辑结构指文件是流式文件还是记录式文件。文件物理结构指文件是顺序文件、链接文件还是索引文件。
- 存取控制信息包括文件所有者、核准用户以及一般用户的存取权限。
- 使用信息包括文件的建立日期和时间、文件修改的日期。应该说明，对不同操作系统的文件系统来说，由于功能不同，可能只含有上述信息中的某些部分。

FCB 的有序集合被称为"文件目录"，一个 FCB 就是一个文件目录项。

本节将具体介绍文件系统的目录结构，目录结构可以分为单层目录结构、双层目录结构、树形目录结构、无环图目录结构和通用图目录结构。

1. 单层目录结构

最简单的目录结构是单层目录结构。所有文件都包含在同一目录中，该目录易于支持和理解。但当文件数量增加或系统具有多个用户时，单层目录结构具有明显的局限性。由于所有文件都在同一目录中，因此它们必须具有唯一的名称。如果两个用户都将他们的数据文件命名为 test.txt，则违反唯一名称规则。由于大多数文件系统最多支持 255 个字符的文件名，因此选择唯一的文件名相对容易。

随着文件数量的增加，即使是单层目录结构上的单个用户也可能会难以记住所有文件名。

2. 双层目录结构

单层目录结构会导致不同用户的文件名混淆，标准解决方案是为每个用户创建一个独立的目录。

在双层目录结构中，每个用户都有自己的用户文件目录（user file directory，UFD）。UFD 具有相似的结构，但是每个 UFD 仅列出单个用户的文件。当用户作业开始执行或用户注册时，将搜索系统的主文件目录（master file directory，MFD）。MFD 由用户名或账号索引，每个条目均指向该用户的 UFD。

当用户引用特定文件时，仅需搜索自己的 UFD。因此，只要每个 UFD 中的所有文件名都是唯一的，不同的用户就可以使用相同的文件名。用户创建文件时，操作系统仅搜索该用户的 UFD，以确定是否有其他文件使用该文件名。如果要删除文件，操作系统将其搜索限制在本地 UFD 中，因此它不会意外删除另一个用户的具有相同名称的文件。

UFD 本身必须根据需要来创建和删除，使用适当的用户名和账户信息运行一个特殊的系统程序即可。该程序将创建一个新的 UFD 并将目录项添加到 MFD 中。该程序可能仅限于系统管理者执行。

尽管双层目录结构解决了名称冲突问题，但是它仍然具有缺点。这种目录有效地将一个用户与另一个用户隔离。当用户完全独立时，隔离是一个优势，但是当用户希望与其他用户合作完成某些任务并访问彼此的文件时，隔离是不利的。某些系统根本不允许其他用户访问本地用户文件。

如果要允许访问，则一个用户必须能够在另一个用户的目录中指定文件。要在双层目录结构中唯一指定特定文件，必须同时提供用户名和文件名。可以将双层目录结构视为高度为 2 的树或倒置树，树的根是 MFD，直接后代是 UFD，UFD 的后代是文件本身，这些文件是树的叶子。指定用户名和文件名将定义树中从根到叶子的路径。因此，用户名和文件名可用于定义路径名，系统中的每个文件都有一个路径名。要唯一地指定文件，用户必须知道所需文件的路径名。

例如，如果用户 A 希望访问自己的名为 test.txt 的测试文件，则只需引用 test.txt；要访问用户 B 的名为 test.txt 的文件（目录条目名为 userb），可能必须引用/userb/test.txt。每个系统都有自己的语法来命名用户自己目录以外的目录中的文件。

指定文件分区需要额外语法。例如，在 Windows 系统中，分区由字母和冒号指定。因此，文件规范可能是 C:\userb\test。一些系统甚至要求得更细，并且将规范的分区名、目录名和文件名区分开。例如，在 OpenVMS 中，文件 login.com 可以指定为 u:[sst.crissmeyer]login.com; 1，其中 u 是分区名，sst 是目录名，crissmeyer 是子目录名，login.com 是文件名，1 是版本号。其他系统（如 UNIX 和 Linux）仅将分区名作为目录名。给定的第一个名称是分区名，其余的是目录名和文件名。例如，/u/pgalvin/test 可以指定分区 u，目录 pgalvin 和文件 test。

这种情况的特例发生在系统文件中。作为系统的一部分的程序，如加载程序、汇编程序、编译器、工具、库等，通常被定义为文件。当适当的命令提供给操作系统后，加载程序将读取并执行这些文件。许多命令解释器只是将这样的命令视为要加载和执行的文件名。如果目录系统按照上面定义,则程序文件只能在当前 UFD 中搜索该文件名。一种解决方案是将系统文件复制到每个 UFD 中。但是,复制所有系统文件将浪费大量空间。例如,如果系统文件需要 5MB,则 12 个用户需要 5MB×12 = 60MB 来存储系统文件的副本。

标准解决方案是稍微简化搜索过程,定义一个特殊的用户目录,其包含系统文件(如用户 0)。每当指定要加载的文件名时,操作系统都会首先搜索本地 UFD。如果找到该文件,则使用它;如果找不到,系统将自动搜索包含系统文件的特殊用户目录。给定命名文件时搜索的目录顺序称为搜索路径,可以扩展搜索路径以包含没有任何限制的目录链表,以在给出命令名称时进行搜索。此方法是 UNIX 和 Windows 系统最常用的一种。系统也可以设计为允许每个用户都有自己的搜索路径。

3. 树形目录结构

一旦理解如何将双层目录结构视为两级树,自然的想法就是将目录结构扩展到任意高度的树。这种推广的想法允许用户创建自己的子目录并相应地组织其文件。树是最常见的目录结构之一。树有一个根目录,系统中的每个文件都有唯一的路径名。

目录(或子目录)包含一组文件或子目录。在许多实现中,目录只是另一种形式的文件,但是以特殊方式对待。所有目录具有相同的内部格式,每个目录条目都使用一位将其定义为文件(该位为 0)或子目录(该位为 1)。特殊的系统调用用于创建或删除目录。在这种情况下,操作系统(或文件系统代码)使用另一种文件格式,即目录格式。

在一般情况下,每个进程都有一个当前目录,当前目录应包含该进程当前感兴趣的大多数文件。引用文件时,将搜索当前目录。如果需要的文件不在当前目录中,则用户通常必须指定路径名或将当前目录更改为保存该文件的目录。要更改目录,可以提供一个系统调用,该调用将目录名作为参数,并使用它来重新定义当前目录。因此,用户可以随时更改当前目录。其他系统使用应用程序(如 shell)来跟踪和操作当前目录,因为每个进程可能具有不同的当前目录。

当用户进程启动或用户登录时,将指定用户的初始当前目录。操作系统会搜索账户文件(或其他一些预定义的位置),以找到与该用户相关的条目(出于记录目的)。账户文件中有一个指向用户初始当前目录的指针(或名称)。该指针将复制到该用户的局部变量中,该局部变量指定用户的初始当前目录。从该 shell 开始,可以生成其他进程。产生子进程时,任何子进程的当前目录通常是父目录的当前目录。

路径名可以有两种类型:绝对路径名和相对路径名。在 UNIX 和 Linux 系统中,绝对路径名始于根(由开头的"/"指定)目录,沿路径向下到达指定文件,并在路径上给出目录名。相对路径名定义当前目录中的路径。

允许用户定义自己的子目录,可以使其在文件上强加一个结构。这种结构可能为不同主题(例如创建一个子目录,以容纳本书的文本文件)或按不同形式的信息为相关的文件提供单独的目录。例如,目录程序可能包含源程序,目录 bin 可以存储所有二进制文件(可执行文件在许多系统中被称为"二进制文件",这导致它们被存储在目录 bin 中)。

树形目录结构的删除是一个有趣的策略问题。如果目录为空，则可以简单地删除其所在目录中的条目。但是，假设要删除的目录不是空的，而是包含多个文件或子目录，那么有两种方法，除非目录为空，否则某些系统不会删除该目录。第一种方法，要删除目录，用户必须首先删除该目录中的所有文件。如果存在任何子目录，则必须递归对其应用此过程，以便将其完全删除。这种方法可能会产生大量工作。第二种方法可采用 UNIX rm 命令：当请求删除目录时，该目录的所有文件和子目录也将被删除。这两种方法都非常容易实现，这是策略问题。后一种策略更方便，但更危险，因为可以使用一个命令删除整个目录结构。如果该命令发生错误，则需要还原大量文件和目录（假设存在备份）。

使用树形目录结构系统，除自己的文件外，用户还可以访问其他用户的文件。例如，用户 B 可以通过指定其路径名来访问用户 A 的文件。用户 B 可以指定绝对路径名或相对路径名；也可以将其当前目录更改为用户 A 的目录，并通过文件名访问用户 A 的文件。

4. 无环图目录结构

假设有两个正在从事合作项目的程序员，可以将与该项目关联的文件存储在子目录中，以将它们与其他项目和两个程序员的文件分开。但是，由于两个程序员对项目均负有同等责任，因此两者都希望子目录位于自己的目录中。在这种情况下，应该共享公共子目录。文件系统中同时存在两个（或多个）位置的共享目录或文件。

树形目录结构禁止共享文件或目录，无环图目录结构允许目录含有共享子目录和文件。同一文件或子目录可能位于两个不同的目录中。无环图目录结构是树形目录结构的自然扩展。

注意：共享文件（或目录）与文件复制不同。如果有两个副本，程序员只能查看副本，而不是原始文件。如果一个程序员更改了文件，则更改不会出现在另一个副本中。对于共享文件，仅存在一个实际文件，因此一个人所做的任何更改都立即对另一人可见。如果子目录是共享的，一个人创建的新文件将自动出现在所有共享子目录中。

当人们以团队形式工作时，他们想要共享的所有文件都可以放在一个目录中。每个团队成员的主目录可以将此共享文件目录作为子目录。即使是单个用户，该用户也可能需要将某些文件放置在不同的子目录中。例如，某个特定项目的程序不但可位于所有程序目录中，也可位于该项目的目录中。

共享文件和子目录可以通过几种方法实现。以 UNIX 系统为例，一种常见的方法是创建一个称为链接的新目录条目。链接实际上是指向另一个文件或目录的指针。链接可以用绝对路径名或相对路径名来实现。当需要访问文件时，我们搜索目录。如果目录条目标记为链接，则实际文件的名称将包含在链接信息中。我们通过使用路径名定位实际文件来解析链接。通过目录条目中的链接格式可以轻松识别链接，并且链接实际上是间接指针。通过遍历目录树来维护系统的无环图目录结构时，操作系统将忽略这些链接。

实现共享文件的另一种常见方法是在两个共享目录中复制有关它们的所有信息。因此，两个条目是相同且相等的。链接显然不同于原来的目录条目，因此两者是不相同的。但是，重复的目录条目会使原来的文件和副本无法区分。重复目录条目的主要目的是在修改文件时保持文件的一致性。

无环图目录结构比简单的树形目录结构更灵活，但也更复杂。必须仔细考虑几个问题。

文件现在可以具有多个绝对路径名，因此，不同的文件名可能指向相同的文件。这种情况类似于编程语言的别名问题。如果我们试图遍历整个文件系统（查找文件、累积所有文件的统计信息或将所有文件复制为备份存储），则此问题就变得很重要，因为用户通常不想多次重复地遍历共享结构。

另一个问题涉及删除。何时可以释放分配给共享文件的空间并重新使用？一种可能性是每有人删除该文件时都将其删除，但是此操作可能使指向当前不存在文件的指针悬而未决。更糟糕的是，如果剩余的文件指针包含实际的磁盘地址，并且该空间随后被其他文件重用，则这些悬空的指针可能指向其他文件的中间部分。

在通过符号链接实现共享的系统中，这种问题更易于处理。链接的删除不会影响原始文件，只有链接被删除。如果文件条目本身被删除，则文件的空间将被释放，从而使链接指针无效。可以搜索并删除这些链接，但是除非每个文件都保留相关链接的列表，否则此搜索的开销可能会很昂贵。或者，可以保留链接，直到尝试使用它们为止。到那时，我们可以确定链接给定名称的文件不存在，并且可能无法解析链接名，该访问将与其他任何非法文件名一样被对待（在这种情况下，系统设计人员应仔细考虑在使用指向原始文件的符号链接之前，删除文件并创建另一个同名文件时的处理方式）。对于 UNIX 系统来说，当文件被删除时，保留符号链接，由用户决定原始文件已丢失或已替换。Windows 系统使用相同的方法。

删除的另一种方法是保留文件，直到删除对该文件的所有引用为止。要实现此方法，我们必须具有某种机制来确定文件的最后一个引用已被删除。我们可以保留对文件的所有引用的列表（目录条目或符号链接）。建立目录条目的链接或副本后，新条目将添加到文件引用列表中。删除链接或目录条目后，我们将其列表中的条目删除。如果文件引用列表为空，则删除该文件。

这种方法的麻烦在于文件引用列表的可变性和潜在的大尺寸。但是我们其实不需要保留整个列表，只需要保留引用数量即可。添加新的链接或目录条目会增加引用计数，删除链接或目录条目会减少计数。当计数为 0 时，没有其他引用就能删除该文件。UNIX 操作系统将这种方法用于非符号链接或硬链接，并将引用计数保留在文件信息块中。通过有效地禁止对目录的多次引用，维护无环图目录结构。为了避免发生诸如刚才讨论的问题，某些系统根本不允许共享目录或链接。

5. 通用图目录结构

使用无环图目录结构的一个严重问题是确保没有环。如果从双层目录结构开始允许用户创建子目录，则将生成树形目录结构。应该很容易看到，仅将新文件和子目录添加到现有的树形目录结构中就可以保留树形性质。但是，当我们添加链接时，树形目录结构被破坏，从而产生简单的无环图目录结构。

无环图目录结构的主要优点是可相对简单地遍历无环图并确定何时不再有文件引用的算法。我们主要出于性能方面的考虑，希望避免两次遍历无环图的共享部分。如果我们只是在一个主要的共享子目录中搜索了一个特定文件而没有找到该文件，则希望避免再次搜索该子目录，因为第二次搜索会浪费时间。

通用图目录结构考虑了有环的情况。如果目录中允许存在环，出于准确性和性能的考虑，我们同样希望避免对任何组件进行两次搜索。设计不良的算法可能会导致无限循环，不断搜索整个环并且永不终止。一种解决方案是限制搜索期间访问的目录数量。

当用户尝试确定何时可以删除文件时，存在类似的问题。对于无环图目录结构，引用计数值为 0 意味着不再有对该文件或目录的引用，可以删除该文件。但是，当存在环时，即使不存在引用目录或文件，引用计数值也可能不为 0。这种异常是由目录结构中自引用或循环的可能性引起的。在这种情况下，我们通常需要通过垃圾回收方案来确定何时删除最后一个引用，并且可以重新分配磁盘空间。垃圾回收涉及遍历整个文件系统，标记所有可以访问的内容。然后，第二遍遍历收集未标记在可用空间列表上的所有内容（一个类似标记步骤可用于确保只对文件系统内的文件或目录进行一次遍历或搜索）。但是，基于磁盘的文件系统的垃圾回收非常耗时，因此很少使用。

仅由于可能存在环，就需要进行垃圾回收，因此，无环图目录结构更易于使用，但困难在于避免将新链接添加到结构中时产生环。我们如何知道新链接何时产生一个环呢？有一些算法可以检测图形中的环。但是，它们的计算量很大，尤其是当图形位于磁盘存储上时。在需要处理目录和链接的特殊情况下，一种更简单的算法是在遍历目录时绕过链接。这样既能避免环，又不会产生额外的开销。

7.6 文件共享与保护

在现代计算机系统中，必须提供文件共享手段，也就是说系统应允许多个用户（进程）共享同一个文件。这样一来，系统只需要保留一份共享文件的副本。如果系统不能提供文件共享功能，就意味着所有需要该文件的用户必须有自己的文件副本，这显然会造成存储空间的极大浪费。随着计算机技术的发展，文件共享的范围也在不断扩大，从单机系统的共享到多机系统的共享，再到计算机网络的共享，甚至全世界文件的共享。

早在 20 世纪 60~70 年代，就有许多实现文件共享的方法，如迂回法、连续访问法、利用基本文件实现文件共享的方法等。一些现代文件共享方法也是在这些早期方法的基础上发展起来的，本节介绍两种常用的文件共享方法。

7.6.1 文件访问权限

早期的操作系统只提供一种文件访问方式：顺序访问。在这些系统中，进程可以从文件的起点开始，顺序地读取文件中的所有字节或记录，但不能够跳过某些内容，进行非顺序的读取。顺序文件可以重绕（即倒带），这样就可以根据需要，多次读取文件。如果存储媒体是磁带，而不是磁盘，那么使用顺序文件是非常方便的。

使用磁盘来存储文件后，我们可以非顺序地读取文件中的字节或记录，或者根据关键字而不是位置来访问记录。能够以任何顺序读取的文件称为随机访问文件（random access file，RAF）。

对许多应用程序来说，随机访问文件是必不可少的，如数据库系统。如果一名乘客打来电话，想要预订某次航班的机票，那么订票程序必须能直接访问该航班的记录，而不必先读出成千上万条其他航班的记录。

对于随机访问文件，有两种方法来指明文件读取的起始位置。第一种是在每次 read 操作中，都给出此次 read 操作的起始位置；第二种是提供一个特殊的 seek 操作来设置当前位置，在执行 seek 操作后，文件的 read 操作将从这个新的当前位置开始进行。

在一些早期的大型计算机操作系统中，当一个文件被创建时，就对它进行分类，即分类为顺序文件或随机访问文件。对于不同类型的文件，系统采用不同的存储技术。而在现代操作系统中，通常不进行这种区分，所有的文件都是随机访问文件。

成功登录后，用户被授予访问一个或一组主机和应用程序的权限。对于数据库中包含敏感数据的系统来说，这通常是不够的。通过用户访问控制程序，可以在系统中识别用户。为每个用户关联一个配置文件，指定允许的操作和文件访问。然后，操作系统可以根据用户配置文件强制执行规则。然而，数据库管理系统必须控制特定记录甚至部分记录的访问。例如，管理层中的任何人都可以获得公司人员的名单，但只有选定的个人可以访问薪资信息，这个问题不仅是一个细节问题。尽管操作系统可能会授予用户访问文件或使用应用程序的权限，但之后不会进行进一步的安全检查，而数据库管理系统必须对每个单独的访问尝试做出决定。这一决定不仅取决于用户的身份，还取决于正在访问的数据的具体部分，甚至取决于已经向用户透露的信息。

文件或数据库管理系统执行访问控制的一般模型是访问矩阵，如图 7.20（a）所示，模型的基本要素如下。

- 主体：能够访问对象的实体。一般来说，主体的概念等同于过程。任何用户或应用程序实际上都可以通过表示该用户或应用程序的进程来访问对象。
- 对象：控制访问的任何对象，包括文件、程序、主存储器段和软件对象（如 Java 对象）。
- 访问权：用户访问对象的方式，包括使用软件对象中的读、写、执行函数。

矩阵的一个维度由尝试数据访问的已识别主题组成。通常此维度对应的列表由单个用户或用户组组成，可以控制终端、主机或应用程序的访问，而不是用户或用户组之外的用户。其他维度列出可以访问的对象，对象可以是单独的数据字段。记录、文件甚至整个数据库等聚合分组也可能是矩阵中的对象。矩阵中的每个条目都表示该主体对该对象的访问权限。

实际上，访问矩阵通常是稀疏的，通过按列和按行分解来实现对矩阵的访问。矩阵可以按列分解，产生访问控制列表，如图 7.20（b）所示。因此，对于每个对象，访问控制列表会列出用户及其允许的访问权限。访问控制列表可以包含默认的或公共的条目，允许没有明确列出特殊权限的用户拥有一组默认权限。列表的元素包括单个用户以及用户组。

矩阵可以按行分解产生功能票，如图 7.20（c）所示。功能票指定用户的授权对象和操作。每个用户都有若干张票，可以被授权借出或送给他人。因为票可能分散在系统中，所以它们比访问控制列表存在更大的安全问题。功能票必须是不可伪造的，实现这一点的一种方法是让操作系统代表用户持有所有票。功能票必须存放在用户无法访问的主存储器区域。

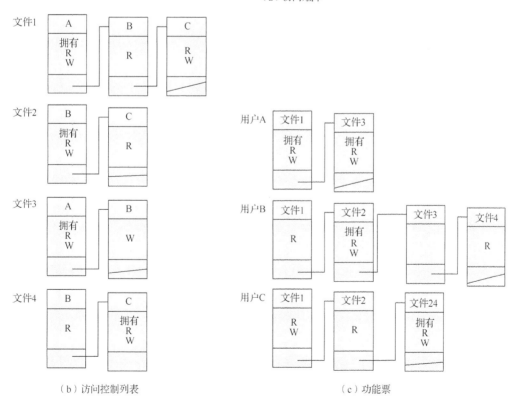

图 7.20　访问控制结构示例

面向数据的访问控制网络设计需考虑与面向用户的访问控制平行。如果只允许某些用户访问某些数据项,则在向授权用户传输期间可能需要加密来保护这些数据项。通常,数据访问控制是分散的,也就是说,由基于主机的数据库管理系统控制。如果网络上存在网络数据库服务器,那么数据访问控制就成为网络功能。

7.6.2 文件的共享方式

1. 概述

当多个用户一起处理一个项目时,通常需要共享文件。因此,共享文件通常方便地同时出现在属于不同用户的不同目录中。如图 7.21 所示,文件系统中 C 的一个文件也出现在 B 的一个目录中。B 的目录和共享文件之间的连接称为链接。文件系统现在本身是一个有向无环图,而不是一棵树。因此,维护文件系统变得复杂。

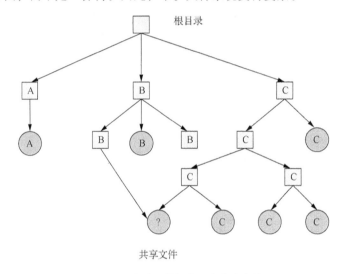

图 7.21 文件系统包含一个共享文件

(1)共享文件的缺点及解决办法

共享文件很方便,但也会带来一些问题。首先,如果目录包含磁盘地址,那么在链接文件时,必须在 B 的目录中创建磁盘地址的副本。如果 B 或 C 随后追加到文件中,则新的块将仅列在执行追加操作的用户目录中。其他用户看不到这些更改,因此无法实现共享。

这个问题可以用两种方法解决。在第一种方法中,磁盘块不列在目录中,而是列在与文件本身相关联的小数据结构中,然后目录指向这个小数据结构。这是 UNIX 系统中使用的方法(小数据结构是 inode)。

在第二种方法中,B 会让系统创建一个 LINK 类型的新文件并在 B 的目录中输入该文件,链接 C 的一个文件。新文件只包含链接的文件路径名。当 B 从链接的文件中读取时,操作系统会看到正在读取的文件类型是 LINK,查找文件名并读取该文件。这种方法称为符号链接，与传统（硬）链接形成对比。

每种方法都有其缺点。在第一种方法中，当 B 链接共享文件时，inode 将文件的所有者记录为 C。创建链接不会更改所有权，如图 7.22 所示，但会增加 inode 中的链接计数，因此系统知道当前有多少目录条目指向该文件。

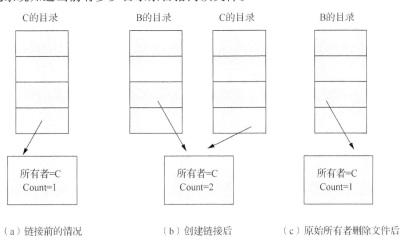

（a）链接前的情况   （b）创建链接后   （c）原始所有者删除文件后

图 7.22　链接的创建与删除

如果 C 随后试图删除该文件，系统将面临问题。如果 C 删除文件并清除 inode，B 将有一个指向无效 inode 的目录条目。如果 inode 后来被重新分配给另一个文件，B 的链接将指向错误的文件。系统可以从 inode 中的计数看出文件仍在使用中，但是没有简单的方法可以找到文件的所有目录条目，以便将其删除。指向目录的指针不能存储在 inode 中，因为可以有无限数量的目录。

唯一要做的是删除 C 的目录条目，但保持 inode 不变，计数设置为 1，如图 7.22（c）所示。我们现在遇到这样一种情况：B 是唯一拥有 C 拥有的文件目录条目的用户。如果系统进行记账或有配额，C 将继续为该文件计费，直到 B 决定删除它为止。如果 B 决定删除，此时计数变为 0，文件被删除。

（2）符号链接

而采用符号链接，这个问题就不会出现了，因为只有真正的所有者才有指向 inode 的指针。链接文件的用户只有路径名，而不是 inode 指针。当所有者删除文件时，它将被销毁。当系统无法定位该文件时，通过符号链接使用该文件的后续尝试将失败。删除符号链接完全不会影响文件。

符号链接的问题是需要额外的开销：必须读取包含路径的文件，然后解析路径，逐个组件地跟踪，直到到达 inode。所有这些活动都可能需要进行大量额外的磁盘访问。此外，每个符号链接都需要一个额外的 inode 以及一个额外的磁盘块来存储路径。如果路径名很短，系统可以将文件的路径名存储在 inode 中。符号链接的优点是可以用来链接世界上任何地方的计算机上的文件，只需提供文件所在计算机的网络地址和该计算机上的路径即可。

另一个问题也是由链接引入的。如果允许链接，文件可以有两个或多个路径。这样一来，从给定目录开始，并在该目录及其子目录中查找所有文件的程序将多次找到链接文件。例如，将目录及其子目录中的所有文件转存到磁带上的程序，可能会制作链接文件的多个副本。此外，如果磁带被读入另一台计算机，除非转存程序很"聪明"，否则链接的文件将被两次复制到磁盘上，而不是被链接。

2．文件共享方式

（1）基于索引节点的共享方式

在树形目录结构中，当两个（或更多）用户想要共享一个子目录或文件时，共享的文件或子目录必须链接到两个（或更多）用户的目录中，才能方便地找到该文件，如图 7.23 所示。此时，文件系统的目录结构不再是树形目录结构，而是有向无环图目录结构。

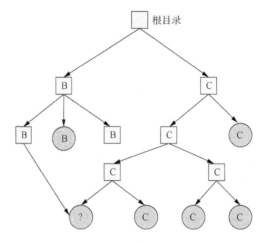

图 7.23 基于索引节点方式的文件共享

如何在 B 目录和共享文件之间建立链接？如果文件目录包含文件物理地址，即文件所在磁盘块的磁盘块号，则链接时必须将文件物理地址复制到 B 目录。但如果 B 或 C 以后继续向文件中添加新内容，则需要相应地添加新的磁盘块。这些新添加的磁盘将只出现在执行操作的目录中。可以看出这种变化对其他用户是不可见的，因此新添加的内容不能再共享。

为了解决这个问题，我们可以参考索引节点，即文件物理地址和其他文件属性等信息不再放在目录项中，而是放在索引节点中，在文件目录中只设置文件名和指向相应索引节点的指针，如图 7.24 所示。此时，任何附加或修改文件的用户都将导致相应节点的内容更改（例如添加新的磁盘块号和文件大小等）对其他用户可见，因此可以提供共享服务。

索引节点中还应该有一个链接计数，用于指示链接此索引节点（即文件）的用户目录项的数量。当 Count=3 时，表示有 3 个用户目录条目链接此文件，或者有 3 个用户共享此文件。

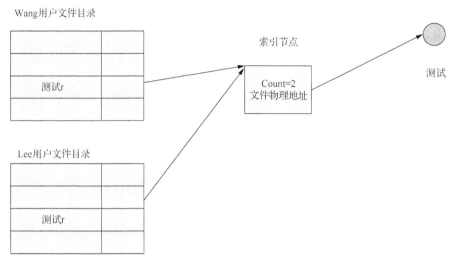

Wang用户文件目录

索引节点

测试

测试r

Count=2
文件物理地址

Lee用户文件目录

测试r

图 7.24　基于索引节点的共享方式

当用户 C 创建一个新文件时，他是该文件的所有者，并将 Count 设置为 1。当用户 B 想要共享这个文件时，向用户 B 的目录中添加一个目录条目，并设置一个指向该文件索引节点的指针。此时，文件所有者仍然是 C，Count=2。如果用户 C 不再需要这个文件，可以删除它吗？答案是否定的。因为如果文件被删除，文件的索引节点也被删除，这将使 B 的指针悬空，并且 B 可能正在写入文件，所以它将中途放弃。但是，如果 C 不删除此文件并等待 B 继续使用它，因为文件的所有者是 C，如果系统要收费，C 必须向 B 支付使用此共享文件的费用，直到 B 不再需要它为止。图 7.22 所示为用户 B 链接前后的情况。

（2）利用符号链接实现文件共享

为了使 B 共享 C 的文件 F，系统可以创建一个链接类型的新文件 F，并将 F 写入 B 的目录中，实现 B 的目录与 F 链接。新文件只包含链接文件 F 的路径名，这种链接方法称为符号链接。新文件中的路径名仅被视为符号链接。当 B 想要访问链接文件 F 并且读取一个新的链接文件时，这个请求将被操作系统截获。操作系统将根据新文件中的路径名读取文件，因此用户 B 可以共享文件 F。

使用符号链接实现文件共享时，只有文件所有者有指向其索引节点的指针，共享该文件的其他用户只有该文件的路径名，没有指向其索引节点的指针。这样，在文件所有者删除共享文件之后，就不会出现悬空指针了。当文件的所有者删除共享文件后，其他用户试图通过符号链接访问已删除的共享文件时，由于系统找不到该文件，访问将失败。因此符号链接将再次被删除，此时不会产生影响。

然而，符号链接的共享模式有其自身的问题：当其他用户读取共享文件时，系统会根据给定的文件路径名逐个搜索目录，直到找到该文件的索引节点。因此，每次访问共享文件时，可能需要多次读取磁盘。这使得每次访问共享文件的成本很高，并且增加了启动磁盘的频率。此外需要为每个共享用户建立一个符号链接。由于链接实际上是一个文件，所以需要注意的是，虽然文件非常简单，但仍然需要配置索引节点，这也会占用一定的磁盘空间。

符号链接的最大优点之一是可以用来链接世界上任何地方的计算机中的文件（通过计算机网络）。此时，只需提供文件所在计算机的网络地址和计算机中的文件路径。

以上两种链接方式都存在一个问题，即每个共享文件都有多个文件名。换句话说，每个附加链接都会添加一个文件名。本质上，每个用户都使用自己的路径名来访问共享文件。当我们尝试遍历整个文件系统时，将遍历共享文件多次。例如，当程序员将目录中的所有文件转储到磁带上时，他可能会制作共享文件的多个副本。

3. 磁盘容错技术

在现代计算机系统中，通常存放了很多宝贵信息供人们使用，给人们带来了极大的好处和方便，但同时潜藏着不安全的问题。影响文件安全性的主要因素有以下 3 个。

① 人为因素：人们的有意或无意行为使文件系统中的数据被破坏或丢失。

② 系统因素：系统某些部分出现异常情况导致数据的破坏或丢失。特别是作为数据存储介质的磁盘，一旦发生故障或损坏，将影响文件系统的安全性。

③ 自然因素：存储在磁盘上的数据可能会随着时间的推移而溢出或消失。

为了保证文件系统的安全，基于以上因素，可以采取以下措施。

① 通过存取控制机制防止人为因素造成的文件不安全问题。

② 通过磁盘容错技术防止磁盘故障导致的文件不安全问题。

③ 通过备份系统防止自然因素造成的文件不安全问题。

容错技术通过在系统中设置冗余元件来提高系统可靠性。磁盘容错技术通过增加冗余磁盘驱动器、磁盘控制器等方法来提高磁盘系统可靠性，即当磁盘系统的某一部分出现缺陷或故障时，磁盘仍能正常工作，不会造成数据丢失或损坏。目前，磁盘容错技术被广泛应用于提高磁盘系统的可靠性。

磁盘容错技术通常称为系统容错（system fault tolerance，SFT）。它可以分为 3 级：第一级是底层磁盘容错技术；第二级是中间磁盘容错技术；第三级是系统容错技术，它是基于集群技术来实现容错的。

（1）底层磁盘容错技术

底层磁盘容错技术是最基本的磁盘容错技术之一，主要用于防止磁盘表面缺陷造成的数据丢失。它包括双目录和 FAT、热修复重定向、读后写验证法等措施。

① 双目录和 FAT。存储在磁盘上的文件目录和 FAT 是文件管理的重要数据结构。为了防止 FAT 被破坏，可以在不同的磁盘或磁盘的不同区域创建双目录和 FAT。所谓双目标和 FAT，一个是主目录和主 FAT，另一个是备份目录和备份 FAT。一旦主目录或主 FAT 因磁盘表面缺陷而损坏，系统会自动启用备份目录和备份 FAT，以确保磁盘上的数据仍然可以访问。

② 热修复重定向和读后写验证法。由于磁盘的价格较高，当磁盘表面出现缺陷时，我们可以采取补救措施，以继续使用该磁盘。一般有以下两种补救措施。

- 热修复重定向。系统将磁盘容量的一部分（如 2%～3%）作为热修复重定向区域，用于存储磁盘有缺陷时要写入的数据，并将所有写入该区域的数据登记在册，作为将来的参考访问数据。
- 读后写验证法。为了确保所有写入磁盘的数据都能写入好的磁盘块，我们应该在将一个数据块从存储缓冲区写入磁盘后，立即从磁盘中读出，并将其发送到另一个缓冲区，然后将该缓冲区的内容与写入后留在存储缓冲区中的数据进行比较。如果二者一致，则认为写入成功，可以写入下一个磁盘块；否则，重新写入。如果重写后二者仍然不一致，则认为该磁盘有缺陷。这时，应该写入磁盘的数据被写入热修复重定向区域。

（2）中间磁盘容错技术

中间磁盘容错技术主要用于防止磁盘驱动器和磁盘控制器故障导致系统无法正常工作，分为磁盘镜像和磁盘双工。

为了避免由于磁盘驱动器故障导致的数据丢失，系统增加了磁盘镜像功能。要实现此功能，必须在同一磁盘控制器下添加一个相同的磁盘驱动器，如图 7.25 所示。使用磁盘镜像功能，每次将数据写入主磁盘时，都需要将数据写入备份磁盘，以便两个磁盘具有相同的位映像。备份磁盘被视为主磁盘的镜像，当主磁盘出现故障时，由于存在备份磁盘，主机切换后仍能正常工作。磁盘镜像虽然实现了容错，但并不能提高服务器的磁盘 I/O 速度，反而将磁盘利用率降低到了 50%。

图 7.25　磁盘镜像

如果控制两个磁盘驱动器的磁盘控制器出现故障，或者主机和磁盘控制器之间的通道出现故障，磁盘镜像功能将不会起到数据保护的作用。因此，可在中间磁盘容错技术中增加磁盘双工功能，即两个磁盘驱动器分别连接两个磁盘控制器，两个磁盘驱动器为成对镜像，如图 7.26 所示。

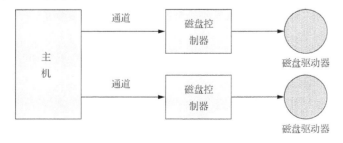

图 7.26　磁盘双工

当使用磁盘双工功能时，文件服务器会同时将数据写入不同磁盘控制器的两个磁盘，以便它们具有相同的位映像。如果一个通道或磁盘控制器发生故障，另一个通道上的磁盘仍能正常工作而不丢失数据。在磁盘双工的情况下，每个磁盘都有独立的通道，因此数据可以同时（并行）写入磁盘或读取。

（3）系统容错技术

20世纪90年代，为了进一步提高服务器的并行处理能力和可用性，大量的SMP（symmetrical multi-processing，对称多处理）服务器被用来实现集群系统服务器。集群是由一组相互连接的自治计算机组成的，给人的感觉只有一台计算机。集群系统不仅可以提高系统的并行处理能力，还可以提高系统的可用性。主要有3种工作模式：双机热备份模式，双机互为备份模式，公用磁盘模式。下面介绍如何利用集群系统来提高服务器的可用性。

如图7.27所示，在双机热备份模式下，有两台处理能力相同的服务器，一台作为主服务器，另一台作为备份服务器。通常，主服务器运行，而备份服务器始终监视主服务器的操作。一旦主服务器出现故障，备份服务器立即接管主服务器的工作，成为系统中的主服务器；修复后的主服务器充当备份服务器

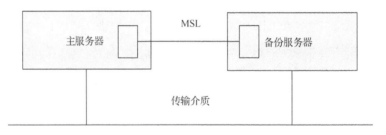

图 7.27　双机热备份模式

为了保持两台服务器之间的映像关系，应在两台服务器上各安装一个网卡，并通过镜像服务器链接（mirrored server link，MSL）连接两台服务器。两台服务器之间的距离取决于网卡和传输介质。如果使用光纤分布式数据接口（fiber distributed data interface，FDDI）单模光纤，两台服务器之间的距离可以达到20km。此外，系统中必须建立一些机制来检测主服务器中数据的变化。一旦该机制检测到主服务器中的数据变化，就立即通过通信系统将修改后的数据传输到备份服务器的相应数据文件中。为了保证两台服务器之间通信的高速性和安全性，通常采用高速通信通道和备用线路。

在这种模式下，一旦主服务器出现故障，系统可以自动将主业务用户切换到备份服务器。为了保证切换时间足够快（通常是几分钟），需要在系统中配置切换硬件，在备份服务器上预先进行通信配置，以快速处理客户端的重新登录请求。这种模式是一种较早的集群技术，它最大的优点是提高了系统的可用性，并且易于实现。而且主服务器与备份服务器完全独立，可支持远程热备份，消除火灾、爆炸等非计算机因素造成的隐患。这种模式的主要缺点是备份服务器处于被动等待状态，整个系统的效率只有50%。

在双机互为备份模式中，两台服务器均为在线服务器，它们各自完成自己的任务。例如，一台作为数据库服务器，另一台作为电子邮件服务器。为了实现两者互为备份，两台服务器应通过某种专线连接起来。如果希望两台服务器能相距较远，最好利用 FDDI 单模光纤来连接，再通过路由器将两台服务器互连，作为备份通信线路。图 7.28 所示是双机互为备份模式。

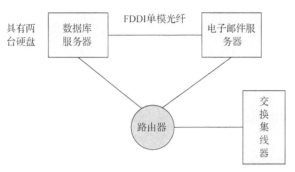

图 7.28 双机互为备份模式

在双机互为备份模式下，最好在每台服务器上配置两个硬盘，一个用于加载系统程序和应用程序；另一个用于接收另一台服务器发送的备份数据，作为服务器的镜像磁盘。在正常操作中，镜像磁盘被锁定给本地用户，因此更容易确保镜像磁盘中数据的正确性。

如果通过专线发现服务器发生故障，此时使用路由器来验证服务器是否确实发生了故障。如果确认发生故障，则正常服务器将向故障服务器的客户端发送一条广播消息，指示需要进行切换。连接故障服务器的客户端在切换过程中会感觉到网络服务器的暂停。切换成功后，客户端可以继续使用网络提供的服务并访问服务器上的数据，而无须再次登录。连接到非故障服务器的客户端只会感觉网络服务器速度略微降低，而操作没有任何影响。修复故障服务器并将其重新连接到网络后，已迁移到非故障服务器的服务功能将恢复正常工作。

这种模式的优点是两台服务器都可以处理任务，系统效率高。现在这种模式已经从 2 台服务器扩展到 4 台、8 台、16 台甚至更多。系统中的所有服务器都可以用来处理任务，当其中一台发生故障时，系统可以指派另一台服务器来接管它的工作。

此外，为了降低信息复制的成本，可以将多台计算机连接到一个公共磁盘系统。公共磁盘被分成几卷，每台计算机使用一个卷。如果一台计算机出现故障，系统将根据调度策略重新配置并选择另一台替换计算机。后者拥有故障计算机的卷，以便接管故障计算机的任务。该模式的优点是消除了复杂信息控制时间，从而减少网络和服务器开销。

（1）文件目录结构 （2）操作系统实例

7.7　本章小结

文件是在磁盘上存储信息的一种抽象机制，而文件系统是操作系统中文件的管理者，它提供文件抽象和文件访问所需要的接口，并且以特定格式在存储设备上维护每个文件的数据和元数据。文件系统需要实现文件存储管理、文件目录管理，还要实现文件共享与保护。

7.8 本章练习

1．操作系统对文件实行统一管理，基本用途是为用户提供（　　）功能。

    A．按名存取   B．文件共享

    C．文件保护   D．提高文件的存取速度

2．（　　）可以防止共享文件可能造成的破坏，但实现起来系统开销太大。

    A．用户对树形目录结构中目录和文件的许可权规定

    B．存取控制表

    C．定义不同用户对文件的使用权

    D．隐蔽文件目录

3．某文件系统的目录由文件名和索引节点号构成。若每个目录项大小为 64 字节，其中 4 字节存放索引节点号，60 字节存放文件名；文件名由小写英文字母构成，则该文件系统能创建的文件数量的上限为（　　）个。

    A．2^{26} B．2^{32} C．2^{60} D．2^{64}

4．下列选项中，可用于文件系统管理空闲磁盘块的数据结构是（　　）。

    Ⅰ．位图   Ⅱ．索引节点   Ⅲ．空闲磁盘块链   Ⅳ．FAT

    A．Ⅰ、Ⅱ   B．Ⅰ、Ⅲ、Ⅳ   C．Ⅰ、Ⅲ   D．Ⅱ、Ⅲ、Ⅳ

5．在分段存储管理系统中，用共享段表描述所有被共享的段。若进程 P_1 和 P_2 共享段 S，下列叙述中错误的是（　　）。

    A．在物理主存储器中仅保存一份段 S 的内容

    B．段 S 在 P_1 和 P_2 中应该具有相同的段号

    C．P_1 和 P_2 共享段 S 在共享段表中的段表项

    D．P_1 和 P_2 都不再使用段 S 时才回收段 S 所占的主存储器空间

6．若目录 dir 下有文件 file1，则为删除该文件内核不必完成的工作是（　　）。

    A．删除 file1 的快捷方式

    B．释放 file1 的文件控制块

    C．释放 file1 占用的磁盘空间

    D．删除目录 dir 中与 file1 对应的目录项

7．假设磁带的记录密度为 1600 字节/英寸，每个逻辑记录长度为 200 字节，块与块的间隔为 0.5 英寸，请回答下列问题。

（1）不采用成组操作时，磁带空间的利用率是多少？

（2）采用块因子为 6 进行成组操作时，磁带空间的利用率为多少？

（3）为了使磁带空间的利用率大于 80%，采用记录成组时其块因子至少为多少？

8．假设一个磁盘组共有 100 个柱面，每个柱面有 8 个磁道，每个磁道被分成 4 个扇区。若逻辑记录的大小与扇区大小一致，柱面、磁道、扇区的编号均从"0"开始，现用字长为 16 位的 200 个字（第 0～199 字）组成位图来指示磁盘空间的使用情况。请回答下列问题。

（1）文件系统发现位图中第 15 字第 7 位为 0 而准备分配给其某一记录时，该记录会存放到磁盘的哪一块上？此块的物理位置（柱面号、磁头号和扇区号）如何？

（2）删除文件时要归还存储空间，第 56 柱面第 6 磁道第 3 扇区的块就变成了空闲块，此时，位图中第几字第几位应由 1 改为 0？

9．现有一文件 FILE_x，其逻辑记录的大小为 125 字节，共有 20 个逻辑记录，文件系统把这个文件存储到磁盘上时采用链接结构，磁盘的分块大小为 512 字节，请回答下列问题。

（1）采用什么方法可有效地利用磁盘空间？

（2）若用户要求读包含第 1285 字节的逻辑记录，文件系统将如何工作？

10．某文件系统采用索引节点存放文件的属性和地址信息，簇大小为 4KB。每个文件索引节点占 64B，有 11 个地址项，其中直接地址项 8 个，一级、二级和三级间接地址项各 1 个，每个地址项长度为 4B。请回答下列问题。

（1）该文件系统能支持的最大文件大小是多少（给出计算表达式即可）？

（2）文件系统用 2^{20} 个簇存放文件索引节点，用 2^{30} 个簇存放文件数据。若一个图像文件的大小为 5600B，则该文件系统最多能存放多少个这样的图像文件？

（3）若文件 F1 的大小为 6KB，文件 F2 的大小为 40KB，则该文件系统获取 F1 和 F2 最后一个簇的簇号需要的时间是否相同，为什么？

第 8 章　操作系统安全

安全对计算机系统是至关重要的。安全涉及对计算机资源的防护，防止未经授权的访问、恶意的破坏或改变以及意外引入的不一致。在许多应用中，确保计算机系统的安全是值得付出相当大的努力的。包含工资或其他财务数据的大型商业系统往往是"小偷"的目标，含有公司运营数据的系统可能会被不择手段的竞争对手所关注。此外，这些数据的丢失，无论是由于意外还是欺诈，都会严重损害公司的利益。即便是原始的计算资源对攻击者来说也有着很大的吸引力，如可以用来挖比特币、发送垃圾邮件以及作为匿名攻击其他系统的来源等。随着计算机系统变得越来越复杂和普遍，保护其完整性的需求也在不断增加。保护最初是作为多程序操作系统的辅助手段，方便不可信的用户可以安全地共享一个逻辑名称空间（如文件目录）或一个共同的物理名称空间（如主存储器）。现在，保护是为了提高任何使用共享资源并与不安全通信平台（如互联网）相连的复合系统的可靠性。

本章首先介绍系统安全的基本概念，并简述安全威胁的类型；然后介绍操作系统入侵者的入侵方法以及入侵防护；再介绍破坏操作系统安全的主要威胁——恶意软件，包括恶意软件的分类和工作原理以及恶意软件的预防；最后介绍用于安全保障的技术，包括数据加密、身份认证、访问控制等。

8.1　操作系统的安全威胁

本节介绍系统安全的基本概念以及安全威胁的类型。

8.1.1　系统安全的基本概念

系统安全包括狭义安全和广义安全两个方面。前者主要是指对外部攻击的防范，后者则是指保障系统中数据的机密性、完整性和系统可用性。当前系统安全主要是指广义安全。

系统安全一般被分解为 3 个组成部分，即保密性（confidentiality）、完整性（integrity）和可用性（availability），这 3 个部分合称为"CIA"。

（1）保密性：包含数据保密性和隐私性两个概念。数据保密性指对机密数据保密，仅允许被授权的用户访问这些信息。隐私性意味着如果数据的拥有者决定这些数据只提供给某些人而不提供给其他人，系统就应该保证这些数据永远不会向未经授权的人发布。

（2）完整性：包括数据完整性和系统完整性。数据完整性是指在未经所有者允许的情况下，未经授权的用户不能够修改数据。修改数据不仅包括改变数据，还包括删除数据和添加虚假数据等。系统完整性指系统在不受损害的情况下执行其预期功能，不受蓄意或无意的未经授权的操纵。

（3）可用性：指的是授权用户的正常请求能及时、正确、安全地得到服务或响应。目前针对此种特性的拒绝服务攻击很常见，例如，一台计算机如果也是一台互联网服务器，那么向它发送大量的请求可能会使它"瘫痪"，因为仅仅检查和丢弃传入的请求就会消耗所有的 CPU 性能。

随着系统安全的发展，人们认为这 3 个基本属性不足以满足所有可能的场景，于是增加了一些额外的属性，比如真实性，即使用户能够被核实和信任的属性；责任性，即每个用户的行为可以被唯一地追踪到等。

8.1.2 安全威胁的类型

攻击者可能采用的攻击手段层出不穷，并且随着时间的发展会产生许多新的攻击方式。

1. 根据后果分类

安全威胁根据所造成的后果可以分为 4 大类：信息泄露、欺诈、中断和侵占。

（1）信息泄露

信息泄露指的是个体获得了对未被授权数据的访问权。这是针对系统保密性的攻击，包括以下几种形式。

- 信息暴露：指的是数据直接被透露给未被授权的个体。这可能是故意的，由内部人员故意向外部人员透露重要的信息；也可能是人为、硬件或软件错误的结果，导致个体未经授权而获得敏感的数据。
- 拦截：指未经授权的个体直接访问在授权来源和目的地之间传输的数据。拦截是一种常见的通信攻击方式，在共享的局域网（如无线局域网）上，连接局域网的任何设备都可以接收准备传送给另一个设备的数据包副本。在互联网上，黑客可以拦截电子邮件和其他传输的数据。所有这些情况都会造成未经授权而访问数据的可能性。
- 推断：指未经授权的实体通过推理通信的特征间接获取敏感数据（不一定是通信中的数据）。比如流量分析，攻击者能够通过观察网络上的流量（如网络上特定主机对之间的流量）获得信息。

（2）欺诈

欺诈指可能导致授权个体收到虚假数据并信其为真的情况，是针对完整性的攻击，主要包括以下几种形式。

- 假冒用户：指用户身份被非法窃取，或攻击者伪装成合法用户，利用安全体制所允许的操作去破坏系统安全。这种攻击形式也称为身份攻击。假冒用户的一个例子是未经授权的用户企图冒充授权用户进入系统。如果未经授权的用户拥有另一个用户的登录 ID 和密码，就有可能发生这种情况。
- 伪造：指篡改或替换有效数据，或将虚假数据引入文件或数据库。例如，学生可能会篡改自己在学校数据库中的成绩。
- 否认：指个体不承认自己曾经做过的事情。在这种情况下，用户要么拒绝承认发送数据，要么拒绝承认接收或拥有数据。

（3）中断

中断是指使得在用的信息系统毁坏或不能使用，是对系统可用性或完整性的威胁，主要包括以下几种形式。

- 瘫痪：指禁用系统组件来防止或中断系统运行。这是对系统可用性的攻击，可能由系统硬件的物理破坏或损坏造成。更典型的是用恶意软件，如特洛伊木马、病毒或蠕虫，可能使系统或某些服务瘫痪。
- 阻碍：指对系统功能或数据进行修改，使得系统无法正常运行。阻碍系统运行的一种方式是通过切断通信链路或改变通信控制信息来干扰通信。另一种方式是给通信量或处理资源造成过重的负担，使系统超负荷运行。典型的例子是拒绝服务（denial of service，DoS）攻击和分布式拒绝服务（distributed denial of service，DDoS）攻击。

（4）侵占

侵占指导致系统服务或功能被未经授权的个体所控制的情况，这是对系统完整性的威胁，主要包括以下几种形式。

- 挪用：指未经授权的个体对系统资源进行逻辑控制或物理控制，包括盗窃服务。一个例子是 DDoS，即在一些主机上安装恶意软件，作为向目标主机发射流量的平台。在这种情况下，恶意软件可以未经授权地使用处理器和操作系统资源。
- 滥用：指导致系统组件执行有损系统安全的功能或服务。滥用可以通过恶意逻辑代码或黑客未经授权进入系统的方式发生。在这两种情况下，安全功能都可能被禁用或被阻碍。

2. 根据威胁主体分类

根据安全威胁的主体，可以将操作系统的安全威胁分为两大类：入侵者和恶意软件。

（1）入侵者

入侵者是最常见的安全威胁之一，通常被称为黑客。早期对入侵的一项重要研究确定了 3 类入侵者。

- 伪装者：指未经授权使用计算机的人。他们会侵入系统的访问控制，以利用合法用户的账户。
- 越权者：指访问数据、程序或资源而未经授权的合法用户，或经授权访问但滥用其权限的合法用户。
- 秘密使用者：夺取对系统的监督控制权，并利用这种控制权逃避审计和访问控制或妨碍审计及妨碍审计收集信息的个人。

伪装者很可能是操作系统之外的人；越权者一般是操作系统的内部用户；秘密使用者则既可以是局外人，也可以是局内人。

（2）恶意软件

恶意软件指的是利用计算机系统漏洞的程序。在这种情况下，需要关注的是恶意软件对应用程序、实用程序（如编辑器和编译器）和内核级程序的威胁。恶意软件可以分为两类，一类是需要主机程序的，另一类是可以独立运行的。前者被称为寄生程序，本质上是程序的碎片，不能独立于一些实际的应用程序、实用程序或系统程序而存在，如病毒、逻辑炸弹和后门等。后者是可以被操作系统安排和运行的自足程序，如蠕虫和僵尸程序。

恶意软件可以是相对无害的，也可以执行一种或多种有害的行动，包括破坏主存储器中的文件和数据、绕过控制以获得特权访问，以及为入侵者提供绕过访问控制的手段等。

8.2 入侵者

前文已经介绍了入侵者的概念，本节关注入侵者的入侵方法以及有效的入侵防护。

1. 入侵方法

入侵者的攻击有轻有重。在较轻的攻击中，许多人可能只是希望知道系统里面有什么。在严重的攻击中，入侵者会试图读取特权数据，并对数据进行未经授权的修改或破坏。

入侵者的目的是获得对系统的访问权或增加系统上可访问的特权范围。大部分的初始攻击都是利用系统或软件的漏洞，让用户执行代码，打开进入系统的后门。入侵者可以通过在具有一定权限的程序上运行的缓冲区溢出来获得对系统的访问。

另外，入侵者还会试图获取本应受到保护的信息。在某些情况下，这些信息是以用户密码的形式存在的。只要知道用户的密码，入侵者就可以登录系统，行使合法用户的所有特权。

2. 入侵防护

为了保护系统，必须从 4 个层面采取安全措施。

（1）物理层面。物理层面的防护是指装有计算机系统的一个或多个地点必须有实物保护，防止入侵者进入。机房和能够进入目标计算机的终端或计算机都必须有安全保障，如限制进入其所在的建筑物，或将其锁在办公室内。

（2）网络层面。当代大多数计算机系统，从服务器到移动设备，再到物联网（internet of things，IoT）设备，都是联网的。网络为系统提供了访问外部资源的手段，但也为未经授权访问系统提供了潜在的载体。此外，现代系统中的计算机数据经常通过专用租赁线路、共享线路（如互联网）、无线连接和拨号线路进行传输。拦截这些数据与闯入计算机一样有害，中断通信会造成远程拒绝服务攻击，影响用户对系统的使用和信任。

（3）操作系统层面。操作系统及其内置的一套应用程序和服务组成了庞大的代码库，可能含有许多漏洞。不安全的默认设置、错误的配置和安全漏洞只是一些潜在的问题。因此，操作系统必须保持更新（不断打补丁）和"加固"（配置和修改），以减少攻击面和避免渗透。攻击面是攻击者可以尝试入侵系统的一组漏洞。

（4）应用层面。第三方应用程序也可能带来风险，特别是当它们拥有重要权限时。有些应用程序本身就是恶意的，即使是良性的应用程序也可能包含安全漏洞。由于第三方应用程序数量庞大，且代码库各不相同，几乎不可能确保所有此类应用程序都是安全的。

四层安全模型如图 8.1 所示。

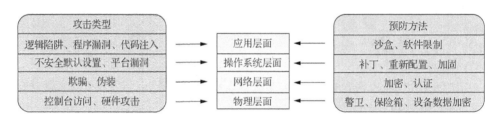

图 8.1　四层安全模型

8.3　恶意软件

恶意软件是旨在利用、禁用或破坏计算机系统的软件。本节将介绍恶意软件的分类、工作原理以及恶意软件的预防。

8.3.1　恶意软件的分类

如图 8.2 所示，恶意软件总体可以分为两类：需要主机程序的和可以独立运行的。前者是由触发器激活的程序或程序片段，如逻辑炸弹、后门和病毒；后者包括一个程序片段或一个独立的程序，执行时能够自我复制并传播到其他计算机上，如僵尸程序和蠕虫。

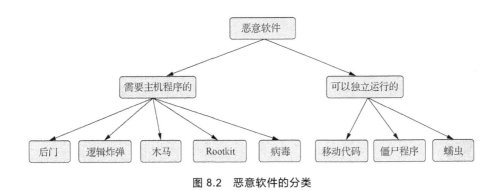

图 8.2 恶意软件的分类

8.3.2 恶意软件的工作原理

1. 后门

后门也被称为陷阱门，是秘密进入程序的入口。它允许知道后门的人访问，而不是通过通常的安全访问程序访问。程序员多年来一直合法地使用后门来调试和测试程序，这种后门被称为维护钩子。当不法分子利用后门进行未经授权的访问时，后门就会成为威胁。

2. 逻辑炸弹

逻辑炸弹是最古老的安全威胁类型之一，比病毒和蠕虫出现的时间更早。逻辑炸弹是嵌入一些合法程序的代码，当满足某些条件时，这些代码就会"爆炸"。可以用作逻辑炸弹触发条件的有：某些文件的存在或缺失，时间到了一周中的某一天或某一日期，运行某些应用程序。一旦被触发，逻辑炸弹可能会改变或删除数据或整个文件，导致计算机停止运行，或造成其他破坏。

3. 木马

木马是一种有用的（或表面上有用的）程序或命令程序，但是包含隐藏的代码。一旦被调用，它将实现一些不需要的或有害的功能。木马可以用来间接完成未经授权的用户无法直接完成的功能。例如，为了访问共享系统中另一个用户的文件，用户可以创建一个木马；当执行该程序时改变调用用户的文件权限，使文件可以被任何用户读取；攻击者可以将程序放置在公共目录中，并将其命名为一个有用的实用程序或应用程序，从而诱使用户运行该程序。

执行木马可能会导致以下 3 种结果。

① 继续执行原程序的功能，并额外执行单独的恶意活动。

② 继续执行原程序的功能，但修改其功能以执行恶意活动（如收集密码的木马登录程序）或掩饰其他恶意活动（如不显示某些恶意进程的木马进程列表程序）。

③ 执行恶意活动，完全取代原程序的功能。

4. 移动代码

移动代码指的是可以无须改变地移植到异质平台并以相同语义执行的程序，如脚本、宏或其他可移植指令。

移动代码可从远程系统移植到本地系统，然后在本地系统上执行，而无须用户的明确指令。有时移动代码会利用漏洞进行恶意入侵，比如未经授权的数据访问或 root 入侵。移动代码的流行载体包括 Java 小程序、ActiveX、JavaScript 和 VBScript。利用移动代码在本地系统上进行恶意操作的常见方式是跨站脚本攻击、交互式和动态网站感染、电子邮件附件感染以及从不信任的网站或不信任的软件下载恶意软件。

5. 病毒

计算机病毒是一种程序，它可以通过修改其他程序来"感染"这些程序。这种修改包括给原始程序注入例程，使病毒程序复制，然后感染其他程序。

在生物学中，病毒是微小的遗传密码碎片，可以"接管"活细胞，并"欺骗"它复制出成千上万的原始病毒。与生物病毒一样，计算机病毒在其指令代码中携带着用于复制的代码。典型的病毒会被嵌入计算机程序中，每当受感染的计算机接触到未受感染的软件时，病毒的复制体就会传入该软件中。因此，如果不知情的用户交换磁盘或在网络上互相发送程序，病毒将从一台计算机传播到另一台计算机。在网络环境中，病毒能够访问其他计算机上的应用程序和系统服务，为病毒的传播提供完美的环境。

（1）病毒的特征

病毒可以做任何其他程序能做的事情，唯一不同的是，它将自己附着在程序上，并在主机程序运行时秘密执行。病毒一旦执行，就可以执行当前用户权限所允许的任何操作，如删除文件和程序。

计算机病毒包含以下 3 个部分。

- 感染机制：病毒传播的手段，使其得以复制。该机制也称为感染载体。
- 触发器：决定有效载荷被激活或传递的事件或条件。
- 有效载荷：病毒除了传播之外还能执行的操作。有效载荷可能包括恶意有效载荷，也可能包括良性有效载荷。

病毒会经历以下 4 个阶段。

- 休眠阶段：病毒处于闲置状态。病毒最终会因为某些事件而被激活，比如某个日期、某个程序或文件存在或者磁盘的容量超过某个限度。不是所有的病毒都有这个阶段。
- 传播阶段：病毒会在其他程序或磁盘上的某些系统区域中植入相同的复制体。每个被感染的程序都会包含一个病毒的复制体，该复制体本身也会进入传播阶段。
- 触发阶段：病毒被激活，以执行其预期的功能。与休眠阶段类似，触发阶段可以由各种系统事件引起，包括统计这个病毒复制体对自己的复制次数。
- 执行阶段：功能被执行。该功能可能是无害的，如在屏幕上显示信息；也可能是有害的，如破坏程序和数据文件。

大多数病毒只在特定的操作系统上执行，在某些情况下是特定的硬件平台。因此，病毒是为了利用特定系统的细节和弱点而设计的。

（2）病毒的结构

病毒可以被放到可执行文件的首部与尾部，也可以以其他方式嵌入程序。其运行的关键是被感染的程序在被调用时，会先执行病毒代码，再执行程序的源代码。

图 8.3 所示的是病毒结构的笼统描述。在这种情况下，病毒代码 V 是预置在被感染程序前面的，并且作为程序的入口点。

```
program V :=
{goto main;
 1234567;

subroutine infect-executable :=
  {loop:
file := get-random-executable-file;
if (first-line-of-file = 1234567)
    then goto loop
    else prepend V to file; }

subroutine do-damage :=
  {whatever damage is to be done}

subroutine trigger-pulled :=
  {retrun true if some condition holds}

main: main-program :=
    {infect-executable;
    if trigger-pulled then do-damage;
    goto next; }

next:
}
```

图 8.3 病毒结构的笼统描述

感染程序以病毒代码开始，工作原理如下：病毒代码 V 中的第一行代码表示跳转到病毒主程序；第二行代码是一个特殊的标记，用来判断潜在的受害者程序是否已经感染。当程序被调用时，控制权会立即转移到病毒主程序上。病毒主程序可能首先寻找未感染的可执行文件，并感染它们。接下来，病毒可能会执行一些动作，通常是对系统有害的。这个动作可能是每次程序被调用时都会执行的；也可能是一个逻辑炸弹，只有在某些条件下才会触发。最后，病毒将控制权转交给原程序。如果病毒的传播相当迅速，用户不太可能注意到感染程序和未感染程序的执行有什么不同。

病毒很容易被检测出来，因为程序的感染版本比相应的未感染版本要长。躲开这种简单的检测病毒的方法是压缩可执行文件，使感染版本和未感染版本长度相同。图 8.4大致展示了解压缩病毒。在这个病毒中，重要的行都有编号。假设程序 P1 感染了病毒CV，当该程序被调用时，控制权会转交给病毒，并执行以下步骤。

① 每找到一个未感染的文件 P2，病毒首先将该文件压缩，产生 P'2。该文件比原文件小。

② 在压缩后的程序前加上一份病毒的复制体。

③ 对原始感染程序的压缩版 P'1 进行解压缩。

④ 解压缩后的原始程序被执行。

```
program CV :=
{goto main;
 01234567;

subroutine infect-executable :=
  {loop:
  file:= get-random-executable-file;
  if (first-line-of-file = 01234567) then goto loop;
     (1)compress file;
     (2)prepend CV to file;
     }

main: main-program :=
 {if ask-permission then infect-executable;
    (3)uncompress rest-of-file;
    (4)run uncompressed file;
    }
}
```

图 8.4　解压缩病毒

在这个例子中，病毒除了传播之外，没有其他作用。但是如前文所述，病毒可以携带逻辑炸弹，这样就会对操作系统产生威胁。

（3）初始感染

病毒一旦通过感染单个程序进入系统，当被感染的程序执行时，它就有可能感染该系统中的其他可执行文件。因此，阻止病毒进入系统是预防病毒感染的关键。不幸的是，预防是异常困难的，因为病毒可以成为系统外任何程序的一部分。因此，除非用户满足于拿一块绝对光秃秃的铁板（没有任何外界系统与程序的空白硬件设施）来编写所有的系统和应用程序，否则很难完全避免感染病毒。通过剥夺一般用户修改系统程序的权利，可以阻止许多形式的病毒感染。

早期 PC 缺乏访问控制机制，是传统的、基于机器码的病毒在这些系统上得以迅速传播的一个重要原因。相比之下，虽然为 UNIX 系统编写机器码病毒很容易，但实际上几乎从未出现过，因为这些系统访问控制机制的存在阻碍了病毒的有效传播。传统的、基于机器码的病毒已经不那么流行了，因为现代 PC 操作系统有更有效的访问控制机制。但是病毒制造者已经找到了其他途径，如宏病毒和电子邮件病毒，这将在后文讨论。

（4）病毒的分类

自病毒首次出现以来，杀毒软件编写者和病毒制造者一直进行着"正邪较量赛"。一方面，杀毒软件编写者对现有类型的病毒制定出了有效的对策；另一方面，更新的病毒类型也被开发出来。目前还没有一个简单或普遍认同的病毒分类方案，本节将按照病毒试图感染的目标类型，以及病毒用来隐藏自己以避免被用户和杀毒软件发现的隐蔽策略这两种方法进行分类。

病毒按感染目标的不同可分为以下几种。

- 扇区病毒：感染主引导记录或引导记录。当系统从含有病毒的磁盘启动时，病毒就会传播。
- 文件病毒：感染操作系统或外壳认为可执行的文件。
- 宏病毒：用应用程序解释的宏代码感染文件。

病毒按隐蔽策略的不同可分为以下几种。

- 加密病毒：典型的方法是一部分病毒创建一个随机的加密密钥，并对病毒的其余部分进行加密，该密钥与病毒一起存储；当感染程序被调用时，病毒会使用存储的随机密钥来解密病毒；当病毒复制时，则选择不同的随机密钥。由于大部分病毒在每个实例中用不同的密钥进行加密，所以没有恒定的位模式可供检测。
- 隐形病毒：一种明确设计的病毒形式，以隐藏病毒不被杀毒软件发现。它针对的是整个病毒，而不仅是一个有效载荷被隐藏。
- 多态病毒：每次感染都会发生变异的病毒，使得病毒的"特征"无法被检测到。
- 变态病毒：与多态病毒一样，变态病毒每次感染都会变异。不同的是，变态病毒在每一次迭代时都会完全重写自己，增加检测的难度。变态病毒可能改变其行为以及外观。

（5）电子邮件病毒

恶意软件的一个发展是电子邮件病毒。第一批迅速传播的电子邮件病毒（如 Melissa）利用了嵌入附件中的 Microsoft Word 宏。如果收件人打开电子邮件附件，Word 宏就会被激活，并执行以下操作。

① 电子邮件病毒将自己以电子邮件的形式发送给用户邮件列表中的所有人。

② 病毒对用户的系统进行局部破坏。

1999 年，电子邮件病毒出现了一个强大的版本。这种版本是收件人只需打开一封包含病毒的电子邮件，而不是打开附件，就可以激活病毒。该病毒使用电子邮件软件包支持的 Visual Basic 脚本语言编写。

因此，新一代的恶意软件可通过电子邮件传送，并利用电子邮件软件的功能在互联网上复制自己。病毒一旦被激活（通过打开电子邮件附件或打开电子邮件），就可将自己传播到被感染主机已知的所有电子邮件地址中。因此，病毒过去需要花几个月或几年的时间来传播，而现在只需几小时甚至更短的时间就可以完成传播。这使得防病毒软件很难在病毒造成巨大损失之前做出反应。必须在 PC 的互联网实用程序和应用软件中建立更强的安全机制，以消除日益严重的威胁。

6．蠕虫

蠕虫是一种可以自我复制并利用系统漏洞通过网络进行传播的恶意程序。蠕虫传播至其他计算机后可能被激活，再次进行复制和传播。除了传播之外，蠕虫通常还会执行一些用户不需要的功能。蠕虫会主动寻找更多的计算机进行感染，每一台被感染的计算机都会成为攻击其他计算机的"自动发射台"。

网络蠕虫利用网络连接在系统间传播。一旦在系统内活动，网络蠕虫可以表现为计算机病毒，也可以植入木马或执行任意数量的破坏性行动。

为了自我复制，网络蠕虫会使用某种网络载体，包括以下几种。

- 电子邮件。蠕虫会把自己的副本传送给其他系统，这样当其他系统收到或查看电子邮件或附件时，它的代码就会被运行。
- 远程执行设施。蠕虫在另一个系统上执行自己的副本，可以使用明确的远程执行设施，或利用网络服务中的程序缺陷来彻底改变其操作（如第 7 章所述的缓冲区溢出）。
- 远程系统。蠕虫以用户身份登录远程系统，使用命令将自己从一个系统复制到另一个系统，然后在另一个系统中执行。

蠕虫的新副本会在远程系统上运行，除了在该系统上执行破坏性活动外，它还会以同样的方式继续传播。

网络蠕虫具有与计算机病毒相同的阶段：休眠阶段、传播阶段、触发阶段和执行阶段。传播阶段一般执行以下功能。

- 通过检查主机表或类似的远程系统地址库，寻找其他系统进行感染。
- 与远程系统建立连接。
- 将自身复制到远程系统，并在远程系统中运行。

网络蠕虫在将自身复制到远程系统之前，还可能试图确认系统以前是否被感染过。在多程序系统中，它还可能通过将自己命名为系统进程或使用其他一些可能不被系统操作人员注意到的名称来伪装自己。

7．Rootkit

（1）Rootkit 概述

Rootkit 是安装在系统上的一组程序，以实现对该系统的管理者权限访问。通过 root

权限可以访问操作系统的所有功能和服务。Rootkit 以恶意和隐蔽的方式改变主机的标准功能。有了 root 权限，攻击者就可以完全控制系统、添加或更改程序和文件、监控进程、发送和接收网络流量，并根据需求获得后门访问权。

Rootkit 可以对系统进行许多更改，以隐藏其存在，使用户难以确定 Rootkit 的位置，也无法识别其进行了哪些更改。从本质上讲，Rootkit 通过加载特殊驱动、修改系统内核达到隐藏的目的。

Rootkit 可以根据是否能在重启和执行模式下存活来进行分类，具体如下。

- 持久模式：每次系统启动时激活。Rootkit 必须将代码存储在持久性存储系统中，如注册表或文件系统，并配置一种方法，使代码无须用户干预即可执行。没有持久性代码，就无法在重启后存活。
- 用户模式：拦截对 API 的调用并修改返回结果。例如，当应用程序执行目录列表时，返回结果不包括识别与 Rootkit 相关联文件的条目。
- 内核模式：可以在内核模式下拦截对本地 API 的调用，还可以通过删除内核活动进程列表中的恶意软件进程来隐藏自己。

（2）Rootkit 攻击

与蠕虫或后门不同，Rootkit 不直接依靠或利用漏洞进入计算机。Rootkit 攻击的一种方法是通过诱导用户加载木马，另一种方法是通过黑客活动，具体如下。

① 攻击者使用工具来识别开放的端口或其他漏洞。

② 攻击者使用密码破解、恶意软件或系统漏洞来获得初始访问权限，并最终获得 root 权限。

③ 攻击者将 Rootkit 上传至受害者的计算机。

④ 攻击者将病毒、拒绝服务或其他类型的攻击添加到 Rootkit 的有效载荷中。

⑤ 攻击者运行 Rootkit 的安装脚本。

⑥ Rootkit 替换二进制文件、其他文件、命令或系统实用程序，以隐藏其存在。

⑦ Rootkit 在目标服务器的某个端口进行监听，安装嗅探器或键盘记录器，激活恶意的有效载荷，或采取其他方式来控制受害者的计算机。

8．僵尸程序

僵尸程序能秘密接管另一台与互联网相连的计算机，然后利用这台计算机发动攻击，而用户很难通过这些攻击追踪到僵尸程序的创造者。僵尸程序通常被安放在数百或数千台毫无防备的第三方计算机上。僵尸程序的集合往往能够以协调的方式行动，这种集合被称为僵尸网络。

僵尸网络具有 3 个特征：远程控制设施、扩散机制、扫描策略。

（1）远程控制设施

远程控制设施是僵尸程序和蠕虫的区别。蠕虫会自我传播和自我激活，僵尸程序则由一些中央设施控制。

实现远程控制设施的一个典型方法是使用互联网中继交谈（internet relay chat，IRC）服务器。所有的僵尸程序都加入这个服务器的特定频道，并将传入的消息视为命令。而僵尸网络倾向于避开 IRC 机制，并通过 HTTP 等协议使用隐蔽的通信通道，也使用分布式控制机制，以避免单点故障。

一旦控制模块和僵尸程序之间建立了通信路径，控制模块就可以激活僵尸程序。在简单的形式下，控制模块只需向僵尸程序发出命令，使僵尸程序执行已经在僵尸程序中实现的例程。为了获得更大的灵活性，控制模块可以发出更新命令，指示僵尸程序从某个互联网位置下载一个文件并执行它。有更大灵活性的僵尸程序成为更通用的工具，可以用于多种攻击。

（2）扩散机制

僵尸程序攻击的第一步是让攻击者用僵尸程序感染一些计算机，这些计算机最终会被用于实施攻击。这一阶段的攻击有以下几个基本特征。

- 具有能够实施攻击的软件。该软件必须能够在大量的计算机上运行，必须能够隐藏自己，必须能够与攻击者进行通信或具有某种时间触发机制，必须能够向目标发起预定的攻击。
- 大量系统的漏洞。攻击者必须找到许多系统管理者和个人用户没有修补的漏洞，并且攻击者能够安装僵尸程序。

（3）扫描策略

扫描策略是指定位和识别易受攻击的计算机的策略。

在扫描过程中，攻击者首先寻找一些易受攻击的计算机，并对其进行感染。通常情况下，安装在受感染计算机中的僵尸程序会重复同样的扫描过程，直到形成由受感染计算机组成的大型分布式网络。扫描策略主要有以下几种。

- 随机：每台被入侵的主机使用不同的种子探测 IP 地址空间中的随机地址。这种技术会产生大量的互联网流量，甚至在实际攻击发起之前就造成普遍的中断。
- 命中清单：攻击者首先编制一长串潜在的易受攻击的计算机的清单。这可能是一个长期、缓慢的过程，以避免被受攻击的计算机发现正在进行攻击。一旦清单编制完成，攻击者就开始感染清单上的计算机，每台被感染的计算机都会得到清单中的一部分计算机并进行扫描。这种策略导致扫描时间非常短，使人们难以检测到正在进行的感染。
- 拓扑：这种策略利用受感染的计算机上包含的信息来寻找更多的主机进行扫描。
- 本地子网：如果一台主机可以在受防火墙保护的情况下被感染，这台主机就会在自己的本地网络中寻找目标。该主机利用子网地址结构来寻找其他本来受防火墙保护的主机。

8.3.3 恶意软件的处理

对于恶意软件，较理想的方法是预防：不让恶意软件入侵系统。然而这个目标通常很难达到。除了预防之外，理想的处理方法应包含以下几点。

- 检测：一旦发生感染，确定其发生位置。
- 识别：检测成功后，识别出感染程序的恶意软件。
- 删除：识别出恶意软件后，将其从感染程序中清除，让感染程序恢复到之前的状态。如果检测出恶意软件但无法删除，则可以选择丢弃相关程序。

8.4 用于安全保障的技术

本节将介绍用于安全保障的技术，包括数据加密、身份认证以及访问控制等。

8.4.1 数据加密

操作系统中的许多地方都使用了数据加密技术。数据加密的主要依据是密码学，其在安全方面发挥着重要作用。例如，文件系统可以对磁盘上的所有数据进行加密，以防止重要数据的泄露。本小节主要介绍数据加密和解密的基本概念。

数据加密的目的是用加密算法对明文进行加密，此时只有被授权的人才知道如何将其转换为明文。对其他人来说，密文只是一串难以理解的比特串。一个数据加密模型由以下几个部分组成。

- 明文：指准备加密的文件，一般用 P 表示。
- 密文：指加密后的文本，一般用 Y 表示。
- 加密算法和解密算法：用来实现明文—密文和密文—明文转换的公式或程序，通常用 E 和 D 表示。
- 密钥：加密和解密算法的参数，以 K 表示。

数据加密模型如图 8.5 所示。

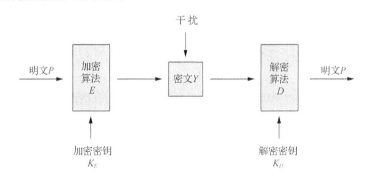

图 8.5　数据加密模型

数据加密的过程：假设 P 是明文，K_E 是加密密钥，E 是加密算法，那么密文 $Y = E(P, K_E)$。相对应地，解密利用解密算法 D 和解密密钥 K_D 对密文 Y 进行解密，将密文恢复为明文 $P = D(Y, K_D)$。

尽管听起来有些奇怪，但加密和解密算法（函数）始终是公开的，保密性取决于密钥。"算法是公开的，而保密性应该只存在于密钥中"被称为柯克霍夫原则，由 19 世纪荷兰密码学家奥古斯特·柯克霍夫（Auguste Kerckoffs）提出，是所有密码学家默认遵守的原则。

8.4.2　身份认证

在大多数计算机安全环境中，用户身份认证是基本的构件和主要的防线，是大多数类型的访问控制和用户问责的基础。从本质上讲，用户身份识别是用户向系统提供主张身份的手段，是确定有效性的方法。

验证用户身份的一般方法有如下 4 种，可以单独使用或组合使用。

- 个人所知道的东西：如密码、个人识别码（personal identification number，PIN）或对预先安排的一组问题的回答。
- 个人拥有的东西：如电子钥匙卡、智能卡和物理钥匙。这种类型的认证器被称为令牌。
- 静态生物识别：包括指纹、视网膜和面部识别。
- 动态生物识别：如通过声音模式、笔迹特征和打字节奏来识别。

所有这些方法，如果实施和使用得当，都可以提供安全的用户认证。然而，每种方法都有缺陷。对手可能会猜到或窃取密码、伪造或窃取令牌，用户可能会忘记密码或丢失令牌。此外，管理系统中的密码和令牌信息以及确保系统中这些信息的安全会产生大量的管理费用。而生物鉴别认证器（指使用静态、动态生物特征进行识别的方法）存在各种问题，包括处理假阳性和假阴性、用户接受度、成本和便利性等。

1．基于密码的认证

对付入侵者，广泛使用的一道防线是密码系统。几乎所有的多用户系统、基于网络的服务器、基于网络的电子商务网站以及其他类似的服务，都要求用户不仅要提供姓名或 ID，还要提供密码。系统会将密码与该用户 ID 先前存储的密码进行比较，先前的密码保存在系统密码文件中。密码的作用是验证登录系统的个人 ID，ID 则通过以下方式提供安全性。

- ID 决定用户是否被授权进入系统。在某些系统中，只有已经在系统中备案了 ID 的人才能进入系统。
- ID 决定给予用户的特权。少数用户可能具有监督作用或"超级用户"身份，能够读取文件和执行受操作系统特别保护的功能。有些系统有客人或匿名账户，这些账户的用户比其他用户拥有更有限的权限。
- ID 用于所谓的自由裁量访问控制。例如，通过列出其他无访问控制权限的用户的 ID，用户可以授予他们读取自己所拥有文件的权限。

2．基于哈希密码的认证

一个广泛使用的密码安全技术是哈希密码和盐值。这个方案几乎在所有的 UNIX 变种系统和其他操作系统上都可以找到。为了将新的密码加载到系统中，用户将选择或被分配一个密码，这个密码与一个固定长度的盐值相结合。在旧的实现中，这个值与密码被分配给用户的时间有关。新的实现使用一个伪随机数或随机数。将密码和盐值输入哈希算法，可产生固定长度的哈希密码。为了防止攻击，散列算法的执行速度较慢。哈希密码和盐值的明文副本一起被存储在对应用户 ID 的密码文件中。这种方法已经被证明可以安全地抵御各种密码分析攻击。

当用户试图登录 UNIX 系统时，需提供 ID 和密码。操作系统使用 ID 在密码文件中进行索引，并检索出明文盐值和加密密码。盐值和用户提供的密码被用作加密例程的输入。如果结果与存储的值相匹配，则密码被接受。

盐值有 3 个作用。

- 可以防止重复的密码出现在密码文件中。即使两个用户选择了相同的密码，这些密码也会被分配不同的盐值。因此，两个用户的哈希密码不会相同。
- 大大增加了离线字典攻击的难度。对于长度为 b 位的盐值，可能的密码数量会增加 $2b$ 倍，增加了离线字典攻击的难度。
- 要找出一个在两个或更多系统中拥有密码的人是否在所有系统中使用了相同的密码，几乎是不可能的。

要了解第二个作用，先得知道离线字典攻击的工作方式，即攻击者获得密码文件的副本的方式。首先假设用户没有使用盐值，攻击者的目标是猜测一个密码。为此，攻击者向哈希函数提交大量可能的密码。如果任何一个猜测结果与文件中的一个哈希值相匹配，攻击者就找到了文件中的密码。但是面对 UNIX 方案，攻击者必须对字典文件中的每一个盐值进行一次猜测并提交给哈希函数，还要乘以必须检查的猜测数。这个难度非常大，几乎不可能实现。

3．基于口令的认证

用户用于身份认证的物品被称为代币。下面介绍两种被广泛使用的代币，这些代币是具有银行卡外观和大小的卡片。

（1）存储卡

存储卡可以存储但不能处理数据。常见的存储卡是背面有磁条的银行卡。磁条只能存储一个简单的安全代码，可以被廉价的读卡器读取，并且可以重新编程。还有一些存储卡包括一个内部电子存储器。

存储卡可以单独用于物理访问，如酒店房间。对于计算机用户认证，这种卡通常与某种形式的密码或 PIN 一起使用。

（2）智能令牌

各种各样的设备都有资格成为智能令牌。这些设备可以按照 3 个不相互排斥的维度进行分类。

① 物理特性。智能令牌包括一个嵌入式微处理器。一种看起来像银行卡的智能令牌

被称为智能卡。其他智能令牌可以看起来像计算器、钥匙或其他小型便携物品。

② 界面。手动界面包括一个键盘和显示器，用于人与令牌交互。带有电子接口的智能令牌可与兼容的读卡器或写卡器进行通信。

③ 认证协议。智能令牌的目的是为用户认证提供一种手段。可以将智能令牌使用的认证协议分为以下 3 类。

- 静态协议。在静态协议中，用户向令牌认证自己，然后令牌向计算机认证用户。这种协议后半部分的执行过程与主存储器令牌的类似。

- 动态密码。在这种情况下，令牌会定期（如每分钟）生成一个独特的密码，然后将该密码输入计算机系统进行认证。可以由用户手动输入，也可以通过令牌以电子方式输入。必须对令牌和计算机系统进行初始化并保持同步，以便计算机知道该令牌的当前密码。

- 挑战一响应。在这种情况下，计算机系统会产生一个挑战，如一串随机的字符串；智能令牌根据挑战产生一个响应，如使用公钥加密技术，令牌可以用其私钥对挑战字符串进行加密。

一张智能卡内部包含完整的微处理器，如处理器、存储器和 I/O 端口。有些版本包含特殊的协处理电路，用于加密操作，以加快信息的编码和解码任务或生成数字签名来验证传输的信息。在一些智能卡中，I/O 端口可以通过外露的电触点被兼容的阅读器直接访问；其他智能卡则依靠嵌入式天线与阅读器进行无线通信。

4. 生物识别认证

生物识别认证系统试图根据个人独特的身体特征对其进行认证。这些特征包括静态特征，如指纹、手型、面部特征、视网膜和虹膜等；动态特征，如声纹和签名等。从本质上讲，生物识别认证技术是基于模式识别的。与密码和令牌相比，生物识别认证在技术上既复杂又昂贵，常见的有以下几种。

- 面部特征。这是最容易识别的生物特征之一，相应地出错概率也较高，因为人们可以针对性地改变自己的样貌来骗过检测。

- 指纹。尽管目前全球已有近 80 亿人口，但几乎不可能找到两个完全相同的指纹，而且它的形状不会随时间而改变，因此利用指纹来进行身份认证是非常可靠的。

- 虹膜。它与指纹一样，世界上也几乎不可能找到两个人有完全相同的虹膜，因此利用虹膜来进行身份认证同样是非常可靠的。用户的虹膜所含的信息远比指纹的复杂，其信息需要用 256 字节来编码。

- 声音。每个人在说话时都会发出不同的声音。人对声音非常敏感，即使在强干扰的环境下，也能很好地分辨几乎各种声音。事实上，人们主要依据对方的声音来确定对方的身份。现在广泛采用与计算机技术相结合的办法来实现身份认证，其基本方法是对一个人说话的声音进行分析，将其全部特征存储起来（通常把所存储的声音特征称为声纹），然后利用这些声纹完善声音口令系统。

图 8.6 粗略显示了常见生物识别认证方法的相对成本和准确性。准确性的概念不适用于使用智能卡或密码的用户认证方案。例如，如果用户输入密码，它要么与该用户预期的密码完全匹配，要么不匹配。在使用生物识别参数时，系统必须确定所呈现的生物特征与存储的特征的匹配程度。

图 8.6　常见生物识别认证方法的成本与准确性

8.4.3　访问控制

访问控制规定了用户可以访问的特定系统资源以及每个实例中允许的访问类型。

访问控制机制在用户（或代表用户执行的进程）和系统资源（如应用程序、操作系统、防火墙、路由器、文件和数据库）之间进行协调。系统必须首先对访问用户进行认证。在通常情况下，认证功能决定用户是否被允许访问系统。然后，访问控制机制确定是否允许该用户的特定访问请求。安全管理者维护授权数据库，该数据库规定了允许该用户对资源的访问类型。访问控制机制参考数据库来决定是否允许访问。审计功能对用户访问系统资源的情况进行监控并保存记录。

访问控制策略规定了允许什么类型的访问、在什么情况下以及由谁访问。访问控制策略一般分为以下几类。

- 自主访问控制（discretionary access control，DAC）：根据请求者的身份和说明允许或不允许请求者做什么的访问规则（授权）。这种策略被称为自由裁量策略，因为一个实体可能拥有允许该实体根据自己的意愿让另一个实体访问某些资源的权利。
- 强制访问控制（mandatory access control，MAC）：根据安全标签（表明系统资源的敏感度或关键性）与安全标签的比较来控制访问或者安全审查（表明系统实体有资格访问某些资源）。这一策略之所以被称为强制，是因为拥有访问资源权限的实体不能仅凭自己的意愿让另一个实体访问资源。
- 基于角色的访问控制（role-based access control，RBAC）：根据用户在系统中的角色和规则来控制访问，这些规则规定了特定角色的用户可以进行哪些访问。

DAC 是实现访问控制的传统方法；MAC 是一个从军事信息安全需求中发展出来的概念，不在本书的讨论范围之内；RBAC 已经越来越流行。

如图 8.7 所示，这 3 种策略并不是相互排斥的。一个访问控制机制可以采用其中的 2 种甚至 3 种策略来覆盖不同类别的系统资源。

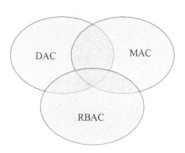

图 8.7   3 种访问控制策略

8.5   本章小结

操作系统安全涉及对计算机资源的防护，在许多应用中是至关重要的一部分。操作系统的安全通常被分解为保密性、完整性以及可用性 3 个部分，分别包含数据保密性、隐私性，数据完整性、系统完整性以及服务或响应的可用性。根据安全威胁所造成的后果，操作系统的安全威胁可分为 4 大类：信息泄露、欺诈、中断和侵占；而根据安全威胁的主体又可以将操作系统的安全威胁分为两大类：入侵者和恶意软件。入侵者的入侵方法包括查看未经授权的数据以及试图读取特权数据，并对数据进行未经授权的修改或破坏系统。为防护入侵者的入侵，需要从物理层面、网络层面、操作系统层面以及应用层面出发，采取相应的安全措施。恶意软件大体可分为两类：需要主机程序的和可以独立运行的，包括后门、逻辑炸弹、木马、移动代码、病毒、蠕虫、Rootkit 以及僵尸程序，可通过检测、识别和删除来处理恶意软件。

数据加密、身份认证以及访问控制是常用的用于安全保障的技术。数据加密的主要依据是密码学，在很多操作系统中均有使用。身份认证包括基于密码的认证、基于哈希密码的认证、基于口令的认证以及生物识别认证。访问控制包括自主访问控制、强制访问控制以及基于角色的访问控制。

8.6   本章练习

1. 定义计算机系统安全。
2. 列出并简要定义 3 类入侵者。
3. 列出并简要定义 3 类入侵者的行为模式。
4. 压缩在病毒运行过程中的作用是什么？
5. 加密技术在病毒运行过程中的作用是什么？
6. 一般来说，蠕虫是如何传播的？
7. 僵尸程序和 Rootkit 的区别是什么？

第 9 章　分布式操作系统

分布式操作系统和传统的集中式操作系统有不少相似之处，但又不尽相同。在分布式操作系统中，主要考虑资源分配、指令控制、站点通信等问题。本章旨在介绍分布式操作系统的原理、分布式文件系统、分布式同步机制。

9.1　分布式操作系统的原理

在分布式操作系统中，一组独立的计算机作为统一的整体呈现给用户。在用户层面，这组计算机就仿佛集中式操作系统一样，通过这样的分布式操作系统，可以实现资源划分、任务分配、信息交换等功能。在通常情况下，对用户而言，分布式操作系统只有一种模式或范式，具体的实现由操作系统的软件中间件负责完成。

9.1.1　分布式操作系统简介

分布式操作系统是一种通过通信网络进行松散连接的节点集合。在分布式操作系统中，对选定的节点而言，它自身被分配的资源是本地的，而其他节点和相应分配的资源都是远程的。

节点，这一概念在分布式操作系统中存在着大小和功能上的差异，它可以包括处理器、工作站或大型系统。同时，人们用很多种方式来称呼它，比如站点、节点、主机等。

分布式操作系统具有哪些优点呢？它主要有 4 个优点：资源共享、加速计算、高可靠性和高通信度。

（1）资源共享

对网络而言，如果站点之间是相互连通的，就可以实现一些资源共享。通常，这种资源共享主要提供远程站点的文件共享、分布式数据库的信息处理等操作的执行机制。

（2）加速处理

在传统操作系统中，如果一个进程可以被划分为多个独立不相关的部分，就可以通过不同的线程实现加速处理。同样地，如果一个计算可以被划分为多个独立不相关的计算部分，在分布式操作系统中就可以通过将这些计算部分分配到其他节点来实现加速计算。在这个过程中，应当尽可能均匀地分配计算任务，防止超过节点负荷，这种管理叫作负载分配。

（3）高可靠性

分布式操作系统的可靠性得益于即使分布式操作系统中有一个站点出现故障，其他站点依然可以继续运行。对一些由小型计算机构成的系统而言，每台计算机都会负责完成一些 Web 服务器等关键系统功能，一次故障可能会使整个系统停止运行。所以，分布式操作系统的可靠性需要依靠足够的冗余（硬件和数据）来保证实现。

在发生故障后，需要进行两个环节：一是检测，二是恢复。首先，系统必须检测到站点的故障，并不再使用该站点的服务。然后，如果发生故障的站点可以使用其他站点代替，那么系统需要保证能够正确地转移站点；如果发生故障的站点只能修复，那么在修复后，需要保证正确地把该站点重新集成到系统中。

（4）高通信度

在分布式操作系统中，不同站点可以进行信息交换，这些信息交换包括简单的消息传递和文件传输、登录、RPC 等。同时，这些通信可以远距离进行，从而大大提高系统的通信度。

9.1.2　基于网络的操作系统类型

通常而言，基于网络的操作系统可以分为网络操作系统和分布式操作系统两类。

1. 网络操作系统

在网络操作系统中，用户访问远程资源往往需要登录远程计算机，从远程计算机中将数据传送给本地计算机。网络操作系统与分布式操作系统相比更容易实现，但不便于用户使用。具体而言，在登录远程计算机这一环节中，使用的是远程上机协议，需要用户知道远程系统的命令；而在远程传输这一环节中，使用的是文件传送协议（file transfer protocol，FTP），需要用户掌握一个和一般操作系统命令不同的命令集。在分布式操作系统中，这个问题得到了改善。

2. 分布式操作系统

在分布式操作系统中，访问远程资源对用户而言和访问本地资源一样简便。这背后涉及的数据迁移、计算迁移和进程迁移由系统控制。

（1）数据迁移

实现数据迁移主要有以下两种方式。

① 以站点 1 和站点 2 为例：如果站点 1 向站点 2 发送访问请求，站点 2 则将全部文

件发送给站点1。当站点1不再需要访问时，会将收到的文件副本重新返还给站点2。采用这种方式的问题在于，当文件规模较大时，站点1对文件即使做了极小改动，也要回传，效率较低。

② 将当前需要访问的部分请求发送给站点1，同时站点1可以多次访问。当站点1不再需要访问时，则将所有的改动回传给站点2。

比较这两种方式，如果需要访问文件中的大部分内容，那么方式①较好；如果需要访问的只是一小部分，则方式②效率更高。此外，在进行数据迁移的时候，需要考虑兼容性问题，当两个站点不兼容时，则需要进行转换。

（2）计算迁移

有时候，在站点之间传递的不是数据，而是计算，即计算迁移。比如某个任务需要访问并处理不同站点的超大文件，以便对这些文件进行汇总。在这种情况下，在各个站点将所需要的文件处理完成，然后把完成后的文件内容返还给计算迁移的请求方显得更为方便。按照这种思路，有以下两种方式。

① 如果进程P想要访问并处理站点1的一个文件，可以通过RPC，利用用户数据报协议（user datagram protocol，UDP）来执行远程系统的程序；进程P调用站点1的程序，执行成功后把结果返还给P。

② 进程P可以向站点1发送消息，站点1收到消息后创建一个新的进程U，用这个新进程U来执行任务；当U执行完成后，把结果返还给P。方式②的好处在于进程P和进程U可以并发执行。

（3）进程迁移

进程迁移是指在执行进程的时候，并不一定在发起进程的站点上执行，而是可以把进程分配到其他站点执行。在进行进程迁移的时候，需要考虑数据获取、负载均衡、计算加速、硬件偏好和软件偏好这几个因素。

- 数据获取：指当需要用到大量数据时，远程运行进程比将数据发送到本地更高效。
- 负载均衡：指为了均衡各个站点的负载，将进程分散布置在各站点。
- 计算加速：指为了缩短进程的整体执行时间，将单个进程划分为可以并行执行的子进程。
- 硬件偏好：指有些进程在特定的处理器上运行时速度更快，效率更高。
- 软件偏好：指进程需要使用某些站点上的软件，而此时软件不能进行迁移，或者软件迁移的代价高于进程迁移的代价。

在网络中进程迁移主要用到以下两种方式。

① 系统会掩盖进程迁移的具体过程。采用这种方式时，相同类型的系统不需要用户来协助远程执行程序，因此用户不需要特地为实现迁移而过多考虑。这种方式可以用来进行负载均衡和计算加速。

② 用户知晓进程迁移的具体过程，因此进程可以满足硬件偏好和软件偏好。

9.1.3 网络结构

本小节主要介绍网络拓扑结构、局域网和广域网，两者的区别主要在于分布范围的大小。

1. 网络拓扑结构

在计算机网络中，利用通信线路来连接各计算机的方式是多种多样的，相应地，各计算机之间连接的几何形状也呈现多样性，由此形成了多种类型的网络拓扑结构。目前常见的网络拓扑结构有星形网络拓扑结构、树形网络拓扑结构、总线型网络拓扑结构、环形网络拓扑结构和网状形网络拓扑结构5种。

（1）星形网络拓扑结构

星形网络拓扑结构指的是每一个远程节点都会连接一个中心节点，如图 9.1 所示，整体结构看起来如同星星一样，因此得名。在星形网络拓扑结构中，所有远程节点之间的通信需要通过中心节点来完成。这一特性带来的结果是整个网络比较容易构造，但是在故障恢复、系统扩展、性能维护等方面较为不便。

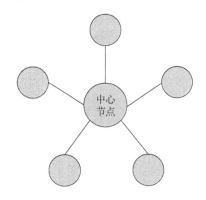

图 9.1　星形网络拓扑结构

① 故障恢复：由于系统功能高度集中于中心节点，一旦中心节点发生故障，整个系统都将瘫痪。

② 系统扩展：当远程节点增多时，中心节点需要扩展出更多的接口来实现更多的功能，以致实现较为困难，从而导致这种网络拓扑结构较难扩展。

③ 性能维护：由于中心节点的能力是有限的，当系统持续扩大时，远程节点的性能难以保持在同一水平。

（2）树形网络拓扑结构

考虑到星形网络拓扑结构的不足，在实际应用中较少使用星形网络拓扑结构。但受其启发，人们想到：如果采用多个中心节点，是否可以改善单一中心节点结构的不足呢？于是，将多级星形网络拓扑结构按层次方式进行排列，就得到了树形网络拓扑结构，如图 9.2 所示。每一个层次上的节点都可以被视为中心节点，都可以发挥相应作用。树形网络拓扑结构最大的好处在于：即使中央计算机发生故障，部门计算机仍然可以在故障恢复或选举出新的中央计算机之前维持系统运行。

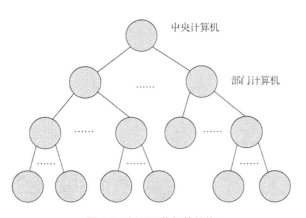

图 9.2   树形网络拓扑结构

（3）总线型网络拓扑结构

总线型网络拓扑结构参考了计算机体系结构：通过连接器将节点连接到一条高速公共总线上，从而形成总线型网络拓扑结构，如图 9.3 所示。在通常情况下，一条高速公共总线会被几个到几十个节点所共用。同时，还会有一两个网络服务器连接到高速公共总线上，以提供网络服务。当一个节点发出消息时，总线型网络拓扑结构以广播的方式通知其他节点。得益于高速公共总线，总线型网络拓扑结构在拥有简单结构的同时，实现了较高的信道利用率。但是，该拓扑结构受限于公共总线的结构。因此，总线型网络拓扑结构一般在公司部门内部使用。

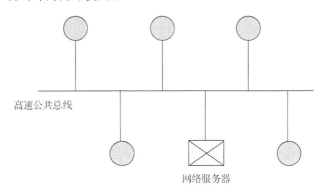

图 9.3   总线型网络拓扑结构

（4）环形网络拓扑结构

环形网络拓扑结构与总线型网络拓扑结构较为类似。不同的是，在环形网络拓扑结构中，节点通过转发器连接到总线上，并且总线形成环形，如图 9.4 所示，环形网络拓扑结构因此得名。值得注意的是，在环形网络拓扑结构中，消息沿着单方向传播，从而避免了不必要的混乱。和总线型网络拓扑结构类似，环形网络拓扑结构也得益于总线，它结构简单，信道利用率高。但大多数环形网络拓扑结构可靠性较差，如果其中一个转发器发生故障，就会导致整体网络瘫痪。所以环形网络拓扑结构一般在局域网中使用。

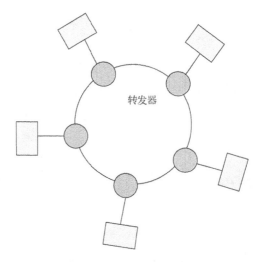

图 9.4　环形网络拓扑结构

（5）网状形网络拓扑结构

之前介绍的 4 种网络拓扑结构由于自身存在的不足，在实际的中大型网络中较少使用。为了构建广域网，一般采用网状形网络拓扑结构，如图 9.5 所示。网状形网络拓扑结构将分布在不同地点的分组交换设备（packet switch equipment，PSE）连接在一起，从而实现数据交流。

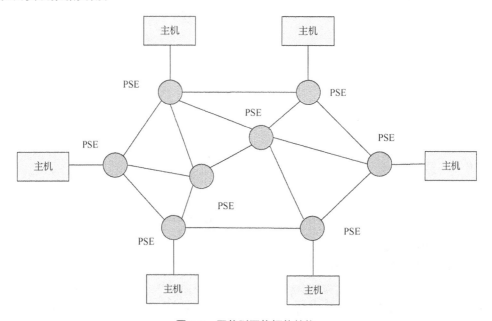

图 9.5　网状形网络拓扑结构

在网状形网络拓扑结构中，主机通过 PSE 连接对应的网络，主机与主机之间的信息交互通过网络进行，这样的网络通常被称为通信子网。通信子网外的主机则称为数据处理子网或者资源子网。这样的划分使得连入网络的各种计算机和电子设备可以较好地共存，从而支持不同的功能和应用。网状形网络拓扑结构较好地契合了分布式这一主题，因此被运用在广域网中。在网状形网络拓扑结构中，PSE 分布在不同的地方。对应地，主机也分布在不同的地方。这一特点带来了一系列优点：首先，对每一个通信子网而言，信息大部分情况下在内部就可以得到处理，或者就近得到处理，从而节约了通信带宽和通信流量；其次，在网状形网络拓扑结构中，通信设备之间往往存在两条以上的传输路由，从而提高了传输的安全性、稳定性和可靠性，同时系统更具扩展性。

2. 局域网

顾名思义，局域网（local area network，LAN）指局部的区域性网络，特点是分布范围相对有限。从办公室之间的连接到楼与楼之间的连接，都可以使用局域网。与其他网络相比，局域网传输速度快，性能稳定，框架简单，封闭性好，因此得到了广泛运用。

局域网一般有 3 个主要部分：计算机设备、网络连接设备和网络传输介质。其中，计算机设备包括服务器和工作站点；网络连接设备包括网卡、集线器和交换机；网络传输介质主要包括同轴电缆、双绞线和光缆。

局域网是一种私有网络，这一性质决定了局域网一般用来连接个人计算机和电子设备，从而实现资源共享和信息交换。在局域网中，各种计算机设备相互连接，形成通信网络。进一步地，不同地方的局域网通过专用数据线路连接，形成更大范围的通信系统。因此，局域网具有较好的封闭性，在一定程度上能够防止信息泄露和外部攻击。但是，局域网不具备较好的服务器防护能力，一旦局域网中的某台计算机设备遭受病毒攻击，往往会传播到整个网络，并且局域网在网络边界存在接入风险。

近年来，在一些不便于安装电缆的场地，无线局域网得到了有效利用。在这些系统中，计算机通过无线调制解调器和天线与其他计算机进行通信。在大多数情况下，场地的天花板上装有通信设备，这些设备相当于接入点、无线路由器和基站。它们与计算机进行通信，并负责中继计算机和计算机、计算机和互联网之间的数据报传输。IEEE 802.11 是当今无线局域网的通用标准。

常见的局域网有以下几种。

（1）基本型局域网

- 以太网。以太网是当前普遍运用的一种局域网技术。标准的以太网采用总线型网络拓扑结构。而之后出现的快速以太网往往通过交换机进行网络连接，呈现星形网络拓扑结构。但从本质上来看，快速以太网依然是总线型网络拓扑结构。在传输介质选择方面，早期的以太网主要使用的是同轴电缆，网络的最大覆盖范围为 2.5km；20 世纪 90 年代，主要使用双绞线，这种以太网被称为 10BASE-T。针对总线型网络拓扑结构的特点，以太网采用带冲突检测的载波监听多路访问（carrier sense multiple access with collision detection，CSMA/CD）总线技术。

- 令牌环网。令牌环网采用的是环形网络拓扑结构，虽然在连接方式上可能呈现星形网络拓扑结构，但其本质上依然以环的方式进行。在令牌环网中，谁持有令牌，谁就拥有传输权限。在传输介质方面，可以是无屏蔽双绞线、屏蔽双绞线、光纤等。与以太网不同，令牌环网不采用 CSMA/CD 总线技术。在令牌环网中，终端往往在传输之前就可以计算出最大等待时间，相对具有确定性。

（2）高速局域网

正如我们之前提到的，以太网采用总线型网络拓扑结构，令牌环网采用环形网络拓扑结构，本质上都是共用一条总线。当站点数量增加时，由于信道的总带宽是固定的，因此每个站点的平均可用带宽会逐渐变少。

增加平均带宽主要有两种方式：一是提高通信传输速率；二是减少站点总数。高速局域网采用第一种方式，通过提高通信传输速率来增加平均带宽。常见的高速局域网有 FDDI（fiber distributed data interface，光纤分布式数据接口）光纤环网、100BASE-T 高速以太网、千兆位以太网、10GB/s 以太网等。

- FDDI 光纤环网。FDDI 光纤环网实现了 100MB/s 的高速率传输。它采用多数据帧的数据处理方式，提高了带宽利用率，做到了大容量的数据传输。同时 FDDI 光纤环网采用了双环网络拓扑结构，使用两个光纤环，其中一个作为主环，另一个作为副环，提高了网络可靠性，并具有较好的保密性。由于 FDDI 光纤环网的这些特点，一般将其作为互联局域网的主干网。

- 100BASE-T 高速以太网。100BASE-T 高速以太网和 10BASE-T 以太网使用同样的介质访问控制规程，因此被称为高速以太网。它与 10BASE-T 以太网具有很好的兼容性，因此许多软硬件都不需要更换，可以几乎无差别地连接在 10BASE-T 局域网中。同时，100BASE-T 高速以太网有很高的性价比，尽管价格是 10BASE-T 的 2 倍，但性能是 10BASE-T 的 10 倍。所以，100BASE-T 高速以太网很快就成了高速局域网的主流。

- 千兆位以太网。千兆位以太网由千兆交换机、千兆网卡、综合布线系统等构成。在现实应用中，到底使用百兆网还是千兆网，需要从实际出发。在通常情况下，使用 10BASE-T 以太网构建底层的工作组局域网，使用 100BASE-T 以太网构建部门级局域网，企业的主干网则用千兆位以太网进行构建。目前，无论是中小型企业还是大型企业，在构建企业局域网的时候往往优先选择千兆位以太网。

- 10GB/s 以太网：10GB/s 以太网的传输介质一般是单模光纤或者多模光纤。10GB/s 以太网的帧格式与前面 3 种以太网的完全相同，帧的最小长度和最大长度都遵循 IEEE 802.3 标准。但是，10GB/s 以太网一般以全双工模式进行工作，因此不存在争用问题，不必使用 CSMA/CD 总线技术。随着这一系列以太网类型的进步，以太网的工作范围逐步从局域网扩大到城域网，再到广域网。

（3）交换式局域网

高速局域网通过提高局域网传输速率，从而增加站点的平均带宽。除此之外，我们可以通过减少站点总数来增加站点的平均带宽。交换式局域网采用的就是这种思路。实际上，由于交换式局域网的构建成本较低，得到了广泛应用。例如，假设把一个有 N 个站点的局域网划分为 M 个网段，再利用交换器将各网段互连，形成交换式局域网。此时，每个站点的平均带宽为 10MB/s×M/N，是原来的 M 倍。当 M=10 时，能将平均带宽提高 9 倍。在此之前，路由器作为局域网的连接设备，曾经在短时间内代替了网桥；而如今交换机也有同样的趋势，将代替路由器作为局域网的连接设备。

3. 广域网

当网络的分布范围超过集线器所连接的距离时，必须使用路由器来连接，这种网络类型被称为广域网（wide area network，WAN）。广域网的覆盖范围为几十千米到几千千米，因此又被称为外网或者公网。

广域网的网络介质主要是电话线和光纤，通常由网络业务服务商负责部署，预先埋在路下。为了保持一定带宽，同时考虑维修成本，广域网一般较为昂贵。

广域网并不等同于互联网。人们通常所说的互联网属于一种公共型广域网，成本较低，但无法管理带宽。而广域网的带宽是可以保证的。

9.1.4 通信结构

在设计通信网络的时候，需要考虑 5 个基本问题：命名规则和名称解析、路由策略、包策略、连接策略、竞争解决。

1. 命名规则和名称解析

站点间如果要进行通信，首先需要解决命名问题，通信双方必须能指定对方。在系统中，每个进程都拥有一个进程标识符。同样地，进程的主机也需要一个符号，这个符号就是主机名，通常用字符标识。这样一来，使用<主机名,标识符>就能够准确地标识远程系统中的进程。其中，主机名是主机在网络中的唯一名称，标识符可以是进程标识符，也可以是主机中的唯一字符序列。

对计算机而言，需要一种机制对主机名进行解析，从而标识硬件 ID。主机名有两种描述方式：第一种方式是每个主机都有一个数据文件，其中包括所有可到达的主机名和地址；第二种方式就是域名系统，把主机信息分布在网络系统中，具体的分布根据协议进行，同时在检索时也依照协议。第一种方式主要在早期使用，其问题在于当需要增删主机时，所有的数据文件都要根据增删操作进行更新，维护成本过高。第二种方式则是现在的主流方式。

域名系统（domain name system，DNS）规定了主机的命名规则。通常对主机进行逻辑编制，一个主机名称包含多个部分。在命名时，从小到大，从特殊到一般。以 admin.cs.sjtu.edu 为例，这个命名指的是教育系统中上海交通大学计算机系的管理者计算机。在解析时，会以相反的顺序进行解析：名称服务器依次接收其各部分的名称，返还负责该名称的名称服务器地址，直到最后返回一个主机 ID。在依次解析这个名称的时候，由于需要层层请求再返回，所以效率不高。不过，如果在每个名称服务器上缓存，可以在一定程度上加快解析速度。当主名称服务器崩溃时，会导致所有的主机服务器无法被访问。因此，需要对主名称服务器进行备份。

2．路由策略

在保证通信双方能够指定对方后，接下来需要解决的是消息传递问题。如果站点 1 与站点 2 之间的路径不唯一，那么存在多种路径选择的策略和方式。常用的路由策略有 3 种：固定路由、虚拟路由和动态路由。在介绍路由策略之前，需要明确的是，对站点而言，路径的描述是借助路由表完成的。路由表记录了到其他站点的可选路径及相关时间、速度等信息。

① 固定路由：指从站点 1 到站点 2 的路径是固定的且事先指定的。通常来说，指定的是两站点之间的最短路径，除非发生故障或负载过大，一般情况下不会变更。

② 虚拟路由：站点之间的路径在会话期间保持固定。即使是相同的通信双方，在不同的会话中可能会使用不一样的路径。

③ 动态路由：每一条消息发送时所采用的路径都可能不同。一般来说，在通信时会选择转发数最少的路径。

动态路由选择主要有以下 3 种方法。

- 独立路由选择：顾名思义，各个节点在进行路由选择时，将根据自己所知的信息与内容进行选择，与其他节点无关。
- 集中式路由选择：所有节点都会存储一张路由表。这与固定路由选择类似但不完全相同：在固定路由选择算法中，每个节点的路由表是人工设置的；而在集中式路由选择算法中，每个节点的路由表由路由控制中心（router control center，RCC）根据网络状态计算并设置。同时，路由控制中心会定时地重新计算并更新每个节点的路由表。
- 分布式路由选择：所有节点都会存储一张路由信息表，这张表提供了其他节点的路由信息。同时，每个节点会定期地与相邻节点进行信息交换。通过路由信息表，节点可以确定到其他节点的路径以及距离，从而进行路由选择。

综上可知，固定路由在出现故障或负载较大时无法较好地工作，而虚拟路由可以部分解决这个问题，动态路由则可以彻底解决这个问题。在采用固定路由和虚拟路由时，接收方收到消息的顺序和消息发送顺序是一致的，动态路由则可能出现错序甚至乱序的情况，这个问题可通过添加序号解决。

3．包策略

包是网络层的数据单元，除了包之外还有数据链路层的数据报和物理层的帧。在发送包的时候，既可以通过无连接的方式发送，也可以通过面向连接的方式发送。无连接的方式不可靠，同时不保证交付；面向连接的方式可通过返回一个表明到达的包来保证交付。

4．连接策略

在确定了通信双方且能够发送消息后，就需要建立通信会话。建立通信会话的方式通常有 3 种：电路交换、消息交换、包交换。

- 电路交换：是指通过建立永久物理链路来实现两个进程之间的通信。一旦分配链路后，其他进程在通话期间就无法占用这个连接。
- 消息交换：是指建立短暂的链路来实现两个进程之间的通信。在这种方式中，物理链路被动态地分配，且每次分配的时间很短。
- 包交换：如果消息太长，则需要把消息分成多个包。为了处理多个消息包，每个包需要另外包含消息源地址和目标地址，以便最后到达目标地址后统一整合。

5．竞争解决

当多个站点在同一条链路上发送信息时，会产生竞争和冲突。解决这种问题主要有两种方法：CSMA/CD 法和令牌法。

（1）CSMA/CD 法

载波监听多路访问是指在站点建立连接、传输报文前，需要检测是否已经有报文占用了该链路。如果没有，则可以传输；如果链路已被占用，则必须等待，直到链路空闲。冲突检测是指当站点同时开始传输而发生冲突时，必须加以记录并停止传输。在产生冲突后，站点在随机时间后再次尝试传输。

CSMA/CD 的工作流程可以分为以下 5 个步骤。

- 载波监听。在建立连接、传输报文之前，需要监听链路，确保没有其他节点正在使用链路。如果链路在一定时段内空闲，则当前节点可以开始发送报文。这段时间被称为帧间最小间隔时间。如果链路一直被其他节点使用，则需要保持链路监听，直到符合条件，即链路在帧间最小间隔时间内保持空闲，节点才开始发送报文。
- 碰撞冲突检测。当不止一个节点在监听链路并且几乎同时开始发送报文时，链路中就会出现多个报文，从而发生碰撞冲突。为了能够知晓这种冲突，以进行恢复，每一个正在发送报文的节点需要一边传输，一边检测碰撞冲突。
- 发送"拥挤"信号。如果节点一边传输，一边检测碰撞冲突时的确发现了碰撞冲突，则需要立刻停止传输，并向信道发出一个"拥挤"信号。其他节点会收到"拥挤"信号，并舍弃正在接收的不完整或错误的报文。
- 多路存取。在检测到碰撞冲突后，节点停止发送，并且退避一段时间。通常退避时间是随机的，采用二进制指数后退（binary exponential back-off）这一算法来决定不同节点再次尝试发送报文前的等待时间。
- 返回第一个步骤。

值得注意的是，对于两个连接到同一总线的节点，如果它们距离过远，那么在发送报文或信号的时候就会产生延迟，这种延迟会影响到节点检测碰撞冲突。因此，通常在设计和部署以太网电缆的时候，需要重点考虑。在实际应用中，CSMA/CD 法算法简单，易实现，且成本较低。CSMA/CD 法一般在通信量较小的网络中使用。当节点增多、通信量增大时，发生碰撞冲突的可能性也会随之提高，造成 CSMA/CD 法效率下降。同时，考虑到碰撞冲突和退避等待的不确定性，CSMA/CD 法往往适用于对确定性、实时性要求不高的网络。

（2）令牌法

令牌法指定一种报文作为令牌，并在系统中传递。当站点发送报文时，需要等待令牌到达；发送完报文后，继续在系统中传递令牌；当令牌丢失时，系统需要重新选举唯一站点并生成新令牌。

9.1.5　通信协议

1．OSI 模型

OSI 模型是由国际标准化组织于 1984 年提出的一种标准参考模型，是一种由不同供应商提供的不同设备和应用软件之间的网络通信的概念性框架结构。它被公认为计算机通信和互联网网络通信的基本结构模型，图 9.6 展示了 OSI 模型。

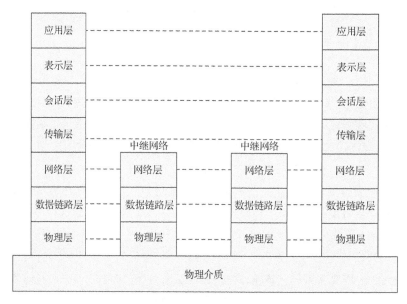

图 9.6　OSI 模型

（1）物理层

物理层是 OSI 模型的最底层，它建立在物理介质之上，主要负责实现系统与物理介质的接口功能，为数据链路实体之间的传输提供通道。为实现数据链路实体之间比特流的透明传输，物理层提供以下功能。

- 建立和删除物理链路。在两个数据链路实体相互通信之前，物理层需要在它们之间建立物理链路。通信完成后，物理链路被解除。
- 数据单元传输。物理层可以同步或异步传输物理服务数据单元。两种方式都需要在系统中配置同步适配器或异步适配器，从而进行数据传输和接收。

此外，物理层需要管理物理层事务，比如发送控制、错误控制等。

（2）数据链路层

数据链路层的主要目的是在两个相邻系统的网络实体之间建立、维护和释放数据链路连接，并且传输数据链路服务数据单元。数据链路层具有以下功能。

- 在两个相邻系统的网络实体之间动态地建立或解除一个或多个数据链路连接。
- 形成数据链路协议数据单元。
- 识别出通过物理链路传输的数据链路服务数据单元。
- 控制数据单元传输的顺序和流量。
- 能检测传输中的各类差错，比如格式差错等，并在检测到差错后进行差错恢复。

（3）网络层

网络层主要提供建立、维持和释放网络连接的功能，它在节点之间建立逻辑链路。网络层利用数据链路建立网络连接，并通过路径选择算法在不同的网络地址之间确定合适的路径。通常来说，链路是可以被多个连接复用的，从而提高链路利用率。

为了便于主机间通信，网络层向传输层提供两种数据传输服务，一种是面向连接的服务，另一种是无连接的服务。

面向连接的服务比较可靠，它需要在数据传输之前建立连接，在传输结束后释放连接。实际上，这里的连接对应的是虚电路。因此，面向连接的服务往往被称为虚电路服务。

无连接的服务又称为数据报服务，是一种不可靠的服务。当报文丢失时，数据报服务并不能做出任何行动，也无法识别重发，更无法保证数据顺序。尽管无连接的服务并不可靠，但与面向连接的服务相比，数据报服务更简单、更灵活，因此被广泛地应用。

（4）传输层

传输层在 OSI 模型中起到承上启下的作用，衔接了低 3 层和高 3 层。传输层主要提供端到端的服务，并且处理传输过程中的错误和乱序等问题。非常关键的是，传输层为高层屏蔽了低 3 层的细节，从而使高层无须过多考虑低 3 层的协议内容。根据网络层提供的数据传输服务，传输层也可以对应地选择面向连接的服务或者无连接的服务。

（5）会话层

会话层的作用是对基本的传输连接服务进行"增值"，以提供能满足多方面要求的会话连接服务。会话层的"增值"主要基于下述几种应用要求。

- 半双工通信。在某些系统中，系统与远程终端之间采用双方轮流发送的方式，这要求网络提供半双工通信方式。为此会在会话层设置数据令牌，只有持有数据令牌的会话用户才具有传输数据的权利。
- 更有效的差错纠正机制。会话实体必须保留已发送的全部数据，以备传输出错时重发。但若所传输的数据很长，其所付出的时空开销是十分可观的。为了减少时空开销，会话层向会话用户提供同步点，以把传输的数据隔离为若干段，然后分段逐个进行发送和确认。对已经收到确认的段，释放其占用的缓冲区；对未收到确认的段，则认定为出错并予以重发。

- 允许暂停发送消息。当发送方已发完现有消息后，允许暂停发送一段时间。若暂停时间较短，可不断开已建立的连接。恢复发送时，从原中断点开始。

（6）表示层

表示层的主要作用是对不同系统的表示方法进行转换。实际上，各个系统对数据的表示方法不尽相同。因此，表示层更多地关注数据的语法和语义。除格式转换外，表示层还提供其他功能：为提高数据的传输速率，表示层提供数据的压缩和解压缩功能；为提高网络的安全性，表示层提供数据加密和数据解密功能。此外，表示层还为应用层提供了语法选择等功能。

（7）应用层

应用层是 OSI 模型的最高层，直接面向用户。一方面，应用层需要为用户提供应用服务；另一方面，应用层需要保证底层的一致性，从而使得其他层为应用进程提供服务。

2．TCP/IP 体系结构

（1）TCP/IP

传输控制协议/互联网协议（transmission control protocol/internet protocol，TCP/IP）是指能够在多个不同网络间实现信息传输的协议簇，它定义了计算机等电子设备接入互联网的方式以及数据在设备间传输的标准。TCP/IP 是保证网络数据传输及时性和完整性的重要协议。图 9.7 所示是 TCP/IP 的 4 层体系结构，依次包括网络接口层、网络层、传输层和应用层。

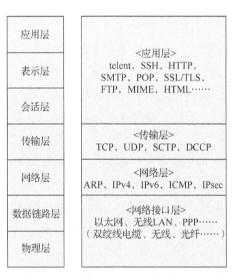

图 9.7　TCP/IP 的 4 层体系结构

- 网络接口层。在源主机系统，网络接口层接收由网络层发送的 IP 数据报，对其进行处理并发送给指定网络，指定网络又将它传送给目标主机。目标主机系统的网络接口层接收由目标主机物理层向上传送的 IP 数据报，经处理后再向上传送给网络层。由此可知，该层主要关注的是两个端系统之间的数据通信以及两个端系统通信的网络类型。所使用的网络可能是电路交换网、分组交换网、ATM 网或者以太网等。可见，网络接口层是与网络相关的。因此，人们将与网络接口相关的功能分离出来，单独形成网络访问层是必要的，这样便可把对网络接口的实现细节隐藏起来，使在网络接口层以上的各层通信协议与所使用的网络无关。

- 网络层。网络层是 TCP/IP 4 层体系结构中最重要的层次，其中的 IP 主要用于异构型网络之间的相互连接和路由选择。IP 所提供的是面向无连接的、不可靠的传输服务，它可使源主机发送的 IP 数据报穿越由各种 WAN 和不同的 LAN 形成的互联网络到达目标主机。从 20 世纪 70 年代中期到 20 世纪 90 年代中期，网络层一直使用 IPv4（Internet protocol version 4，互联网协议版本 4），后来在 IPv4 的基础上提出了新的版本，即 IPv6（Internet protocol version 6，互联网协议版本 6）。它继承了 IPv4 的一切优点，又对 IPv4 加以完善。

- 传输层。传输层中最主要的协议之一是 TCP，它所提供的是面向连接的、可靠的端到端通信机制。由于 TCP 和 IP 两个协议同时在一个系统中使用，因此人们把它们称为 TCP/IP。TCP 建立在网络层的基础上，在制定 TCP 时，已考虑到它所依赖的通信子网可能是不可靠的。因此，在 TCP 中采取了增强可靠性的措施，以确保传输层能正确地运行。

- 应用层。应用层处于 TCP/IP 4 层体系结构的最高层，它提供了许多用于支持各种应用程序的网络服务。相应地，应用层中有许多应用层协议，如用于支持文件传输的 FTP、提供电子邮件服务的简单邮件传送协议（simple mail transfer protocol，SMTP）、用于远程登录服务的 telnet 协议以及用于实现网络管理的简单网络管理协议（simple network management protocol，SNMP）等。

（2）IPv4 和 IPv6

早期，人们使用 IPv4 进行网络互连。为了使得数据报能够在网络中进行传输（特别是在不同的网络中传输），IPv4 针对 3 个方面做出了规定和约束。

- 寻址。为了能在由多个不同网络构成的互连环境下唯一地标识网络中每一个可寻址的实体，应为这些实体赋予全局性标识符。当前在网络中经常采用两种名字结构：分级地址结构，分级地址结构中的标识符通常由网络号、主机号和信口号组成，在国际网络中还需缀上国家号；平面地址结构，直接用由若干个字节组成的一个整数来标识一个对象。例如，用 2 字节便可标识 2^{16} 个对象，用 6 字节便可标识 2^{48} 个对象。

- 数据包分段和组装。在不同的网络中，所规定的帧长度并不相同。例如，在 X.25 网中优先选用的最大帧长度为 128 字节，在以太网中则为 1518 字节。这样当信息从以太网送入 X.25 网时，就应先对信息进行分段，并为每个分段重新配置一个帧头，形成一系列新的帧。在从 WAN 把信息传送到目标 LAN 时，又应对它们进行重新组装。

- 路由选择。如果用户希望 IP 数据报能沿着指定的路由传送，则应采用源路由选择方式。这时，应在 IP 数据报中指定由源主机到目标主机的显式路由。路由选择可分为两种：一种是完全路由选择，在 IP 数据报中记录它所应经历的全部路由；另一种是部分路由选择，在 IP 数据报中记录它所经历的部分路由。

IPv6 继承了 IPv4 的一切优点，而针对其不足之处进行了以下几方面的弥补，使之能更好地满足当今互联网的需求。

- 扩大了地址空间。IPv4 的规定地址长度为 4 字节，只能提供 $2^{32} \approx 4.3 \times 10^9$ 个地址；而 IPv6 中的地址长度已扩展到 16 字节，其可提供 $2^{128} \approx 3.4 \times 10^{38}$ 个地址。
- 增设了安全机制。IPv6 引入了认证技术，以保证被确认的用户仅能去做已核准其做的事。
- 提高了路由的转发效率。IPv6 规定仅由源端系统进行数据的分段，而途经的所有路由都不得对数据进行分段。
- 增强了可扩展性。IPv6 包含一个可扩展的数据报头，增加了选择设定的灵活性。

（3）传输层协议 TCP 和 UDP

和 IP 不同，TCP 提供面向连接的、可靠的端到端通信机制。面向连接是指在数据传输之前，需要建立端到端的连接，在数据传输完毕后释放连接。可靠是指当网络层出现错误时，TCP 仍然能够正确建立连接、传输数据和释放连接。

TCP 采取了一系列措施来保证传输的可靠性：TCP 将报文划分成合适的报文段并发出，如果接收端收到数据，则会回复确认信号；如果没能及时收到数据，发送端则会重新发送。同时，TCP 会对首部和数据进行校验和计算，对于校验和结果错误的报文段，TCP 会将其舍弃，从而保证传输过程中没有差错；接收端会对收到的数据进行排序，并且舍弃重复收到的数据，将正确、有序的结果交付给应用层。此外，TCP 还提供了流量控制功能。TCP 通过这一系列措施保证了可靠性。

应当指出，虽然 TCP 提供了可靠的数据传输服务，但它降低了传输效率。在早期通信网络不可靠而传输的数据服务又非常重要时，TCP 是十分必要的。但如果所传输的数据并非十分重要，仍采用 TCP 则会显得有些浪费。此时可考虑利用 UDP 来传输数据，该协议是一种无连接的、不可靠的协议。它不要求网络中的端系统在数据传送之前建立端到端的连接；同样，在数据传送结束后，也不需要拆除连接；在数据传送过程中，无须对传送的数据进行差错检测，也不必对丢失的数据进行重发等。换言之，它以一种比较简单的方式来传送数据，因此有效地提高了传输速率，比较适合对传送可靠性要求不太高或能自己进行错误检测的应用程序，如 SNMP 等。

9.2 分布式文件系统

在构建了分布式系统后，系统内的计算机需要共享文件，这时就需要用到分布式文件系统。在分布式文件系统中，经常涉及服务器、客户机和服务的相关内容。服务器是指运行在单个计算机上的服务软件。客户机是指调用服务的进程。服务是指运行在一个或多个计算机上的、为客户机提供功能的软件。

9.2.1 命名

1. 命名结构

分布式文件系统同样面临着命名的问题，以建立逻辑对象和物理对象间的联系。在分布式的特点下，命名不仅要映射到地址，还要映射到所在的特定计算机。

关于分布式文件系统中的名字映射，需要区分以下两个概念。

- 位置透明性：文件名不揭示任何有关文件物理存储位置的线索。
- 位置独立性：当文件的物理存储位置改变时，不需要改变文件名。

由于处于不同等级的文件具有不同的文件名（如用户级的文本名字和系统级的数字标识），位置独立的命名方案是一种动态的映射，因为它能在不同的时间把同样的文件名映射到不同的位置。因此，位置独立性是比位置透明性更强的属性。

实际上，现在大多数分布式文件系统为用户级的名字提供了一个静态的、位置透明的映射，这些系统不支持文件迁移，即不能自动改变文件位置。因此，位置独立性的概念与这些系统无关。文件与一组磁盘块永久地相关联。文件和磁盘可以手动地在计算机间移动，但文件迁移意味着自动的、由操作系统引发的动作。只有安德鲁文件系统（Andrew file system，AFS）和少数实验性文件系统支持位置独立性和文件可移动性，AFS支持文件迁移的目的是管理。

可以通过以下几个方面来进一步区分位置独立性和静态位置透明性。

- 正如位置独立性所表现的，数据与位置的分离提供了更好的文件抽象。一个文件名应体现出文件的大多数重要属性，即它的内容，而不是位置。位置独立性文件可被视为未关联到某个特定存储位置的逻辑数据容器。如果仅支持静态位置透明性，文件名仍然可表明特定的物理磁盘块集合。
- 静态位置透明性为用户提供了方便的共享数据的方法。用户可通过位置透明简单命名文件来共享远程文件，就好像这些文件在本地一样。然而，存储空间的共享就比较麻烦，因为逻辑名仍然静态地关联在物理存储设备上。位置独立性促进了存储空间共享以及数据对象的共享。当文件能被移动时，整个系统范围内的存储空间就像单个虚拟资源一样，它的优点在于具有平衡跨系统使用磁盘的能力。
- 位置独立性将命名级别从存储器体系和计算机间结构中分开。相反，如果使用了静态位置透明性（尽管名字是透明的），就容易暴露部件单元和计算机间的交流。计算机以一种类似于命名结构的方式来配置，这种配置可能会过分限制系统结构，并与其他事项冲突。管理根目录的服务器就是一个例子，它使用命名层次结构，但与分散的指导思想相矛盾。

一旦完成名字和位置的分离，客户机就可以访问驻留在远程服务器上的文件。事实上，这些客户机可以是无盘化的，依靠服务器提供所有的文件，包括操作系统内核，但需要特殊的协议来引导程序。考虑无盘工作站获取内核的问题，由于无盘工作站没有内核，所以它不能用分布式文件系统代码来获得内核，而是调用一个存储在客户机中的只读存储器（read-only memory，ROM）上的特殊引导协议来初始化网络，并从固定位置获得特定的文件（内核或引导代码）。一旦内核通过网络被复制过来并加载，它的分布式文件系统使得所有其他的操作系统文件都有效。无盘化客户机的优点很多，包括价格低廉（因为每台计算机不需要磁盘）和方便性（当操作系统更新后，只需修改服务器，而不需改变所有的客户机）。它的缺点在于引入了复杂的引导协议以及由于使用网络而不是本地磁盘而引起的性能下降。

现在的流行趋势是使用具有本地磁盘和远程文件服务器的客户机。操作系统和网络软件存储在本地，包含用户数据的文件系统（可能还包括应用）被存储在远程文件系统上。有些客户机操作系统可能将常用的应用程序存储在本地文件系统上，比如 Web 浏览器；其他一些不常用的应用可能按需从远程文件服务器压入客户机。客户机使用本地文件系统而不是无盘化文件系统的主要原因在于：磁盘设备的容量增长很快而价格日趋下降，每年都有新一代出现；但网络并非如此，它每年的变化很少。总而言之，系统比网络增长更快，因此有必要限制网络访问，从而改善系统吞吐量。

2. 命名方案

在分布式文件系统中主要有 3 种命名设计方法。

第 1 种方法是最简单的方法，结合主机名和本地名来对文件命名，保证在整个系统范围中每个名字都是唯一的。例如，文件用主机:本地名（如 host: local-name）来唯一地标识文件，其中本地名（local-name）类似于 UNIX 系统中的路径。这种命名方法既不是位置透明的，也不是位置独立的。不过，无论是本地还是远程文件，文件操作都是相同的。分布式文件系统被构造为孤立的部件单元集合，这些部件单元完全是传统的文件系统。在第 1 种方法中，部件单元仍然是孤立的，尽管它提供了访问远程文件的方法。本书不再进一步考虑这种方法。

第 2 种方法在 Sun Microsystems 公司的网络文件系统（network file system，NFS）中得到广泛应用。NFS 提供将远程目录加载到本地目录的方法，使其目录树看起来一致。早期的 NFS 只允许先前已加载的远程目录被透明地访问。随着自动加载的出现，加载可根据需求进行，它基于一个加载点表和一些文件结构名。尽管这种整合是有限且不统一的（因为每台计算机可以附加不同的远程目录到它的目录树上），但部件还是被整合在一起，以支持透明共享。它所得到的结构是通用的。

第 3 种方法能够得到组件文件系统的完整集成。系统中的所有文件都使用单个的全局名字结构。理想的情况是这种复杂的文件系统结构与传统的文件系统是同构的。但实际上，许多特殊的文件（如 UNIX 系统设备文件和特别的计算机二进制目录）很难达到此目的。为了评价这些命名结构，可以考虑它们的管理复杂度。最复杂且最难维护的结构之一是 NFS

结构，因为任何远程目录都能附加到本地目录树的任何地方，所产生的系统毫无结构性可言。如果有一个服务器出错、无法使用，一些在不同计算机上的任意目录也会变得不可用。此外，由于有单独的信任机制控制着某台计算机可以附加某个目录到它的目录树上，用户可以在某个客户机上访问远程目录树，但不能在另一个客户机上进行此操作。

9.2.2　远程文件访问

1．高速缓存

当用户提出远程文件访问请求时，需要使用远程服务机制。该机制的表现主要由高速缓存的方式加以保证。

高速缓存是指将一些数据的副本传到客户机后，访问请求均在缓存副本上处理，从而做到本地化。而缓存的位置可以选择主存储器，也可以选择磁盘。

磁盘比主存储器更加可靠。如果缓存数据存储在主存储器上，存储数据的更改将在系统崩溃中丢失。然而，如果缓存数据存储在磁盘上，在恢复期间它们将保留在磁盘上且不会被读取。主存储器缓存具有以下几个优点。

- 主存储器缓存允许工作站无盘化。
- 从主存储器缓存中可以比从磁盘缓存中更快地访问数据。
- 目前的技术朝着空间更大、价格更便宜的主存储器发展，主存储器缓存获得的性能加速将超过磁盘缓存。
- 不管用户缓存位于何处，服务器缓存（用于加快磁盘 I/O）都在主存储器中。如果在用户计算机上也用主存储器缓存，可以为服务器和用户建立单缓存机制。

许多远程访问的实现可被视为缓存和远程服务的混合。例如，在 NFS 中，该实现基于远程服务，但为提高性能可将客户机和服务器存储器缓存加大；Sprite 基于缓存实现，但在某些环境中采用远程服务法。

NFS 协议与大多数实现方式都不提供磁盘缓存。例如，Solaris 的 NFS 实现包括一个客户机磁盘缓存可选项，即 CacheFS。一旦客户机从服务器上读取文件块，就将它们存储在主存储器和磁盘上。如果主存储器副本被刷新或系统被重启，则访问磁盘缓存；如果所需的文件块既不在主存储器中，也不在 CacheFS 磁盘缓存上，则向服务器发送 RPC，以重新获得文件块，并将该块写入磁盘缓存和主存储器缓存中供客户使用。

同时，缓存中存储的数据并不是一成不变的，需要时常更新。目前主要有两种缓存更新策略。

2．缓存更新策略

将修改后的数据块重新写回服务器主副本的策略对系统的性能和可靠性有着至关重要的影响。

最简单的策略是将数据放入任何缓存后立即写入磁盘，即直写，其优点是可靠。即使客户端系统崩溃，也几乎不会丢失信息。但此策略要求每次写入访问都要等待信息发送到服务器，因此会导致写入性能较差。使用直写的缓存相当于使用远程服务进行写访问，而只对读访问使用缓存。

另一种策略是延迟写，也称为回写缓存，延迟对主副本的更新。修改会预先写入缓存，稍后写入服务器。与直写策略相比，此策略有两个优点：首先，因为写操作是对缓存进行的，所以写访问完成得更快；其次，数据可能会在写回之前被覆盖，在这种情况下只需要写入最后一次更新。遗憾的是，延迟写策略带来了不可靠问题，当用户计算机崩溃时，未写入的数据就会丢失。

延迟写策略的变体在将修改后的数据块刷新到服务器时有所不同。这种策略是在块即将从客户端缓存中弹出时刷新。采用此策略可获得较好的性能，但有些块在写回服务器之前可能会在客户端缓存中停留较长时间。延迟写策略和直写策略的折中方法是定期扫描缓存，并刷新自最近一次扫描以来修改过的块，就像 UNIX 系统扫描其本地缓存一样。NFS 对文件数据也使用了该策略，一旦在缓存刷新期间向服务器进行写入操作，写入数据必须到达服务器的磁盘才能被视为操作完成。NFS 对元数据（目录数据和文件属性数据）的处理方式是：任何元数据更改都会同步发布到服务器。因此，当客户端或服务器崩溃时，可以避免文件结构丢失和目录结构损坏。

延迟写策略的另一个变体是在文件关闭时将数据写回服务器。OpenAFS 中使用关闭时写入（write-on-close）策略。对于短时间打开或很少修改的文件，此策略不会显著减少网络流量。此外，关闭时写入策略要求关闭过程在文件写入时延迟。但是，对于长时间打开且经常修改的文件，与频繁刷新的延迟写策略相比，此策略的性能优势更为显著。

3．一致性检查

在缓存更新后，需要对本地副本和主副本进行一致性检查，从而保证缓存的数据是有效的。一致性检查的方式有以下两种。

第一种方式是由客户端发起，是指客户端与服务器联系并检查本地副本是否和主副本一致。在这种方式中，检查频率可以是每次访问前都检查，也可以是第一次访问时检查。检查频率不同，网络产生的负载也不同。

第二种方式是由服务器发起，是指服务器对每个客户端都记录缓存的文件。当服务器检查到处于竞争状态的客户端缓存同一个文件时，服务器会使该文件缓存失败，并转换成远程服务模式。

在客户端访问远程文件时，服务器处理信息的方法有两种：一是有状态的文件服务，指服务器会跟踪被每个客户端访问的文件；二是无状态的文件服务，指服务器直接提供请求的数据而不过多了解数据用途。

9.2.3　文件复制

当两个目标映射到一个共享文件夹时，提供给客户端的文件必须时刻同步。在分布式文件系统中，此项复制服务将被自动执行。分布式文件系统的复制服务使用压缩演算技术，它能够检测文件改动的地方，因此复制文件时仅会复制有改动的区域，而不是整个文件，以减轻网络的负担。

如果独立命名空间的目标服务器未加入复制服务的服务域，则其目标服务器映射到共享文件夹内的文件必须手动同步。

分布式文件系统复制文件时可采用以下几种拓扑方式。

- 集散。集散以当前服务器为中枢，并在中枢与其他所有服务器（支点）间创建连接。文件可在中枢与支点之间相互复制，但两两支点间无法直接相互复制文件。
- 全交错。全交错创建两两服务器之间的连接，文件可在所有服务器间进行相互复制。
- 自定义拓扑。它允许用户自行创建服务器之间的连接关系，用户可自行指定服务器进行文件复制。

9.3 分布式同步机制

分布式文件系统为保证数据高可用，需要为数据保存多个副本，并要求在不同副本间同步数据。本节主要介绍分布式同步机制。

9.3.1 远程互斥

本小节将介绍若干在分布式环境中实现互斥的算法。假设系统包括 n 个进程，其中每个进程驻留在不同的处理器上。为简化讨论，假设进程有唯一的编号，为 $1\sim n$，且在进程与处理器之间存在一一对应关系，即每个进程都有自己的处理器。

1. 集中式算法

在提供互斥的集中式算法中，系统中的某个进程被选为临界区入口的协调者。每个想调用互斥的进程会发送一条请求消息给协调者，当这些进程接收到来自协调者的应答消息后，就可以进入它们的临界区。而在退出它们的临界区后，这些进程会发送释放消息给协调者并继续进行下去。

在接收到请求消息后，协调者会检测是否有其他进程在临界区中；如果没有其他进程在临界区中，协调者会马上返回一条应答消息；否则，该请求会排队等待。当协调者接收到释放消息后，它会从队列中移出一条请求消息，并发送应答消息给请求进程。

很显然，该算法保证了互斥。如果协调者的时序安排策略公平（如采用 FCFS 算法），则不会发生饥饿现象。每次进入临界区，该算法需要 3 条消息：请求消息、应答消息和释放消息。

如果协调者出错，必须用一个新的进程来取代它。一旦选举出一个新的协调者，它必须调查系统中所有的进程，以重构请求队列。该队列构造好后，计算就可以继续进行。

2. 完全分布式算法

如果将决策分布到整个系统中，解决方法会复杂很多。在此介绍一种事件排序算法。

当一个进程要进入临界区访问共享资源时，它首先发送一条包含访问资源名称 T、当前时间戳 S_i 和进程 P_i 的请求消息 (P_i,T,S_i) 给系统中包括自己在内的所有其他进程；其他进程 P_j 接收到请求消息 (P_i,T,S_i) 后，将根据消息中共享资源的状态来决定下一步动作，具体如下。

① 若进程 P_j 不想进入临界区，立即发送应答消息给 P_i。

② 若进程 P_j 想进入临界区但当前未进入，先对比自己的时间戳 S_j 与 S_i，若 $S_j>S_i$，则立即发送应答消息给 P_i；反之则推迟应答。

③ 若进程 P_j 已在临界区，推迟发送应答消息给 P_i。

进程 P_i 在接收到其他所有进程的应答消息后，方可进入临界区，并随之对到来的请求消息进行排队和延迟应答；在退出临界区后发送应答消息给所有被延迟的请求消息。

在此算法中，进程按照时间戳排序，确保进程遵循 FCFS 原则，避免进程饥饿。然而当进程数为 n 时，进入临界区访问共享资源需发送 $2(n-1)$ 条消息；当 n 个进程同时访问时，则需发送 $2n(n-1)$ 条消息。由于消息随着进入临界区的进程数量呈指数级增长，因此在大型分布式系统中通信成本较高，可用性较低。此外，由于此算法需要系统中所有进程参与，易导致以下问题。

① 系统中的进程需要知道所有其他进程的进程名。因此当新进程加入参与互斥算法的进程组时，它必须接收组内所有其他进程的进程名，并将自己的进程名发送给组内所有其他进程。

② 任意一个进程发生错误都将导致整个互斥算法崩溃，此问题可通过连续监控系统中的所有进程状态来解决。进程一旦发生错误，其他所有进程将被通知不再发送请求消息给此进程。进程恢复后，需重新启动加入进程组的过程。

③ 未进入临界区的进程为保证其他进程进入临界区，必须经常被暂停。

基于上述问题，完全分布式算法较适用于小规模、稳定且临界区资源访问频率较低的场景。

3. 令牌传递算法

令牌传递算法是指在系统的进程之间循环传递一个令牌。令牌是在系统中传递的一种特殊消息，只有令牌的持有者才有权进入临界区。由于只有一个令牌，因此一次只有一个进程能进入临界区。

假定系统中的进程被组织成具有逻辑的环结构（实际的物理通信网络则不必为环状），只要进程与另一进程相连，就可以形成逻辑环。为了实现互斥，在环中传递令牌。当一个进程得到令牌后，它将保管令牌，并可以进入临界区。当此进程退出临界区后，令牌又将被重新传递。如果得到令牌的进程不想进入临界区，它会将令牌传递给它的邻居。

如果环是单向的，则可保证不会产生饥饿现象。实现互斥所需的消息数量会有所变化，在争夺高峰（即每个进程都想进入临界区）时，每次进入需要一条消息；在争夺低谷（即没有进程想进入临界区）时，则需要无穷的消息。

使用令牌传递算法时，必须考虑到两种情况：第一，如果令牌丢失，必须通过选举来产生新的令牌；第二，如果一个进程出错，必须建立新的逻辑环。

9.3.2 并发控制

分布式数据系统的事务管理者负责管理访问存储在本地站点数据的事务或者子事务，这些事务或者是一个本地事务，或者是全局事务的一部分。每个事务管理者负责维护一个用于恢复的日志，并适当参与并发控制方案，以协调在此站点上所执行事务的并发执行。

1. 加锁协议

（1）非复制方法

如果系统中没有数据被复制，加锁方法可以这样使用：每个站点维持一个锁管理者，它的功能是管理对存储在站点中的数据的加锁和解锁请求。当一个事务希望在站点 S_i 对数据项 Q 加锁时，它会简单地发送一条消息给站点 S_i 的锁管理者以请求加锁（以某种加锁方式）。如果数据项 Q 以不一致的方式加锁，则请求被延迟，直到请求被批准。一旦锁管理者认为请求可以被批准，则发回一条消息给初始者，以表明加锁请求已被批准。

此方法具有易于实现的优点。它需要两条消息来处理加锁请求，一条消息来处理解锁请求。然而，死锁处理更为复杂。由于加锁和解锁请求不在一个站点上生成，各种死锁处理算法必须修改，这些修改将在 9.3.3 小节中讨论。

（2）单协调者方法

有几种并发控制方法可用在允许数据复制的系统中。在单协调者方法中，系统会维护留在某个选定站点（如 S_i）上的锁管理者，所有的加锁和解锁请求都在站点 S_i 上生成。当某事务需要对一个数据项加锁时，它会发送一个加锁请求给 S_i，锁管理者决定是否同意立即加锁。如果同意，它发回一条消息给加锁请求者。否则，请求被延迟，直到被同意时再发送一条消息给加锁请求者。事务可以从任意一个拥有该数据项副本的站点上读取该数据项。在写操作的情况下，所有具有该数据项副本的站点都涉及写操作。

此方法具有如下优点。

- 易实现。此方法只需要两条消息来处理加锁请求，一条消息来处理解锁请求。
- 易进行死锁处理。由于所有的加锁和解锁请求都在一个站点上进行，之前介绍的死锁处理算法可直接应用于此系统。

此方法具有如下缺点。

- 瓶颈。站点 S_i 成为瓶颈，因为所有请求都在此处理。
- 脆弱性。如果站点 S_i 出错，使得并发控制丢失。此时要么必须停止处理，要么必须使用恢复方案。

通过多协调者方法可以改正上述缺点，其中锁管理者功能被分布到多个站点上。每个锁管理者管理数据项子集的加锁和解锁请求，每个锁管理者驻留在不同的站点上。这种分布降低了协调者的瓶颈程度，但由于加锁和解锁请求不在一个站点上进行，增加了死锁处理的复杂性。

（3）多数协议

多数协议是对前面所讲的非复制方法的修改。系统在每个站点维护一个锁管理者，每个锁管理者控制存储在站点上的所有数据或其副本的加锁。当某事务希望对一个在 n 个不同站点上拥有副本的数据项加锁时，该事务必须对超过半数的站点发送一个加锁请求。每个锁管理者决定是否能立即加锁（只要它开始关注这条消息）。与前面一样，应答会被延迟，直到请求被批准。当事务成功地获得对 Q 副本的多数加锁时，它才在 Q 上进行操作。

此方法以一种分散的方式来处理复制数据，从而避免了集中控制的缺点。然而它仍有如下缺点。

- 实现复杂。多数协议比前面几种方法实现起来复杂得多。它需要 $2(n/2+1)$ 条消息来处理加锁请求，$(n/2+1)$ 条消息来处理解锁请求。
- 死锁处理。由于加锁和解锁请求不在一个站点上进行，必须修改死锁处理算法（参见 9.3.4 小节）。此外，即便只有一个数据项被加锁，也可能发生死锁。为了说明此问题，考虑一个具有 4 个站点且可完全复制的系统。假设事务 T_1 和 T_2 想以排他方式对数据项 Q 进行加锁，事务 T_1 可能在站点 S_1 和 S_3 上对 Q 加锁成功，而事务 T_2 可能在站点 S_2 和 S_4 上对 Q 加锁成功，然后每个事务均须等待第 3 次加锁，故产生了死锁。

（4）偏倚协议

偏倚协议与多数协议类似，不同之处在于加锁请求者对共享锁的请求比对排他锁的请求得到了更便利的处理。系统在每个站点维护一个锁管理者，每个锁管理者管理所有存储在此站点数据项的锁。共享锁和排他锁以不同的方式处理。

- 共享锁。当某事务需要对数据项加锁时，它可从一个包含 Q 副本的站点上的锁管理者那里请求对 Q 加锁。
- 排他锁。当一个事务需要对数据项 Q 加锁时，它可从所有包含 Q 副本的站点上的锁管理者那里请求对 Q 加锁。

如前文所述，对该请求的应答会被延迟，直到它被批准。

此协议具有比多数协议更少读操作开销的优点。因为通常情况下读的频率大大高于写的频率，所以这个优点在此显得尤为重要。但是，它的缺点是出现了额外的写开销。并且，偏倚协议与多数协议同样存在死锁处理复杂的问题。

（5）主副本

在数据复制中，可以选择某个副本作为主副本。因此，每个数据项 Q 的主副本必须准确驻留在一个站点上，该站点被称为 Q 的主站点。当一个事务需要对数据项 Q 加锁时，它请求在 Q 的主站点上加锁。同样地，该请求的应答被延迟，直到它被批准。

因此，使用主副本时，复制数据的并发控制与非复制数据的并发控制类似。此方法实现简单，但如果主站点出错，即使存在其他可以访问的包含此副本的站点，Q 也变得不可访问。

2. 时间戳

之前介绍的时间戳方法的主要思想是每个事务被赋予唯一的时间戳，用它来决定执行顺序。因此将集中式方法扩展到分布式方法的第一个任务就是制定一个能够产生唯一时间戳的方案。之前讨论的协议可以直接应用于非复制环境中。

（1）唯一时间戳的产生

有两种方法用来生成唯一时间戳，一种是集中式方法，另一种是分布式方法。在集中式方法中，选择一个站点来分派时间戳。该站点可以使用逻辑计数器或自己的时钟来完成任务。

在分布式方法中，每个站点利用逻辑计数器或自己的时钟来生成本地唯一时间戳。如图 9.8 所示，全局唯一标识符则通过将本地唯一时间戳与站点标识符相连接来获得，站点标识符也必须唯一。连接的顺序非常重要，在低位使用站点标识符来保证某个站点产生的全局时间戳并不总是大于其他站点的时间戳。

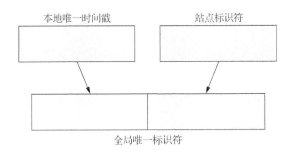

图 9.8　时间戳的产生

如果一个站点产生本地唯一时间戳的速度比其他站点的快，则仍然存在问题。此时，速度快的站点的计数器比其他站点的大。因此，所有产生于速度快的站点的时间戳将大于其他站点生成的时间戳。此时需要有一个机制来保证在整个系统中公平地产生时间戳。为了产生公平的时间戳，在每个站点 S_i 中定义一个逻辑时钟 LC_i，它产生本地唯一时间戳。为了保证不同的逻辑时钟同步，当具有时间戳$<x,y>$的事务 T_i 访问此站点（其中 x 比 LC_i 的当前值大）时，需要站点 S_i 调快它的逻辑时钟。此时，站点 S_i 将它的逻辑时钟调快为 $x+1$。

如果用系统时钟来产生时间戳，假如没有一个站点的系统时钟跑快了或跑慢了，则时间戳是公平的。但由于时钟并不完全精确，因此必须用一个类似于逻辑时钟的技术来保证不会有时钟比其他时钟变得过分超前或过分滞后。

（2）时间戳排序方法

之前介绍的基本时间戳方法可以直接扩展到分布式系统中。如同在集中式操作系统中，如果没有机制来防止事务读取一个未提交的数据项，可能导致层叠式回滚。为了消除层叠式回滚，可以把基本时间戳方法与2PC（Two-Phase Commit）协议相结合，避免出现层叠式回滚，保证串行能力。在此，将此算法留给读者去开发。

基本时间戳方法还存在一些问题，即事务间的冲突是通过回滚，而不是通过等待来解决的。为解决此问题，可以缓冲各种读/写操作（即延迟它们），直到可以保证这些操作不会引起中止。如果存在一个事务 T_i，它将执行 write(x)操作，但还未完成，且 S(T_j)<S(T_i)，则事务 T_i 的 read(x)操作必须被延迟。类似地，如果存在一个事务 T_j，它将执行 write(x)操作或 read(x)操作，且 S(T_j)<S(T_i)，则事务 T_i 的 write(x)操作必须被延迟。可用不同的方法来保证此特性。存在一种保守的时间戳排序方法，它需要每个站点为所有那些将在站点上执行，但为了防止上述问题出现而必须延迟的读/写请求分别维护一个读/写队列。在此，仍将算法留给读者去开发。

9.3.3　死锁与恢复

本小节将介绍分布式系统中的死锁与恢复。

1. 死锁预防与避免

之前所讲的死锁预防算法和死锁避免算法在经过适当的修改后可用于分布式系统。例如，只需对系统资源简单地定义一个全局排序，就可以利用资源排序的死锁预防技术。即整个系统中所有资源都被赋予唯一的编号，只有当进程当前未占用编号大于 i 的资源时，才可以请求编号为 i 的资源（在任何处理器上）。类似地，可以在分布式系统中用银行家算法，通过指定系统中的某个进程（银行家）作为维护所需信息的进程来实现银行家算法，每个资源请求必须通过银行家算法判断。

全局资源排序死锁预防方法在分布式环境中易于实现，并且开销很少。银行家算法的实现也较简单，但它可能需要较多的开销。由于出入银行家的客户（进程）数量可能很大且不固定，故银行家算法存在缺陷。因此，银行家算法在分布式系统中可能不太实用。

本小节提出一种新的死锁预防方法，该方法基于资源抢占的时间戳排序方法。尽管此方法能处理任何分布式系统中可能出现的死锁问题，为简单起见，仍考虑每种资源类型只有单个实例的情况。

为了控制抢占，我们给每个进程赋予一个优先级编号，这些编号用来决定进程 P_i 是否应等待进程 P_j。例如，如果 P_i 比 P_j 有更高的优先级，可以让 P_i 等待 P_j，否则 P_i 应回滚。该方法防止了死锁，因为等待关系图中的每条边 $P_i \rightarrow P_j$，即 P_i 比 P_j 具有更高的优先级，因此不会形成回路。

此方法的一个问题在于可能产生饥饿，一些优先级特别低的进程可能永远被回滚。

可以用时间戳来避免发生此问题，系统中的每个进程在生成时被赋予唯一时间戳。下面提出了两个相互补充的使用时间戳的死锁预防方法。

① 等待-死亡方法。等待-死亡方法基于非抢占技术。当进程 P_i 请求一个正被 P_j 占用的资源时，只有当 P_i 的时间戳小于 P_j（即 P_i 比 P_j 老）时允许 P_i 等待；否则，P_i 被回滚（死亡）。例如，假设进程 P_1、P_2 和 P_3 的时间戳分别为 5、10 和 15，如果 P_1 请求一个由 P_2 占有的资源，P_1 将等待；如果 P_3 请求一个 P_2 占有的资源，则 P_3 将回滚。

② 伤害-等待方法。伤害-等待方法基于抢占技术，对应于等待-死亡方法。当进程 P_i 请求一个正被 P_j 占用的资源时，只有当 P_i 的时间戳大于 P_j（即 P_i 比 P_j 年轻）时允许 P_i 等待；否则，P_j 被回滚（P_i 被 P_j 伤害）。回到上一个例子，在进程 P_1、P_2 和 P_3 中，如果 P_1 请求一个由 P_2 占有的资源，则 P_2 资源将被抢占，P_2 被回滚；如果 P_3 请求一个 P_2 占有的资源，则 P_3 等待。

只要一个进程被回滚，该进程就不再被赋予新的时间戳，则上面两种方法都能避免饥饿。由于时间戳总是不断增大的，被回滚的进程将最终有一个最小的时间戳，这样它将不再被回滚。然而在操作时，这两种方法有许多不同。

在等待-死亡方法中，老的进程必须等待年轻的进程来释放它的资源。因此，进程越老，它越趋于等待。相反，在伤害-等待方法中，老的进程永远不会等待年轻的进程。

在等待-死亡方法中，如果进程 P_i 由于请求被进程 P_j 占据的资源而回滚，则进程 P_i 在被重启后，可能会重新发出同样的排序请求；如果资源仍然被 P_j 占据，P_i 将再次回滚。因此，P_i 在得到所需的资源前可能回滚几次。将这些事件与它们在伤害-等待方法中对比，由于 P_j 请求一个被 P_i 占据的资源，进程 P_i 将被伤害并回滚。当 P_i 重新启动请求一个正在被 P_j 占据的资源时，P_i 等待。因此，在伤害-等待方法中将发生更少的回滚。

两种方法都存在的主要问题是可能会发生不必要的回滚。

2. 死锁检测

死锁预防算法即使在没有死锁发生时也可能抢占资源，可以利用死锁检测算法来避免不必要的抢占。为此，可构建一张描述资源状态的等待关系图，假设每种类型只有单个资源等待，图中的一个回路表示一次死锁。

分布式系统中的主要问题是维护等待关系图，通过描述几个通用的处理此问题的方法来予以说明。这些方法需要每个站点维持一张本地等待关系图，图中的节点对应所有进程（本地的以及非本地的），它们正在占用或请求本地资源。例如，图 9.9 所示为包括两个站点的系统，每个站点维护它的本地等待关系图。注意：进程 P_2 和 P_3 在两个图中均出现，表明这些进程在向两个站点请求资源。

对于本地进程和资源，这些本地等待关系图以如下方式进行构建。当站点 S_1 中的进程 P_i 需要站点 S_2 中 P_j 占据的资源时，一个请求消息由 P_i 发送给站点 S_2，边 $P_i \rightarrow P_j$ 被加入站点 S_2 的本地等待关系图。

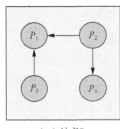 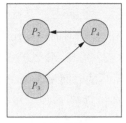

（a）站点S₁　　　　　　　　　（b）站点S₂

图 9.9　两个本地等待关系图

显然，如果任何本地等待关系图存在回路，就会发生死锁。另一方面，即使任何本地等待关系图中没有回路也不表明没有死锁发生。为了说明此问题，以图 9.9 描绘的系统为例，每个等待关系图都是无环的，但系统还是存在死锁。为了证明死锁并未发生，必须证实所有的本地等待关系图的合并是无环的。但事实上如图 9.10 所示，由图 9.9 中的两个本地等待关系图得到的合并图包含一条回路，这意味着系统处于死锁状态。

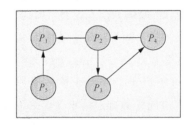

图 9.10　全局等待关系图

在分布式系统中有许多方法可用来构建等待关系图，下面介绍几种常用的方法。

（1）集中式方法

在集中式方法中，每个计算机为自己的进程和资源维持局部等待关系图，所有局部等待关系图被组合成全局等待关系图，并由死锁检测协调者这一进程专门维护。全局等待关系图的构建方法如下。

当局部等待关系图增加或删除边时，它会向协调者发送报文信息，协调者将根据报文信息更新全局等待关系图；每个计算机定期向协调者发送自上一次更新后局部等待关系图所有增加和删除的边，协调者根据接收到的信息对全局等待关系图进行定期更新；协调者调用死锁检测算法时，根据所有计算机发送的局部等待关系图更新信息，进行全局等待关系图更新。

当调用死锁检测算法时，协调者会搜索它的全局等待关系图。如果发现一条回路，会挑选一个牺牲者并使之回滚。协调者必须把这一情况通知所有站点，这些站点反过来回滚牺牲者进程。有以下几种选择。

① 先考虑第一种选择，只要从本地等待关系图中增加一条边或删除一条边，本地站点必须发送一条消息给协调者以通知该修改。协调者接收到此消息后，会更新它的全局等待关系图。

② 另一种选择是一个站点可以周期性地在一条消息中发送许多这样的消息。回到前面的例子，协调者进程将维护一个全局等待关系图。当站点 S_2 加入一条边 $P_3 \to P_4$ 到它的本地等待关系图中时，它也会发送一条消息给协调者。类似地，当站点 S_1 由于 P_1 释放 P_5 所请求的资源而删除边 $P_5 \to P_1$ 时，也会发送一条相应的消息给协调者。

注意：两种选择都可能发生不必要的回滚，它产生于如下两种情形。

全局等待关系图中可能存在错误的回路。为了说明这一点，考虑图 9.11 所示的系统快照。假设 P_2 释放它在站点 S_1 所占的资源，导致删除站点 S_1 上的边 $P_1 \to P_2$；然后进程 P_2 请求站点 S_2 上的 P_3 所占据的资源，并导致在站点 S_2 上增加边 $P_2 \to P_3$；如果在站点 S_2 上增加边 $P_2 \to P_3$ 的消息要比从站点 S_1 上删除边 $P_1 \to P_2$ 的消息提前到达，那么当协调者加入之后（删除之前），可能会发现错误的回路 $P_1 \to P_2 \to P_3 \to P_1$。此时尽管没有发生死锁，也可能启动死锁恢复。

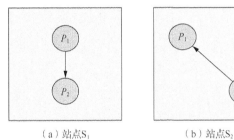
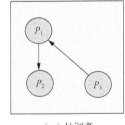

（a）站点S_1　　　　　　（b）站点S_2　　　　　　（c）协调者

图 9.11　本地和全局等待关系图

当一个死锁事实上已发生并准备选取一个牺牲者时，一个进程因为某种与死锁不相关的原因被中止（如进程超过了分配给它的时间），将产生不必要的回滚。例如，假设图 9.9 中站点 S_1 决定终止 P_2，同时协调者已经发现一条回路，并选取 P_3 为牺牲者，尽管只有 P_2 需要回滚，然而 P_2 和 P_3 现在都在回滚。

③ 第三种选择是使用集中式方法检测实际发生的所有死锁，不检测虚假死锁。为了避免报告虚假死锁，需要为来自不同站点的请求添加唯一的标识（或时间）。当站点 S_1 上的进程 P_i 请求一个位于站点 S_2 上进程 P_j 的资源时，即发送一条具有时间戳 TS 的请求消息。标为 TS 的边 $P_i \to P_j$ 被加入 S_1 的本地等待关系图。只有当站点 S_2 接收到此消息且不立即批准请求资源时，该边才能加入 S_2 的本地等待关系图。在同一站点中，P_i 对 P_j 的请求用一般的方式处理，$P_i \to P_j$ 边上不需要附加时间。

死锁检测算法实现过程如下。

① 协调者向系统中的所有站点发送一条开始消息。

② 接收到此消息后，站点将它的本地等待关系图发给协调者。每个本地等待关系图都包含关于站点的真实图状态的所有本地信息。该图反映了站点的瞬间状态，但并不涉及其他站点的同步。

③ 当协调者从每个站点收到反馈信息时构建图，图中每一点表示系统中每一进程。

当且仅当其中一个等待关系图中存在边 $P_i{\rightarrow}P_j$，或在多于一个的等待关系图中存在具有时间戳 S 标识的边 $P_i{\rightarrow}P_j$ 时，此全局图中存在边 $P_i{\rightarrow}P_j$。

可以说，如果构建的图中包含一个回路，则系统处于死锁状态。如果构建的图不包含一个回路，则当由协调者发出开始消息而调用死锁算法时，系统未处于死锁状态。

（2）完全分布式方法

在完全分布式方法中，所有的协调者同等地分担死锁检测的任务。在此方法中，每个站点根据系统的动态行为构建一个等待关系图来表示全局图的一部分。它的思想是：如果存在一个死锁，则（至少）在一个局部图中存在一个回路。在此介绍一种在所有站点构建局部图的算法。

每个站点维护自己本地的等待关系图。此方法中的等待关系图与先前所讲的有所不同：将一个附加节点 P_{ex} 加到图中。如果 P_i 是在等待另一站点上的、由任意进程控制的数据项，则图中存在一条边 $P_i{\rightarrow}P_{ex}$。类似地，如果另一站点上的一个进程在等待获取当前由此本地站点上的 P_j 进程控制的资源，则图中存在一条弧 $P_{ex}{\rightarrow}P_j$。

为了说明此种情况，考虑图 9.9 中的两张本地等待关系图。在两张图中增加节点 P_{ex}，生成了图 9.12 所示的本地等待关系图。

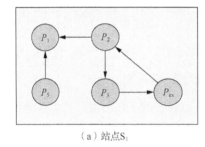
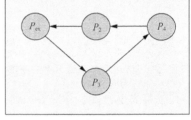

（a）站点S_1　　　　　　　　　　　　　（b）站点S_2

图 9.12　在图 9.9 上增加节点后的本地等待关系图

如果一个本地等待关系图包含一条不涉及节点 P_{ex} 的回路，则系统处于死锁状态。然而，如果存在包含节点 P_{ex} 的回路，则意味着有可能死锁。为了确定是否存在死锁，必须调用一个分布式方法。

假设在站点 S_i 的本地等待关系图中包含一条涉及节点 P_{ex} 的回路，此回路的形式必为

$$P_{ex}{\rightarrow}P_{k1}{\rightarrow}P_{k2}{\rightarrow}\cdots{\rightarrow}P_{kn}{\rightarrow}P_{ex}$$

它表明站点 S_i 上的节点 P_{kn} 在等待获取其他站点（如 S_j 上的一个数据项）。在发现此回路时，站点 S_i 发送一条死锁检测消息给站点 S_j，该消息包含回路信息。

当站点 S_j 接收到此死锁检测消息时，它会用新的信息来更新它的本地等待关系图，然后在新的本地等待关系图上寻找不涉及节点 P_{ex} 的回路。如果存在这样一个回路，则发现死锁，然后调用相应的死锁恢复方法。如果发现一条涉及节点 P_{ex} 的回路，则 S_j 发送一条死锁检测消息给适当的站点（如 S_k）。随后，站点 S_k 重复此过程。因此，经过有限次循环，要么发现一个死锁，要么死锁检测计算停止。

为了说明此过程，下面来分析图 9.12 中的本地等待关系图。假设站点 S_1 发现了回路

$$P_{ex} \rightarrow P_2 \rightarrow P_3 \rightarrow P_{ex}$$

由于 P_3 在等待获得站点 S_2 上的一个数据项，一条描述回路的死锁检测消息从 S_1 传送到 S_2。站点 S_2 收到此消息后，则更新它的本地等待关系图，得到图 9.13 所示的本地等待关系图。该图包含回路

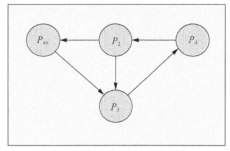

站点 S_2

$$P_2 \rightarrow P_3 \rightarrow P_4 \rightarrow P_2$$

它不包含节点 P_{ex}。因此，系统处于死锁状态，必须调用相应的恢复方法。

图 9.13　在图 9.12 中站点 S_2 增加的本地等待关系图

注意：如果站点 S_2 首先在本地等待关系图中发现回路，并发送死锁检测消息给站点 S_1，则结果是相同的。在最坏的情况下，两个站点将同时发现回路，并发送两条死锁检测消息：一个由 S_1 发往 S_2，另一个由 S_2 发往 S_1。这种情况会导致在更新两个本地等待关系图以及在两个图中寻找回路时产生不必要的消息传送和开销。

为了减少消息通信量，给每个进程 P_i 唯一标识，在此用 $ID(P_i)$ 表示。当站点 S_k 发现它的本地等待关系图中包含一条涉及节点 P_{ex} 的回路

$$P_{ex} \rightarrow P_{k1} \rightarrow P_{k2} \rightarrow \cdots \rightarrow P_{kn} \rightarrow P_{ex}$$

只有当 $ID(P_{kn}) < ID(P_1)$ 时，它才发送一条死锁检测消息给另一站点。否则，站点 S_k 继续正常执行，将启动死锁检测算法的责任留给其他站点。

为了说明此方法，再次分析加入图 9.13 更新后的图 9.12 的由 S_1 和 S_2 维护的等待关系图。假设

$$ID(P_1) < ID(P_2) < ID(P_3) < ID(P_4)$$

若两个站点同时发现本地回路，S_1 中的回路为

$$P_{ex} \rightarrow P_2 \rightarrow P_3 \rightarrow P_{ex}$$

由于 $ID(P_3) > ID(P_2)$，站点 S_1 不发送死锁检测消息给站点 S_2。站点 S_2 中的回路为

$$P_{ex} \rightarrow P_3 \rightarrow P_4 \rightarrow P_2 \rightarrow P_{ex}$$

分布式文件系统
实例-AFS

由于 $ID(P_2) < ID(P_3)$，站点 S_2 发送死锁检测消息给站点 S_1；S_1 接收到此消息后，更新它的本地等待关系图，然后站点 S_1 在图中寻找一条回路并发现系统处于死锁状态。

9.4　本章小结

分布式系统是不共享主存储器和时钟的处理器集合。也就是说，每个处理器都有自己的主存储器，处理器之间的通信通过局域网或广域网进行。分布式系统中处理器的大小和功

能不尽相同，它们可能包括小的掌上型实时设备、个人工作计算机以及大的计算机系统。

分布式文件系统是文件服务系统，其用户、服务器、存储设备等分散在各处。因此，服务活动必须通过网络实现，用多个且相互独立的存储器代替单一集中式数据存储。

分布式操作系统的优点在于用户可以访问由系统维护的资源，进而提高计算速度、数据可用性及数据可靠性。由于系统是分布式的，它必须提供处理同步和通信的机制，以处理死锁以及集中式操作系统中未曾遇到过的错误。

9.5 本章练习

1．什么是分布式操作系统？它与单机/传统操作系统和网络操作系统有什么区别？

2．分布式操作系统具有哪些优点？

3．主要有哪 5 种网络拓扑结构？其中网状形网络拓扑结构的主要优点是什么？

4．域名系统（domain name system，DNS）是怎么实现的？请以 cs.sjtu.edu.cn 为例分析。

5．简单介绍解决同一条链路上发送信息时，产生竞争和冲突的问题的 CSMA/CD 法。

6．IPv6 和 IPv4 有什么不同？为什么要逐渐使用 IPv6？

7．简单介绍分布式文件系统的名字映射中，位置透明性和位置独立性的概念。

8．分布式文件系统的远程服务机制主要由什么方式保证，该方式有何优缺点？

9．介绍两种简单的远程文件访问的缓存更新策略。

10．为什么说完全分布式算法只适用于小规模、稳定且临界区资源访问频率较低的分布式同步场景？

11．分布式系统采用时间戳方法时，在时间戳产生方面需要注意什么？

12．分布式系统中，采用单协调者方法加锁有什么优缺点，怎么克服其缺点？

13．在分布式系统的死锁检测中，采用集中式方法时，为什么即使任何本地等待关系图中没有回路，也有可能有死锁发生？请举例说明。

14．在完全分布式方法中，怎么避免第 13 题中的问题？

10

第 10 章　虚拟机

计算机硬件的飞速发展引发了人们对更高效率的追求，但是普通应用所消耗的 CPU 资源、主存储器资源基本不到整体资源的 30%。这种高配置而低利用率的情况造成了大量的资源浪费。为了充分利用计算机硬件资源，需要发挥虚拟化技术的作用。

虚拟化广义上指的是将物理资源抽象为逻辑对象，狭义上指的是通过软件模拟在一个服务器硬件上运行多个具有完整硬件系统功能的操作系统。这些虚拟机相互隔离，互不干扰，独立运行，使该物理服务器的资源利用率达到较高水平。虚拟机采用软件方法来实现，但拥有与硬件计算机相同的功能。虚拟机和虚拟化技术作为数据中心的基础架构，通过硬件资源虚拟化整合资源，具有隔离性、可扩展性、安全性和资源利用率高的优势，必将在未来发挥更大的作用。

虚拟化技术既包含软件层面的抽象，也包含硬件层面的抽象。通过虚拟化技术抽象出一个个虚拟的软硬件模块，满足运作在该虚拟环境之上软件模块的自身需求，使上层应用软件可以基于该虚拟环境直接运行，应用功能得以顺利实现。

从虚拟化技术面世以来，已经通过多种实现方式应用在不同领域，如利用软件虚拟化技术实现虚拟主存储器、Java 虚拟机、Android 模拟器，在云计算领域广泛采用硬件虚拟化技术。未来可基于不同的方式进行软件和硬件的不同组合，不断延伸新型虚拟化应用。

10.1　概述

20 世纪 60 年代首次出现虚拟化的概念，主要用于将昂贵的大型机硬件分区给多个用户共享。20 世纪 90 年代，伴随硬件的飞速发展与硬件成本的提升，人们开始关注利用虚拟化技术解决系统资源利用率低的问题。当前的虚拟化技术主要应用于扩展硬件容量、整合硬件资源和分配合理设置、简化软件重新配置过程等方面，从而使各类物理设备的工作效率大大提升。

基于虚拟化层的模拟，虚拟机在上层应用看来无异于一台真实的物理机，体现在每台虚拟机表现出了独立的 CPU、主存储器、I/O 设备等虚拟硬件。虚拟机监控器可以利用底层硬件资源，在构建包含虚拟 CPU、主存储器和外设等硬件的同时，构建多个虚拟环境并允许它们并发执行。在虚拟环境中，操作系统认为自己运行在真实物理机上，拥有该虚拟机上的全部资源。虚拟机监控器则整合一定策略进行资源调度，并提供完备管理接口来对虚拟环境的创建、删除、暂停和迁移等进行操作。目前主流的虚拟化系统软件包括 KVM(kernel-based virtual machines，基于内核的虚拟机)、Xen、Hyper-V、VMware ESXi、QEMU 等。

虚拟化技术是云计算服务中使用的最关键的技术之一，用于将多台物理服务器的硬件资源虚拟化，从而形成资源池，并纳入云计算管理平台，最终供给用户按需使用。

10.1.1　虚拟机概念

1. 虚拟机简介

虚拟化指的是不受限于物理约束，用逻辑表示资源，将某种形式的资源抽象成另一种形式的技术。广义上的解释是将不存在的东西"虚拟"为存在的事物，如存储虚拟化、网络虚拟化、设备虚拟化等；狭义上的解释是在某台计算机上"虚拟"运行多个操作系统。通过虚拟化技术，可以将一台物理机虚拟地划分为多台逻辑客户机并同时在该物理机上运行，每个逻辑客户机上可以安装并运行不同种类的系统，且应用程序可以在相互屏蔽的空间内独立运行，互不干扰，从效率的角度来看具有很大优势。

借助虚拟化技术，用户能以单个物理硬件系统为基础创建多个模拟环境或专用资源。虚拟化技术使用软件的方法重新定义和划分物理资源，通过各类资源整合进行动态分配、灵活调度、跨域共享，将物理资源视作可以真正调度的基础设施，从而适应各个服务领域中灵活多变的应用需求，大大提升物理资源的利用率。通过虚拟机监控器(virtual machine monitor，VMM)对硬件的直接调用可以将整体系统重新规划为彼此独立的安全环境，虚拟机监控器的作用在于分离计算机资源与硬件，使虚拟机再次按需设置其所需资源。

虚拟机可视为一种隔离性高的软件容器，同样包含 CPU、主存储器、网卡等"虚拟"设备供用户使用，这些虚拟设备部分依赖于物理机硬件，部分依赖于虚拟机软件。用户很难发现运行在虚拟机上的操作系统和应用程序与运行在物理机上的操作系统和应用程序的差异。对这些软件而言，虚拟机相当于一台物理计算机。

虚拟机监控器即 Hypervisor，作为虚拟化的具体实施层级，主要以软件的方式实现一套和物理机环境完全一致的虚拟环境，包含物理机拥有的各类信息资源，如 CPU、主存储器、网络 I/O、设备 I/O 等，相当于虚拟机监控器对物理机的各类资源重新做出划分和屏蔽。这种方式可以充分利用底层资源，整合后供上层使用。将对应的虚拟资源以虚拟机的形式提供服务，在具体的功能实现上，一个虚拟机和一台物理机在本质上是相同的，它们都可以运行各种操作系统，并基于系统界面运行各种实际应用。这样一台计算机可以满足多台服务器组合后的功能，这在计算机历史上是里程碑式的突破。

虚拟机被称为客户机，物理机被称为宿主机，虚拟机监控器处在中间层，负责虚拟机各种重要资源的管理工作（如虚拟环境的调度）、虚拟机的内部通信以及对虚拟机进行管理等，同时担负着物理资源的管理工作，包括处理器、中断、主存储器、设备等。除了这些，虚拟机监控器还提供许多附属功能，包含定时器、安全机制、电源管理系统等。

2．虚拟机的特征

通常，虚拟机具有的特征如下。

- 分区。一台物理机上可以同时运行多个互不干扰的操作系统。虚拟机共享硬件资源，并按照需求分配系统资源。
- 隔离。虚拟机具有隔离性。虽然虚拟机处于共享物理资源的状态，但它们在硬件级别进行故障隔离和安全隔离，可以将它们视为物理上彼此隔离。例如，某一台虚拟机发生故障，不会影响同一台物理机上的其他虚拟机，其隔离性相较于传统非虚拟化系统是一大优势。
- 可封装。容器可以理解为应用程序及其所需环境的一个封装。基于事实分析，可以将虚拟机视作软件容器，包括虚拟硬件资源、操作系统及其应用程序，相当于将其封装在一个软件包中。可封装使虚拟机具有可移动性。通过将虚拟机的完整状态保存到文件中，可以轻松达到移动和复制虚拟机的目的，为迁移带来很大便利。
- 独立于硬件。虚拟机不依赖于底层应用。任何虚拟机都可以被调配到任何物理机上，并可在其上运行不同的操作系统。

上述特征为虚拟机的推广和应用带来了很多优势。

3．虚拟机的优势

尽管虚拟机有着与普通操作系统和应用程序相同的工作模式，但即便是同一个物理机上运行的虚拟机，彼此之间也是相互独立的，它们与物理机之间也是完全独立的。经虚拟机监控器的加持，可以满足用户在不同虚拟机上运行与物理机完全不同类型操作系统的需求。我们可以在操作系统为 Windows 的物理机上利用虚拟机运行 Linux 系统，或者在较高版本的 Windows 操作系统上运行 Windows 的较低版本。由于虚拟机彼此独立，故可以实现迁移工作，能够将某个虚拟机即时迁移到不同物理机上的虚拟机监控器中。因为虚拟机具备较为灵活的可移植性，相应带来了一定优势，具体如下。

- 节约成本。基于同样类型的基础架构运行不同类型的虚拟环境，在此层面上可以大幅减少对物理基础设施资源的消耗，极大降低维护几乎相同数量服务器的成本，节省运行成本。
- 灵活性强，速度快。通过加速虚拟机，公司应用的开发步骤必然优于从头配置全新环境。因其操作快速、简便，可以通过虚拟化技术加快公司进行开发测试的过程。
- 减少停机时间。虚拟机具备较好的可移植性，在不同的计算机上从一个虚拟机监控器迁移到另一个虚拟机监控器的过程很便捷。为了防止主机意外中断，虚拟机的可移植性是用于备份的优秀解决方案。

- 伸缩性好。用户可通过虚拟机添加更多物理服务器或虚拟服务器，将工作负载分配到多个虚拟机上，将其上的应用随场景进行缩放，进一步改善应用的可用性和工作性能。

- 安全性好。由于虚拟机在多个操作系统中运行，因此可以将原有操作系统中相对敏感的应用运行在某个虚拟机上，屏蔽物理机操作系统，不影响物理机操作系统安全运行。虚拟机同时提供良好的安全取证功能，常常用于安全地隔离计算机病毒，以研究病毒特性，防止对应的物理机受到病毒干扰产生系统漏洞。

传统物理服务器的不足之处在于绑定了操作系统与物理服务器，一旦发生故障便大大降低了可靠性，迁移难度大，也不利于后续的资源扩展，在有较高空间占用率的同时资源的利用率却很低。而虚拟服务器分离了操作系统与物理服务器，使迁移过程更为便捷，也易于资源的扩展，资源整合标准化的虚拟硬件由文件组成，易于保护。未采用虚拟化技术的主机使用一个操作系统，软硬件耦合性高，硬件成本高昂，灵活性差，且同一台主机上同时运行的程序之间发生冲突时会降低主机的运行效率，可能会破坏其安全性。使用虚拟机技术可避免操作系统和硬件之间的依赖关系，使虚拟机独立于硬件，按需分配硬件资源，系统的资源利用率大大提高。管理操作系统和应用程序被封装成单一个体，使得个体间的冲突不产生影响，其故障隔离性带来了安全性的保证。

10.1.2 发展历史

牛津大学计算机教授克里斯托弗·斯特雷奇（Christopher Strachey）于 1959 年在国际信息处理大会上发表了名为《大型高速计算机中的时间共享》的报告，并在文中首次提出了"虚拟化"的概念。因此该报告被认为是最早的虚拟化技术论述，由此虚拟化技术"崭露头角"。

之后，IBM 公司于 1964 年开发出了全球第一台虚拟机 System/360，搭建了时分复用系统，可运行多个单用户的操作系统，提供了基于全硬件虚拟化的解决方案，允许多个用户通过终端共享物理机中的物理资源，以交互使用计算机。

1972 年，IBM 发布了可用于创建灵活大型机的虚拟化技术，该技术提出的目的在于按照不同用户动态的应用需求，整合并重新进行物理资源的分配。这对提升价格昂贵的大型机物理资源的利用率是极其有利的，表明虚拟机已进入大型机的时代。

1974 年，杰拉尔德·波佩克（Gerald Popek）和罗伯特·戈尔德贝里（Robert Goldberg）在合作论文《可虚拟第三代架构的规范化条件》中定义了虚拟化系统结构的 3 个基本条件，满足以下条件的控制程序被称为虚拟机监控器。

- 资源控制。控制程序能够管理所有的系统资源。

- 等价性。在控制程序管理下运行的程序除时序和资源可用性之外的行为，应该与没有控制程序时的完全一致，且预先编写的特权指令可以自由地执行。

- 高效率。绝大多数的客户机指令应该由主机硬件直接执行而无须控制程序的参与。

1999 年，VMware 公司率先推出了虚拟化系统软件 VMware Workstation。2003 年，英国剑桥大学的一位讲师发布了开源虚拟化项目 Xen，通过半虚拟化技术提供虚拟化支持。2004 年，微软发布了 Virtual Server 2005 计划，表示"虚拟化正在从一个'小石城'向主流市场转变"，象征着虚拟化技术正式进入主流市场。

2006 年，Intel 和 AMD 逐渐开始将对虚拟化技术的支持加入 x86 架构的 CPU 中，在传统的纯软件实现的各类虚拟化功能中融入硬件实现，从而进行优化。同年，红帽（Red Hat）将 Xen 作为 RHEL 的默认特性。同年，亚马逊网络服务（amazon web service，AWS）开始以 Web 服务的形式向企业提供 IT 基础设施服务，即目前受到社会广泛关注的云计算技术。

10.1.3 分类

1. 根据平台类型进行划分

虚拟环境通常由硬件、虚拟机监控器和虚拟机 3 部分构成，因此可以基于虚拟机监控器提供的虚拟平台类型对完全虚拟化和类虚拟化进行区分。

（1）完全虚拟化

虚拟环境中有两类操作系统：运行虚拟机监控器的操作系统为物理机操作系统，而虚拟机中运行的操作系统为客户机操作系统。

完全虚拟化指的是客户机操作系统不会区分自己是运行在物理机上还是虚拟机上，操作系统不需要任何改动就可以直接安装到虚拟机上，不涉及额外操作，操作系统会正常处理虚拟处理器、虚拟主存储器、虚拟网络等资源。Hypervisor 的主要功能在于获取 CPU 指令，为指令访问硬件控制器和外部物理设备架起"桥梁"。完全虚拟化是处理器密集型技术，因为它要求 Hypervisor 管理各个虚拟服务器，并让它们彼此独立。

（2）类虚拟化

类虚拟化的实现需要改动客户机操作系统，操作系统明确认识到自己运行在虚拟环境中，并与 Hypervisor 协同工作。这带来了更高的性能，其响应能力与未经过虚拟化处理的服务器并无差别。其客户机操作系统集成了虚拟化方面的代码，使操作系统自身能够与虚拟进程进行良好协作。

2. 根据应用层面分类

虚拟机技术还涉及以下不同的应用层面。

（1）服务器虚拟化

服务器虚拟化的应用是较广泛的，在同一物理服务器上运行多个虚拟机可以支撑数据中心更高效率地运转。服务器虚拟化产品通常与所有 x86 操作系统、应用程序与设备驱动程序完全兼容，可以运行其上的任何应用程序。

物理服务器作为虚拟机的主机并承担所有工作负载，Hypervisor 与物理设备之间可以不经过操作系统，而是对物理层进行抽象，然后提供给虚拟机，充当虚拟机的虚拟硬件与物理机的实际硬件之间的接口，完成虚拟机的实例化。

进一步对服务器虚拟机进行分类，还可以划分为硬件虚拟化和软件虚拟化。硬件虚拟化指的是虚拟化平台不通过操作系统运行，而是直接基于硬件运行，通过硬件虚拟化引擎 Hypervisor 将硬件资源提供给虚拟机使用；软件虚拟化指的是利用物理机已有操作系统上的虚拟化平台，运行各类虚拟机操作系统。

（2）桌面虚拟化

桌面虚拟化是指集中保存和管理分散的桌面环境，具体操作包括集中下发、集中更新、集中管理。即在服务器的虚拟实例中放置一个桌面，集中存储终端数据，采用远程桌面连接的方式，具有更高的安全性。通过桌面虚拟化，用户不需要单独维护每台终端，即可辅助桌面管理操作简易化进行。每个用户可以建立不同的桌面环境，同时桌面环境可以分享给多个用户进行操作。但桌面虚拟化的基础是服务器虚拟化，否则无法发挥桌面虚拟化的优势。

（3）应用程序虚拟化

应用程序虚拟化指基于操作系统上的虚拟化层来创建彼此隔离的软件和服务，采用虚拟软件包放置应用程序和数据，从而避免传统的安装流程。应用程序虚拟化的一种应用场景是在不同的应用程序之间进行交互时，某一应用程序临时的变动（比如升级行为）可能会影响其他应用程序的正常运行，需要通过应用虚拟化封装等机制避免干扰问题的发生。另一种适用场景是大型公司部署升级后的应用程序时，可采用应用程序虚拟化自动重复执行任务，不需要考虑副本个数，即可统一在终端使用程序。

10.1.4 虚拟机的工作原理

Hypervisor 作为中间件解耦了底层的硬件资源和上层的操作系统，支持不同类型的操作系统共享相同的硬件设备资源，同时保证虚拟机操作系统所需资源能及时得到响应和调配。

对于传统的直接位于物理机上的操作系统，其管理硬件的过程是通过编程语言命令向操作系统发出请求，所有连接由操作系统进行管理和维护，包括操作系统对文件系统信息的检索，从而传递到相应的设备管理器进行处理，并且协同物理磁盘控制器和存储设备共同检索出正确数据，最后经由操作系统返回得到的数据。

虚拟化是创建基于软件的或计算机的"虚拟"版本的过程，其包含从物理机计算机和远程服务器"借用"的专用 CPU、主存储器和存储量等。虚拟机是指行为方式类似于实际计算机的计算机文件，将其称为映像。它可以作为独立的计算环境在窗口中运行，通常运行不同的操作系统，甚至可作为一个单独用户的计算机，这在许多人的工作计算机上都很常见。虚拟机与系统的其余部分相互隔离，这意味着虚拟机中的软件不会干扰主机的主要操作系统。处理器架构为了保护操作系统安全，设置了不同的保护级别，即 Ring，保护级别从 0～3 依次递减，Ring 0 是操作系统内核中最高权限的运行级别。Hypervisor 通过在 Ring 0 中运行来控制硬件状态，通过拦截相应的操作请求并快速响应使得客户机认为自己直接操作了硬件，并且 Hypervisor 并不会带来显著的整体开销。

10.1.5 虚拟机与容器的对比

容器与虚拟机有着本质上的区别，但它们在功能上具有相似性，即不依赖于物理硬件，对应用及其相关联的环境进行隔离，可构建能够独立运行的单元，从而以更高性能操作计算资源，减少不必要的成本损耗。

虚拟机依靠虚拟机监控器运行在物理设备上，它将虚拟硬件、操作系统内核以及用户空间打包成整体，安装在系统硬件之上的 Hypervisor 为每个虚拟机实例分配系统的计算资源，不同的虚拟机可以安装不同的操作系统。创建虚拟机方法是首先创建一个虚拟物理环境，然后基于虚拟物理环境构建完整的操作系统以供应用程序运行。

容器省略了安装操作系统的过程，容器层是直接安装在物理机操作系统之上的。容器层建立之后，即可为容器实例分配系统资源，但每个容器化应用都会共享相同的操作系统。可以将容器视作安装了一套各类应用的虚拟机，其运行可以直接基于物理机内核，经过的抽象层更少，因此可获得比虚拟机更快的启动速度，可移植性强，相对于虚拟机具有极为出色的轻量化特征，对物理资源的使用效率更高。

容器与虚拟机本质的区别是：虚拟机打包了系统内核和虚拟硬件资源，而容器缺少客户机操作系统这一层级；虚拟机基于对硬件资源的抽象，而容器基于对操作系统级别的抽象，因此其工作负载需要运行在相同类型的操作系统内核上。在隔离性方面，虚拟机拥有更多优势；对于相同的物理资源，容器相对虚拟机所需的资源开销更低，能部署更多的实例。

10.2 Hypervisor

1. Hypervisor 概述

Hypervisor 是介于物理机和虚拟机之间的软件层，主要功能是资源仲裁，作为虚拟机与客户机的交互中间件。通过 Hypervisor 可以避免虚拟机操作系统与底层硬件直接通信，否则会出现多个操作系统同时控制底层硬件的情况，造成操作混乱。Hypervisor 架构如图 10.1 所示。

多个虚拟机共享物理机的物理资源，每台虚拟机占用物理机的部分资源并能够有效地完成对所需 CPU、网络、主存储器等硬件资源的访问功能。Hypervisor 保证了这些运行在物理机上的客户机"感觉"自身是直接与物理设备进行交互的，可以像普通物理机一样访问主存储器、调用网络资源。

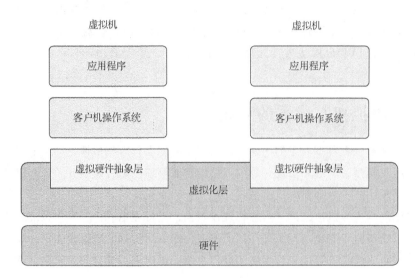

图 10.1　Hypervisor 架构

最初 Hypervisor 的用途是进行操作系统的调试，通过沙盒处理帮助程序员快速获取测试结果，避免监测全部系统资源，后来逐渐发展成为虚拟机服务器，具备同时在多种环境中运行的功能。

2. Hypervisor 分类

（1）不依赖于操作系统

根据部署方式的差异性，我们可以将 Hypervisor 分为以下两类。

第一类 Hypervisor 不依赖于操作系统，基于服务器硬件，即与下层硬件进行交互，直接在"裸机"上完成功能的实现。这种 Hypervisor 具有更高效的资源利用率。除此之外，该类 Hypervisor 还具备更完善的安全方面的保障，因为客户机的操作不会对 Hypervisor 造成影响，单机的崩溃情况也不会涉及 Hypervisor 的运行，其他客户机依然处于正常运转状态。

此类 Hypervisor 常见的例子有 Xen 和微软 Hyper-V。

① Xen。Xen 由剑桥大学开发，其架构如图 10.2 所示，Xen 结合了 Hypervisor 模型和宿主模型，从而成为一类混合的虚拟化模型。基于 Xen 的虚拟化常见产品包括 Citrix、Virtual Iron、Red Hat 和 Novell 等。其中多数被各类研究机构采用，但实际应用于生产环境的虚拟化主流产品为 KVM。Xen 的缺点是操作系统必须显式地"移植"，以在 Xen 上运行，但同时提供了对用户应用的兼容性，过程相对烦琐。不过这也赋予了 Xen 在没有特殊硬件辅助条件下也可获得虚拟化的较优性能。Xen 是根据 x86 系列的物理机设计的，能够支持不同客户机同时运行，在多种虚拟机运作环境下仍可以维持较好的性能水平，实现资源隔离。Xen 发布于 GNU 通用公共许可证（general public license，GPL）下，是一款开放源代码软件。

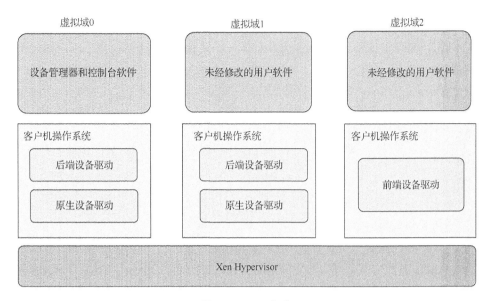

图 10.2　Xen 架构

Xen 通过对原有 Linux、NetBSD 和 Solaris 内核进行简化调整来改善系统虚拟化后的性能，而经过调整后的内核就是 Linux 的一个操作系统，能够直接当作操作系统来使用，也就是说，Xen 是直接运行于硬件上的操作系统，其他已被虚拟化的操作系统则执行于硬件之上的第二层。可被虚拟化的操作系统包括 UNIX-like 系列，在 Windows 系统中无须再次修改调配，即可运行 Xen 3.0 以上的版本，其前提条件是 CPU 要么支持 Intel VT，要么支持 AMD-V。半虚拟化或称超虚拟化技术，这种技术要求对客户的操作系统进行部分调整。这项技术意味着在客户机操作系统被改造后，使用特殊的系统调用 API，而不是调用原有的接口。使用这种超虚拟化技术，Xen 可以实现更高的性能。在硬件支持的状况下，可以在不经过更改的客户机操作系统运行 Intel VT 和 AMD-V。

Xen 虚拟化基本可以视为实际硬件环境，同时可以在实际的物理环境平台与虚拟化平台按需进行转换。每个客户机上可以运行 32 个虚拟 CPU，采用 vCPU 的热插拔功能，通过 Intel 虚拟支持（virtualization technology，VT）技术来虚拟化原始操作系统，拥有完美的硬件支持，对近乎全部的 Linux 设备驱动都具有包容性。常见的应用场景如下。

- 服务器整合：在虚拟机范围内，在同一个物理机上安装若干个服务器，以进行演示和与故障隔绝。
- 硬件测试：允许应用程序和操作系统对新硬件进行移植测试。
- 多操作系统运行：可以基于开发和测试所需，运行多种类型的操作系统。
- 内核开发：可以设置虚拟机的沙盒环境来完成内核的检测工作，避免为测试工作搭建一台额外主机的成本开销。
- 集群运算：相较于单一、直接的管理模式，增强了物理服务器在虚拟机层级管理工作的灵活性，可更好执行负载均衡工作，进行控制与分离。
- 为客户机操作系统提供硬件技术支持：可以基于已有操作系统获得硬件支持，

进一步开发新型操作系统，如 Linux 系统。

② Hyper-V。微软提出了一种基于 Hypervisor 的系统管理程序虚拟化技术 Hyper-V，采用微内核的架构，可以兼顾安全性和工作性能的要求。最高的特权级别称为 Ring 1，对应 Intel 中的 root 模式。虚拟机操作系统内核和驱动均运行在 Ring 0，而应用程序运行在 Ring 3 下，这种架构不需要采用复杂的二进制特权指令翻译（binary translation，BT）技术，可以进一步提高系统安全性。

（2）基于操作系统

第二类 Hypervisor 相当于基于操作系统之上的应用程序，该类 Hypervisor 的安装、部署以及实际硬件资源的处理与划分交由操作系统进行统一控制，整个部署过程更为简单。通过操作系统的硬件支持可以容纳更多不同类型的硬件。不过，该类 Hypervisor 与硬件建立了额外的抽象层，因此会产生更大的系统开销。

KVM 作为目前行业中较为普及的 Hypervisor，是 Linux Kernel 中的一个内核模块的内建虚拟机。通过加载 KVM 模块运行虚拟机，我们将其视为后台待命的进程，被内核调度并管理。KVM 是开源的虚拟化技术，需要支持虚拟卷技术的芯片，用于管理 CPU 虚拟化和主存储器虚拟化，并由 QEMU 来完成 I/O 设备的虚拟化，从而运行彼此隔离的虚拟环境。

QEMU 作为开源的计算机仿真器，几乎可以模拟各类硬件设备，实现整套虚拟机，模拟范围包括 CPU、主存储器、网卡、声卡及 I/O 设备等，可以运行不同架构的系统执行硬件虚拟化，具有灵活的可移植性。但作为纯软件实现的虚拟化模拟器，使指令全部经由 QEMU 处理是非常低效的，不利于整体性能的提高。所以在实际生产环境中，通常利用 QEMU 配合 KVM 的合作方式完成虚拟化进程，将过程比较烦琐的 CPU 和主存储器虚拟化交由 KVM 处理，而作为硬件辅助的虚拟化技术；QEMU 则肩负 I/O 虚拟化的任务，虚拟机通过与 QEMU 模拟的硬件进行交互从而执行在真正的硬件设备上，这种结合方式有助于发挥 KVM 和 QEMU 各自的优势，从而加速整个虚拟化进程。QEMU 架构如图 10.3 所示。

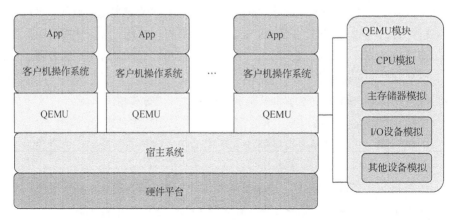

图 10.3　QEMU 架构

KVM 与 QEMU 相辅相成。KVM 为了精简开发过程和代码重用性，在 QEMU 的基础上做了调整，把消耗性能较多的 CPU 虚拟化和主存储器虚拟化部分转移到内核中实现，在用户空间实现 I/O 虚拟化模块。此类协作方式主要出于对性能方面的考虑，CPU 和主存储器虚拟化使用非常频繁，本身又是较为复杂的虚拟化模块，如果在用户空间中实施，频繁在用户态和内核态之间进行切换会对性能造成较大的负面影响。在权衡之下，由于 I/O 设备数量众多且相较于 CPU 和主存储器模块使用频次较低，可以削减一定的开销。由于 QEMU 作为纯软件实现，运行在用户空间性能非常差，因此经由 KVM 虚拟化功能的加速，QEMU 为自身虚拟机提供更优性能。初期二者没有分别，将 KVM 的修改模块称为 qemu-kvm，后续版本中二者合二为一，即在 QEMU 创建虚拟机过程中，要加载 KVM 模块，并为其指定参数 enable-kvm。

KVM 是基于 Intel VT、AMD-V 的硬件虚拟化实现的虚拟化解决方案，根据与 QEMU 相关的研究分析，可以基本确定其在虚拟性领域中的重要地位。实际上其并不能模拟其他设备，因此只承担 CPU 和主存储器的虚拟化功能，且需要在用户空间设置工具，通过提供/dev/kvm 接口对用户空间的 QEMU 进行模拟，即将/dev/kvm 接口作为 QEMU 和 KVM 的通信纽带。由于/dev/kvm 自身就是一种设备文件，意味着可以通过 ioctl()函数来实现对该文件的监控与管理，也因此能够实现用户空间与内核空间的数据通信。在 KVM 与 QEMU 之间，通信程序主要进行一系列对该设备文件的 ioctl()调用。QEMU 利用/dev/kvm 接口设置一个虚拟机的地址空间，并向它提供模拟后的 I/O 设备，而后将相关设备回显操作反馈至物理机，从而对所有 I/O 设备进行虚拟化操作。

不过，KVM 虚拟化平台不能模拟其他设备，保留了 QEMU 网卡、显示器部分的代码，将模拟 CPU、主存储器的代码替换成 KVM，将 QEMU+KVM 构建为新的虚拟化平台。KVM 只是内核模块，运行在内核空间；而 QEMU 运行在用户空间，达到实际模拟创建和管理磁盘、网卡、显卡等虚拟化硬件的目的。

从 KVM 的视角出发，由于操作用户空间必须使用用户空间的管理工具，其本身无法直接与内核模块互动，因此可以借由 QEMU 这类直接运行于用户空间的模拟工具达到交互目的。KVM 与 QEMU 相互结合，完成了完整意义上的服务器虚拟化，QEMU 利用 KVM 实现硬件虚拟化进程加速，KVM 则通过 QEMU 来仿真硬件设备并实现和内核空间的 KVM 通信任务。此类通信方式有多种，QEMU 可以作为其中之一。另外，由于 QEMU 模拟 I/O 设备效率较差，现在常常采用半虚拟化的 virtio 方式进行 I/O 设备虚拟化。

虚拟机实质上是物理机的一种工作进程，组成部分包含用户态数据结构和内核态数据结构，QEMU 负责创建并初始化用户态部分，KVM 则负责内核态部分；完成后会返回一个文件句柄，代表所创建的虚拟机；通过对该文件句柄的 ioctl()函数调用进入内核模式，进而对虚拟机的具体部分进行管理，比如创建虚拟机地址空间和物理机地址空间的映射关联、创建多个线程以供虚拟机使用、生成创建出的 vCPU 相应的文件句柄等。

10.3　单机虚拟化

单台物理机实现的虚拟化方式称为单机虚拟化，该物理机上采用一套虚拟化体系来运行虚拟机。使用物理机内部的计算、主存储器、存储、网络资源的虚拟机，将其所在的物理机作为物理边界。

单机虚拟化的优势在于部署灵活，具有较高的性价比，在生产环境中广泛应用，主要的应用场景如下。

- 物理位置分布较为分散的业务。
- 迁移传统业务：为了保持业务兼容，保持 IP 地址等因素不变。
- 对成本敏感的业务。
- 对性能要求非常高的业务。

10.3.1　单机虚拟化的优势

1．成本优势

单机虚拟化省去了对存储、网络资源的额外投入，不需要另外改造现有的网络结构；硬件成本、时间成本、人员投入成本都是非常低的，在成本方面具有显著优势。

2．灵活性好

单机虚拟化非常灵活，部署几台服务器就可以实现。

单机虚拟化的常见场景是机房中服务器使用时间很久、已经超过了保修年限但依然在运行的服务器，服务器上面的应用可能是很多年前部署上去的，环境非常复杂，维护这些应用的人可能已经更换了好几批，重新申请新的服务器、重新部署业务难度非常大。在这种情况下，可采用物理到虚拟（physical to virtual，P2V）技术将老旧的服务器转换成虚拟机，业务环境、IP 地址等都可以和原来保持一致，而对业务运营而言，只需要停机维护一段时间即可。其中，P2V 技术指的是把物理服务器转换为虚拟服务器的技术。

3．实现简单

对于某些在业务发展阶段应用虚拟化技术的企业部门，单机虚拟化技术因其架构难度低、入门快捷、操作简便获得了一定优势。物理机采用各项配置基本符合要求的普通服务器，再安装一些必要的软件包即可实现 KVM 虚拟化。针对普通类型的业务运维，可以在很短的时间内完成整体虚拟化部署，实现起来相对简单。

4．性能优良

单机虚拟化具有优良性能，其在磁盘和网络中具备较好的承压能力。服务器上不同类型的工作内容对其承压能力要求的差别较大，如数据库类服务器的压力来源于磁盘的读/写进程，短视频类服务器的压力来源于主存储器及网络延迟，游戏类服务器的压力来源于 CPU。单机虚拟化在硬件配置方面的优势以及其特有的虚拟化步骤，使其几乎能够满足等同物理机的性能，从而足够承受磁盘和网络类的性能压力。对于数据库服务器频繁进行磁盘读/写导致服务器压力大的场景，单机虚拟化物理机通过配置 SSD 达到读/写性能大幅度提升的目的。而在磁盘性能上，相较于共享存储这种多台虚拟机分享存储资源的方式，单机虚拟化可以非常灵活地通过调整虚拟机独占不同的 SSD 来达到近似物理机的承压性能。对于短视频类服务器的压力场景，可以通过开启网卡的 SR-IOV 提升相应的虚拟机网络性能。SR-IOV 目前不支持迁移，因此非常适合单机虚拟化。

5. 故障影响面小

在服务器运行的整个周期中，难以避免发生某些故障。一旦发生故障，就需要控制其影响的范围，这对服务器的可靠性要求是较高的。对于单机虚拟化，其物理机上运行的虚拟机数量有限，当一台物理机发生故障的时候，通常只会影响该物理机上的虚拟机，其他的虚拟机可以屏蔽此类影响。同样，对比集群虚拟化，采用集中式存储时虽然发生故障的概率不高，但是一旦网络或存储设备发生不可预测的故障，其影响范围包括整体集群的全部虚拟机，造成的损失是难以预料的。

10.3.2　单机虚拟化的劣势

1. 难以统一管理

灵活性带来的一个问题就是混乱。物理机在物理机上分布在多个地方，在网络上分布在多个网段，一般非常分散，不方便管理，有违资源的整体规划原则。

2. 故障恢复慢

因为虚拟机都运行在单台物理机上，一旦这台物理机出现问题，恢复业务的时间周期比较长。如果是物理机而非磁盘硬件故障，有两种恢复方案，第一种方案是将虚拟机迁移到健康的物理机上，在这个过程中虚拟机是不可用的，而迁移的过程实际是文件的复制过程，当虚拟机文件非常大的时候复制过程就非常漫长。第二种方案是通过备机将故障物理机上的硬盘全部换到备机上。这种恢复方案相比虚拟机迁移要快一些，但是对于品牌多样的服务器来说，每种都要准备一台备机。

如果发生极端情况，物理机多块硬盘同时故障，那么虚拟机会彻底丢失，只能从备份中恢复虚拟机，再恢复业务数据，这种情况有可能造成业务数据丢失，但是一般发生这种情况的概率非常低。在虚拟化运维实践中，因为生产环境一般采用的是 RAID10，极少碰到同一个 RAID1 组两块磁盘同时故障的情况，但碰到这种情况时可以使用应用层面的数据进行恢复，因为应用层面都是每天备份一次，所以恢复的时候会丢失约一天的数据。还有一种情况就是物理机操作系统故障，需要修复系统，可以将虚拟机镜像文件复制到备用物理机上，但是恢复时间也比较长。

10.3.3　单机虚拟化的应用场景

单机虚拟化具备广泛的应用场景，一些主流的公有云采用单机虚拟化技术来为客户提供云资源。下面简要介绍十分适合单机虚拟化的应用场景。

1. P2V 场景

有些年代久远的物理服务器仍在运行，但面临配件在市面上已经不存在、服务器过了保修期等情况，这类系统的配置往往非常复杂，难以重新部署到新服务器上。此类场景十分适合用虚拟机来替代难以继续维持的物理服务器，即 P2V 场景。

2. 高性能应用场景

对于某些长时间处于较高负载运行状态的应用，也可以进行单机虚拟化配置，因为单机虚拟化相应的物理机配置定制性非常强，可以根据应用的具体需要为物理机添加配置，如采用 SSD 加强磁盘性能、使用支持 SR-IOV 的网卡、选用高主频多核的CPU 等。单机虚拟化的物理机具备可定制性强的优势，可以利用这一点使其承载更大负载的虚拟机。

3. 定制化业务场景

某些业务场景更适合采用单机虚拟化模式，如一旦一些需要保证业务可用性的应用中发生了服务器宕机，就需要极力避免其对业务造成影响。应对方式是将 Web 类应用的主从应用放到两个单机物理机上，即便其中一台物理机发生宕机，也是可以持续提供服务的。游戏业务场景可以采用分区分组形式，每个区组服务器由一台单机虚拟化物理机提供服务，宕机造成的最大危害也仅影响一个区组的游戏。如果游戏架构内部已经设置了冗余机制，则物理机宕机基本不会影响游戏运行。

10.4 CPU 虚拟化

对 CPU 的虚拟化本质上是在物理机 CPU 资源上进行时间片的调度。虚拟机监控器主要负责 vCPU 调度，CPU 虚拟化技术实质上是单 CPU 模拟多 CPU 并行。当 vCPU 获得物理 CPU 资源的使用权后，基于该 vCPU 运行的客户机操作系统就可以进行该操作系统上各进程的调度。客户机操作系统允许各进程分时复用虚拟 CPU 资源，而这些 CPU资源是基于物理 CPU 资源的分时复用，可显著提高计算机的工作效率。

10.4.1 CPU 软件虚拟化

CPU 软件虚拟化主要通过软件的形式来模拟每一条 CPU 指令。在软件虚拟化领域有两种类型的通用技术：优先级压缩和二进制代码翻译。它们几乎可以用在所有虚拟化中。

x86 架构为保证上层运行的操作系统、应用程序进行硬件访问操作，提供了 4 类CPU 运行级别，最低级别为 Ring 3，最高级别为 Ring 0。操作系统由于要进行硬件和存储访问操作，其运行代码配置级别应该为最高级别，应用软件的代码可运行在最低级别上。一旦涉及硬件及存储访问操作，如设备访问、写文件等，首先需要执行对应的系统调用，切换用户态和内核态，将 CPU 运行级别从 Ring 3 切换至 Ring 0；当操作完成后，再次切换 CPU 运行级别。虚拟化技术也基于该思想，虚拟机监控器本质上是主机操作系统，CPU 运行级别为 Ring 0，客户机操作系统则运行在较低级别的 Ring 1 上，逐渐贴近上层的应用程序分别运行在 Ring 2 和 Ring 3 上。一旦客户机操作系统或上层软件执行有关的特权命令就会发生越权访问，导致系统异常。相应的虚拟机监控器会截获该越权指令，并模拟该指令反馈给物理机操作系统，让其以为自己的特权指令可以正常工作并继续执行。这种硬件及存储访问的操作就包含了优先级压缩和二进制代码翻译技术。

10.4.2 CPU 硬件虚拟化

上述虚拟化方式采用了先截获指令再进行模拟的纯软件模式，导致运行性能较低。如果要进一步提高运行性能，一种改进方法就是改变客户机操作系统中关于特权指令的相关方法，调整为函数调用模式，不再采用截获和模拟指令的模式，让虚拟机监控器直接执行。这种模式可以在一定程度上提升运行性能，但这种模式不具有通用性，而是一种定制的方法，还涉及修改客户机操作系统的代码，所以想要既能够通用，又能够提升运行性能，需要从硬件层面入手进行虚拟化。

以 Intel VT 和 AMD-V 为主的硬件辅助的 CPU 虚拟化被提出来，其中 Intel VT 包含用于 CPU 虚拟化的 VT-x、用于主存储器虚拟化的 EPT（extended page table）技术以及用于 I/O 虚拟化的 VT-d。采用硬件辅助的 CPU 虚拟化方案基于原有的 Ring 模式引入了新的 VMX（virtual machine extension）模式，这种模式又可分为根操作模式 VMX Root Operation 和非根操作模式 VMX Non-Root Operation，这两种模式都涵盖从最高级别 Ring 0 到最低级别 Ring 3 的运行级别。因此运行时除需要指定某个应用软件的运行级别以外，还需要指定其是否处于根操作模式。此种模式的优势在于客户机操作系统的内核运行在非根操作模式中的 Ring 0 级别，因此其核心指令可以直接传递给硬件层面执行相关操作。而敏感指令的执行则涉及硬件辅助，即特权指令可以直接切换到虚拟机监控器执行，客户机上的应用程序运行在非根操作模式中的 Ring 3 运行级别，该流程应用程序无法感知到，可以自动执行，所以运行性能大大提高。这种切换使得 VT-x 需要定义一套 VM Entry 和 VM Exit 机制。前者适用于从根操作模式切换到非根操作模式，后者则适用于从非根操作模式切换到根操作模式，也就是从客户机切换到物理机上的虚拟机监控器。

VM Entry：虚拟机监控器调用 VMLAUNCH 指令从根操作模式切换到非根操作模式，硬件自动加载客户机操作系统的上下文，执行客户机操作系统指令。

VM Exit：物理机操作系统在运行过程中遇到敏感指令，面临中断或缺页异常时，需要使用虚拟机监控器处理该事件，当然也可以自主使用 VMCALL 指令来调用虚拟机监控器服务，则硬件自动挂起客户机操作系统，在切换至根操作模式后，开始运行虚拟机监控器。

10.5 网络虚拟化

在客户机操作系统中，虚拟网卡驱动程序接收该虚拟机上的应用程序在运行过程中不断向操作系统发送的网络请求，转而发送给 Hypervisor，最终经由物理机物理网卡传递到网络中。相应的响应也通过此路径逆向传递回虚拟机应用程序。Hypervisor 在网络虚拟化中的作用是作为虚拟交换机对虚拟机之间的网络进行隔离。

在传统网络环境中，一台物理机利用自身包含的若干个网卡连接外部的网络设施（如交换机）来实现与其他物理机之间的通信。为满足隔离不同应用的需求，将需要隔离的应用部署在另一台单独的物理机上。这种处理方式的弊端在于部分应用自身在较长时间段内处于空闲状态，隔离后占用物理资源但利用率极低，而且随着软件数量逐渐增加需要不断增加物理设备来解决资源需求问题。由此可知，传统网络架构对物理资源造成极大的浪费，使用成本较高。

10.5.1 虚拟化网络架构

想解决传统网络架构的弊端，需要对虚拟化技术抽象的各类物理资源进行再分配，如将原有的物理网卡虚拟提取为若干个虚拟网卡，再通过虚拟机进行应用之间的分配。针对应用处于较长空闲时间的弊端，可以利用虚拟化层 Hypervisor 进行资源调度，将闲置应用的部分资源调整至当前处于高频运行状态的应用上，达到资源整合、提升整体资源利用率的目的。针对应用需求资源数量增加的情况，需根据物理设备的资源具体使用情况进行横向扩展，只有在物理资源已经用尽的情况下才进行设备的新增，以扩展应用。对于虚拟机之间的通信，则由虚拟交换机实现。实际上是在虚拟网卡和虚拟交换机之间拟定虚拟的链路，在整个服务器内部整合一套虚拟网络。而虚拟机之间一旦涉及 3 层的网络包转发，就交由虚拟路由器进行转发操作。通常这整套虚拟网络涉及的运行模块可以交由第三方独立完成，如基于软件定义网络（software defined network，SDN）设计原则的 Open vSwitch（简称 OVS）可用于虚拟机集群的控制与管理，利用它的分布式功能"透明"地实现跨服务器的虚拟机通信，是较好的解决方式。网络虚拟化处理了虚拟机之间的网络通信任务，实现了各类网络硬件设备如网卡、交换器、路由器的虚拟化。

想实现虚拟机在同主机和跨主机之间的通信，需要虚拟网络设备的辅助，进行用户态到内核态的数据传输，常见的产品级开源解决方案 OVS 集成了各类虚拟网络设备。同时，在第三方解决方案以外，Linux 系统本身随着虚拟化技术的发展，也制定了一些网络设备虚拟方案，主要包括以下几类。

1. TAP/TUN/VETH

TAP/TUN 虚拟网络设备基于 Linux 内核实现，TAP 操作 TCP/IP 协议中第 2 层的以太网帧，TUN 操作 TCP/IP 协议中第 3 层的 IP 包。Linux 内核能够利用 TAP/TUN

向绑定该设备的用户空间程序发送数据，同时用户空间程序按照操作物理网络设备的方式向 TAP/TUN 设备发送数据。通过 TAP 驱动实现虚拟机网卡的功能，虚拟机的每个网卡都与一台 TAP 装置相连。每创建一个 TAP 装置，相关的 Linux 设备文件目录下就会生成对应的字符设备文件，可以采用操作普通文件的方式对用户程序进行读/写。如该 TAP 文件收到数据执行写入操作时，会请求内核接收数据；内核在收到数据后将根据网络配置信息进行处理，其处理过程基本无异于普通物理网卡从外界收到数据的过程。每当用户程序执行读取请求时，相当于向内核查询 TAP 装置数据发送请求；内核检测到请求后读入相应的信息，以满足 TAP 装置的数据发送需求。TUN 的数据收发过程类似于 TAP 的，但要设定 IPv4 地址或 IPv6 地址以及相关配置信息。VETH 虚拟设备是成对出现的，一端用于连接内核协议栈，另一端用于彼此间的连接，一个设备接收内核所发出的数据后，再传递到另一个设备中。VETH 虚拟设备可以连接不同的虚拟网络。

2. 网桥

网桥是 Linux 内核实现的虚拟网络设备，其具备交换机几乎所有的功能，可以将其视作虚拟交换机。但不同于数据从一端流入、另一端流出的普通网络设备，网桥提供多个端口用于数据交换，因此网桥可以接入其他类型的 Linux 网络设备，作为自己的从设备，相当于物理网络中的交换机端口上连接了一根网线，将绑定到网桥上的从设备虚拟化为端口。例如，网桥设备 br0 绑定了实际设备 eth0 和虚拟设备 tap0/tap1，当这些从设备接收到数据时，会发送给 br0，br0 再按照 MAC 地址与端口之间的匹配关系进行转发。因为网桥工作在网络层的第二层，所以绑定到它上面的从设备 eth0、tap0、tap1 不涉及 IP 地址，但是需要为 br0 设置 IP 地址。对上层路由器来说，这些设备位于同一个子网，需要纳入统一的 IP 地址以供路由表查询。其实网桥虽然工作在第二层，但它只是 Linux 网络设备抽象的一种。对于实际设备 eth0 来说，本来它是有自己的 IP 地址的，但是绑定到 br0 上之后，其 IP 地址就失效了，因此可以和 br0 共享一个 IP 地址网段。在设置相应路由表的时候，需要将 br0 设为目标网段的地址。

从传统网络架构到虚拟化网络架构，本质上是宏观网络到微观网络的过渡过程。虚拟网络设备是 Linux 系统为了实现网络虚拟化而应用的网络设备模块，很多云开源项目的网络功能都是基于这些技术的，比如 Neutron、Docker Network 等。OVS 是一种较为成熟的开源分布式虚拟交换机，它基于 SDN 的思想，被大量应用在生产环境中。

网络操作系统的虚拟化架构主要有 3 种模式：第 1 种是将多个物理网络设备虚拟为一个逻辑网络设备，即多虚一整合，称为 $N:1$ 虚拟化；第 2 种是将一个物理网络设备虚拟为多个逻辑网络设备，即一虚多划分，称为 $1:N$ 虚拟化；第 3 种是上述两种虚拟化架构模式的混合。前两种模式都是网络操作系统层面的虚拟化，通过抽象各类网络资源实现所需设备的整合或划分。虚拟机有数种网络模型，下面主要介绍常用的几种。

10.5.2　常见的网络模型

总的来说，目前有 4 种常见的网络模型。

1．桥接网络模型

虚拟机桥接网络模型主要使用虚拟交换机连接虚拟机和物理机，将两者设置在同一个网段，并具备同样的 IP 地址。该网络模型下的虚拟机和物理机都处于同一个二层网络，因此不仅满足虚拟机之间的通信需求，还满足虚拟机与物理机之间的通信需求。一旦物理机连接上网络，相应的虚拟机也可以连接上网络。

使用桥接网络模型的优势在于实现较为简单，但如果虚拟机数量超过限制，可能出现广播泛洪严重的问题。因此桥接网络模型通常适用于要求较为简单的场景，如小型网络或桌面虚拟机。

2．网络地址转换模型

网络地址转换（network address translation，NAT）是一种网络技术，通常用于 IP 地址的重映射，其主要目的是使多个设备能够通过一个公共 IP 地址访问互联网，同时保持各设备在局部网络中的私有地址。在虚拟化系统软件中（如 VMware，Virtual Box 等），可分为"NAT"和"NAT 网络"两种模式，具体介绍如下。

① NAT 模式。物理机上的虚拟机各自设置独立的网络栈和虚拟 NAT 设备，因此虚拟机之间产生隔离而无法通信。

② NAT 网络模式。虚拟机之间设置了共享的虚拟 NAT 设备，因此彼此可以进行通信。NAT 网络模式中通常内置虚拟的动态主机配置协议（dynamic host configuration protocol，DHCP）服务器来管理 IP 地址。

在没有特殊配置的情况下，虚拟机可以访问主机，但主机不能反向访问虚拟机。对于可连接外网的主机，虚拟机也可以连接外网。对于 NAT 模式，相同主机上的虚拟机彼此无法通信；但对于 NAT 网络模式，这些虚拟机彼此可以相互通信。

3．主机网络模型

主机网络是仅限于主机内部访问的网络，在虚拟机之间、虚拟机与物理机之间均可以进行通信，但虚拟机默认是无法访问外部网络的。尽管主机系统看起来非常简单，但实际上其网络模型相对比较复杂，得益于其特殊网络模型，可以通过虚拟机和网卡的配置进行实现。主机网络模型通过在物理机中模拟出一块虚拟网卡供所有虚拟机使用，该网卡默认使用网段 192.168.56.x。

4．内部网络模型

内部网络模型是比较简单的一种网络模型，原理上虚拟机与外部环境完全隔离，只有虚拟机进行互相通信，在实际应用中很少涉及，因此在 VMware 中删除了这类网络模型。

虚拟化技术在提高物理资源利用效率、增强主机集群功能、降低集群维持成本等方面具有重要意义，使系统移植的过程更为灵活。随着服务器虚拟化、桌面虚拟化技术的不断革新并逐渐成为应用部署热点，网络操作系统虚拟化技术也日新月异，需要关注网络系统架构的变革。

10.5.3　常用的虚拟化架构

1. N : 1 虚拟化

网络应用范围不断扩展，呈现出愈发复杂的规模趋势，各式各样的网络设备共同构建了更为复杂的网络系统，导致大型网络的维护成本不断提升，使网络整体的使用效率降低，其可靠性亟待增强。因此人们提出了 N : 1 虚拟化，将多台网络设备进行融合，从而在逻辑上将其虚拟为一台设备，将原本网络中各类设备之间的协同工作转化为设备内部的处理机制，达到简化网络拓扑的目的，优化了网络拓扑管理模式，大幅度提升了运行效率，让网络变得简单、可控。

这样每当网络系统需要进行横向扩展、增加新的网络设备时，N : 1 虚拟化不会将原有的网络拓扑结构复杂化，而是增强虚拟逻辑设备的功能，使其涵盖更多的端口数量、更大的带宽，拥有更优的处理能力。N : 1 虚拟化使网络架构具有较强的扩展能力，因此需要进行网络升级时，只需考虑增加新的设备而无须替换原有设备，网络结构和相关配置也无须重设，不会中断运行中的网络业务，这对增强网络系统的灵活性和扩展性是极有优势的，降低了网络的总体维持成本。

2. 1 : N 虚拟化

随着高端网络设备的研发和生产制造技术的发展，单位体积网络设备的硬件处理能力大幅提升，客户的网络业务不一定能够充分利用全部的网络设备性能和带宽，使得网络资源利用率不高。1 : N 虚拟化将一台物理设备虚拟为多个逻辑设备，每个逻辑设备独立工作，可以将一台物理设备当作多个设备使用，减少物理设备数量，提高设备利用率。1 : N 虚拟化可以保证用户将多个网络整合到一个物理网络设施上，而功能上仍然是多个相互隔离的网络。

最常见的 1 : N 虚拟化之一是虚拟专有网络（virtual private network，VPN），代表技术是虚拟路由转发（virtual routing and forwarding，VRF）。VRF 是构建 MPLS VPN 的重要技术，具有 VRF 功能的网络设备为每个 VPN 分配独立的路由表、转发表和网络接口，可以使 VPN 间的路由及数据转发安全隔离，在网络中独立进行数据转发。

VRF 的功能是将网络操作系统的控制和转发平面进行虚拟化，将 OSI 模型七层协议中的 L2 到 L3 的协议、转发表项虚拟成多个相互独立的逻辑实体。随着网络操作系统的发展，管理平面虚拟化出现了，可以将网络操作系统本身虚拟成多个实例，形成多个独立运行的网络系统，每个系统可以独立配置、管理。无论是运行、管理，都如同使用多个网络设备。这样不仅可最大限度地保证各个逻辑设备的独立性，提高每个逻辑设备的可靠性，也可简化单个设备的管理环境，同时通过限制用户操作范围可提高设备的安全性。

3. 混合虚拟化

虽然 $N:1$ 虚拟化和 $1:N$ 虚拟化是两个相反的模式，但这两种模式在实际网络系统中应用时并不意味着水火不容。将这两种模式结合可以充分发挥虚拟化给网络系统带来的灵活性，按需构建网络拓扑结构。目前只有 H3C 的新一代网络操作系统 Comware 支持这两种虚拟化的融合技术。

虚拟化的融合技术即混合虚拟化，也称为 $N:1:M$ 虚拟化。它可以对网络设备进行灵活的整合、拆分，按需构建网络架构。举例来说，可以通过 IRF（intelligent resilient framework，智能弹性架构）虚拟化将多个设备整合成统一的逻辑设备，再将此逻辑设备通过 VD（virtualization device，虚拟化设备）虚拟化分割为多个设备使用。反过来，也可以在 VD 的基础上进行 IRF 虚拟化。

这样，在网络架构规划和设计阶段，可以将网络设备和应用分开。设备选型时，若原来考虑每台设备的性能要求和扩展能力，可转变为考虑整个网络系统的性能要求和扩展能力，这样更加具有可衡量性；应用设计时，对整个网络系统根据承载的业务进行逻辑设备划分，如生产业务、办公业务、视频业务等，按需分配端口、转发性能等网络资源，摆脱实际物理网络拓扑结构和设备的限制。

虚拟化作为网络操作系统的重要功能，可以广泛应用在各种硬件平台上。$N:1$ 虚拟化、$1:N$ 虚拟化、混合虚拟化使得网络系统更加简单、灵活，易于扩展。网络操作系统虚拟化技术的进一步成熟和规模应用将促进网络系统架构和网络规划部署模式的变革。

10.6 主存储器虚拟化

相对于其他虚拟资源，主存储器资源的消耗是极为迅速的，主存储器资源是虚拟机运行中关键的一环，同样需要通过 Hypervisor 对物理机主存储器和虚拟主存储器间数据块的处理来实现。Hypervisor 通过对物理资源的抽象来进行主存储器虚拟化，随着 Hypervisor 技术的改进，虚拟机监控器本身运行消耗的主存储器空间逐渐减小。

主存储器虚拟化的另一个关键是常规软件的主存储器虚拟化。虚拟机实质上是物理机上的一种工作进程，在虚拟化模式下，处于非根操作模式的虚拟机无法直接对处于根操作模式的物理机上的主存储器进行存取。可借助虚拟机监控器功能来截获虚拟机的主存储器访问指令，从而模拟物理机主存储器，即虚拟机监控器在虚拟机的虚拟地址空间和物理机的虚拟地址空间之间新增了虚拟机的物理地址空间层。由此可知，主存储器软件的虚拟化过程为将客户机虚拟地址（guest virtual address，GVA）先后经由客户机物理地址（guest physical address，GPA）和物理机虚拟地址（host virtual address，HVA）的转化，最终获得一个物理机物理地址（host physical address，HPA），该转化过程可表示为 GVA→GPA→HVA→HPA。这种模式可以向虚拟机提供从零开始的连续物理主存储器空间，同时达成在虚拟机之间有效隔离、调度以及共享主存储器资源的目的。

10.6.1　影子页表技术

原始的主存储器虚拟化方式以虚拟机监控器为中介来协助虚拟机对主存储器进行存取，从客户虚拟机地址映射到物理机物理地址需要经历 3 个阶段的转换，这种采用软件的转换方式会导致整个流程较为低效，因此可使用影子页表技术，如图 10.4 所示。

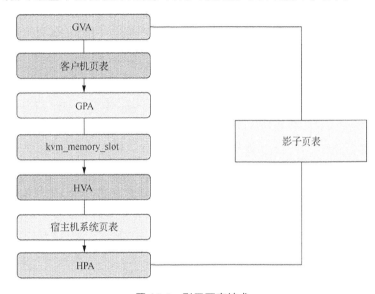

图 10.4　影子页表技术

采用影子页表技术可以压缩地址转换的复杂过程，实现 GVA 空间到 HPA 空间的直接映射。为了实现这样的直接映射，客户机页表需要配置对应的影子页表，将影子页表装入物理机的存储管理部件（memory management unit，MMU）中。客户机对物理机主存储器进行访问时，可以根据影子页表的映射关系进行 GVA 到 HPA 的直接映射。虚拟机监控器可以维护影子页表的工作机制，客户机中的每个进程都有自己的虚拟地址空间，虚拟机监控器要为客户机中的每个进程页表维护一套对应的影子页表。当客户机进程进行主存储器存取时，将该进程的影子页表装入物理机的 MMU 中进行地址转换。在地址转换阶段进行寻址操作时，一旦出现访问虚拟地址无效或者客户机页表与影子页表不符合等情况，都会触发缺页异常。在缺页异常的情况下，KVM 会获取异常，检测对应 GVA 在客户机页表中表项的访问权限，查询触发异常的原因。对于客户机自身的异常情况，交由其缺页异常处理机制自行处置；对于影子页表和客户机页表不相符的情形，则需要按照客户机页表对影子页表进行更新，完成页表项的填充并修改具体的访问权限。

在客户机操作系统建立页表的时候，KVM 随之建立了一套指向 HPA 的页表。所谓的影子页表，就是客户机中的每一个页表项都有一个类似影子的影子页表项与其关联对应。在客户机访问主存储器时，真正被装入物理机 MMU 的是客户机当前页表所对应的影子页表，这样通过影子页表就可以实现真正的主存储器访问。客户机页表和影子页表通过一个哈希表建立关联，这样通过页目录/页表的 GPA 就可以在哈希表中快速地找到对应的影子页目录/页表。当客户机切换进程时，客户机操作系统会把待切换进程的页表基址载入 CR3。而 KVM 通过捕获对应的特权指令进行新的处理，即在哈希表中找到与此页表基址对应的影子页表基址，再次载入客户机 CR3。这样一旦客户机恢复运行，CR3 实际指向的是新切换进程对应的影子页表。

不过，影子页表纯软件实现的方式效率较低，虽然减少了地址转换的次数，但虚拟机监控器肩负的影子页表数量众多，难以维护。基于硬件的主存储器虚拟化方式可以大幅提高效率，将烦琐的维护工作交由硬件来完成。

10.6.2　EPT 技术

为提升主存储器虚拟化性能，采用硬件辅助的代表技术是 EPT。它基于传统的 CR3 页表地址映射，新增 EPT 页表来进行另一层映射，CPU 硬件可以自动完成 GVA→GPA→HPA 共两次地址转换。当客户机中某进程需对主存储器进行存取时，首先会访问客户机的 CR3 页表来进行 GVA→GPA 的地址转换；如果 GPA 地址为空，CPU 会产生缺页异常，否则在获取 GPA 后采用 EPT 页表来进行 GPA→HPA 的地址转换。如果发现 HPA 为空，则抛出 EPT Violation 异常交由虚拟机监控器进行处理。在纯软件实现的方式下会产生 VM Exit，而在硬件实现方式下会视作缺页中断进行处理，也就是说采用客户机内核的中断处理程序处理。中断处理程序中会产生 EXIT_REASON_EPT_VIOLATION，导致客户机退出，虚拟机监控器会截获这种异常并分配物理地址，然后建立 GVA→HPA 的映射并保存至 EPT 页表，下次访问的时候就直接进行 GVA→HPA 的地址转换。EPT 技术如图 10.5 所示。

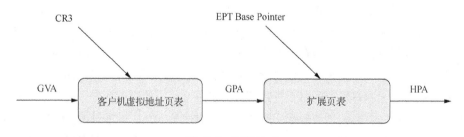

图 10.5　EPT 技术

客户机运行时将其页表载入 CR3，同时采用专门的 EPT 页表指针寄存器 EPTP 载入 EPT 页表。由上述分析可知，在从 GPA 转化为 HPA 的过程中，缺页、写权限不足等原因会导致客户机退出、EPT 缺页异常。一旦发生 EPT 缺页异常，KVM 先将引起异常的 GPA 映射到对应的 GVA，之后再为此 GVA 提供新的有效物理页，完成 EPT 页表的更新，重新建立引起异常的 GPA 到 HPA 之间的映射。一旦发生 EPT 写权限异常，则 KVM 需要修改相应的 EPT 页表来解决异常问题。由此体现了 EPT 页表提升主存储器虚拟化性能的优势，相对于影子页表，其简化了地址转换的实现方式。与此同时，客户机内部的缺页异常并不会导致客户机退出，这正是 EPT 技术的优势所在，即可以提升客户机运行的性能。KVM 仅需为每个客户机维护一套 EPT 页表，就可以减少主存储器的额外消耗。

主存储器虚拟化的进化历程经由虚拟主存储器、传统软件辅助虚拟化、影子页表、硬件辅助虚拟化以及 EPT 技术几个阶段的升级，在效率上得到了提高。

10.7　虚拟机操作系统

虚拟机是软件模拟抽象出来的、逻辑上具备完整硬件系统功能的、运行在完全独立环境中的完整计算机系统。

通过复刻现有操作系统的完整虚拟镜像，可以让虚拟机操作系统拥有与 Windows 系统完全一致的功能。登录该虚拟机操作系统后，运行基于该独立虚拟机操作系统内部的全部操作，可以自由使用独立桌面、安装所需软件、进行数据存储，该过程不会影响实际系统。虚拟机操作系统和传统操作系统的差异在于：虚拟机操作系统对物理机的性能不会造成影响，启动虚拟机操作系统所耗费时间大大减少，程序的执行也更加方便、快捷；虚拟机操作系统按照现有操作系统相同的环境进行模拟，虚拟机可以模拟出不同种类的操作系统；由于虚拟机多了模拟底层硬件指令的步骤，因此虚拟机操作系统在应用程序运行速度上更具优势。常见的虚拟机软件有 VMware、VirtualBox 和 Virtual PC，可以借助这些软件在 Windows 系统上虚拟出多个计算机。

10.8　本章小结

虚拟化技术将物理资源抽象为逻辑对象，使得整体资源利用率大大提高，资源配置和可扩展性也有了显著进步。可以说，虚拟化技术是面向对象编程的思想在硬件层面上的应用和实现。

虚拟机监控器作为虚拟化的具体实施层级，可以虚拟一套与物理环境一致的虚拟环境，供虚拟机使用。它介于物理服务和虚拟机之间，避免了虚拟机操作和底层硬件的通信。同时，它通过对不同虚拟环境进行隔离和封装，使自身易用性和安全性得到显著提高。

单机虚拟化是在单台物理机上实现的虚拟化，也是最常见的虚拟化技术之一，其在灵活性和成本方面有着显著的优势。

本章对各个硬件的虚拟化过程做了详细的介绍。CPU 虚拟化本质上是在物理机 CPU 资源上进行时间片的调度，主要分为软件虚拟化和硬件虚拟化两大技术。网络虚拟化主要是创建内部网络的隔离，通过虚拟机监控器来协调与外部网络的通信，从虚拟化方式上可以分为 $N:1$ 虚拟化、$1:N$ 虚拟化和混合虚拟化。主存储器虚拟化通过增加两次地址映射，有效地隔离了虚拟机和物理机的寻址。主存储器虚拟化中十分有代表的两个技术是影子页表技术和 EPT 技术。

10.9　本章练习

1. 虚拟机和容器的区别体现在哪些方面？

2. 虚拟机监控器的作用是什么？如何分类？

3. KVM 与 QEMU 两种技术如何结合并相互作用？

4. CPU 硬件虚拟化 VT-x 技术是如何实现的？

5. 虚拟机网络模型有哪几类，分别适用于什么场景？

6. 主存储器虚拟化的地址转换过程是怎样的？

7. 影子页表和 EPT 技术的缺页异常处理机制有何不同？

11

第 11 章   鸿蒙操作系统

本章主要介绍华为公司开发的鸿蒙操作系统，内容涵盖鸿蒙操作系统的各个方面，包括其设计理念、部件化架构、统一内核和驱动系统的原理解析等。本章旨在让读者了解鸿蒙操作系统的基本概念和原理，掌握开发者在鸿蒙操作系统中所做的关键设计决策，并理解该操作系统所提供的独特功能。

11.1   鸿蒙操作系统的设计理念

设计理念是不同设计方案发生冲突时的指导原则，是设计过程中的首要考虑因素，也是设计的重心。在进行系统设计时，必须首先确立清晰、无歧义的设计理念，并且在整个设计过程中确保遵守该设计理念。

在操作系统的设计中，"用户"和"生态"至关重要。从操作系统的技术角度来讲，用户的本质是交互体验，而生态的本质是开发体验。鸿蒙操作系统就是从用户和开发者的角度设计和开发的一款面向"万物互联时代"的操作系统，其设计原则有以下两条。

① 消费者体验优先原则：在终端硬件形态多样化的趋势下，保证用户多设备协同体验的一致性，实现多终端生态一体化。

② 开发者代价最小原则：像开发单设备一样开发分布式应用，一次开发，多端部署。

11.1.1   基本设计理念

鸿蒙操作系统作为一款面向"万物互联时代"的操作系统，充分考虑了个人设备多样性的特点，关注整体而非某个单设备，向用户提供完整、一致和便捷的分布式体验。为了方便描述，我们引入一个新的抽象概念——超级终端。超级终端是鸿蒙操作系统所管理的、由用户在不同场景下使用的各种智能终端通过鸿蒙操作系统自动协调组成的逻辑终端。从用户的角度来看，超级终端使得多个终端使用起来就像是在使用一个终端。鸿蒙操作系统的设计理念是一切从"体验"入手，向用户提供超级终端的使用体验，向应用开发者提供"一次开发，多端部署"的应用开发体验，向设备开发者提供"积木化拼装"的设备开发体验。

1. 超级终端的用户体验

超级终端管理通过网络连接在一起的物理设备，利用软件技术将多种类型的终端有机地整合到一起。超级终端具有以下特征。

① 超级终端是逻辑集合，接入其中的设备可以是相同类型的，也可以是不同类型的，系统不会限制某类设备的具体数目，也不要求某类设备必须存在。例如，2 台手机或者 1 块智能手表与 1 台车机，都可以组成超级终端。

② 超级终端能够整合接入其中的所有设备的硬件资源，并提供给软件使用。

③ 超级终端的硬件能力是动态变化的。受网络或空间影响，组成超级终端的物理设备可能会发生变化。当有物理设备加入或离开时，超级终端的硬件能力也会相应增加或减弱。

④ 超级终端从系统底层开始，自下而上地进行逻辑和业务的整合，利用每个设备的特点，也屏蔽设备间的差异。

2. 超级终端涉及的设备范围

目前，超级终端主要包括手持设备（如手机、平板电脑）、个人计算机、车机设备、XR 设备（如增强现实设备、虚拟现实设备）、智慧大屏、音频设备（如耳机、智能音箱）、网络设备、智能家电等类型的物理设备。不同类型的设备具有各自的特征，在超级终端中具有不同的定位。在不同场景下，超级终端由不同设备组成，如手机在多数场景下担任超级终端的中心，个人计算机在办公场景下担任超级终端的中心，可穿戴设备在运动场景下担任超级终端的中心等。随着技术的进步，未来会有更多类型的设备加入超级终端。

3. 超级终端的典型交互方式

图 11.1 展示了超级终端系统的抽象和交互逻辑。在超级终端场景下，需要构建一套全新的、以人为中心的交互方式，称为基于多设备的人机和机机交互，其核心特征如下。

- 一致性：接入超级终端的不同类型的设备，其交互方式本质上是一致的。
- 连续性：用户的交互体验可以无中断地从一个设备转移到另一个设备。
- 互补性：多种设备可以彼此互补，共同实现交互。
- 简单性：超级终端的使用像单设备一样简单，具有低学习成本。
- 公共性：能够处理多人分时使用某个设备的场景。
- 协作性：能够解决多人同时使用某个公共设备的交互问题。

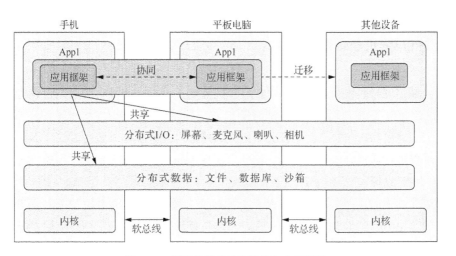

图 11.1　超级终端系统的抽象和交互逻辑

前 4 个特征针对单人多设备的交互场景,可以通过迁移和协同实现。

① 迁移。迁移是指将运行实体从一个物理设备转移到另一个物理设备,且不改变其运行的上下文环境(包括应用访问的文件、硬件和运行状态等),实现多设备间交互的连续性。从用户的角度来看,迁移应是统一的、便捷的、高效的、无副作用的,用户无须额外操作便可进行迁移。在反复迁移的过程中,应用实体始终维持其状态。操作系统提供统一的迁移入口,以保证用户交互的一致性,并使开发者更容易维护应用程序的一致性。需要注意的是,"一致"不等同于"一样",针对不同类型物理设备的屏幕特征,图形用户界面需要做好相应的适配。

② 协同。协同是指运行在不同物理设备上的软件彼此交互,协作完成一个任务。不同类型的物理设备具有不同的性能、尺寸、便携性和外设等,通过协同操作可以利用多个设备的能力互补,提升终端性能和用户体验。一个常见的协同场景是用户在户外通过手表利用手机的计算能力,完成付款、回复消息等任务。需要注意的是,协同一定需要2 个及以上的设备参与,但对设备类型没有要求。

后 2 个特征针对多人多设备的交互场景,包括多个超级终端间的交互与同一超级终端下多个用户间的交互。

① 多个超级终端间的交互需要建立不同用户设备间的业务和设备互信,并在此业务及设备互信范围内进行多人多设备的交互。设备间互信支持的业务范围仅限于本次业务,不允许扩大到其他业务。设备互信周期可以基于一定的保活时间,可以在业务结束后立即取消互信,也可以持续某一段固定时间后再取消。如果需要发起其他的业务,需要重新建立业务及设备间的互信关系。

② 同一超级终端下多个用户间的交互一般采用"多用户"的方式,提供两种并发方式:一个时间段内只允许一个激活用户或可以同时激活多个用户。同时激活多个用户也有两种方式:只允许一个用户在前台激活或同时允许多个用户在前台激活。在多用户多设备模式中,激活用户的交互方式与单人多设备模式的保持一致。

4．用户使用超级终端的方式

（1）账号

超级终端以自然人为中心，通过账号描述自然人。同一个账号的多个设备属于同一自然人，是默认互信的。而不同账号的设备属于不同自然人，会互相隔离，从而保护用户的数据、隐私和资产安全。另外，系统提供跨账号授权机制。经过授权，不同账号的设备也可以进行通信，甚至迁移和协同，以实现不同用户间的数据交换和通信需求。

（2）超级桌面

超级终端中的桌面包含普通桌面与超级桌面，超级桌面包含超级终端已安装但本机未安装的应用图标。借助超级桌面，用户可以更好地管理超级终端内的应用程序。只需要单击超级桌面中的应用图标，就可以自动下载并安装其他设备上已经安装的应用。

（3）应用管理

安装某应用时，若该应用支持超级终端，则系统会自动将该应用图标同步至超级终端内所有支持该应用运行的设备的超级桌面上。卸载某应用时，若在普通桌面上执行卸载操作，则默认仅卸载该设备上的应用，超级桌面中仍存在该应用图标，其他设备不受影响；若直接从超级桌面执行卸载操作，则该应用会在超级终端内全局卸载，所有设备的普通桌面与超级桌面均不再显示该应用。需要注意的是，本地卸载不会删除用户数据，重新安装该应用会恢复用户数据；而当勾选"卸载超级终端上所有的××应用"复选框并单击卸载时，会删除用户数据。

（4）外设管理

多设备控制中心提供了统一的外设管理入口，方便用户更好地管理超级终端内的外设。用户可以在多设备控制中心查看和操作超级终端内的所有外设；可以开启或关闭多设备协同和多设备控制中心开关；在使用外设时，可以在外设管理中心进行外设切换操作。

（5）空鼠

空鼠是内置于超级终端系统中的、将手机的触摸屏作为其他设备的鼠标的功能，具有典型的协同功能。应用可以直接使用该功能，且无须区分鼠标事件的来源是传统鼠标或是空鼠。另外，除了鼠标的基本功能外，开发者还可以自定义空鼠的具体形态，如提供画笔功能。

（6）靠近感知

靠近感知是内置于超级终端系统中的、利用设备间的距离方位感知能力而提供事件入口的交互行为。开发者可以利用该事件作为数据传输等业务的入口。

（7）数据管理

在超级终端中，用户数据不再与单设备绑定，而是跨设备实时同步，用户的个人数据在超级终端的所有设备内都是保持一致的。在超级终端中，应用可以随时随地保存应用数据，在超级终端的任意设备上再次打开该应用时，都可以恢复最后一次操作的状态。

5. 服务原子化

提供用户程序的运行环境是操作系统的核心功能之一。用户程序一般指由业务开发者基于操作系统能力开发的、运行在操作系统平台上并为最终用户提供特定服务的软件实体。鸿蒙操作系统作为新一代操作系统，需要定义匹配其目标的新用户程序形式。为了定义新用户程序形式，用户可以基于鸿蒙操作系统的基本设计理念，通过理解消费者和开发者在"万物智联"下的诉求，寻求新用户程序的输入需求。

（1）场景一：服务随人走，无缝在多设备上迁移

想象一个持续导航的场景，用户首先在家中使用手机规划好出行路线；之后来到停车场，启动车机后导航自动迁移至车机中；行驶时关键导航信息（如左拐、右拐等）通过手表振动提示用户；下车后用户步行前往目的地，导航又自动切换至手机或手表。在该业务场景中，可以提炼出以下服务诉求：服务可调度，即服务可在多种设备上运行，根据实际场景合理安排服务运行的具体设备；服务可组合，即支持多个服务同设备或跨设备组合，协同提供业务；服务可重入，即用户程序可以在多种设备间无缝迁移。

（2）场景二：服务找人

想象一个基于场景推荐服务的例子：用户抵达景区时，系统会自动向用户推荐景区信息。在该业务场景中，可以提炼出以下服务诉求：服务免安装，即无须安装或卸载服务，即用即走；服务可直达，即用户通过一步操作便可直达具体业务；服务易更新，即用户使用的是服务的最新版本。

为了满足上述服务诉求，鸿蒙操作系统提出了"服务原子化"的用户程序设计和开发理念。原子化服务是鸿蒙操作系统用户程序的基本组成部分，具备以下关键特征。

- 实现单一功能："原子"强调单一功能，不特别关注服务是否可再拆分。
- 可被第三方调用：向开发者提供可编排的业务能力，可被第三方集成。
- 系统统一调度：原子化服务是系统调度的基本单元。
- 跨多终端运行：服务支持多终端运行，可在不同类型设备间迁移。
- 支持即用即走：按需自动下载，支持单独加载、运行，使用后自动卸载。
- 支持一步直达：对外暴露业务入口，可一步调用，直达具体业务。
- 对外接口规范：接口满足系统定义的接口规范，支持跨版本兼容。
- 包占用空间小：可独立打包，包占用空间小，满足按需快速下载的要求。

在开发者层面，鸿蒙操作系统通过"元能力"这一抽象概念来表示原子化服务。元能力是由鸿蒙操作系统定义的统一基础组件，可以对其进行统一的生命周期调度和管理。元能力既是开发者的统一编程入口，也是鸿蒙操作系统应用运行的容器。一个鸿蒙操作系统的应用中可以包含多个元能力组件。元能力组件可以在不同类型的设备上运行，在运行过程中，它可以通过运行上下文获取该设备的运行环境。元能力组件对所有设备都是统一的，开发者基于对业务的"微服务化"设计抽象出元能力的原子化服务，并通过"搭积木"的方式实现具体的业务功能。

6．协同体验

超级终端向用户提供多设备的协同体验，即多个物理设备共同完成一个任务，能力互补，极大地提升了终端能力与用户体验。协同体验分为硬件互助与软件协同。

（1）硬件互助

传统的操作系统只管理单一设备的硬件资源，设备彼此独立，设备的硬件资源彼此不可见。鸿蒙操作系统希望突破单设备硬件的限制，联合其他设备的硬件资源，以实现新的设备组合。如图 11.2 所示，手机作为中心设备，与车载电视的屏幕、无人机外部摄像头和车载 GPS 一起组成新的虚拟设备。操作系统以软件的方式整合这 4 个设备，为上层应用提供更强大的系统能力。多个硬件设备通过互助发挥各自的优势，提供"1+1 > 2"的业务体验。

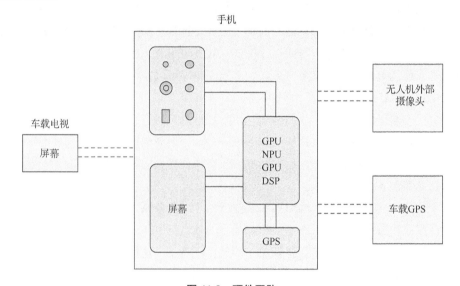

图 11.2　硬件互助

为实现这一业务体验，首先利用软件技术将相关硬件资源抽象为不同品类的驱动文件，之后利用虚拟化技术将这些硬件资源放入全局硬件资源池进行统一管理。这样就可以用软件完全定义一个全新的硬件系统，这个硬件系统是柔性的、动态变化的。同一用户账号下的所有硬件资源可以组成一个虚拟的超级终端，鸿蒙操作系统统一管理硬件资源池中的所有硬件资源，运行在鸿蒙操作系统上的应用可以调用超级终端硬件资源池中的所有硬件。如图 11.3 所示，操作系统将来自手机、平板电脑和手持摄像机 3 个设备的多个相机拼装在一起，在多相机直播场景下，直播应用可以同时访问这 3 个设备的相机，就像访问本地的 3 个相机一样。

鸿蒙操作系统通过动态地组合和拼装各种相关硬件来定义新的产品形态，以提供全场景、多设备的超级终端分布式服务。从操作系统的技术层面看，这属于虚拟化技术。与传统的虚拟化技术相比，它具有两个特点：一是虚拟化粒度更细，可达到单个数据结构和外设功能的级别；二是跨设备动态虚拟化。

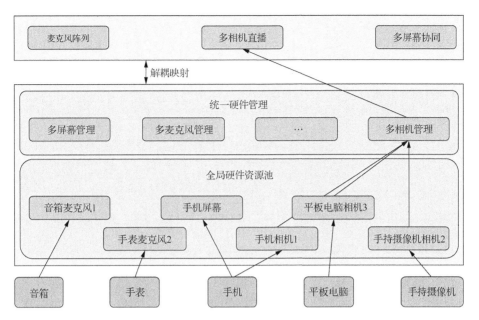

图 11.3　鸿蒙操作系统软件定义分布式硬件

（2）分布式

为了向用户提供完整的超级终端体验，鸿蒙操作系统不仅实现了硬件互助，还在软件层进行了协同。软件协同在技术上一般称为分布式技术。一般的分布式系统通常具有以下关键特征。

- 伸缩性：随着负载的变化而变化，根据需要向网络中添加或移除节点。
- 并发性：多实例同时运行和多任务同时处理。
- 可用性：一般采用去中心化设计，故障节点的业务可以转移到其他节点而不影响业务。
- 透明性：对开发者或最终用户屏蔽底层信息，向其提供抽象的逻辑单元。
- 异构性：由不同硬件、中间件或操作系统组成。
- 一致性：支持信息共享和消息传递，确保数据的一致性，提高容错率、可靠性和可访问性。

鸿蒙操作系统向用户提供超级终端的业务服务，不同于传统的分布式系统追求业务高可靠性，鸿蒙操作系统更强调"业务随人走"的能力，面临以下难点：从通信角度看，鸿蒙操作系统基于无线网络，通信环境复杂，吞吐量受限，通信链路可靠性难以保证；从业务类型看，鸿蒙操作系统除了要解决传统网络所关注的数据处理和存储问题外，还要解决用户交互事件的处理问题；从电源供应角度看，鸿蒙操作系统中有很多移动终端设备，不具备持续、稳定的电力供应，需要在业务、性能和功耗间做好均衡。总的来说，鸿蒙操作系统和传统意义的分布式系统在设计上的主要差异表现为"人"的因素对分布式系统的影响。

如图 11.4 所示，鸿蒙操作系统采用分层设计，各层能力相互解耦，下层向上层提供能力，层间具有稳定的接口，任意一层实现的变动都不会对相邻层产生影响。对各层的简单介绍如下。

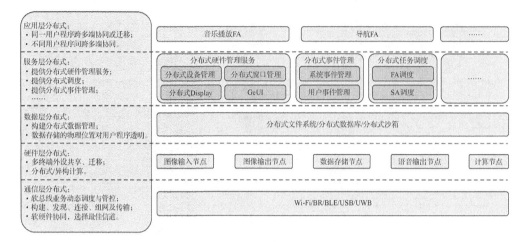

图 11.4　鸿蒙操作系统的分层设计

① 通信层。要想实现各终端设备的互相访问，首先需要通过通信协议将设备连接起来。系统需要能够及时发现新设备的加入或老设备的离开，并随之动态重构分布式网络。在鸿蒙操作系统中，由分布式软总线提供该能力。

② 硬件层。要想实现硬件能力互助，需要通过软总线、分布式设备管理和虚拟化等技术，完成硬件的发现、虚拟化以及跨端访问。在鸿蒙操作系统中，由分布式硬件提供该能力。

③ 数据层。利用软总线技术，数据可以在分布式网络中的多个设备间有序流动，同步相关数据。数据层支持文件跨端访问、数据库的本端访问以及文件和数据的跨应用共享等。在鸿蒙操作系统中，由分布式数据管理和分布式文件系统提供该能力。

④ 服务层。服务层负责统一管理超级终端中的系统资源，形成逻辑硬件资源池，为上层应用提供统一的调用接口，并对开发者屏蔽具体的内部实现细节。

⑤ 应用层。应用层负责为用户提供丰富的超级终端服务。系统为应用开发提供高效的分布式应用开发框架和基础的分布式接口调用。其中，分布式应用开发框架提供数据同步、业务迁移能力以及多端协同能力：通过定义分布式对象，系统可以自动进行用户数据的跨设备同步，实现数据一致性；通过完成几个接口的回调处理，可以支持业务的设备间迁移，实现超级终端的连续性；用户可以与多个设备协作交互，一个设备可以向另一个设备提供输入。分布式接口调用包括跨设备拉起服务、跨设备拉起三方 FA(feature ability，鸿蒙系统中的一种编程模式)和跨设备、跨应用的接口调用等。

7. "一次开发，多端部署"的应用开发体验

跨终端运行是原子化服务的关键特征之一。不同类型终端的差异很大，原子化服务如何跨终端运行？鸿蒙操作系统在系统层面提供了一套开发和运行环境，帮助应用开发

者方便地开发出跨终端运行的原子化服务。

为了实现"一次开发，多端部署"，系统至少需要解决以下 3 个问题。

- 用户界面（User Interface，UI）的自适应问题：包括超百种不同分辨率和不同尺寸的屏幕适配，以及横屏、竖屏、刘海屏、圆形屏、折叠屏等各种异形屏幕的适配。
- 统一交互问题：对语音、触摸、表冠、键盘、鼠标、手写笔等输入方式进行统一处理。
- 不同设备间的软硬件能力差异问题。

解决以上问题的核心是实现应用与具体设备解耦，把具体设备和应用结构抽象化。如图 11.5 所示，针对 UI，系统需要对物理屏幕和 UI 信息结构分别进行抽象；针对统一交互，系统需要对设备的输入事件进行归一化抽象；针对软硬件能力的差异，系统需要对软硬件的能力集进行抽象。需要注意的是，无论运行的物理设备 UI 如何变化，原子化服务需要完成的核心业务能力是一致的。另外，用户在不同设备上可以访问同一份用户数据，而无须感知数据的具体存储设备。这要求鸿蒙操作系统原子化服务的基本设计逻辑必须实现"UI—业务逻辑—数据模型"的三层解析。

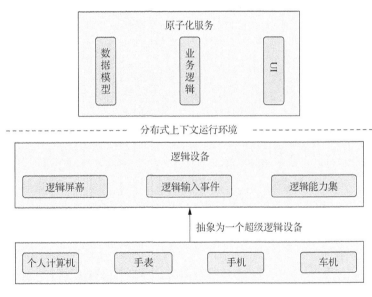

图 11.5 "一次开发，多端部署"的实现原理

（1）多设备的显示差异

如果把要显示的信息想象为水，把屏幕想象为容器，倒入水后，容器是什么形状，水就是什么形状，这就是自适应布局的原理。如果要显示的信息全部是大小一致的文字，那么它们可以像水一样很好地布满各种尺寸的屏幕；但如果要显示的信息包含大小不一致的文字，甚至是图片、表格等非文字信息，又该如何布局呢？鸿蒙操作系统在 UI 设计和开发层面提供多种响应式布局方案，通过对屏幕进行栅格化抽象来满足不同屏幕的界面适配能力。元素可通过彼此相对位置的改变去适应环境的变化，控制元

素布局,如图 11.6 所示。元素也可以通过自身尺寸大小的改变去适应环境的变化,如图 11.7 所示。

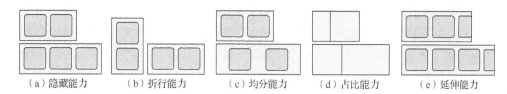

图 11.6　5 种自适应布局能力

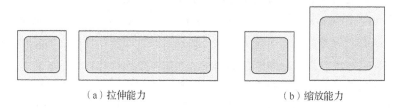

图 11.7　2 种自适应变化能力

鸿蒙操作系统通过上述能力的组合,来适应不同设备屏幕的显示差异,向开发者提供统一的 UI 设计体验。

(2)多设备的交互差异

下面以缩放交互为例讨论如何对多设备的输入事件进行归一化抽象。首先,设计对应交互的规则为:在使用手机触摸屏时,通过多指的张合进行缩放;在使用笔记本电脑时,通过"Ctrl"键结合鼠标滚轮或"+"/"-"键进行缩放,或在触控板上使用双指张合进行缩放;在使用手表时,通过旋转表冠进行缩放。在分布式场景下,缩放交互有多种不同的输入方式。之后,构建出针对缩放场景的交互事件归一化框架,提炼出"缩放"这一抽象事件,归一化响应缩放相关交互事件,统一处理缩放交互反馈效果,即只处理缩放逻辑事件,而不再对鼠标、键盘、触摸屏等物理事件进行分别处理。将这一理念扩展到其他交互任务,建立交互事件归一化响应框架,以实现交互事件的归一化处理。

(3)多设备的能力差异

多设备的能力差异主要表现为设备主存储器从 KB 级到 GB 级,主频从 MHz 级到 GHz 级,硬件平台能力跨度大。为了适配不同硬件平台,操作系统需要对自身能力进行裁剪。若无法使所有设备系统能力一致,则应用开发难以做到统一开发、统一运行。为解决这一矛盾,如图 11.8 所示,鸿蒙操作系统提供了应用层的统一开发范式,协同可伸缩的方舟运行时,支持应用在 KB 级到 GB 级设备的部署运行。需要注意的是,若应用依赖部分差异化的能力,则需要应用感知当前运行设备的具体能力差异,并能够根据当前设备上有无某类系统能力,进行相关业务的分支处理。以定位能力为例,若当前设备具备 GPS 精确定位能力,应用将按照用户所处的具体位置进行业务推荐;若当前设备只具备粗粒度的网络定位能力,应用将按照距离用户位置的远近进行业务推荐;若当前设备不具备任何定位能力,应用不会进行业务推荐。鸿蒙操作系统通过 SystemCapability

（简写为 SysCap）对设备能力进行抽象描述，应用可以通过相关接口来查询当前设备是否支持某一能力。

图 11.8　统一开发范式

8．积木化拼装的设备开发体验

鸿蒙操作系统支持积木化拼装，即鸿蒙操作系统向开发者提供了一套"积木"，开发者可以根据设备能力、产品特征和业务需求等，基于一定的规则自主拼装操作系统。"统一操作，弹性部署"是鸿蒙操作系统区别于其他操作系统的关键特征。为了向用户提供超级终端的统一体验，鸿蒙操作系统必须为开发者提供"一次开发，多端部署"的应用开发体验。不同类型的设备必须使用统一的操作系统，否则超级终端的统一体验便无从谈起。

鸿蒙操作系统在软件架构设计中引入了部件的概念，以实现"统一操作，弹性部署"的特征。部件是部署视图中相对独立的软件实体，能够完成一定的功能，能够独立交付，但无法独立部署。鸿蒙操作系统采用完全部件化的架构设计，尽可能减少部件间的耦合，除了基本的核心部件外，大多数部件都可以裁剪。为了支持在不同类型的设备上部署鸿蒙操作系统，并将这些设备组合成超级终端，鸿蒙操作系统定义了基础部件能力集合（BCG）和可选部件能力集合（OCG）。其中，基础部件能力集合不可裁剪，以确保设备的基础系统能力可用性和跨设备的互操作性；可选部件能力集合可裁剪，以满足设备间能力的差异性。为了方便设备开发者的按需拼装，鸿蒙操作系统在此基础上又定义了 4 种规格：面向多点控制器（multipoint control unit，MCU）类处理器的轻量系统、面向 10MB 主存储器的小型系统、面向 100MB 主存储器的标准系统和面向 1GB 以上主存储器的大型系统。为使应用能够在不同规格的设备间运行和迁移，高规格设备必须能够完整地继承低一级规格设备的能力，即低规格设备的能力集是其更高一级规格设备能力集的真子集。

11.1.2　架构设计

如图 11.9 所示，鸿蒙操作系统的技术架构与现代交互式操作系统的一样，采用了分层架构设计，从下到上依次为内核层、系统服务层、框架层和应用层。

1．内核层

内核层主要提供对设备硬件的抽象，如进程管理、主存储器管理、文件系统和外设管理，包含内核子系统与驱动子系统，如下。

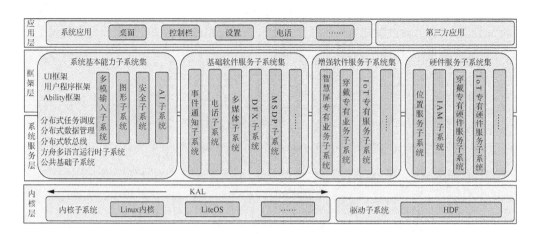

图 11.9　鸿蒙操作系统的架构设计

① 内核子系统：支持 LiteOS、Linux 内核等多种内核，允许不同设备根据其资源部署合适的内核。设计内核抽象层（kernel abstract layer，KAL）用于屏蔽不同内核的差异，并提供统一的基础能力。

② 驱动子系统：硬件驱动基础框架（hardware driver foundation，HDF）作为系统硬件生态开放的基础，提供统一外设访问能力和驱动开发、管理框架。

2．系统服务层

系统服务层是鸿蒙操作系统的核心能力集合，包含 4 个子系统集。其中，系统基本能力子系统集提供基础能力，负责分布式应用在多设备上的操作，包括运行、调度和迁移等；基础软件服务子系统集提供通用软件服务，用于各种类型的设备；增强软件服务子系统集提供专有软件服务，用于不同类型的设备；硬件服务子系统集提供硬件服务。

3．框架层

框架层是应用和系统交互的"桥梁"，向应用开发人员提供 JavaScript、Java 等多种语言的用户程序开发框架和元能力原子化服务开发框架，同时为系统服务层的软硬件服务提供对外开放的多语言框架 API。

4．应用层

应用层包括系统应用和第三方应用如下。

① 系统应用：作为系统的一部分，以应用的形式向用户和第三方提供系统服务能力。

② 第三方应用：第三方开发者基于原子化服务开发模型（鸿蒙操作系统应用通常由一个或多个原子化服务组成）和框架层提供的 API 能够开发具有特定业务功能的各种应用。第三方应用允许跨设备调度与分发，实现了高效、一致的用户体验。鸿蒙操作系统基于第三方应用构建出丰富的生态。

11.1.3　关键技术

为达成业务设计目标，鸿蒙操作系统引入了多项关键技术，包括分布式技术、用户程序平滑迁移技术、GUI自适应技术、部件化拼装技术、多语言统一运行时技术、按需启动技术、多模态交互技术和可动态挂载的驱动框架技术等。

1. 分布式技术

鸿蒙操作系统采用的分布式技术主要包括分布式计算、分布式存储、分布式调度、分布式部署、分布式软总线、分布式安全和分布式硬件。

（1）分布式计算

分布式计算指单个用户程序可以分解为多个可执行实体，分布在多个终端设备上分别执行，协同完成整体任务。这一定义不同于并行计算（以超算为目的）和云系统（以弹性任务部署为目的）中的分布式计算定义，因此这里将鸿蒙操作系统中的分布式计算定义为异构多端非对称分布式计算，将并行计算和云系统中的分布式计算定义为同构多端对称分布式计算。定义中的可执行实体不是简单的一组指令，在鸿蒙操作系统中一般以原子化服务为单位。

（2）分布式存储

分布式存储指系统的各种存储接口（如文件、数据库等）可以跨越不同的设备。系统自动选择文件的物理存储位置，用户程序只能感知到经系统映射后的逻辑存储位置，而对物理存储位置无感知。分布式文件系统允许文件通过网络在多台主机上分享。相比单端文件系统一般通过直接访问底层的数据存储区块进行文件访问，分布式文件系统以特定的通信协议和其他设备的存储服务一起完成文件的访问过程。分布式文件系统一般基于文件访问控制列表或用户授权等方式，实现对文件系统的访问控制。根据布鲁尔定理（即CAP定理），一个分布式系统的一致性、可用性和分区容错性最多只能满足两种，无法三者兼顾。在鸿蒙操作系统中，可用性的优先级一般高于一致性。

分布式存储系统有两种实现方式：一是"分布式数据库+单端文件系统"，由分布式数据库完成分布式文件元数据在多设备间的同步，由分布式文件元数据实现文件位置的管理和冷热数据判读等能力，由单端文件系统完成文件的读/写，实现文件存储位置对用户程序的透明处理；二是"分布式数据库+分布式文件系统"，这一方式采用完整的分布式存储技术，分布式文件系统不再依赖分布式数据库。

（3）分布式调度

分布式调度指对分布在不同设备上的用户程序实体和系统服务进行统一调度。根据调度目标的不同，分布式调度分为用户程序实体的分布式调度和系统服务的分布式调度。用户程序实体的分布式调度指对可分解为多个可执行实体的单个用户程序，系统将各个可执行实体分布到多个终端设备上执行，使它们协同完成整体任务。系统服务的分布式调度指针对跨设备的同一软件服务或硬件服务进行抽象处理，向用户程序提供统一接口，以屏蔽不同硬件能力的具体差异。抽象处理有以下几种情况：一是多个单能力聚合成更强的能力，如多个小屏幕合并成一个大屏幕；二是单能力的分解，如一个物理超大屏幕分隔为多个逻辑小屏幕；三是相同能力的多端口复用。

（4）分布式部署

分布式部署指构成系统的各子系统在不同设备上部署。不同类型的设备具有不同的硬件能力（如主存储器、CPU 等），它们的硬件平台差异较大，支持的特性和需要的功能互不相同，操作系统需要支持的系统功能也有较大差别。为了匹配不同的设备，各子系统需要根据不同的设备形态进行针对性功能裁剪，拼装出可运行的操作系统。分布式部署分为静态部署和动态部署：静态部署指物理设备在出厂时已经预置完整的系统软件包；动态部署指系统部分软件包支持根据系统配置按需从云端动态下载，但不支持未配置系统功能的动态增加。

（5）分布式软总线

分布式软总线支持同一分布式系统下设备间的自发现、自组网、自连接，支持不同分布式系统下设备间的发现和业务按需互联。在各种复杂环境下，系统会尽可能地提升空口利用率，保证多设备、多业务并发时高优先级业务的用户体验。分布式软总线需要具备即插即用、实时在线、自由流转、高效传输的能力。

（6）分布式安全

鸿蒙操作系统提出了一套基于分级安全理论体系的安全架构，围绕"正确的人，通过正确的设备，正确地访问数据"，构建出一套新的纯净应用和有序、透明的生态秩序，向用户和开发者提供安全分布式协同、严格隐私保护与数据安全的全新体验。鸿蒙操作系统的安全能力基于硬件实现的启动、存储和计算。安全技术和能力的构建以基础安全工程能力为基础，重点关注保护设备完整性和数据机密性以及攻防对抗。

（7）分布式硬件

分布式硬件是一种虚拟化技术，包括虚拟外设和虚拟服务。虚拟外设支持将同一分布式系统下其他物理终端上的外设映射为本设备的虚拟外设，使用户程序可以无感知地使用它们；虚拟服务支持将同一分布式系统下其他物理终端上的服务（包括系统服务和用户程序提供的服务）映射为本设备的虚拟服务，使用户程序可以无感知地使用它们。

2. 用户程序平滑迁移技术

当分布式系统中存在多个物理终端时，正在执行的用户程序需要能够平滑地从一个物理终端迁移到同一分布式系统下的其他物理终端上继续执行。为了降低系统复杂性，用户程序迁移的设计应满足以下约束。

① 仅支持有限的状态恢复，暂不考虑任意状态下的完全恢复。

② 用户程序必须采用鸿蒙操作系统分布式应用框架才能实现平滑迁移。

③ 可迁移的用户程序需要设计多个状态，且每个状态均有直达入口，即设计多状态可重入入口。比如，有一个具有 A～E 5 个状态的用户程序正运行在某一物理终端上，

当它执行到状态 B 时发生迁移；迁移到目标设备上后，它将从状态 B 的初始状态开始执行，而非状态 B 的当前状态。

④ 每个可迁移的用户程序执行实体均会在编译时生成系统资源需求文件，迁移的目标终端必须是满足系统资源需求的物理终端。操作系统会自动完成资源需求与能够提供资源需求的物理终端的匹配过程，用户程序不能主动干预。鸿蒙操作系统 IDE 支持在开发过程中对典型可迁移目标终端的仿真能力，帮助开发者理解其所开发的用户程序具备怎样的可迁移能力，以及能够迁移到哪些类型的物理终端上。

3. GUI 自适应技术

11.1.2 小节介绍了鸿蒙操作系统支持将 GUI 自动适配到各种尺寸、各种形状的屏幕，实现一次编程可在多种设备上运行的目标。令人遗憾的是，操作系统无法做到对任意 GUI 的自动适配都达到令人满意的视觉效果，比如图片过度缩放可能导致难以识别。因此，鸿蒙操作系统的 GUI 自适应技术对开发者的 GUI 设计做了一定的技术约束。鸿蒙操作系统 IDE 支持在开发过程中对各种典型终端的仿真能力，帮助开发者直观了解其所开发的 GUI 在不同类型物理终端上的自适应布局效果，并能够进行针对性设计。另外，开发者也可以为应用指定运行的目标终端包括哪些类型。

4. 部件化拼装技术

传统操作系统通常包含一个完整的系统镜像包，其中包括整个操作系统的核心组件及功能。而鸿蒙操作系统采用部件化拼接技术，将系统拆分成轻量化的、可重用的部件，使得系统镜像不再是一个庞大静态的整体，而是由各种轻量化的部件动态拼接而成，灵活性更高。在编译构建过程中，用于描述设备 SysCap 的文件会自动生成，并最终打包在系统镜像包中。有些部件无法通过功能解耦方式裁剪到目标大小，则需提供多种部件形态供 HPM 选择，且各部件接口必须满足真子集关系。比如，由于 Linux 内核无法裁剪到 10KB 级别，鸿蒙操作系统内核部件组会提供 Linux 内核、LiteOS-A 和 LiteOS-M 这 3 种部件形态，且 LiteOS-M 接口为 LiteOS-A 接口的真子集，LiteOS-A 接口为 Linux 内核的真子集。

5. 多语言统一运行时技术

鸿蒙操作系统支持多范式、多编程语言的应用开发，编程语言包括 TypeScript、JavaScript、Java、自研语言等。为支撑这些高级编程语言的高效开发和运行，需要提供相应的工具链和运行时。鸿蒙操作系统将方舟作为统一编程平台，方舟由编译器、工具链、运行时等关键部件组成，可以满足多编程语言、多芯片平台的联合编译与运行。方舟多语言统一运行时具有以下特点。

① 支持多编程语言的联合编译、优化，跨语言调用的开销更低。

② 支持在轻量级设备上部署，这得益于语言运行时更轻量。

③ 支持软硬件的协同，处理器能效得到更充分的发挥。

④ 支持语言可插拔，即语言接入可配置。提供具有高效执行性能且具有跨语言调用

优势的多语言运行时，同时在小设备上提供单一的语言运行时。

⑤ 支持模块化配置，即运行时系统支持模块化按需配置，如执行引擎包括解释器、JIT（just-in-time）编译器、AOT（ahead-of time）编译器等，主存储器管理包括多种分配器和垃圾回收器。

6. 按需启动技术

鸿蒙操作系统不同于传统操作系统，其内核线程和驱动不会在内核启动时全部启动，而是按需加载和启动，启动时机依据不同的产品形态或不同的场景而定。从用户态进程看，系统服务分为常驻服务和按需加载服务。常驻服务在系统启动时一起启动，按需加载服务则根据业务需要由系统动态加载和关闭。同理，系统核心用户程序随系统启动一起加载，而其他系统用户程序及第三方用户程序按业务需要由系统动态加载。当系统服务或应用发生故障时，系统将根据故障服务的类型恢复相关服务，以确保用户体验。

7. 多模态交互技术

多模态交互指整合或融合两种及以上的交互方式，向用户提供更便捷、更人性化的服务体验。交互方式包括键鼠或触控方式的 GUI、语音控制方式的 VUI（voice user interface，语音用户界面）、手势/姿态控制的 CVUI（computer vision user interface，计算机视觉用户界面）和 GBUI（graphical basic user interface，图形基本用户界面）及设备间相对位置的变化等。多模态交互是下一代操作系统的重要交互形式，是支持多设备/全场景的关键能力，是 AI 交互能力向开发者开放的关键路径。在原子化服务的时代，多模态交互能联系服务和用户，是多种设备统一交互的关键技术，需要在操作系统层面构建。

8. 可动态挂载的驱动框架技术

鸿蒙操作系统采用全新设计的驱动框架，实现了驱动与系统完全解耦、可动态挂载以及可极低成本重用，突破了传统驱动重用代价高、无法动态扩展硬件、安全风险高的瓶颈。驱动框架的构建方式为面向对象编程，通过硬件抽象与内核解耦实现对不同内核的兼容，允许开发者"一次开发，多端部署"。

11.2 部件化架构的原理解析

鸿蒙操作系统采用统一的语言来实现不同类型设备的智能化、互联与协同，并提供对外开放的多语言框架 API 接口，因此具有"统一操作，弹性部署"的设备开发者体验、"一次开发，多端部署"的应用开发者体验、"硬件互助，资源共享"的消费者体验这 3 大基本特征。

如图 11.10 所示，"统一操作，弹性部署"是其他两大特征的基础。鸿蒙操作系统通过将一套系统灵活地部署在不同规格、不同类型的设备上，为应用的"一次开发，多端部署"提供了基本的前提条件；鸿蒙操作系统的分布式能力可在多设备部署，为消费者体验"硬件互助，资源共享"提供了可能。

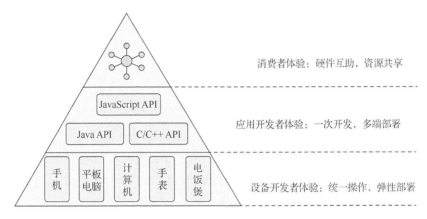

图 11.10　鸿蒙操作系统的 3 大基本特征

为了支持"统一操作，弹性部署"，鸿蒙操作系统采用了部件化的架构设计，根据设备的资源能力和业务特征，对部件进行灵活"拼装"，满足不同形态的终端设备对操作系统的要求。

11.2.1　部件化架构

鸿蒙操作系统在模块化、组件化的基础上，引入了部件化架构的软件工程方法，综合运用模块化、部件化、组件化等手段，有效地支撑统一的操作系统在不同规格、不同形态、不同类型设备上的弹性部署。本小节将重点介绍鸿蒙操作系统的架构设计原则、架构分层与组件化设计、鸿蒙操作系统基础平台和鸿蒙操作系统部件化拼装等内容。

1．架构设计原则

鸿蒙操作系统的架构设计原则包括分层架构设计和部件化架构设计。

（1）分层架构设计

分层架构设计将整个软件系统自顶而下垂直划分为不同的软件层次，对每一层的系统能力、特定行为进行抽象，层间单向依赖，即上层软件使用下层软件的服务，而下层软件对上层软件不感知，每一层都在对其上层提供接口的同时向上层隐藏其内部实现细节。分层架构设计是目前最流行、应用最广的软件架构设计方式之一，网络协议模型就是典型的分层架构。

软件分层为中小规模系统的系统架构解耦和跨团队协作问题提供了较好的解决方案：每一层提供一定的业务功能，并由不同的团队负责业务交付。但是操作系统作为软件系统过于庞大，只采用分层架构设计不足以解决问题。考虑到在操作系统中每一层的软件都非常复杂，且层内不同模块之间相互依赖、无序调用，需要通过进一步的部件化架构设计来实现软件工程和项目管理。

（2）部件化架构设计

计算机硬件领域存在一条摩尔定律，即微处理器每隔 18 个月性能提升一倍，价格下降一半。遗憾的是，在计算机软件领域还存在一条安迪-比尔定律，即硬件提高的性能很快就会被软件消耗掉。多年来，随着操作系统和应用软件越来越复杂，模型抽象、架构解耦和分而治之成了软件架构师面临的十分突出的问题。

模块化和组件化是经常使用的架构解耦手段。模块主要指在逻辑架构视图中的功能模块，模块化强调代码级复用；组件主要指在部署视图中可独立加载、部署和运行的二进制软件实体，组件化强调封装和二进制级复用。由于模块是代码级复用，模块的接口一般不承诺稳定，不同模块的相互耦合给跨团队交付造成了不便。组件的外部接口需要能够跨版本二进制兼容，以实现组件的二进制独立部署，这导致组件演进和维护的代价相对较大。

为了弥补模块化与组件化的不足，鸿蒙操作系统引入了相对独立的软件实体，称为部件。部件可完成一定功能，能够独立交付，但不支持独立部署。鸿蒙操作系统综合使用模块化、部件化、组件化的软件架构设计方法，基于模块、部件、组件等不同层次的系统解耦，有效支撑各子领域软件的分而治之、快速迭代交付。如图 11.11 所示，在软件端到端交付过程中，模块化、部件化、组件化具备不同层次的软件复用能力。

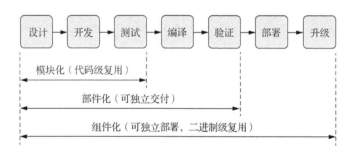

图 11.11　模块化、部件化、组件化的软件复用能力

鸿蒙操作系统在分层架构设计的基础上，叠加部件化架构设计，基于部件之间的解耦和依赖管理实现了系统架构解耦、各功能部件相对独立演进、相互协作，通过部件的"积木化"拼装支持轻量系统、小型系统、标准系统、大型系统等不同规格基础操作系统的弹性部署。

2. 架构分层与组件化设计

架构解耦的关键是接口，架构分层的关键是分层之间的接口。鸿蒙操作系统通过架构分层之间的接口定义，对操作系统进行大颗粒系统解构，不同的生态参与方相对独立、相互协作，共同构建丰富的智能终端设备和应用软件，向用户提供全场景智慧服务体验。鸿蒙操作系统的架构分层与组件化设计如图 11.12 所示。

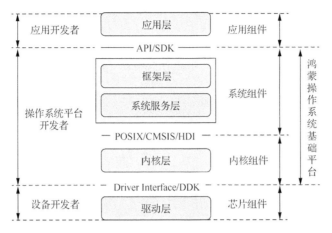

图 11.12　鸿蒙操作系统的架构分层与组件化设计

① 应用层：由应用开发者交付，向上直接对消费者负责，为其提供 UI 接口；向下依赖鸿蒙操作系统基础平台提供的 API 与软件开发工具包（software development kit，SDK）。应用层的每个应用对应一个独立交付的应用组件。

② 鸿蒙操作系统基础平台：包括框架层、系统服务层和内核层，由操作系统平台开发者交付，向上对应用层提供 API 和 SDK，向下对驱动层提供驱动程序接口（driver interface）和驱动程序工具包（device driver kit，DDK）。在基础平台内部，内核层向上提供可移植操作系统接口（portable operating system interface，POSIX）、通用微控制器软件接口标准（common microcontroller software interface standard，CMSIS）和硬件设备接口（hardware device interface，HDI），系统服务层和框架层之间未定义标准的层级接口。内核层的每种内核形态对应一个内核组件，系统服务层和框架层组合成系统组件。

③ 驱动层：由设备开发者交付，向上依赖鸿蒙操作系统基础平台提供的驱动程序接口和 DDK，负责提供器件的驱动实现。驱动层对应芯片组件。

3．鸿蒙操作系统基础平台

鸿蒙操作系统基础平台上有内核组件和系统组件。

（1）内核组件

如图 11.13 所示，内核层包括 LiteOS、Linux 这两个内核部件以及一个驱动框架部件。不同类型的设备根据其硬件能力按需部署 LiteOS 或 Linux。为了屏蔽不同的内核实现差异，内核层向上对系统服务层提供 POSIX、CMSIS。驱动框架部件提供 HDI 定义和驱动管理框架等基础设施，向

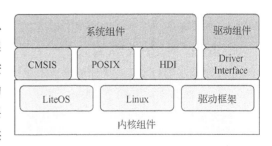

图 11.13　内核组件

下对驱动开发提供 Driver Interface 和 DDK，向上对系统服务提供标准化的硬件操作接口。

（2）系统组件

如图 11.14 所示，系统组件包括系统服务层和框架层，二者具有不同的功能定位。系统服务层负责汇总所有的系统服务，框架层负责给应用层提供 API。系统服务与框架紧密耦合，共同实现单个系统能力，因此鸿蒙操作系统没有在两层之间定义统一的层间接口，而是将实现同一功能的系统服务与框架组合为独立的"部件"，负责提供系统能力和对应的 API 能力。InnerSDK 负责实现部件间的解耦。外部的应用组件可以对不同部件进行独立的代码下载、编译和验证，同时支持部件拼装。

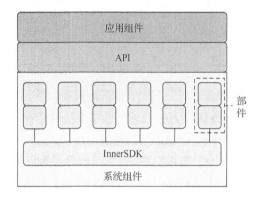

图 11.14　系统组件

4．鸿蒙操作系统的部件化拼装

鸿蒙操作系统作为面向"全场景、全连接、全智能时代"的开源操作系统，能够在具有不同 RAM 资源的设备上进行部署和运行。这得益于鸿蒙操作系统的部件化设计，设备开发者可以自由选择、集成系统部件，实现目标硬件能力。为了方便系统部件在各种类型与规格硬件上的集成，鸿蒙操作系统定义了如下 4 种规格的系统。

① 轻量系统。轻量系统部署于采用 MCU 类处理器的设备，如传感器设备和可穿戴设备等，要求设备主存储器容量不低于 128KB。

② 小型系统。小型系统部署于采用应用处理器的设备，如路由器和电子猫眼等，要求设备主存储器容量不低于 1MB。

③ 标准系统。标准系统部署于采用应用处理器的设备，如带屏 IoT 设备和轻智能手机等，要求设备主存储器容量不低于 128MB。

④ 大型系统。大型系统部署于采用应用处理器的设备，如智能手机和智慧屏等，要求设备主存储器容量不低于 1GB。

鸿蒙操作系统针对以上 4 种基础系统规格定义了 BCG 和 OCG，方便设备开发者按需配置，以支撑其特色功能的扩展或定制开发。其中，BCG 为基础部件能力集合，不可裁剪；OCG 为可选部件能力集合，可以裁剪。另外，鸿蒙操作系统还支撑设备厂商扩展私有的系统能力集合（PCG），以实现设备差异化竞争力。如图 11.15 所示，相同系统规格的设备具有相同的 BCG，允许设备厂商按需选择 OCG、扩展 PCG。

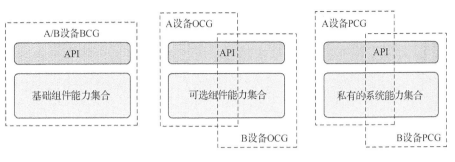

图 11.15　BCG、OCG 和 PCG

11.2.2　原理解析

部件是鸿蒙操作系统拼装的零部件。每个部件都提供一定的系统能力，部分部件还涉及面向应用暴露 API。不同的部件可组合部署到特定设备上，面向应用提供不同的 API 能力。本小节将从部署态、运行状态对部件管理、运行管理以及部件化架构下的 SDK 管理做进一步的解析。

1. 部件管理

为了支持鸿蒙操作系统的积木化拼装，部件应具备 3 个基本特征：部件之间相对独立、和所依赖的部件一起拼装部署、可对外提供一定的系统软硬件能力。

（1）部件之间相对独立

部件之间相对独立包括可独立下载代码、可独立编译构建以及可独立测试验证。鸿蒙操作系统支持轻量系统、小型系统、标准系统和大型系统 4 种不同规格的系统，可在 KB 级到 GB 级主存储器设备上部署运行，每种设备上仅部署特定范围的部件集合。部件之间相对独立是保持鸿蒙操作系统敏捷的基本要求。

（2）和所依赖的部件一起拼装部署

鸿蒙操作系统提供了一个部件包的管理和分发工具 HPM（HarmonyOS package manager，HarmonyOS 包管理器），用于在面向设备开发时获取、定制鸿蒙操作系统部件的源代码，执行安装、编译、打包等操作，最终构建特定产品的操作系统软件包。图 11.16 展示了部件部署与依赖管理。面向多设备部署时，除了基础组件之外，若可选部件之间存在依赖关系，则要求将有依赖关系的部件一起部署。在 HPM 中，每个部件包含一个描述该部件元数据的配置文件 bundle.json，HPM 基于该文件中的 dependencies（定义部件的依赖组件）来管理部件之间的依赖。

（3）可对外提供一定的系统软硬件能力

在鸿蒙操作系统中，每个部件对外提供的系统软硬件能力由 SysCap 定义，其格式为 SystemCapability.Cat.Feature.[SubFeature]，其中 SystemCapability 是固定前缀，Cat 是系统能力分类，Feature 是特性名称，SubFeature 是子特性名称。

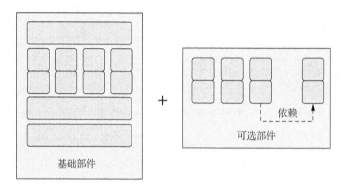

图 11.16　部件部署与依赖管理

2．运行管理

面向多设备部署时，由于不同设备上部署运行的部件集合不同，鸿蒙操作系统提供部件注册和部件查询的功能。部件运行管理示意图如图 11.17 所示。

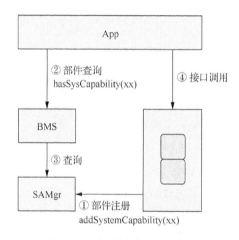

图 11.17　部件运行管理示意图

① 部件注册：可选部件在启动时必须向鸿蒙操作系统运行时的系统能力管理服务 SAMgr 注册。

② 部件查询：SAMgr 提供面向系统内部其他部件的部件查询能力，包管理服务（bundle manager service，BMS）提供面向运行在鸿蒙操作系统设备上应用的部件查询能力。

3．SDK 管理

如图 11.18 所示，鸿蒙操作系统通过部件拼装形成不同设备形态的操作系统软件包，基于统一 SDK 支撑面向不同设备类型的应用开发。应用上架到应用市场后，基于 SysCap 将应用按需分发到支持特定系统能力的设备上。

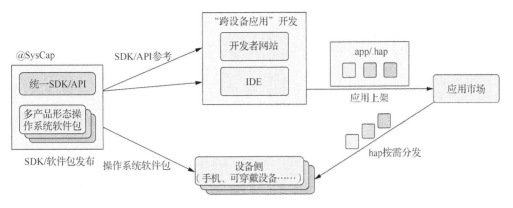

图 11.18　部件 SDK 管理示意图

11.3　统一内核的原理解析

为了适配不同设备，鸿蒙操作系统采用了多内核结构，并通过内核抽象层向上提供统一的标准接口。

11.3.1　内核子系统概览

1.　鸿蒙操作系统内核简介

对操作系统来说，用户日常与之交互的界面只是其最外面的一层，它内在重要的核心功能，包括管理硬件设备、分配系统资源等，都是由操作系统内核实现的。

图 11.19 展示了操作系统架构。操作系统是位于应用和硬件之间的系统软件，向上提供易用的程序接口和运行环境，向下管理硬件资源。而内核位于操作系统的下层，为操作系统上层的程序框架提供硬件资源的并发管理。

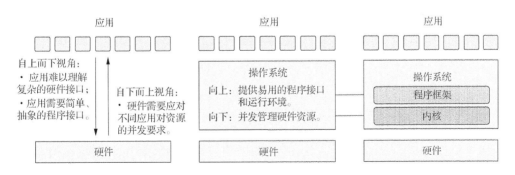

图 11.19　操作系统架构

在图 11.9 中，内核子系统位于鸿蒙操作系统的下层。作为"万物互联时代"的操作系统，鸿蒙操作系统支持面向多种不同类型的设备，能够根据资源限制（如 CPU 能力、存储大小等）对不同类型的设备选用适当的内核，并通过 KAL 屏蔽不同内核的差异，向上提供基础的内核能力。

鸿蒙操作系统对不同量级的系统使用不同形态的内核，具体的对应关系为：轻量系统对应 LiteOS-M 内核，小型系统对应 LiteOS-A 内核或 Linux 内核，标准系统对应 Linux 内核。

2. 鸿蒙操作系统的多内核架构和基本组成

目前，业界存在众多类型的内核，但万变不离其宗，以下几个组成单元几乎是所有内核都具备的。

- 文件系统：负责持久化数据，并使其能够便捷地被应用程序访问。
- 主存储器管理：负责管理进程地址空间。
- 进程管理（任务管理）：负责管理多个进程。
- 网络：负责本机操作系统和其他设备操作系统的通信。

鸿蒙操作系统内核采用了包含 LiteOS-A 和 LiteOS-M 等在内的多内核架构，这些内核都具备以上 4 个重要的组成单元，只是在实现方式上存在差异。它们可以通过 KAL 向上提供统一的标准接口。

11.3.2 LiteOS-M 内核

LiteOS-M 内核一般面向 KB 级主存储器的微控制单元，主要应用于轻量系统。

1. LiteOS-M 内核概述

LiteOS-M 内核部署于轻量级 IoT 设备，特点是体积小，功耗低，性能高。如图 11.20 所示，LiteOS-M 内核架构包括硬件相关层（硬件架构模块）和硬件无关层（基础内核模块、扩展模块、KAL 模块）。CPU 体系架构包括通用架构定义层（所有体系架构均需支持）和特定架构定义层（仅特定体系架构需要支持，特有功能在该层实现）。

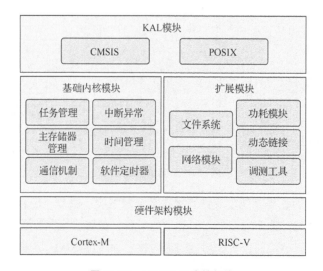

图 11.20 LiteOS-M 内核架构

内核启动流程包含外设初始化、系统时钟配置、内核初始化、操作系统启动等。其中，内核初始化细分为动态主存储器池初始化、中断初始化、任务初始化、IPC 机制（信号量、互斥锁、队列等）初始化、定时器初始化、空闲任务初始化以及其他可裁剪的模块初始化。

2. 任务管理

任务是系统调度的最小单元，可以独立运行。LiteOS-M 内核的任务模块支持多任务，一个任务表示一个线程，可以进行任务间切换。任务共有 32 个优先级（0～31，0 为最高优先级），支持抢占式调度机制，高优先级任务可以打断低优先级任务，低优先级任务必须等待高优先级任务阻塞或结束后方能执行，相同优先级任务支持时间片轮转调度方式。任务有多种运行状态，通常分为以下 4 种。

- 就绪状态：任务位于就绪队列中，只等待 CPU。所有任务被创建后以及阻塞状态任务被恢复后都会加入就绪队列，进入就绪状态。有更高优先级任务被创建或恢复而引起任务切换时，原先的运行状态任务会进入就绪状态。
- 运行状态：任务正在执行。优先级最高的就绪状态任务在任务切换时进入运行状态。当阻塞状态任务被恢复进入就绪状态后，若其优先级高于正在运行的任务，则会立刻进行任务切换，进入运行状态。
- 阻塞状态：任务不在就绪队列中，可能被挂起、被延时，正在等待信号量、位于读/写队列或等待事件等。运行状态任务被挂起、延时或需要读信号量以及就绪状态任务被挂起时会进入阻塞状态，此时会发生任务切换。
- 退出状态：任务运行结束，等待系统回收资源。退出状态包括任务运行结束的正常退出状态和 invalid 状态。若任务运行结束但没有自删除，则对外呈现 invalid 状态，即退出状态。运行状态任务执行结束以及阻塞状态任务被删除后都会进入退出状态。

图 11.21 展示了任务状态的转换关系。

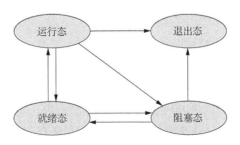

图 11.21　任务状态的转换关系

用户创建任务时，系统会初始化任务栈，预置上下文，并将任务入口函数地址放在相应位置。当任务第一次启动进入运行状态时，会执行任务入口函数。任务创建后可以在系统中竞争一定的资源，内核可以执行锁任务调度，解锁任务调度、挂起、恢复、延时等操作，设置和获取任务优先级。

3．主存储器管理

主存储器管理模块主要负责主存储器初始化、主存储器分配和主存储器释放。系统运行时，用户和操作系统需要使用主存储器。由主存储器管理模块统一管理主存储器的申请与释放，可以提高主存储器利用率和使用效率，尽可能减少主存储器碎片。LiteOS-M内核采用静态主存储器管理和动态主存储器管理两种方式。

（1）静态主存储器管理

静态主存储器的本质是静态数组。静态主存储器管理在静态主存储器池中分配固定大小的主存储器块，具有较高的分配效率和释放效率，且主存储器池中不存在碎片。但是，静态主存储器管理需要用户在初始化时预先设定主存储器块的大小，之后无法更改，因此无法实现按需申请。如图 11.22 所示，静态主存储器池包含控制块（LOS_MEMBOX_INFO）和若干主存储器块（LOS_MEMBOX_NODE）。控制块与主存储器块的具体组成如下。

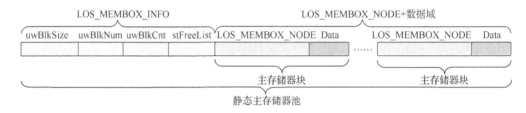

图 11.22　静态主存储器

- 控制块：位于主存储器池头部，负责管理主存储器块，包含主存储器块大小（uwBlkSize）、主存储器块数量（uwBlkNum）、已分配使用的主存储器块数量（uwBlkCnt）和空闲主存储器块链表（stFreeList）。
- 主存储器块：具有相同大小，并以块大小为粒度进行申请和释放。每个主存储器块包含指向下一个主存储器块的指针。

（2）动态主存储器管理

动态主存储器管理在动态主存储器池中分配用户指定大小的主存储器块。在主存储器资源充足的情况下，根据用户需求分配任意大小的主存储器块；当用户不需要时，将其释放回系统。动态主存储器管理支持按需分配，但是主存储器池中可能存在碎片。

鸿蒙操作系统 LiteOS-M 内核的动态主存储器在主存储器两级分割策略算法（two level segreguted fit，TLSF）的基础上优化了区间划分，进一步提升了性能，降低了碎片率。图 11.23 展示了动态主存储器核心算法。动态主存储器根据空闲块的大小分为[4,127]和$[2^7,2^{31}]$两大类。其中，块大小在[4,127]这一区间的主存储器被分为 31 个块大小为 4 字节倍数的小区间；块大小在$[2^7,2^{31}]$这一区间的主存储器被分为 24 个块大小为 2 的 n 次幂字节的小区间，在此基础上每个小区间又被等分为 8 个二级小区间，共 192 个二级小区间。上述每个最小区间对应 1 个空闲链表，并设有 1 个位，用于标记该链表是否为空（1 表示非空）。插入空闲块时，首先找到该空闲块对应的小区间，之后将该空闲块挂载到小区间对应的空闲链表上，并更新位图标记（非必要）。申请主存储器时，首先找到一个挂载有合适大小主存储器块的空闲链表，之后从该链表上获取空闲块。在寻找空闲链表时，需要根据位图标记，首先查询对应大小的空闲链表；若其为空，则继续查询挂载有更大主存储器块的空闲链表。若最终分配的主存储器块大小大于申请大小，则对其进行分割，并将剩余部分挂载回相应的空闲链表。

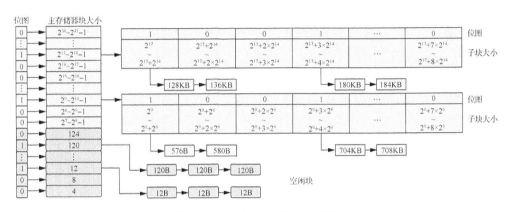

图 11.23　动态主存储器核心算法

如图 11.24 所示，动态主存储器池包含主存储器池池头部分和若干主存储器池节点部分。其中，主存储器池池头部分包括主存储器池信息（含主存储器池起始地址、堆区域总大小和主存储器池属性）、位图标记数组（含 7 个 32 位无符号整数，用于标记空闲链表是否为空）和空闲链表数组（含 223 个空闲主存储器头节点信息，用于维护空闲主存储器头节点和空闲主存储器链表中的前驱节点、后继节点）；主存储器池节点部分包括未使用空闲主存储器节点、已使用主存储器节点和尾节点，所有节点都包含一个前序节点以及节点大小和使用标记，空闲主存储器节点和已使用主存储器节点还包含数据域。

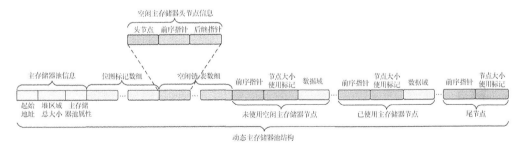

图 11.24　动态主存储器的管理结构

4. 内核通信机制

鸿蒙操作系统 LiteOS-M 内核提供事件、互斥锁、消息队列和信号量等多种通信机制。

（1）事件

事件用于实现任务间的同步操作，不传输具体数据。任务间的事件同步包括：一对多，即一个任务等待多个事件；多对多，即多个任务等待多个事件。需要注意的是，一次写事件最多可以触发一个任务从阻塞中"醒来"。事件模块支持事件读超时机制，并对外提供事件初始化、事件读/写、事件清零、事件销毁等接口。

在执行事件初始化时，应创建一个用于维护已处理事件集合和等待特定事件的任务链表的事件控制块。写事件时，事件控制块将根据写入的事件更新事件集合、遍历任务链表，并根据任务等待具体事件的情况，决定是否唤醒相关任务。读事件时，若该事件已存在，则直接返回；若该事件在超时时间内到达，则直接唤醒阻塞任务；否则，在超时时间结束时唤醒阻塞任务。读事件条件是否满足取决于入参、事件类型掩码和具体处理方式，其中具体处理方式分为逻辑与（读取要求事件类型掩码中的所有事件均已发生）、逻辑或（读取要求事件类型掩码中的任意事件发生即可）和附加读取模式（与逻辑与或逻辑或结合使用，读取成功后会清除事件控制块中的对应事件类型）。事件清零时，根据掩码的取值（0 表示全部清除，0xFFFF 表示不清除）决定是否将事件控制块的事件集合清零。销毁事件时，直接将指定的事件控制块销毁。事件运作原理如图 11.25 所示。

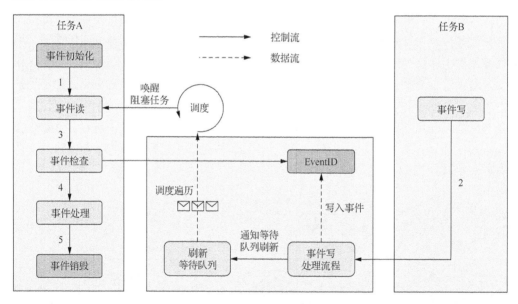

图 11.25　事件运作原理

（2）互斥锁

互斥锁是一种特殊的二值性信号量，具有开锁和闭锁两种状态。在多任务环境下，通常有多个任务共同竞争同一共享资源，这时就可以使用互斥锁来保护共享资源，实现独占式访问。具体来说，若有任务访问公共资源，则设置互斥锁为闭锁状态，其他任务不能再持有该互斥锁。若想访问该资源，则进入阻塞状态，等待该任务释放该互斥锁。

当该任务释放该互斥锁后，互斥锁转为开锁状态，其他任务可以持有该互斥锁，将其再次设置为闭锁状态，并访问该资源。使用互斥锁能够确保在同一时刻只有一个任务正在访问公共资源，保证了公共资源操作的完整性。图 11.26 给出了互斥锁运作原理。另外，互斥锁还能解决信号量的优先级翻转问题。

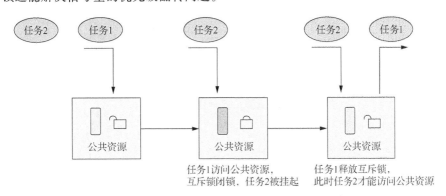

图 11.26　互斥锁运作原理

（3）消息队列

消息队列用于实现任务间的通信，又称为队列，是一种数据结构。队列接口内部支持自行动态申请创建队列时所需的队列主存储器空间。队列可以接收来自任务或中断的消息，并根据不同的接口确定是否将该消息存放于队列空间。消息以先进先出的方式排队，支持异步读/写，允许将消息放入队列中但不立即处理，起到缓冲消息的作用，实现任务异步通信。通信双方可以约定发送消息的类型，允许发送不同长度的消息，但不能超过队列消息节点的大小。任务可以从任意一个消息队列中接收和发送消息，不同的任务也可以从同一个消息队列中接收和发送消息。

任务能够从队列中读取或向队列中写入消息。当队列中的消息为空时，读取任务被挂起，直至队列中有新消息时被唤醒并读取新消息。每读取一条消息，就会将该消息节点设置为空闲。当队列中写满消息时，写入任务被挂起，直至队列中出现空闲消息节点时被唤醒并写入消息。读队列和写队列都支持超时机制，并且可以通过调整它们的超时时间来调整读/写接口的阻塞模式：将读队列和写队列的超时时间设置为 0 就会以非阻塞模式运行，读取任务和写入任务都不会被挂起，接口直接返回；将读队列和写队列的超时时间设置为大于 0 就会以阻塞模式运行。

图 11.27 演示了读/写队列数据的操作。创建队列成功会返回队列 ID。队列控制块维护一个消息头节点位置 head（表示队列中占用消息节点的起始位置）和一个消息尾节点位置 tail（表示占用消息节点的结束位置，即空闲消息节点的起始位置）。队列刚创建时，head 和 tail 均指向队列起始位置。写队列时，根据 readWriteableCnt[1] 判断队列是否可以写入，若 readWriteableCnt[1]=0，则表示队列已满，写操作不能进行。写队列支持两种写入方式：向队列尾节点写入和向队列头节点写入。两种写入方式类似，图 11.27 只演示了向队列尾节点写入的情况。向队列尾节点写入时，根据 tail 找到起始

空闲消息节点，将其作为数据写入对象；若 tail 指向队列尾部，则采用回卷方式。向队列头节点写入时，将 head 的前一个节点作为数据写入对象；若 head 指向队列起始位置则采用回卷方式。读队列时，根据 readWriteableCnt[0]判断队列是否有消息需要读取，若 readWriteableCnt[0]=0，则表示队列全部为空，对该队列进行读操作会引起任务挂起。若可以读取消息，则根据 head 找到最先写入队列的消息节点进行读取。如果 head 指向队列尾部，则采用回卷方式。删除队列时，根据队列 ID 找到对应队列，将队列状态置为未使用，将队列控制块置为初始状态，并释放队列所占主存储器。

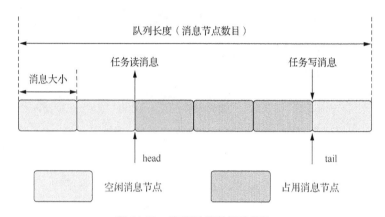

图 11.27　读/写队列数据的操作

（4）信号量

信号量用于实现任务间通信，主要包括任务间同步和共享资源的互斥访问。在信号量这个数据结构中，通常有一个对有效资源数进行计数的数值，用于表示当前可以使用的剩余共享资源数，其值可以为 0 或正值。0 表示当前不可获取该信号量，此时可能有任务正在等待该信号量；正值表示当前可以获取该信号量。信号量有关操作包括初始化、创建、申请、释放和删除等。

当我们使用信号量实现互斥时，通常将信号量计数值初始化为正值，表示当前可以获取的共享资源数。使用共享资源时，首先获取信号量，再使用共享资源，使用完毕后释放信号量。当共享资源被获取完时，信号量计数值减至 0。若有其他任务想要获取信号量，则阻塞这些任务，从而保证共享资源的互斥访问。需要注意的是，当共享资源数为 1 时，一般使用二值信号量，这是一种类似于互斥锁的机制。

当我们使用信号量实现同步时，通常将信号量计数值初始化为0。若任务 A 获取信号量而被阻塞，则需等待任务 B 或某中断释放信号量，才可以进入就绪状态或运行状态，从而实现任务间的同步。

图 11.28 给出了信号量的运作原理。公共资源可能允许多个任务同时对其访问，但往往会限制同时访问任务的最大数量。该限制可以由信号量实现，任务在访问公共资源时需要获取信号量。

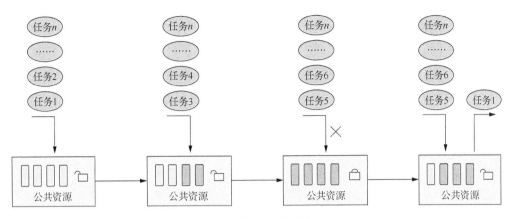

图 11.28 信号量的运作原理

11.3.3 LiteOS-A 内核

鸿蒙操作系统 LiteOS-A 内核一般面向 MB 级主存储器的设备，主要应用于小型系统。

为了适应 IoT 产业的高速发展，向应用开发者提供友好的开发体验和完善统一、开放的生态系统，LiteOS-A 内核不断优化和扩展，增加了丰富的内核机制，新增虚拟主存储器、系统调用、多核、轻量级 IPC、DAC 等机制；支持多进程，使应用之间的主存储器彼此隔离、互不影响，提升系统的健壮性，更好地兼容软件和开发者体验；采用统一的驱动框架和驱动标准，接入方式更统一，驱动移植更方便，支持"一次开发，多端部署"；支持的标准 POSIX 接口更全面，应用软件开发和移植更方便，开发体验更友好；支持内核和硬件高解耦，新增单板时无须修改内核代码。

1. LiteOS-A 内核概述

如图 11.29 所示，LiteOS-A 内核主要由基础内核、扩展组件、HDF、POSIX 接口模块等组成。基础内核主要包括内核的基础机制，如进程管理、主存储器管理、中断异常等。扩展组件包括文件系统、网络协议、权限管理等，由于组件间直接调用函数比 IPC 或远程过程调用要快得多，因此 LiteOS-A 内核的文件系统、网络协议等扩展功能在内核地址空间运行。HDF 是外设驱动统一标准框架。POSIX 接口模块支持将兼容 POSIX 标准的应用快速移植到鸿蒙操作系统。

① 基础内核。基础内核组件实现精简，主要包括内核的基础机制，如进程管理、中断异常、主存储器管理、时间管理、通信机制、软件定时器等。

② 文件系统。LiteOS-A 内核支持多种流行文件系统。内部设有统一的适配层框架虚拟文件系统层，既向各个文件系统提供了丰富的、可以自动利用的功能，也方便了新文件系统的移植。

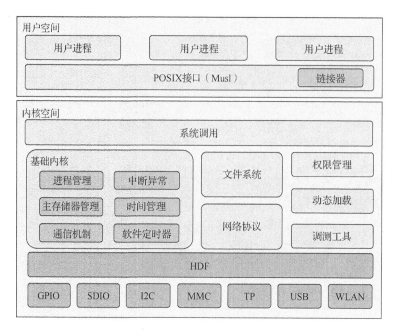

图 11.29 LiteOS-A 内核架构图

③ 网络协议。轻量级内核基于开源轻型 IP 协议（light weight IP，LWIP）构建网络协议，优化了 LWIP 的 RAM 占用，同时提高了 LWIP 的传输性能。其主要特性有支持 IP、IPv6、互联网控制报文协议（Internet control message protocol，ICMP）、邻居发现协议（neighbor discovery，ND）、组播侦听者发现协议（multicast listener discovery，MLD）、UDP、TCP、Internet 组管理协议（Internet group management protocol，IGMP）、地址解析协议（address resolution protocol，ARP）、以太网上的点对点协议（point-to-point protocol over ethernet，PPPoE）等，采用 socket API，支持多网络接口 IP 地址转发、TCP 拥塞控制、RTT（round-trip time，往返时间）估计和快速恢复/快速重传等扩展特性和 HTTP(S) 服务、SNTP（simple network time protocol，简单网络时间协议）客户端、SMTP(S)（simple mail transfer procotol，简单邮件传输协议）客户端、ping 工具、NetBIOS 名称服务、mDNS 响应程序、MQTT（message queuing telemetry transport，消息队列遥测传输）客户端、TFTP（trivial file transfer protocol，简单文件传输协议）服务、DHCP 客户端、DNS 客户端、AutoIP/APIPA（零配置）、SNMP（simple network management protocol，简单网络管理协议）代理等应用程序。

④ HDF。轻量级内核集成 HDF，开发环境更精准、高效，支持"一次开发，多端部署"。

⑤ 其他扩展组件。内核支持动态链接、进程通信、系统调用、权限管理等重要的扩展机制，可以按需选用。

2．内核启动

内核启动包括内核态启动和用户态启动。

（1）内核态启动

内核态启动的流程分为两个阶段。首先是汇编启动阶段，这一阶段包括对 CPU 的初始设置，对浮点处理单元（floating-point processing unit，FPU）的使能、对 MMU 的设置、对系统栈的设置以及对 bss 段的清理等，之后进入 C 语言的 main()函数。第二个阶段是 C 语言启动阶段，这一阶段包括 main()函数、OsMain()函数与首次任务调度工作，其中 OsMain()函数主要负责初始化内核基础、架构等。该初始化流程包括启动固定流程和可添加模块流程，由内核启动框架主导完成。

（2）用户态启动

如图 11.30 所示，根进程 init 是系统第一个用户态进程，其 PID 为 1，是所有用户态进程的祖先。使用链接脚本将 init 启动代码放置到系统镜像指定位置，在系统启动阶段，OsUserInitProcess 将启动 init 进程，具体过程包含由内核 OsLoadUserInit 加载 init 启动代码，创建新的进程空间，启动/bin/init 进程。根进程负责启动关键系统程序或服务（如交互进程 shell）、监控回收孤儿进程以及清理子进程中的僵尸进程。在鸿蒙操作系统中，init 进程根据/etc/init.cfg 中的配置执行指定命令或启动指定进程。用户态程序可以利用框架编译用户态进程或手动单独编译；可以使用 shell 命令启动进程；可以通过 POSIX 接口的 fork() 方法创建新进程，或通过 exec 类接口执行新进程。

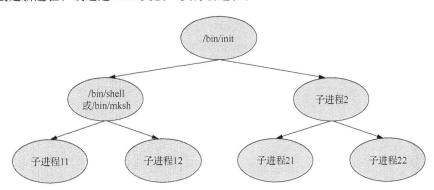

图 11.30 进程树

3. 主存储器管理

鸿蒙操作系统 LiteOS-A 内核采用静态主存储器管理、动态主存储器管理、物理主存储器管理、虚拟主存储器管理和虚实映射管理 5 种方式来进行主存储器管理。其中，静态主存储器管理与动态主存储器管理与 LiteOS-M 内核的主存储器管理方式相同，因此我们主要介绍其余 3 种方式。

（1）物理主存储器管理

物理主存储器是由实际主存储器设备提供、可以通过 CPU 总线直接寻址的主存储器。物理主存储器为操作系统及程序提供临时存储空间，是计算机最重要的资源之一。LiteOS-A 内核通过分页机制管理物理主存储器，以 4KB 为单位将除被内核堆占用外的其余可用主存储器划分成页帧，主存储器分配和主存储器回收均以页帧为单位。为进一步减少主存储器碎片，提升主存储器分配效率和主存储器释放效率，LiteOS-A 的物理主存储器管理采用伙伴算法，但是大块的合并仍可能被一个很小的块阻塞，导致不能分配较大的主存储器块。图 11.31 展示了 LiteOS-A 内核的物理主存储器使用分布视图，它由内核镜像、内核堆及物理页组成。

图 11.31　物理主存储器使用分布视图

下面对伙伴算法进行简要介绍。将空闲页帧组成不同大小的主存储器块，并按块大小将其分为 9 组（0～8），第 x 组中的主存储器块包含 2^x 个页帧。相同大小的主存储器块挂在同一个链表上进行管理。

图 11.32 演示了系统申请 12KB（即 3 个页帧）主存储器的情形。最小满足申请要求的主存储器块挂载于索引为 3 的链表上，故从该主存储器块分配出 12KB 主存储器。该主存储器块还有 5 个页帧未被分配，需要将其重新挂载回去。由于主存储器块的大小必须为 2 的 n 次幂，将这 5 个页帧分为 2 个主存储器块，分别包括 4 个页帧和 1 个页帧，为其查找伙伴并合并。由于索引为 2 的链表为空，包括 4 个页帧的主存储器块可以被直接挂载到该链表上；而索引为 0 的链表上已经挂载有 1 个主存储器块，因此需要判断这 2 个主存储器块的地址是否连续。若不连续则可直接进行挂载，若连续则需要合并 2 个主存储器块，并将其挂载到索引为 1 的链表上。

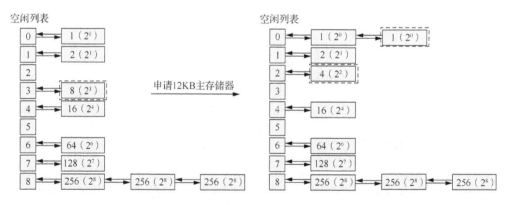

图 11.32　主存储器申请

图 11.33 演示了系统释放 12KB（即 3 个页帧）主存储器的情形。3 个页帧可以分为 2 个主存储器块，分别包括 2 个页帧和 1 个页帧，为其查找伙伴并合并。索引为 1 和索引为 0 的链表上均已挂载有 1 个主存储器块，需要判断地址是否连续，若连续则需要合并主存储器块。需要注意的是，合并后的主存储器块在挂载时仍需判断是否存在伙伴，若存在则继续合并。

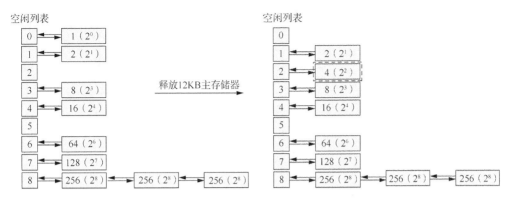

图 11.33　主存储器释放

（2）虚拟主存储器管理

每个进程都具有连续的虚拟地址空间，其大小由 CPU 的位数决定。例如，32 位的硬件平台可以提供的最大寻址空间为 0～4GB，该空间被分成两部分，3GB 的高位地址空间（0x40000000～0xFFFFFFFF）被 LiteOS-A 内核占据，进程使用剩余的 1GB 低位地址空间（0x01000000～0x3F000000）。各进程的虚拟地址空间是独立的，代码、数据互不影响。

系统一般将虚拟主存储器分割为 4KB 或 64KB 的主存储器块，称为虚拟页。LiteOS-A 内核默认虚拟页的大小为 4KB，可以通过配置 MMU 进行修改。页是 LiteOS-A 内核中虚拟主存储器管理的最小单位，一个虚拟地址区间 region 包含一个页或地址连续的多个虚拟页。物理主存储器也按照页大小被分割成主存储器块，称为页帧。

如图 11.34 所示，在虚拟主存储器管理中，虽然虚拟地址空间是连续的，但是其映射的物理主存储器并不一定是连续的。

可执行程序加载运行，CPU 访问虚拟地址空间的代码或数据时，虚拟地址所在页与物理页的关系存在以下两种情况。

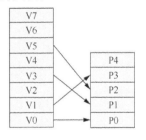

- 已做映射：CPU 通过查找进程对应页表项中的物理地址信息，可以直接访问物理主存储器中的内容并返回。

图 11.34　虚拟主存储器管理

- 未做映射：触发缺页异常，系统申请物理页并复制相应信息，更新页表项。CPU 再次访问虚拟主存储器，由于虚拟地址所在页已经与物理页做映射，可以直接访问代码或数据。

（3）虚实映射管理

由 MMU 将进程空间的虚拟地址与实际的物理地址做映射，并指定访问权限和缓存属性等，称为虚实映射。在执行程序时，CPU 将首先访问虚拟主存储器，通过 MMU 的页表项查找其对应的物理主存储器，并执行代码或读/写数据。

页表是一种在进程创建时被创建的特殊数据结构，由描述虚拟地址区间与物理地址区间之间映射关系的页表项（page table entry，PTE）构成，保存了虚拟地址和物理地址的映射关系以及访问权限等。页表可以用来描述 MMU 的映射，在 MMU 中有一块被称为地址转换后备缓冲器（translation lookaside buffer，TLB）的页表缓存，即快表。在进行地址转换时，MMU 首先在 TLB 中查找，若能找到对应的页表项，则可以直接进行地址转换。图 11.35 所示的是 CPU 访问主存储器或外设。

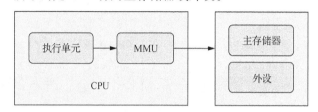

图 11.35　CPU 访问主存储器或外设

虚实映射的本质是建立页表。在 LiteOS-A 内核中，进程空间采用二级页表来描述。其中，一级页表项描述符的大小为 4B，能够描述 1MB 主存储器空间的映射关系。在用户进程创建时，系统会申请一个 4KB 的主存储器块，以存储一级页表；而用于存储二级页表的主存储器块则按需动态申请。

在用户程序加载启动时，代码段和数据段被映射到虚拟主存储器空间中，但未与具体的物理页进行映射。如图 11.36 所示，CPU 在访问虚拟地址时，会首先查询 MMU，查看该虚拟地址对应的物理主存储器是否已存在。若存在，则 CPU 无须再访问主存储器中的页表，而是直接访问缓存在 TLB 中的页表项，从而大幅加快查找速度；若不存在，则会触发缺页异常，由内核申请物理主存储器更新页表，加入虚实映射关系集的相关属性配置信息，并将页表项缓存到 TLB 中，之后 CPU 可以直接对页表项进行访问。

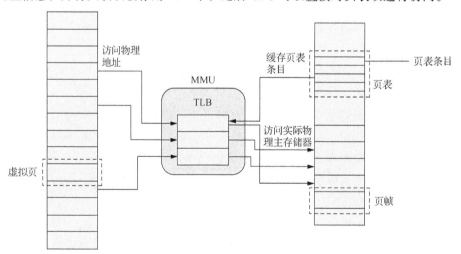

图 11.36　CPU 访问主存储器

4．进程管理

鸿蒙操作系统 LiteOS-A 内核采用进程管理、线程管理（任务管理）和调度管理 3 种方式来管理进程。其中，线程管理与 LiteOS-M 内核的任务管理类似，此处不赘述。

（1）进程管理

系统资源管理的最小单元就是进程。在 LiteOS-A 内核中，用户态进程是隔离的，即用户态进程的进程空间是独立的，相互之间不可见；而内核态是一个不存在其他进程的进程空间，特例是空闲进程 KIdle，它与 KProcess 共享进程空间。

LiteOS-A 内核的进程模块负责实现用户态进程的隔离以及进程间的切换和通信。进程模块提供多个进程，进程共设有 32 个优先级，使用抢占式调度机制，调度时遵循高优先级优先、同优先级时间片轮转的算法。

进程状态通常分为以下几种。

- 初始化状态：进程正在被创建。当进程获取其进程控制块后，就进入初始化状态。
- 就绪状态：进程正在等待被调度。进程完成初始化后，被高优先级进程抢占的运行状态进程以及有阻塞状态线程恢复的阻塞状态进程均会进入就绪状态。另外，若采用 LOS_SCHED_RR 调度策略，当某运行状态进程耗尽自己的时间片后，若存在同优先级就绪状态进程，则该运行状态进程进入就绪状态。
- 运行状态：进程正在运行。若发生进程切换，则拥有最高优先级的就绪状态进程进入运行状态。需要注意的是，若该进程中仍有就绪状态线程，则该进程虽对外呈现运行状态，但实际处于就绪状态。
- 阻塞状态：进程被阻塞挂起，当本进程内所有线程均被阻塞时进入阻塞状态。当运行状态进程的所有线程均进入阻塞状态后，运行状态进程进入阻塞状态且发生进程切换。当就绪状态进程的所有线程均进入阻塞状态后，就绪状态进程进入阻塞状态。
- 僵尸状态：进程运行结束，等待父进程回收其控制块资源。运行状态进程的主线程或所有线程运行结束后，进入僵尸状态。

进程状态迁移如图 11.37 所示。

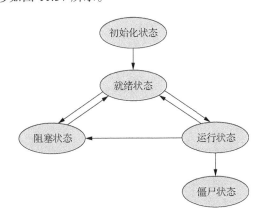

图 11.37　进程状态迁移

进程只是资源管理单元，实际运行是由进程内的各个线程完成的，不同进程内的线程相互切换时会进行进程空间的切换。进程管理示意图如图 11.38 所示。

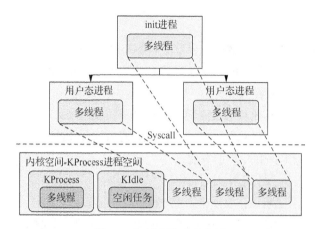

图 11.38　进程管理示意图

（2）调度管理

鸿蒙操作系统 LiteOS-A 内核支持"高优先级优先+同优先级时间片轮转"的抢占式调度机制。鸿蒙操作系统的调度算法具有很好的实时性：一方面，系统从启动开始基于实时的时间轴向前运行；另一方面，系统将 tickless 机制天然嵌入调度算法，在降低功耗的同时可使 tick 中断按需响应，减少无用的 tick 中断响应，提高系统的实时性。鸿蒙操作系统调度的最小单元为线程，进程调度策略支持 SCHED_RR，线程调度策略支持 SCHED_RR 和 SCHED_FIFO。如图 11.39 所示，鸿蒙操作系统 LiteOS-A 内核采用"进程优先级桶队列+线程优先级桶队列"的方式，进程和线程的优先级范围均为 0～31，共有 32 个进程优先级桶队列；每个桶队列对应一个线程优先级桶队列，每个线程优先级桶队列有 32 个优先级桶队列。

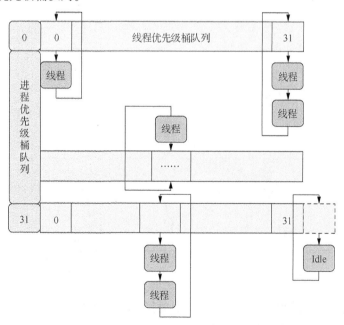

图 11.39　调度优先级桶队列

鸿蒙操作系统 LiteOS-A 内核在内核初始化之后开始调度。创建的所有进程或线程都会进入调度队列，并由系统根据优先级和时间片消耗情况调度线程运行。线程一旦被调度，就会从调度队列中删除。运行中的线程若发生阻塞，就会进入阻塞队列，由系统调度其他线程运行。若调度队列为空，则会调度空闲进程 Idle 的线程运行。

5. 扩展组件

鸿蒙操作系统 LiteOS-A 内核中的扩展组件包括系统调用、动态加载与链接、虚拟动态共享库（virtual dynamic shared object，VDSO）、文件系统（file system，FS）等。

（1）系统调用

如图 11.40 所示，鸿蒙操作系统 LiteOS-A 内核隔离了用户态与内核态，用户态程序若想与内核进行交互，必须调用系统 API 请求内核资源的访问与交互。系统 API 会触发 SVC/SWI 异常，使系统切换至内核态，之后才可以对位于内核空间的 Syscall Handler 进行参数解析，并分发至内核处理函数。

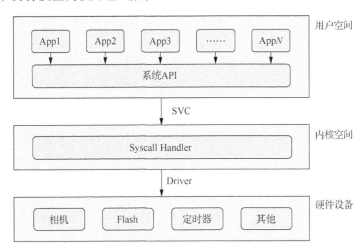

图 11.40　系统调用

（2）动态加载与链接

鸿蒙操作系统的动态加载与链接机制通过内核加载器（加载应用程序和动态链接器）和动态链接器（加载应用程序依赖的共享库并进行符号重定位）实现。与静态链接相比，动态链接将应用程序与动态库推迟到运行时再进行链接。程序运行过程包括动态加载流程和程序执行流程两部分。系统对可执行程序完成加载和链接后，程序才真正运行。

动态链接具有节约磁盘和主存储器、接口向下兼容、安全性高等优势。

（3）虚拟动态共享库

不同于普通的动态共享库将.so 文件保存在文件系统中，虚拟动态共享库将.so 文件保存在系统镜像中，运行时内核将虚拟动态共享库的位置固定，并将其映射到用户进程的地址空间再提交给应用程序。鸿蒙操作系统的 VDSO 通过实现通道使内核相关数据能够被用户态程序快速读取，以对部分系统调用进行加速，同时使软硬件配置等非系统敏感数据可以被快速读取。

由内核负责看护一段被映射到用户态应用程序地址空间的主存储器，在应用程序链接 vdso.so 后，直接读取这段主存储器来代替某些系统调用，以实现加速，这是 VDSO 的核心思想。VDSO 包括数据页与代码页两部分：数据页提供内核映射给用户进程的内核时数据；代码页提供屏蔽系统调用的主要逻辑。

（4）文件系统

文件系统是操作系统中一种主要的输入/输出形式，负责与内外部的存储设备交互。如图 11.41 所示，文件系统对上通过 C 库提供的 POSIX 接口，对下通过内核态的虚拟文件系统层，消除各个具体文件系统的差异。

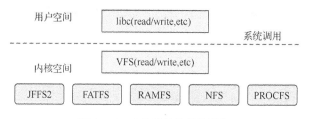

图 11.41　文件系统的总体结构

在文件系统中，虚拟文件系统（virtual file system，VFS）是异构文件系统之上的软件黏合层，为用户提供统一的类 UNIX 文件操作接口。由于不同类型的文件系统接口不统一，当系统中有多个不同类型的文件系统时，需要使用不同的非标准接口访问不同的文件系统。虚拟文件系统层提供了统一的抽象接口，以消除底层异构类型的文件系统差异。访问文件系统的系统调用无须关心底层的存储介质和文件系统类型，可提高开发效率。

鸿蒙操作系统内核使用主存储器中的树结构来实现虚拟文件系统框架，查找节点和统一调用是虚拟文件系统的两个主要功能。

11.4　驱动系统的原理解析

鸿蒙操作系统采用多内核设计，支持系统在不同资源限制的设备上部署。当相同的硬件部署了不同内核时，鸿蒙操作系统驱动子系统实现设备驱动程序在不同内核间的平滑迁移，以消除驱动代码移植适配和维护的负担。

11.4.1　驱动框架简介

鸿蒙操作系统的驱动框架采用 C 语言面向对象编程的方式构建，通过硬件抽象、内核解耦等方式，达成兼容不同内核的目的，帮助开发者实现驱动的"一次开发，多端部署"。鸿蒙操作系统的驱动框架包括以下组成部分。

- 操作系统抽象层（operating system abstraction layer，OSAL）：对外屏蔽不同内核的操作接口。
- 平台驱动接口：向开发者提供开发板部分的驱动支持。
- 设备驱动模型：对常见外设提供的功能进行抽象，提供设备驱动模型。此模型需达成3个目的：提供标准化的器件设备驱动模型，通过配置即可完成设备驱动的部署，无须独立开发；提供设备驱动功能模型抽象和器件设备通用功能模型，只需提供硬件差异实现并与设备驱动模型对接即可完成驱动的部署；提供设备驱动接口抽象，完成与系统组件的对接，屏蔽驱动与不同系统组件间的交互，只需按照模型提供适配接口，实现相应硬件的操作接口即可完成驱动与系统的对接，无须关注系统组件的差异。
- 设备驱动接口：提供标准化的硬件操作接口。不同的硬件供应商按照标准接口实现硬件功能，鸿蒙操作系统无须关注底层硬件设备驱动的实现。

1. 设备驱动的基本组成

如图11.42所示，鸿蒙操作系统的设备驱动由4个部分组成，分别是设备驱动框架、设备驱动程序、设备驱动配置文件和设备驱动接口。

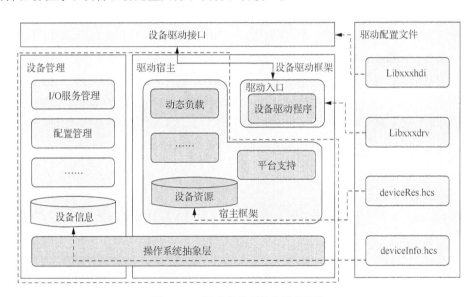

图 11.42　鸿蒙操作系统的设备驱动

设备驱动框架采用主从架构模式设计，包括设备管理和驱动宿主两个模块。设备管理模块提供设备驱动配置管理、设备驱动加载管理以及设备驱动节点管理等功能。驱动宿主模块由宿主框架（负责与设备管理模块交互，完成设备驱动的加载与管理）和设备驱动程序两个部分组成，提供了设备驱动程序的运行环境。驱动宿主的承载方式根据驱动框架部署在内核态或用户态而有所不同：在用户态，可以使用独立的进程承载驱动宿主；而在内核态，驱动宿主仅表示逻辑隔离。驱动宿主实例的数量不受限制，可以根据业务需求配置。一个驱动宿主可以运行多个设备，根据设备驱动程序之间的业务耦合性决定将设备驱动程序部署在一个驱动宿主或不同驱动宿主上；若两个设备驱动程序存在耦合性，一般考虑将这部分设备驱动程序部署在同一个驱动宿主上。

设备驱动程序用于实现驱动的具体功能。每个设备驱动程序可以由一个或者多个设备驱动组件组成，每个设备驱动组件对应一个驱动入口，驱动入口提供设备驱动的初始化和驱动接口绑定功能。

设备驱动配置文件包括设备信息（如接口发布策略与驱动加载方式）和设备资源（如通用输入/输出口引脚和寄存器）。

设备驱动接口用于定义和实现标准化接口。通过对驱动框架提供的 I/O Service（服务器）和 I/O Dispatcher（分发器）机制进行调用，设备驱动接口在驱动以内核组件部署、以用户态形式部署以及部署在轻量化 RTOS（real time operating system，实时操作系统）时，都具备基本一致的形式。

2. 设备驱动模型

鸿蒙操作系统驱动框架使用 Device 标识设备，设备关联一个实体硬件功能；使用 DeviceNode 标识设备驱动组件，每个 DeviceNode 对应一个 Driver 实现。DeviceHost 指驱动宿主，提供驱动运行的环境。Core Driver 在内核中运行，管理基本的系统资源并提供基础服务。如图 11.43 所示，一个设备可以有多个抽象的设备驱动组件 DeviceNode，以支持设备驱动根据部署或者功能切分进行组件化的组合。比如，驱动在资源丰富的设备中提供完整的设备功能；而在轻量化的设备中仅提供部分功能，对设备驱动程序按照特性的维度进行组件化的切分，在部署时通过配置方式裁剪掉该特性且不影响驱动其他部件的运行。

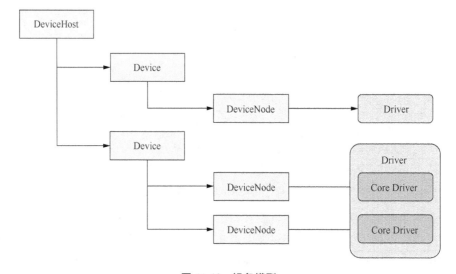

图 11.43　设备模型

3. 设备驱动接口

根据设备驱动部署位置的不同，设备驱动接口采用不同的消息传递方式：若部署在内核态，则调用 syscall（一种调用程序）来实现设备驱动接口与设备驱动实现之间的调用交互；若部署在用户态，则调用 IPC 来实现设备驱动接口与设备驱动实现（二者被部署在不同进程中）之间的调用交互。上述消息传递方式的差异由驱动框架提供的 I/O Service 和 I/O Dispatcher 机制消除。图 11.44 展示了驱动接口工作机制设备模型。

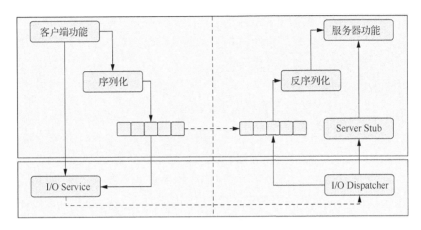

图 11.44 驱动接口工作机制设备模型

11.4.2 驱动框架的工作原理

图 11.45 展示了驱动框架的工作原理，其中设备管理模块提供了统一的设备驱动加载管理和驱动接口发布机制。

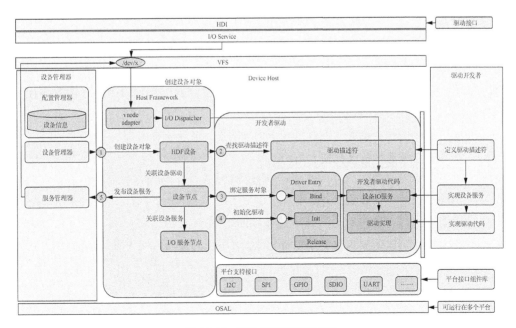

图 11.45 驱动框架的工作原理

317

1. 设备驱动管理

鸿蒙操作系统的驱动框架支持微驱动模型，驱动开发者可以按照业务分层将驱动独立开发、独立部署。驱动设备间通过动态挂载技术进行接口链接。在接口不变的前提下，驱动开发者可以对任意组件驱动进行增加、删除或者替换。

2. 驱动配置管理

驱动配置管理的核心设计思路是在存储时将配置信息格式化为二进制数据，使用时再将其解析成结构化的数据对象进行访问。

3. 设备驱动的加载过程

鸿蒙操作系统的驱动根据驱动程序部署方式的不同，可分为动态驱动加载与静态驱动加载两种方式。动态驱动加载方式采用动态链接库技术，将驱动镜像包加载到目标进程驱动，驱动框架通过动态 symbol 查找方式找到驱动入口函数对象，实现驱动的加载，目前主要使用在用户态驱动中；静态驱动加载方式采用 scatter 将驱动程序编译到指定的 section，通过对 section 对应地址的访问找到驱动入口函数，实现驱动的加载。

11.4.3　驱动框架部署

驱动框架目前支持用户态部署和内核态部署，可以根据产品需求灵活应用两种方式。

1. 用户态驱动

驱动程序一般在内核态运行，用户态程序进行接口调用时必须先通过 syscall 切换到内核态，造成一定的性能损失。若驱动程序出现崩溃等稳定性问题，还可能导致内核错误，必须重启整个设备。为避免上述问题，鸿蒙操作系统提供了用户态驱动程序的运行环境。在开发环境中，用户态驱动与内核态驱动保持高度一致，对于在内核态开发的鸿蒙操作系统驱动，只需做很少的修改便可在用户态部署。用户态驱动具有以下特征。

- 设备驱动管理的框架功能作为独立进程运行，负责驱动管理、I/O 服务管理、电源管理、故障恢复等功能。
- 驱动程序及其依赖的组件以 host 进程的方式加载，由管理进程负责 host 进程的生命周期管理与故障恢复。
- 驱动程序通过发布 HDI 为系统服务提供能力。
- 驱动程序可以访问内核驱动发布的 I/O 服务，实现与内核程序的对接。

2. 内核态驱动

基于内核态编译的驱动采用静态化方式构建，驱动框架和驱动程序均运行在内核态。内核态驱动具有以下特征。

- 内核态驱动框架与用户态驱动框架基本一致，二者的主要差异为运行形态。

- 内核态驱动程序与用户态驱动程序高度一致，OSAL 与平台驱动接口相同，以保证可移植性。
- 驱动框架与驱动程序通过函数接口直接调用，消除跨进程等通信开销。
- HDI 作为稳定的硬件接口抽象，连接系统服务和内核驱动。
- 驱动程序通过 I/O 服务对用户态提供访问接口。

分布式软总线系统原理解析

11.5　本章小结

鸿蒙操作系统以超级终端的概念为核心，使用先进的模块设计与技术，在将用户体验放在首位的同时降低开发者的代价。本章介绍了鸿蒙操作系统设计理念；部件化架构原理解析；统一内核原理解析，包括内核子系统概览、LiteOS-M 内核、LiteOS-A 内核；驱动系统原理解析，包括驱动框架的简介、工作原理及部署。

通过本章的学习，读者可以了解鸿蒙操作系统的具体设计理念与系统中各个主要架构、模块的基本原理，从而对现代操作系统的设计原则与前沿技术有更深的理解。

11.6　本章练习

1. 请简述鸿蒙操作系统的设计理念。
2. 什么是用户程序平滑迁移技术？鸿蒙操作系统为什么要使用用户程序平滑迁移技术？
3. 鸿蒙操作系统如何利用多种内核结构提供统一的标准接口？
4. LiteOS-M 内核与 LiteOS-A 内核有什么不同点与相同点？
5. 鸿蒙操作系统所采用的分布式软总线系统有哪些优点？
6. 鸿蒙操作系统的分布式文件系统与传统分布式文件系统有什么不同点与相同点？
7. 什么是安迪-比尔定律？其对鸿蒙操作系统的设计有何影响？
8. 用户态驱动相较于内核态驱动有什么优势？

第 12 章　欧拉操作系统

openEuler 是一个开源、免费的 Linux 发行版平台，其开发者致力于打造中国原生开源、可自主演进操作系统的根社区。openEuler 的最新定位是面向数字基础设施的开源操作系统，支持多样性计算，支持服务器、云计算、边缘计算、嵌入式等应用场景，支持运营技术（operational technology，OT）领域应用及 OT 和信息与通信技术（information and communications technology，ICT）的融合。

为了支持鲲鹏芯片的发展，华为于 2019 年将发展近 10 年的服务器操作系统 EulerOS 开源并更名为 openEuler。openEuler 在开源后的短短几年内吸引了众多个人爱好者参与开发并交流、分享，同时华为也鼓励企业和商业组织基于 openEuler 社区版本进行再开发，当前有多个国产操作系统厂商基于 openEuler 发布了商用版本。

openEuler 通过社区合作，集思广益，融会贯通，在推动软硬件应用生态发展的道路上作出了不容小觑的贡献。

本章旨在向读者介绍 openEuler 操作系统，希望读者在前面所学的基础上，结合 openEuler 这一具体操作系统，能够更深入地理解现代操作系统是如何运行的。

12.1　欧拉操作系统介绍

本节首先介绍 openEuler 操作系统的发展史，并简要介绍 openEuler 不同于其他操作系统的特性。

12.1.1　欧拉操作系统的发展史

从 20 世纪 40~50 年代的手动操作系统到如今的 Linux 开源操作系统，操作系统经历了多阶段的发展，如图 12.1 所示。

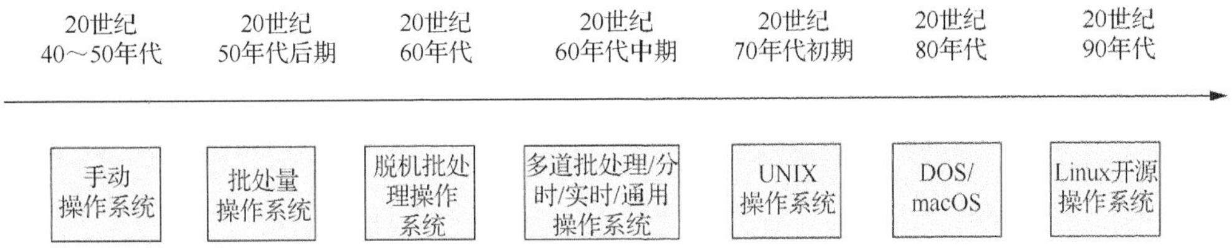

图 12.1　操作系统发展阶段

国产操作系统始于 20 世纪 90 年代，大多数是基于 Fedora/CentOS/Debian/Ubuntu 进行的二次开发。2019 年，华为公司开源了 openEuler 操作系统，openEuler 是自主演进的根操作系统，不基于其他任何操作系统的二次开发，这是它与其他国产操作系统的主要区别。国产操作系统的发展历程如图 12.2 所示。

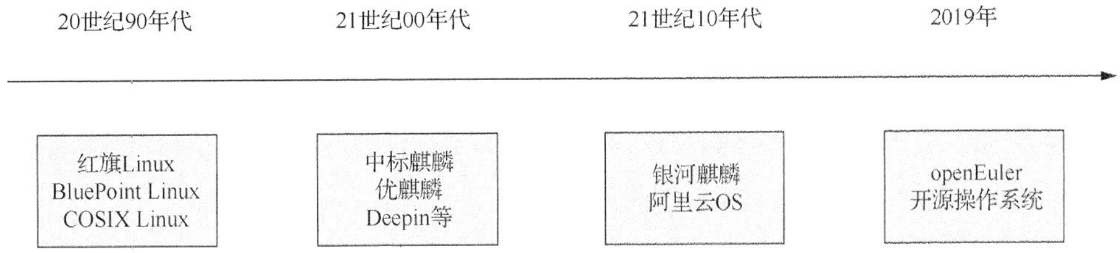

图 12.2　国产操作系统的发展历程

12.1.2　欧拉操作系统的特性

openEuler 具有通用的 Linux 系统架构，包括主存储器管理子系统、进程管理子系统、进程调度子系统、进程间通信、文件系统、网络子系统、设备管理子系统、虚拟化与容器子系统等。同时，openEuler 不同于其他通用操作系统的是其在操作系统内核、可靠性、安全性和生态使能等方面做了特性增强（图 12.3 中的深色区域），具体介绍如下。

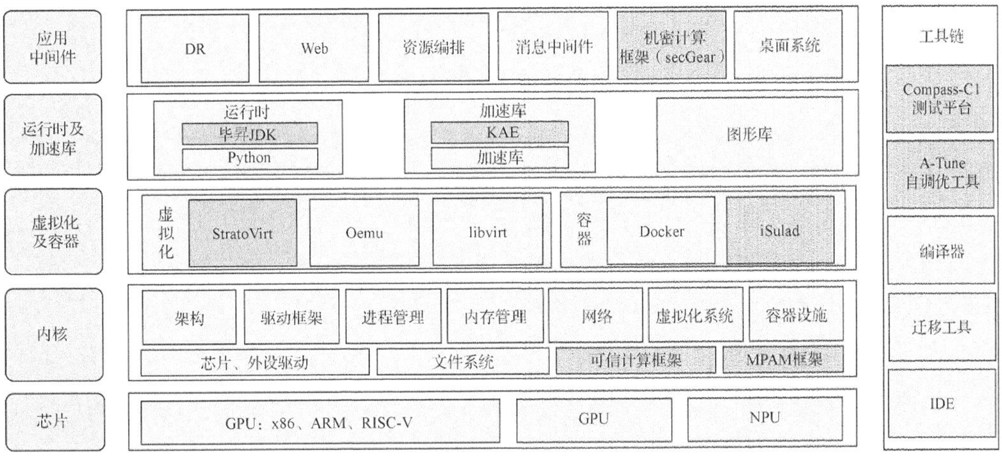

图 12.3　openEuler 21.03 架构

1. 轻量级虚拟机引擎 StratoVirt

StratoVirt 是一种企业级虚拟化 VMM，适用于云数据中心环境，支持虚拟机、容器和无服务器化场景。它的架构设计和接口预留了组件化拼装的能力和接口，使用户可以根据需要灵活组合高级特性，从而找到最佳的平衡点，以满足不同的特性需求和应用场景。

StratoVirt 的关键优势体现在轻量、低噪、软硬协同、Rust 语言级安全等方面。轻量、低噪可以帮助 StratoVirt 在云数据中心中占用更少的资源，提高系统的性能和可靠性；软硬协同可以使软件和硬件协同工作，实现更高效的虚拟化；Rust 语言级安全可以保证 StratoVirt 在运行过程中的安全性。

2. 轻量级容器引擎 iSulad

iSulad 是一个基于容器技术的轻量级运行时引擎，与 Docker 等其他容器引擎类似，可以帮助开发人员更方便地构建、部署和管理应用程序。

相较于 Docker，iSulad 使用 C/C++编写，这使得它可以更轻量、更快速地运行。这也意味着它可以在更多的硬件和操作系统上运行，而不受特定的硬件规格和架构的限制。因此 iSulad 更加灵活，可以满足不同领域的需求。

此外，iSulad 还提供了一些额外的功能，如镜像管理、网络管理、存储管理等，使得它更易于部署和管理容器化应用程序。同时，iSulad 提供灵活的 API 和插件体系结构，可以更容易地集成到不同的工具和平台中。

3. 人工智能调优引擎 A-Tune

A-Tune 是一种利用人工智能技术进行系统性能优化的引擎。它可以对业务场景进行建模，并通过感知和推理业务特征来自动决策系统参数配置，从而实现最佳性能和最佳用户体验。这种系统性能优化引擎可以应用于各种不同的应用场景，包括网络系统、数据库系统、云计算系统等。使用 A-Tune，用户可以显著提高系统的稳定性、可靠性和性能，并降低系统运行的成本和风险。

4. 跨平台机密计算框架 secGear

secGear 是一种统一的机密计算框架，旨在提供易用的开发套件，以保护敏感数据在计算过程中的安全。它提供一种安全的方法，使不同组织和实体能够在不泄露敏感数据的情况下协同进行数据分析和计算。secGear 的功能包括安全区生命周期管理、安全开发库、代码辅助生成工具、代码构建与签名工具、安全能力和安全服务组件实现方案等。通过使用 secGear 编程，系统会被分为安全区域和非安全区域，可以用于信任环、密态数据库、多方计算、AI 安全保护等多种场景。

5. 可信计算框架

可信计算框架通常包括 4 个组成部分：信任根（root of trust，ROT）、可信硬件平台、可信操作系统和可信应用程序。其中，ROT 是系统中最重要的部分，因为它是系统安全的核心。

在可信计算框架中，信任链的建立是至关重要的。信任链是从根开始的一系列认证，每一级认证都需要基于前一级的认证结果。这样，从硬件平台到操作系统，再到应用程序，整个系统的信任逐级扩展，直到最终达到根的信任。这种信任链的建立可以确保整个系统的安全性和可信度。

6. 鲲鹏加速引擎

鲲鹏加速引擎（kunpeng accelerate engine，KAE）是一款硬件加速解决方案，专门用于加速人工智能、大数据分析和云计算等领域的计算任务。KAE 可以搭载在鲲鹏 920 处理器上，联合提供硬件加速引擎功能。KAE 包含对称加密、非对称加密和数字签名等多种加密算法，用于加速安全套接字层/传输层安全协议（secure socket layer/transport layer security，SSL/TLS）应用程序的加密和解密。KAE 采用了高度并行化的计算架构，可以支持多种数据类型和计算模式。其核心技术包括硬件多线程技术、向量加速技术、数据流技术等，可以大幅度提升计算效率和处理能力。同时，该引擎还采用自适应优化技术，能够根据不同的应用场景自动调整参数，进一步提高性能和能效比。

KAE 支持 OpenSSL 标准接口，这意味着用户可以通过 OpenSSL 的 API 来使用 KAE 提供的加速功能，从而实现业务的快速迁移。这使得在现有应用程序中集成 KAE 变得相对容易，不需要进行大量的代码修改。

7. 主存储器系统资源分区与监控

主存储器系统资源分区与监控（memory system resource partitioning and monitoring，MPAM）框架是一种针对 CPU 访存系统资源隔离的框架。它的主要目的是解决混部业务（指在同一台服务器上运行多个不同类型的应用程序或服务）中由于共享资源竞争而导致的性能下降问题。

MPAM 框架可以实现对主存储器系统资源的分区和监控，以确保不同业务之间共享资源的公平性和稳定性。相比于其他架构，ARM64 架构下的 MPAM 采用全新的确定性流控方式，控制手段更丰富，控制对象更广泛。

MPAM 框架可以通过硬件实现，也可以通过软件实现。在鲲鹏服务器的应用中，MPAM 框架已经取得了良好的结果，这是因为它可以帮助服务器实现更好的性能和资源利用率。例如，MPAM 框架可以在多租户环境中实现不同租户之间主存储器资源的隔离，以避免不同业务之间的资源竞争。

8. 毕昇 Java 开发工具包

华为的毕昇 Java 开发工具包（Java development kit，JDK）是一款开源软件，是华为内部 OpenJDK 的 JDK 定制版本。它提供了丰富的开发文档和示例代码，以帮助开发者快速上手和理解其功能。毕昇 JDK 已被用于华为内部 500 多个产品的开发。此外，团队还对 ARM 架构进行了性能优化，使得毕昇 JDK 在大数据等场景下具有更好的性能。毕昇 JDK 8 与 Java SE 标准兼容，并支持 Linux/AArch64 和 Linux/x86_64 平台。

12.2 欧拉操作系统的进程管理

进程是操作系统资源分配的基本单位，线程是进程执行的基本单位。本节将围绕 openEuler 操作系统的进程管理进行介绍，分别对进程和线程的状态、控制、切换以及调度策略展开介绍。

12.2.1 进程

1. 进程状态

与一般的操作系统一样，openEuler 操作系统的进程状态也包括就绪状态、运行状态、阻塞状态和终止状态 4 种。除此之外，openEuler 还引入了停止状态和跟踪状态，具体如下。

① 就绪状态：进程已经加载到主存储器中，位于运行队列中，且已经获得了除处理器资源外的其他资源，正在等待被调度程序调度执行。

② 运行状态：进程被调度执行，指令由系统 CPU 或内核之一执行。执行中的进程如果遇到其他进程抢占会重新回到就绪状态，遇到资源等待等事件则进入阻塞状态，进程结束会进入终止状态。

③ 阻塞状态：进程在运行过程中遇到资源等待等事件时，则进入阻塞状态。

④ 终止状态：终止状态分为死亡状态和僵尸状态，死亡状态意味着进程完全结束；僵尸状态意味着进程的父进程未回收该子进程以及其拥有的资源。一旦子进程被回收，那么该进程进入死亡状态。

⑤ 停止状态：进程收到了停止信号时会停止执行，即进入停止状态。

⑥ 跟踪状态：进程会被其他一些进程跟踪、监视，如 debugger 进程，此时进程进入跟踪状态。

2. 进程控制及切换

下面将围绕 openEuler 中的进程控制及切换展开介绍，其中在进程控制部分将详细介绍进程创建和进程终止。

（1）进程创建

和一般的操作系统一样，openEuler 使用 fork()函数在父进程中创建子进程。创建进程的时候需要完成创建并初始化新的 PCB、从父进程中复制 CPU 上下文到子进程以及为子进程分配物理主存储器 3 步。

创建 PCB 时，fork()函数首先为子进程申请 PCB 页面，然后复制父进程的 PCB 内容到子进程。

创建完的 PCB 由于未初始化，所以子进程并不能开始执行。父进程执行时的状态信息存储在 CPU 的寄存器中，因此子进程还需要复制父进程的 CPU 上下文。这样做的目的是为子进程设置与父进程相同的执行环境。例如，fork()函数会清空子进程有关内核态执行进程切换时当前进程的 CPU 上下文内容，并将父进程在进入内核模式时保存的用户进程的寄存器状态复制给子进程。

最后，fork()函数还需要为子进程分配物理主存储器。在传统的方法中，fork()函数会将父进程的页表内容完整复制一份给子进程，这样操作不仅会耗费大量时间而且会做大量无用工作。所以 openEuler 让子进程和父进程共享一片物理主存储器，即让子进程建立和父进程一样的映射关系。当某个进程需要修改某一页的时候，openEuler 执行写时拷贝（copy-on-write，COW），为其分配新的物理主存储器并把该页内容复制到新的空间中。但是这样操作存在的问题是：当共享双方的其中一方想要修改某一页内容，而另一方想要读取该页内容时，就会由于操作顺序不同而引发读/写错误。所以 openEuler 将共享页面设置成只读，当一方想要写入时就会引发缺页异常。内核在收到异常时会先判断该异常是否由 COW 引起，一旦确认之后便会为该进程在物理主存储器中重新寻找一个可读/写的物理页，并把原来页的内容复制过来，同时将该进程页表的映射关系修改为可读/写物理页，以保证进程能够将内容写入新的物理页中。

（2）进程终止

openEuler 中进程终止的过程主要是通过系统调用 exit()函数来完成的。exit()函数首先会回收该进程用户空间的主存储器资源，例如，回收分配给进程的物理主存储器以及解除进程页表和物理主存储器的映射关系等。当然，exit()函数不会回收进程的全部资源，因为 PCB 等资源需要提供进程终止状态信息，这些资源需要父进程完成收集。因此 exit()函数还会向父进程发送状态信息，接收到状态信息的父进程可以选择回收或不回收剩余资源。若不回收，那么 exit()函数会继续回收剩余资源；若回收，则使该进程变为僵尸进程并交由父进程处理。

父进程回收子进程的过程是通过 wait()函数或 waitpid()函数实现的。当调用 wait()函数时，父进程会进入阻塞状态，等待子进程结束；当调用 waitpid()函数时，则会先判断子进程的 PID 是否等于参数 pid，若相等则等待，否则不等待。

偶尔，程序员也可能会忘记让父进程执行 wait()函数或 waitpid()函数，又或者父进程还未执行 wait()函数或 waitpid()函数就因为某些异常而提前终止，那么此时子进程可能已经成为僵尸进程，也可能还未成为僵尸进程（仍在正常执行）。如果子进程还未成为僵尸进程，内核就需要为子进程重新寻找父进程，具体方法是遍历进程组，找到第一个未终止执行的进程。如果子进程已经成为僵尸进程，那么 init 进程会定期调用 wait()函数来处理这些僵尸进程。当然，openEuler 为了防止僵尸进程产生，除了会设定 init 进程回收之外，还会让父进程自动调用 wait()函数或 waitpid()函数进行处理。同时，若进程不被跟踪，那么内核不会向父进程发送状态信息而直接回收全部资源。

（3）进程切换

如果系统发生时钟中断，当前进程会被中断，从而发生进程切换。在 openEuler 中进程切换主要包括以下几个步骤。

- 系统发生时钟中断，触发异常，当前进程被中断，进入内核态。

- 异常处理程序将当前进程的上下文（包括中断时的环境信息以及用户态下的 CPU 状态）保存到其内核栈中。
- openEuler 执行进程调度，选择一个进程作为下一个执行的进程。
- 为了保证旧进程之后可以接着之前未执行完的步骤继续执行，openEuler 将旧进程的上下文保存到其 PCB 中。
- openEuler 将新进程的上下文信息从其 PCB 中取出，放至内核栈中。
- openEuler 将内核栈中的内容保存为新进程在用户态下的现场信息。
- 新进程从内核态转入用户态，并根据上下文信息从之前被挂起的地方继续执行。

12.2.2　线程

1. 线程状态

openEuler 中线程的整个生命周期包括 4 种状态，分别是就绪状态、运行状态、阻塞状态和终止状态，下面分别对其进行介绍。

- 就绪状态：线程一旦被创建即进入就绪状态，正在运行的线程因为主动让出或被其他线程抢占 CPU 也会进入就绪状态，处于阻塞状态的线程得到等待的资源后转入就绪状态。
- 运行状态：线程被 CPU 调度选中运行即进入运行状态。
- 阻塞状态：运行中的线程因为等待资源（如 I/O 操作等），从运行状态进入阻塞状态。
- 终止状态：线程执行结束或因为异常退出而从运行状态进入终止状态。

2. 线程控制及切换

（1）线程创建

openEuler 在创建线程时主要分为两步，分别是配置用户空间环境和创建内核级线程。首先为线程配置用户栈空间、属性等环境信息，接着系统调用请求内核创建内核级线程。内核在创建线程时会像创建进程时一样，调用_do_fork()函数完成，但是_do_fork()函数并不会像创建进程时那样对父进程进行复制，而是仅复制小部分资源，余下的大部分则和进程共享资源。

（2）线程切换

和进程切换类似，线程切换同样需要进行地址空间切换（仅分布在不同线程组的线程需要）、内核栈切换以及上下文切换。

12.2.3　调度策略

openEuler 针对不同类别的进程采取不同的调度策略，具体策略有限期调度策略、先来先服务调度策略、时间片轮转调度策略、标准轮流分时调度策略。

1. 限期调度策略

限期调度策略针对限期进程，具体做法是优先调度截止时间距当前时间最近的进程。

2. 先来先服务调度策略、时间片轮转调度策略

先来先服务调度策略和时间片轮转调度策略针对实时进程,采用的调度算法分别是先来先服务调度算法和时间片轮转调度算法,具体做法可参考 3.2.1 小节和 3.2.4 小节内容。

3. 标准轮流分时调度策略

标准轮流分时调度策略针对普通进程,采用的调度算法是完全公平调度器(completely fair scheduler,CFS)算法。

CFS 算法需要确定每个进程分配的 CPU 处理时间,这个过程主要包括两个要点,分别是计算进程权重以及确定调度时延。

(1)计算进程权重

确定权重的目的是确定各个进程在调度时延中的占比,以根据占比分得时间片。openEuler 中的进程权重是通过 nice 值确定的。nice 值(-20~19)表示当前进程的优先级,值越小优先级越高。nice 值与权重值的对应关系如表 12.1 所示。根据权重值可以得到进程 i 分得的时间片占比 p_i 为

$$p_i = \frac{\text{weight}_i}{\sum_{k \in \text{进程队列}} \text{weight}_k}$$

表 12.1　　　　　　　　　　nice 值与权重值的对应关系

nice 值	权重值（从左到右对应的 nice 值从小到大）				
−20~−16	88761	71755	56483	46273	36291
−15~−11	29154	23254	18705	14949	11916
−10~−6	9548	7620	6100	4904	3906
−5~−1	3121	2501	1991	1586	1277
0~4	1024	820	655	526	423
5~9	335	272	215	172	137
10~14	110	87	70	56	45
15~19	36	29	23	18	15

(2)确定调度时延

根据调度时延,操作系统可以确定进程从上一次得到 CPU 到下一次得到 CPU 需要分配多少时间片。在 openEuler 中,确定调度时延需要考虑就绪进程的数量,具体的计算方法为

$$\text{调度时延} = \begin{cases} 6\text{ms} & \text{就绪进程数量} \leqslant 8 \\ \text{最小粒度时间} \times \text{就绪进程数量} & \text{就绪进程数量} > 8 \end{cases}$$

其中,最小粒度时间设置为 0.75ms。

在得到进程占比以及调度时延之后就可以计算各个进程的实际执行时间了,计算方法为

$$\text{real\_t}_i = \text{调度时延} \times p_i$$

为了保证公平地选择下一个运行的进程,CFS 还考虑了虚拟执行时间。每次调度的时候,CFS 会优先选择虚拟执行时间小的进程。虚拟执行时间的计算方法为

$$\text{vir\_t}_i = \text{real\_t}_i \times \frac{\text{weight}_{[\text{nice}=0]}}{\text{weight}_i}$$

其中，$\text{weight}_{[\text{nice}=0]}$ 指 nice 值等于 0 时对应的权重值。

12.3　欧拉操作系统的并发控制

在进程和线程间通信时，有时需要确保数据在多个进程或线程之间的一致性和正确性。本节将介绍 openEuler 中进程、线程间通信的并发控制问题，以提高系统的稳定性和可靠性，确保数据在多个进程或线程之间的正确传输和处理，同时减少出现问题的可能性和概率。

12.3.1　欧拉操作系统中的信号量

不同的线程/进程在执行过程中可能会同时使用同一资源，这种共享资源被称为临界区。不同线程/进程对临界区的访问应该保证时间上的不一致，否则会出现错误。例如，一个线程正在修改临界区的内容，同时另一个线程正在读取临界区的内容，这种情况下就有可能发生读/写错误。因此需要一种机制来保证线程/进程对临界区访问的互斥性。另外，一些线程/进程之间存在合作关系，但是在执行时往往存在一定的执行条件。例如，一个线程/进程需要等待另一个线程/进程完成某一步后才可以继续执行，那么这时就需要线程/进程在执行之前通过某种机制来判断是否满足执行条件，以选择是否继续执行，进而保证线程/进程的同步性。在操作系统中，通过信号量来保证线程/进程间的互斥与同步。

信号量是由荷兰科学家艾兹赫尔·韦伯·戴克斯特拉（Edsger Wybe Dijkstra）提出的，对信号量的操作只有 down 原语和 up 原语。之所以可以保证互斥性和同步性，是因为对信号量的操作都是原子操作，即同一时间只能有一个线程/进程操作信号量。信号量包括互斥型信号量和计数型信号量，互斥型信号量的值只能为 0 或 1，计数型信号量则起到计数器的作用。openEuler 中信号量的定义如下：

```
struct semaphore{
        raw_spinlock_t lock;
        unsigned int count;
        sruct list_head wait_list;
};
```

其中，count 表示可用的共享资源数量，wait_list 表示信号量的等待队列，lock 则保证对另外两个成员的互斥访问。下面具体介绍 down 原语和 up 原语。

1. down 原语

down 原语又称为 P 原语，表示对信号量做减 1 操作，即当 count 大于 0 时，对 count 减 1，这意味着线程/进程获得了当前资源。但如果 count 不大于 0，那么该线程/进程被放入等待队列中进入阻塞状态。由于 down 操作具有原子性，所以需要使用 lock 对整个过程加锁。只是在线程/进程进入阻塞状态释放 CPU 资源时需要短暂地释放 lock，操作完成后需要继续加锁，直到 down 操作结束。

2. up 原语

up 原语又称为 V 原语，是释放信号量的操作。当线程/进程使用完资源后，up 操作会唤醒等待队列中最先进入的线程/进程。但如果队列中无线程/进程，就将 count 加 1，使得空闲资源加 1。同样，up 操作也具有原子性，所以也需要使用 lock 加锁。

在使用互斥型信号量时，count 初始值设为 1，当一个线程/进程拿到资源后即设为 0，这样可以保证只有一个线程/进程拥有当前资源，从而保证资源访问的互斥性。计数型信号量的 count 初始值依据资源数量设定，count 的减少量代表当前有多少个线程/进程正在使用资源，从而达到计数的目的。

12.3.2　消息

进程间传递的信息量增大时，信号量提供的通信方式将不再适用，因此操作系统引入了共享主存储器的概念。不同进程访问共享主存储器时可能发生冲突，例如，12.3.1 小节提到同时读取进程和写入进程时，共享主存储器会发生读/写错误。因此操作系统提供了消息传递机制，来保证不同进程访问共享主存储器时的同步性与互斥性。

消息传递是指在不同进程间以消息的形式进行通信。消息由发送进程发出，被缓存在由操作系统内核提供的一块缓冲区中，之后接收进程从缓冲区中取出该消息并放在自己的地址空间内，从而实现通信的功能。消息传递是通过消息原语来实现的，消息原语包括 send 原语和 receive 原语。一般消息原语有阻塞方式和非阻塞方式两种。

- 阻塞方式。在 send 原语中，发送进程在发送消息后进入阻塞状态，直到该消息被接收进程接收后才重新开始执行；同样地，在 receive 原语中，接收进程会一直被阻塞，直到消息到达才会被唤醒。
- 非阻塞方式。在 send 原语中，发送进程发送完消息后不进入阻塞状态；在 receive 原语中，接收进程即便没有收到消息也不处于阻塞状态，但也不再接收该消息。

阻塞方式和非阻塞方式在实际操作系统中往往结合使用。例如，发送进程在执行 send 原语后不进入阻塞状态，但接收进程执行 receive 原语后会以阻塞状态等待消息的到达；或者发送进程和接收进程在执行完各自的消息原语后都进入阻塞状态，直到消息传递完成才被唤醒。

进行消息传递首先需要拥有一个消息队列，如图 12.4 所示，消息队列由队列头、消息链表（用于保存消息）、被阻塞的接收进程链表以及被阻塞的发送进程链表组成。消息队列通过用户态进程利用 msgget() 函数创建，msgget() 函数包括一个名为 key 的参数，这是消息队列的标识符。如果调用 msgget() 函数后，openEuler 发现不存在标识符为 key 的消息队列，则创建一个新的消息队列，并返回该队列的 ID；否则，直接返回已存在队列的 ID。msgget() 函数创建队列的大小默认为 16384B。

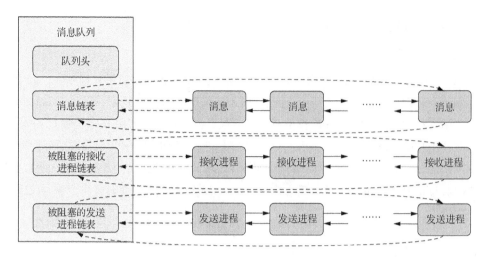

图 12.4　消息队列

下面具体介绍消息原语。

1．send 原语

在 openEuler 中，send 原语是通过 msgsnd()函数实现的，msgsnd()函数将消息队列的
ID、消息内容以及在缓存区内的地址一并发送。msgsnd()函数会判断消息队列是否有足
够的空间来存放消息，分为以下几种情况。

- 若空间足够且当前被阻塞的接收进程链表上有进程正在等待，那么直接将消息
  地址赋值给接收进程；
- 若空间足够且当前没有被阻塞的接收进程，那么将消息存入消息链表；
- 若空间不够，那么当前发送进程进入被阻塞的发送进程链表。

2．receive 原语

receive 原语通过 msgrcv()函数实现，msgrcv()函数接收消息时会告知接收进程目前
所在的消息队列 ID 以及接收后的消息存储的用户空间地址，同时告知接收消息的信息，
如消息大小、类型等。msgrcv()函数会根据消息类型查找消息链表，如果可以找到，那
么首先将该消息从消息链表中删除，然后查找被阻塞的发送进程链表，删除并唤醒发送
进程，最后将消息内容复制到自己的用户空间内；如果找不到，那么将接收进程放入被
阻塞的接收进程链表（阻塞方式），或者接收进程退出函数（非阻塞方式）。

12.4　欧拉操作系统的存储管理

存储管理系统是 openEuler 操作系统的核心部分之一。在现代计算机系统中，存储
管理是非常重要的，因为它决定了如何有效地使用系统主存储器和磁盘空间，以满足不
同应用程序和用户的需求。本节将围绕 openEuler 的分页系统、虚实映射、缺页异常、
存储分配策略以及高速缓存管理展开介绍。

12.4.1 分页系统

分页的地址管理方法通常将进程的虚拟地址以页（大小为 4KB）为单位划分，而将物理地址以页框为单位划分，二者长度相同。这样做的好处在于不需要为进程连续分配物理地址，只要建立页与页框的对应关系即可。例如，进程的虚拟地址空间有 3 个页（0~2），物理地址空间有 6 个页框（0~5），那么一种可能是进程的第 1 个页被放在第 2 个页框、第 2 个页被放在第 4 个页框等这样不连续的物理空间内。因此，需要一个记录这种对应关系的表项，这种表项称为页表，每个进程都配有 1 个页表。按照前面所举例子，页表如表 12.2 所示。

表 12.2   页表

页号	页框号
0	0
1	2
2	4

但如果页表内容过多，则会给 CPU 查找带来巨大开销，因此 openEuler 中采用四级页表策略。每一级页表的表项均为 8B，因此 4KB 的页表含有 $4KB/8B=2^9=512$ 个表项。openEuler 把一级页表称为页全局目录（page global directory，PGD），二级页表称为页上级目录（page upper directory，PUD），三级页表称为页中间目录（page middle directory，PMD），四级页表称为直接页表。

12.4.2 虚实映射

CPU 在主存储器读取指令或数据时需要知道地址，操作系统提供的地址并不是真实的物理地址，而是基于虚拟主存储器的虚拟地址。因此我们需要知道物理地址和虚拟地址之间的映射关系，以查找对应的内容。这部分工作是由 MMU 来实现的。

在了解地址转换之前，首先需要了解 openEuler 中虚拟地址的格式。openEuler 采取四级页表策略，一个页表有 $2^9=512$ 个表项，因此需要记录 4 个页表内的偏移地址且每个偏移地址为 9 位，所以各个表项索引占据虚拟地址的 9 位，四级页表一共是 36 位。openEuler 的虚拟地址如图 12.5 所示。

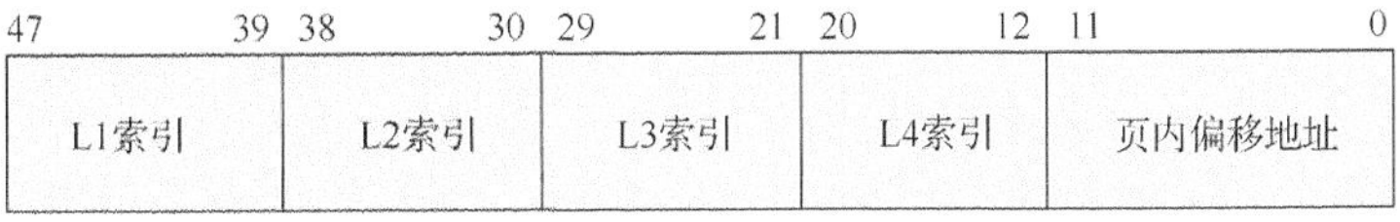

47	39 38	30 29	21 20	12 11	0
L1索引	L2索引	L3索引	L4索引	页内偏移地址	

图 12.5 openEuler 的虚拟地址

如图 12.6 所示，PGD 中保存了指向二级页表的页全局目录项（page global directory entry，PGDE）。PGD 的基址保存在基址寄存器 TTBR0/1_EL1 中，通过 PGD 基址和 L1 索引可以找到 PGD 中的目标 PGDE，即二级页表的基址，它与 L2 索引共同作用可以找到二级页表中对应的内容。二级页表基址的计算方法为

目标 PGDE= TTBR0/1_EL1 中的基址+L1 索引×8B（PGDE 大小）

PUD 中保存了指向三级页表的页上级目录项（page upper directory entry，PUDE），即三级页表的基址。同样地，通过三级页表的基址和 L3 索引可以找到三级页表中的目标内容，计算方法与二级页表的一样。同理，PMD 中的页中间目录项（page middle directory entry，PMDE）保存了四级页表的基址，和 L4 索引一起可以找到目标 PTE。四级页表内保存了页框号，页框号与页内偏移地址共同构成物理地址，计算方法为

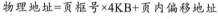

物理地址=页框号×4KB+页内偏移地址

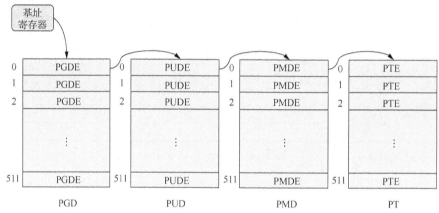

图 12.6　openEuler 的四级页表

12.4.3　缺页异常

CPU 找到物理地址后，依据物理地址访问主存储器时可能出现主存储器中不存在该页内容的情况，这时会触发缺页异常。因此操作系统需要避免发生缺页异常，一旦发生就需要执行相应的操作进行"补救"。

MMU 在访问页表内容时会首先查看页表项的最后一位是 1 还是 0，该位表示页表项是有效（值为 1）还是无效（值为 0）。若表示无效，那么发生转换错误。

在页初始化时，为了避免发生缺页异常，还需要记录程序对应的可执行文件所在的存储位置。openEuler 为每个进程维护了一个记录所有虚拟地址段内容的链表，以记录虚拟地址段的位置，包括其起始地址、结束地址以及映射的文件等。

在发生缺页异常时，CPU 会将异常类型记录在寄存器中，处理异常的时候会首先读取异常类型，根据异常类型选择异常处理程序。缺页异常处理程序在处理的时候依据虚拟地址的大小会涉及不同级别的页表更新，如下。

- 当虚拟地址小于 2MB（512×4KB）时，缺页发生在四级页表中。这时 openEuler 只需将缺页加载到主存储器中，并把它的页框号记录在四级页表的一个新表项内即可。
- 当虚拟地址大于 2MB 且小于 1GB（512×512×4KB）时，缺页发生在三级页表中。这时 openEuler 需要首先分配一个页框作为四级页表，并在 PMD 中基于四级页表的地址初始化对应的 PMDE，然后把缺页加载到主存储器且将页框号记录到四级页表中。

- 当虚拟地址大于 1GB 且小于 512GB（512×512×512×4KB）时，缺页发生在二级页表中。这时除了需要分配一个页框作为四级页表，还需要分配一个页框作为三级页表，并且分别把四级页表和三级页表的地址初始化到 PMDE 和 PUDE 中，最后把缺页加载到主存储器并把页框号记录到四级页表中。
- 当虚拟地址大于 512GB 时，缺页发生在一级页表中。这时需要分别分配页框作为四级页表、三级页表以及二级页表，并且分别把四级页表、三级页表以及二级页表的地址初始化到 PMDE、PUDE 和 PGDE 中，然后把缺页加载到主存储器并把页框号记录到四级页表中。

12.4.4　存储分配策略

通过表 12.2 的例子，我们不难发现这样的方式会使物理空间中存在大量不连续的空闲页框。openEuler 管理空闲页框的策略是 buddy 系统，即将物理主存储器分成多个连续的页框块，并将所有的空闲页框组织起来。如果进程需要分配，则根据所需容量进行分配。下面具体介绍存储分配策略。

程序在请求主存储器时，buddy 系统会根据其请求分配的页框数量在空闲页框链表中按照页框块从小到大的顺序查找。假设当前程序请求 2^i 个页框，那么 buddy 系统首先会在第 i 个链表（保存的页框大小均为 2^i 个）中遍历查找第一个空闲的页框块分给该进程。如果未找到，则会继续按照上述方法查找第 $i+1$ 个链表；如果找到了，则将大小为 2^{i+1} 的页框块分成 L 和 R 伙伴页框块，每个大小均为 2^i。buddy 系统会把 L 页框块分给进程，而把 R 页框块放入第 i 个链表中。如果在第 $i+1$ 个链表中还未找到，buddy 系统就会继续遍历后面的链表，直到找到一个空闲页框，这时空闲页框一定大于 2^i，那么 buddy 系统依然会将该页框块分成 L 和 R 伙伴页框块，R 页框块放入低一级链表，L 页框块按照 2^i 的大小继续递归地划分伙伴页框块并逐级保存余下的空闲页框块，如图 12.7 所示。但如果直到最后一级仍未找到空闲页框块，则返回空值，代表存储分配失败。

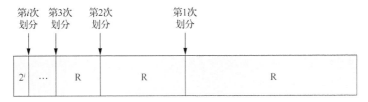

图 12.7　伙伴页框块划分

buddy 系统在回收时会检查其伙伴页框块是否空闲；若空闲，则将两个页框块合并成一个更大的页框块并放入更高一级的链表中。

12.4.5　高速缓存管理

openEuler 在获得页框号时，需要先访问四级页表，这给系统带来了额外的主存储器开销。因此，为了降低这种开销，操作系统引入了 TLB。TLB 记录了最近访问过的虚拟地址和物理地址的映射关系。TLB 表项如图 12.8 所示，它被保存在高速缓存中。MMU 在地址转换时会首先查看 TLB。由于 CPU 对高速缓存的访问速度远远高于对主存储器的访问速度，因此查找 TLB 极大地降低了系统开销。

标志位	页号	页框号

图 12.8　TLB 表项

引入 TLB 后，MMU 首先根据虚拟地址中的页号检查 TLB，如果找到了，则取出页框号并去主存储器中查找对应内容；如果 TLB 中没有对应表项，则继续访问主存储器，按照四级页表的查找顺序查找对应的页框号。MMU 在找到对应的页框号后会将该页框号记录在 TLB 中，如果当前 TLB 内有空余位置，则直接将该对应关系填入空余位置；如果当前 TLB 内无空余位置，则替换一项已有表项，替换策略采用 LRU，即选择替换最长时间未使用的表项。

TLB 记录了程序最近访问的页框，这是基于程序执行局部性的考虑。从时间的角度考虑，操作系统认为刚执行的指令或刚使用的数据，程序会很快再次执行或使用；而从空间的角度考虑，程序在一段时间内访问的物理空间会集中于某一固定的区域。因此，对一个刚刚访问过的地址，操作系统认为程序很快会再次访问，于是引入了 TLB 机制。而实践证明，TLB 的确减少了系统开销，提高了执行速度。

12.5　欧拉操作系统的 I/O 操作

openEuler 的 I/O 操作是其重要的功能之一，它涉及计算机与外设的交互。为了提高 I/O 操作效率，欧拉操作系统引入了缓冲区的概念，将数据先存储到缓冲区中，再逐一写入外设。此外，欧拉操作系统还支持无缓冲 I/O 操作，即将数据直接写入或读取到外设中，以满足特定的需求。外设的种类非常多样，包括打印机、键盘、鼠标、磁盘等，欧拉操作系统通过统一的接口，使得用户可以方便地使用这些外设。在这个高度数字化的时代，I/O 操作仍然是计算机系统中至关重要的部分。本节将围绕 openEuler 的 I/O 操作展开介绍。

12.5.1　缓冲区

作为操作系统重要的存储空间，主存储器的容量是有限的，因此操作系统需要用外部存储系统来保存文件，这就涉及磁盘 I/O 操作。openEuler 访问磁盘的速度要远低于访问主存储器的速度，因此 openEuler 在主存储器中开辟了一块空间，称为高速缓存区，用来缓存最近访问的磁盘文件，以匹配 CPU 执行的高速性和主存储器访问的低速性。另外，频繁地执行磁盘 I/O 操作将给系统带来巨大的开销，因此为了减少 openEuler 的 I/O 操作次数，openEuler 采取写缓冲策略。

写缓冲策略的具体方法是当需要向文件写入新内容时，openEuler 会首先将新内容放入缓冲区而非立即写入磁盘，等待一定的时间（一般是 5～30s）后，openEuler 统一将缓冲区的内容更新到磁盘上。这样批量更新的方法避免了一次执行磁盘 I/O 操作带来的巨大开销，极大地提升了系统的性能。当然，若系统遇到故障导致缓冲区内容丢失，那么此时写缓冲技术便不再是一种可靠的技术。因此 openEuler 需要在降低系统开销和保证数据可靠性之间做出权衡。

12.5.2　无缓冲 I/O

无缓冲 I/O 指在执行 I/O 操作时没有缓冲区，而是进程通过 DMA 直接与 I/O 设备交换数据。但传统的 DMA 存在一定的问题，例如：

① 没有为恶意设备实施保护机制，即安全领域的 DMA 攻击问题；

② 没有识别并防护有缺陷的设备驱动程序；

③ 存在信息泄露的风险，如侧信道攻击等。

另外，随着计算量的暴增，目前大量使用专用/通用的加速设备辅助计算，为操作系统引入新型的 I/O 设备。为了改善上述问题，openEuler 引入了 I/O 存储管理单元（input/output memory management unit，IOMMU），其作用类似于 MMU，主要功能是管理和控制 I/O 设备访问系统主存储器的方式，如图 12.9 所示。

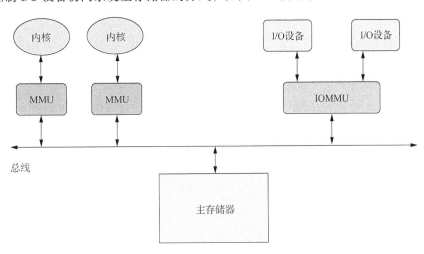

图 12.9　IOMMU

IOMMU 可以在 DMA 方式下将设备的主存储器地址映射到物理地址，并在访问主存储器时进行地址转换。值得一提的是，IOMMU 使用独立的页表为设备提供虚拟地址，不同的页表可以为不同的设备提供隔离的地址空间，使得彼此之间互不干扰。另外，IOMMU 可以限制外设对系统主存储器的访问权限，从而防止外设对系统主存储器进行恶意操作或破坏。IOMMU 还可以在虚拟化环境中发挥重要作用，多个虚拟机可以同时运行在同一台物理计算机上。IOMMU 可以确保每个虚拟机只能访问其分配的主存储器，而不能访问其他虚拟机或主机的主存储器。同时 IOMMU 提供了中断重映射功能，使不同虚拟机能够独立地接收中断请求，这些特性有助于提高虚拟化环境的安全性和性能。

12.5.3 外设

在 openEuler 中，需要对一些外设进行配置，这些配置被设定在可扩展标记语言（extensible markup language，XML）配置文件中。下面进行详细介绍。

① disk：存储设备，如磁盘、软盘、光盘。设置属性 type 用于指定后端存储介质类型，如 block（块设备）、file（文件设备）以及 dir（目录路径）等；设置属性 device 用于指定呈现给虚拟机的存储介质，如 disk（磁盘）、floppy（软盘）以及 cdrom（光盘）等。

② interface：虚拟网络设备。设置属性 type 用于指定虚拟网卡模式，如 ethernet、bridge 以及 vhostuser 等。

③ serial：串口设备。设置属性 type 用于指定串口类型，如 pty、tcp、pipe 和 file 等。

④ video：媒体设备。设置属性 type 用于指定媒体设备类型，如 virtio。

⑤ input：输出设备。设置属性 type 用于指定输出设备类型，如 tabe（写字板）和 keyboard（键盘）等；设置属性 bus 用于指定挂载的总线，如 USB。

⑥ emulator：模拟器应用路径。

⑦ graphics：图形设备。设置属性 type 用于指定图形设备类型，如 vnc；设置属性 listen 用于指定监听的 IP 地址。

12.6 欧拉操作系统的文件管理

文件管理是操作系统中非常基础的部分，它负责处理文件和目录的创建、打开、读/写、复制、移动、删除等操作，为用户和应用程序提供便捷的文件访问和管理方式。在 openEuler 中，文件系统采用了类似 UNIX 的层级目录结构，通过使用欧拉操作系统提供的命令提示符窗口和图形用户界面，用户可以轻松地浏览、操作和管理文件和目录。本节将探讨欧拉操作系统中的文件管理机制，包括虚拟文件系统、目录结构、文件分配机制和文件索引节点。

12.6.1 虚拟文件系统

文件系统的多样性给操作系统的管理带来了挑战，因此 openEuler 在多种不同的文件系统的基础上引入了虚拟文件系统，即 VFS。如图 12.10 所示，VFS 位于底层物理文件系统之上的虚拟层，用来管理各个文件系统并为用户提供统一 API，以实现黑盒访问文件系统的功能，即用户并不需要知道这些文件系统是如何组织和管理的，只需要使用 VFS 提供的 VFS 接口完成功能调用，即可完成对实际文件系统的访问。

VFS 支持的底层物理文件系统包括磁盘文件系统——如 Ext2、Ext3 等；网络文件系统——如 NFS、SMB（server message block，服务器消息块）等及特殊文件系统——如 PROC（process information pseudo-filesystem，进程信息伪文件系统）、SYSFS（system file system，系统文件系统）等。

黑盒访问文件系统的具体过程为：用户发起对文件系统的操作，如读/写 Ext2 文件系统；VFS 接到命令后首先处理与具体文件系统无关的操作，然后根据用户的目标文件系统调用对应的函数来访问目标文件系统，如调用 Ext2 文件系统对应的读/写函数；由VFS 调用的对应函数向目标文件系统执行相应操作，如向 Ext2 文件系统执行读/写操作。

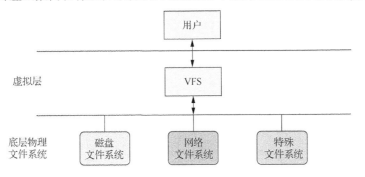

图 12.10 VFS

VFS 的数据结构是用来组织文件和目录的，其目录结构是树形，最顶层是根目录，底层物理文件系统挂载在根目录下方。VFS 利用面向对象的设计思想定义了一套针对不同文件系统的统一数据结构，主要分为以下几种。

① 超级块对象：用来描述一个挂载在 VFS 下的物理文件系统，保存在磁盘中物理文件系统的超级块或系统控制块中。记录的内容是与该物理文件系统相关的，如文件系统类型、存储的文件最大字节数等。挂载到 VFS 根目录下后，VFS 即会从磁盘中将其读出并存入主存储器的超级块对象中。

② 索引节点对象：用于描述一个物理文件系统的某个文件，保存在磁盘上的索引节点。记录的内容是内核操作文件时需要的信息，如索引节点号、是否被改动、所属的物理文件系统等。

③ 目录项对象：用于描述文件路径中的某个组成部分。设置该对象的原因是 VFS 需要频繁执行路径查找工作，为了方便引入目录项对象。值得注意的是，目录项对象无须写回磁盘，它是由 VFS 创建的。另外，目录项对象会被保存在缓存中，以方便VFS 下次再使用。

④ 文件对象：用于描述进程中打开的某个文件，记录进程执行过程中对应文件被操作的状态。文件对象同样是由 VFS 创建的，也同样无须写回磁盘。

12.6.2　目录结构

为了管理文件和其物理位置的映射关系，操作系统通常用目录来组织各个文件。目录是由目录项组成的树形结构，每个目录项记录了文件名与文件索引节点的映射关系。通过索引节点编号可以找到文件的索引节点。

12.6.1 小节提到 openEuler 中利用 VFS 管理目录，其采用的是文件系统层次标准（file system hierarchy standard，FHS）2.3 的模式。FHS 2.3 从共享和非共享文件/目录、静态和动态两个维度对文件做分类。openEuler 文件系统的目录信息如表 12.3 所示。

表 12.3　　　　　　　　　　openEuler 文件系统的目录信息

名称	含义
/	根目录
/bin/	可执行文件目录
/boot/	存放引导程序的目录
/dev/	存放设备文件的目录
/etc/	配置文件目录
/lib/	系统库函数目录
/mnt/	临时设备挂载目录
/home/	用户主目录
/media/	可删除设备挂载目录
/proc/	虚拟文件系统目录
/root/	超级用户的主目录
/opt/	第三方软件目录
/sbin/	系统管理程序目录
/tmp/	临时文件目录
/srv/	服务数据目录
/var/	动态文件目录
/run/	存储系统启动以来的临时文件目录
/sys/	虚拟文件系统目录
/usr/	UNIX 共享资源目录
/lost+found/	文件系统出错后，存放丢失文件目录

12.6.3　文件分配机制

　　文件存储在磁盘上，磁盘被分为一个个扇区，扇区大小为 512B。但文件系统访问磁盘并不是以扇区为单位的，而是以大小为 4KB 的块为单位的。1 个块由 8 个连续的扇区组成。

　　openEuler 在给文件分配存储位置时是以块为单位的，即一个块存储一个文件。一般地，一个用户拥有的文件数不止一个，因此一个用户会用多个块存储文件。如果文件的大小超过了块大小，则将文件超出部分存储在下一个块上，直到全部保存为止，如图 12.11

所示。之所以一个块不能存储多个文件，是因为这样不利于文件的查找。

　　当然，如果将同一个文件放在不连续的块中也是可以的，但是这样会产生磁盘碎片，如图 12.12 所示。

图 12.11　文件存储

 …

图 12.12　磁盘碎片

12.6.4　文件索引节点

为了方便文件的查找，文件系统会为每一个文件分配一个索引节点，即 inode。索引节点是文件在磁盘上的唯一标识。事实上，目录的数据记录形式是文件名和其索引节点的映射。因此，若文件路径发生修改，只需要移动该文件的映射关系到新的目录中即可。openEuler 在磁盘上设置了索引节点表，用来存储索引节点。

索引节点包含的信息如下。

- 文件大小：以字节为单位的文件大小。
- 文件所有者和所属组：即文件的所有者和所属组的用户 ID。
- 文件权限：包括所有者、组、其他用户的读、写、执行权限。
- 文件的时间戳：包括访问时间、修改时间以及状态改变时间。
- 链接数：一个文件可能存在于多个目录下，因此需要记录其索引节点被指向的次数。
- 文件数据块地址：文件在磁盘上被保存在磁盘块上，该内容记录了文件被保存的数据块的块号。

（1）欧拉操作系统　（2）欧拉操作系统
　　的安全策略　　　　　　特性

12.7　本章小结

本章介绍了欧拉操作系统的相关内容，包括 openEuler 操作系统的特性、进程管理及并发控制；介绍了 openEuler 操作系统的存储管理，包括分页系统、虚实映射、缺页异常、存储分配策略和高速缓存管理；介绍了 openEuler 操作系统的 I/O 操作和文件管理。

12.8　本章练习

1．请叙述 openEuler 中进程创建、终止以及切换的过程。

2．openEuler 设置消息传递机制的目的是什么？实现消息原语有哪些方式？它们的区别是什么？

3．openEuler 采用几级页表？它们的关系如何？请叙述在发生缺页异常时 openEuler 是如何处理的。

4．openEuler 中 IOMMU 的作用是什么？

5．openEuler 设置主存储器系统资源分区与监控的目的是什么？同其他架构相比，它有哪些优势？

6．与虚拟机相比，容器技术的优缺点分别是什么？容器技术的关键是什么？

7．请列举 3 条 openEuler 操作系统的关键特性。

参考文献

[1] 陈海波，夏虞斌. 现代操作系统原理与实现[M]. 北京：机械工业出版社，2020.

[2] SILBERSCHATZ A, GALVIN P B, GAGNE G. Operating System Concepts[M]. 10th ed. Hoboken, New Jersey: John Wiley & Sons. 2018.

[3] REMZI H. ARPACI-DUSSEAU, ANDREA C. Arpaci-Dusseau. Operating Systems: Three Easy Pieces[M]. North Charleston: CreateSpace Independent Publishing Platform. 2018.

[4] 安德鲁·S.塔嫩鲍姆，赫伯特·博斯. 现代操作系统[M]. 4 版. 陈向群，马洪兵，等译. 北京：机械工业出版社，2017.

[5] 任炬，张尧学，彭许红. openEuler 操作系统[M]. 北京：清华大学出版社，2020.

[6] BLACK D L. Scheduling support for concurrency and parallelism in the Mach operating system[J]. Computer, 1990, 23(5): 35-43.

[7] BOYD-WICKIZER S, CLEMENTS A T, MAO Y, et al. An analysis of Linux scalability to many cores[C]//Proceedings of the 9th USENIX Symposium on Operating Systems Design and Implementation. 2010: 1-16.

[8] SWIFT M M, BERSHAD B N, LEVY H M. Improving the reliability of commodity operating systems[C]//Proceedings of the 19th ACM symposium on Operating systems principles. 2003: 207-222.

[9] DAVID BUTENHOF. Programming with POSIX Threads[M]. Boston: Addison-Wesley Professional. 1997.

[10] ABRAHAM SILBERSCHATZ. Operating system principles[M]. 7th ed. Hoboken, New Jersey: John Wiley & Sons. 2006.